Pharmazeutische Biologie

Prüfungsfragen 1979–1994

Pharmazeutische Biologie

Prüfungsfragen 1979–1994

„Grundlagen der Pharmazeutischen Biologie“ mit Antworten des Ersten Abschnitts der Pharmazeutischen Prüfung

Ergänzungsband zu Pharmazeutische Biologie
1 · Cytologie · Genetik · Physiologie · Viren · Bakterien · Pilze · Algen · Morphologie, Histologie und Anatomie des Kormus · Samenpflanzen
von
Professor Dr. Ernst Reinhard, Tübingen
Professor Dr. Wolfgang Kreis, Erlangen
Professor Dr. Horst Rimpler, Freiburg

WVG

Wissenschaftliche Verlagsgesellschaft mbH Stuttgart 1995

Ein Markenzeichen kann warenzeichenrechtlich geschützt sein, auch wenn ein Hinweis auf etwa bestehende Schutzrechte fehlt.

Die Deutsche Bibliothek – CIP-Einheitsaufnahme

Pharmazeutische Biologie – Stuttgart ; Jena ; New York: G. Fischer
1 in der Wiss. Verl.-Ges., Stuttgart

1. Cytologie, Genetik, Physiologie, Viren, Bakterien, Pilze, Algen, Morphologie, Histologie und Anatomie des Kormus, Samenpflanzen / von Ernst Reinhard; Wolfgang Kreis; Horst Rimpler.
Erg.-Bd. [zur 5., völlig neubearb. und erw. Aufl.] Prüfungsfragen 1979–1994 : „Grundlagen der Pharmazeutischen Biologie" mit Antworten des ersten Abschnitts der Pharmazeutischen Prüfung. – 1995
ISBN 3-8047-1365-3
NE: Reinhard, Ernst

1. Cytologie, Genetik, Physiologie, Viren, Bakterien, Pilze, Algen, Morphologie, Histologie und Anatomie des Kormus, Samenpflanzen / von Ernst Reinhard ; Wolfgang Kreis ; Horst Rimpler.
Diskette [zur 5., völlig neubearb. und erw. Aufl.] – 1995
ISBN 3-8047-1365-3
NE: Reinhard, Ernst

Printed in Germany
Satz: Schreibbüro Eva Burri, Stuttgart
Druck: Universitätsdruckerei H. Stürtz AG, Würzburg

Vorwort

Der vollständig überarbeiteten und erweiterten 5. Auflage des bewährten Lehrbuchs „Reinhard – Pharmazeutische Biologie" liegt eine Fragensammlung sowohl als Ergänzungsband als auch in Diskettenform bei, die die wichtigsten Fragen und Antworten des Ersten Abschnittes der Pharmazeutischen Prüfung für das Fach Pharmazeutische Biologie aus den Jahren 1979 bis 1994 enthält. Die Fragen sind nach den Kapiteln des Gegenstandskatalogs gegliedert. Querverweise auf die entsprechenden Kapitel im Lehrbuch erleichtern das Auffinden und Nacharbeiten des Lehrstoffes.

Mit Hilfe der Diskette läßt sich der Stand des erarbeiteten Wissens besonders elegant kontrollieren. So bietet das Programm unter anderem die Möglichkeit, den Verlauf einer Arbeitssitzung beim Einsatz der Fragensammlung zu protokollieren und abzuspeichern. Bei nächster Gelegenheit können dann die nicht oder falsch beantworteten Fragen nochmals aufgerufen und abgefragt werden.

Inhaltsverzeichnis

Hinweise zur Benutzung der Fragensammlung

Die Fragen „Grundlagen der Pharmazeutischen Biologie“ der ersten Pharmazeutischen Prüfung von 1979 bis 1994 sind nach einzelnen Kapiteln geordnet. Unterschieden werden vier Fragentypen.

Einfachauswahl

Bei diesen Fragen ist die einzig richtige, die am ehesten zutreffende, die einzig nichtzutreffende oder die am wenigsten zutreffende Antwort auszuwählen.

Beispiel:

Welche Antwort zur Zellwandbildung trifft zu?
Während der Zellteilung sind bei höheren Pflanzen an der Ausbildung einer neuen Zellwand beteiligt:
(A) Dictyosomen
(B) Lipid-Vakuolen
(C) Mitochondrien
(D) Plastiden
(E) Ribosomen

Zuordnungsaufgaben – Aufgabengruppe mit gemeinsamem Antwortangebot

Dieser Aufgabentyp besteht aus einem Fragenstamm sowie:
(a) der Liste 1 (Aufgabengruppe) mit numerierten Begriffen, Gegenständen oder Aussagen
(b) der Liste 2 mit 5 Antwortmöglichkeiten (A)–(E). Zu jeder numerierten Aufgabe der Liste 1 aus den Lösungsaufgaben (A)–(E) der Liste 2 ist die zutreffende oder die im engsten Zusammenhang mit der Aufgabe stehenden Antwort auszuwählen. Zu beachten ist, daß jede Antwortmöglichkeit (A)–(E) auch für mehrere Aufgaben der Liste 1 die Lösung darstellen kann.

Beispiel:

Ordnen Sie bitte den in Liste 1 aufgeführten Begriffen die für sie zutreffende Aussagen (Liste 2) zu.

Liste 1
1 Plasmon
2 Plastom

Liste 2
(A) Grundsubstanz des Protoplasten
(B) Gesamtheit der in Plastiden lokalisierten Erbfaktoren
(C) Gesamtheit der im Plasma lokalisierten Erbfaktoren
(D) Mutation der Erbfaktoren in Plastiden
(E) Plastidenanaloge Zellbestandteile bei Bakterien

Kausale Verknüpfung

Dieser Aufgabentyp besteht aus zwei Teilen:
Teil 1: Aussage 1
Teil 2: Aussage 2
Teil 3: kausale Verknüpfung (weil)

Zunächst ist zu prüfen, ob Aussage 1 richtig oder falsch ist. Prüfen Sie dann, ob Aussage 2 richtig oder falsch ist. Wenn beide Aussagen richtig sind, so kann die Verknüpfung durch „weil“ richtig oder falsch sein. Der richtige Lösungsbuchstabe nach Prüfung der einzelnen Teile ist dem nachfolgenden Lösungsschema zu entnehmen.

Lösungsschema

Antwort	Aussage 1	Aussage 2	Verknüpfung
A	richtig	richtig	richtig
B	richtig	richtig	falsch
C	richtig	falsch	–
D	falsch	richtig	–
E	falsch	falsch	–

Beispiel:

Die Reduktion von Pyruvat zu Lactat ist der erste Schritt der Gluconeogenese.
weil
Pyruvat durch die Phosphoenolpyruvatkinase nicht phosphoryliert werden kann.

Aussagenkombination

Bei diesem Aufgabentyp werden mehrere durch eingeklammerte Zahlen gekennzeichnete Aussagen gemacht. Die zutreffende Lösung ist unter den 5 vorgegebenen Aussagenkombinationen (A)–(E) auszuwählen.

Beispiel:

Welche der Pflanzenfamilien sind durch Drüsenzellen charakterisiert, die Exkrete in den Raum zwischen Zellwand und Kutikula sezernieren?
(1) Apiacae
(2) Asteracae
(3) Lamiacae
(4) Pinacae
(A) nur (1) und (2)
(B) nur (2) und (3)
(C) nur (2) und (4)
(D) nur (3) und (4)
(E) nur (1), (3) und (4)

Die Antworten finden sie am Ende des entsprechenden Kapitels.
Das notwendige Wissen vermittelt das Lehrbuch Reinhard, Kreis, Rimpler, Pharmazeutische Biologie, 5. Auflage.

1 Cytologie

1.1 Struktur und Aufbau der Zelle

1.1.1 Definition der Zelle (s.a. 6.1.1)

1.1.2 Prokaryotische und eukaryotische Zelle

1.1.3 Pflanzliche Zelle, Abgrenzung zur tierischen Zelle

1.1.4 Differenzierung der Zelle; Zellformen; Zellgrößen

Lehrbuch S. 3–12

1 Welche der folgenden Zellstrukturen finden sich sowohl in Pro- als auch in Eukaryoten?

(1) Leukoplasten
(2) 70 S-Ribosomen
(3) Cytoplasmamembran
(4) Endoplasmatisches Retikulum

(A) nur 2
(B) nur 3
(C) nur 2 und 3
(D) nur 1, 2 und 3
(E) nur 2, 3 und 4

2 Welche der folgenden Zellstrukturen finden sich sowohl in Pro- als auch in Eukaryoten?

(1) Plastiden
(2) Ribosomen
(3) Dictyosomen
(4) Cytoplasmamembran

(A) nur 2
(B) nur 2 und 3
(C) nur 2 und 4
(D) nur 3 und 4
(E) nur 1, 2 und 3

3 Welche Zellorganellen bzw. Zellstrukturen sind sowohl in Bakterienzellen als auch in den Parenchymzellen Höherer Pflanzen nachzuweisen?

(1) Mitochondrien
(2) Mindestens ein Zellkern, der mehr als ein Chromosom enthält
(3) Ribosomen
(4) Cytoplasmamembran
(5) Endoplasmatisches Retikulum

(A) nur 1
(B) nur 1 und 3
(C) nur 3 und 4
(D) nur 3, 4 und 5
(E) 1 bis 5 (alle)

4 Bei Bakterien wird die intrazelluläre Energiegewinnung von den 70 S-Ribosomen übernommen,

weil

im Cytoplasma der Bakterienzelle keine Mitochondrien auftreten.

5 Bei der prokaryotischen Zelle ist im Vergleich zur eukaryotischen Zelle eine deutlich schwächere Kompartimentierung nachzuweisen,

weil

bei der prokaryotischen Zelle außer der Cytoplasmamembran keine weitere Biomembran ausgebildet wird.

6 Manche Bakterien sind zur Photosynthese befähigt,

weil

manche Bakterien wie die höheren Pflanzen über Chloroplasten verfügen.

7 Welche der Aussagen über prokaryotische Zellen treffen zu?

In einer photoautotrophen prokaryotischen Zelle kommen folgende Organelle bzw. Strukturen vor:

(1) Mitochondrium
(2) Thylakoid
(3) 80 S-Ribosom
(4) Cytoplasmamembran

(A) nur 1 und 2
(B) nur 1 und 3
(C) nur 1 und 4
(D) nur 2 und 3
(E) nur 2 und 4

8 Welche der Aussagen über prokaryotische Zellen treffen zu?

In einer photoautotrophen prokaryotischen Zelle kommen folgende Organelle bzw. Strukturen vor:

(1) Mitochondrien
(2) Thylakoide
(3) Endoplasmatisches Retikulum (ER)
(4) Plastiden

(A) nur 2
(B) nur 1 und 2
(C) nur 2 und 3
(D) nur 3 und 4
(E) 1 bis 4 (alle)

9 Für welche Zelle trifft die folgende Kurzbeschreibung „Zellwand und Thylakoide sind vorhanden; Mitochondrien fehlen" zu?

Es handelt sich um die Kurzbeschreibung der Zelle

(A) eine Tieres
(B) eines Pilzes
(C) eines photoautotrophen Prokaryoten
(D) eines heterotrophen pflanzlichen Eukaryoten
(E) eines photoautotrophen pflanzlichen Eukaryoten

10 Welche Aussage zu Prokaryoten trifft zu?

Die Zelle der Prokaryoten

(A) ist formvariabel, da sie in der Regel wandlos ist
(B) enthält Mitochondrien
(C) enthält verschiedene Typen von Plastiden
(D) weist als äußeren Abschluß des Protoplasten die Cytoplasmamembran auf
(E) enthält Dictyosomen

11 Welche der genannten Funktionen kann bei manchen Bakterien durch die Cytoplasmamembran übernommen werden?

(1) ATP-Synthese
(2) Photosynthese
(3) Determination von Antigenen

(A) nur 1
(B) nur 3
(C) nur 1 und 2
(D) nur 2 und 3
(E) 1 bis 3 (alle)

12 Welche Aussage zur Bakterienzelle trifft zu?

Die Bakterienzelle

(A) enthält in Mitochondrien nur Ribosomen vom 70 S-Typ
(B) ist frei von Plastiden
(C) wird als polyenergid bezeichnet, da eine Kernmembran fehlt
(D) kann als Träger von Photosynthesepigmenten Mesosomen aufweisen
(E) enthält als wichtigsten Bestandteil der Cytoplasmamembran das Murein

13 Welche der folgenden Zellstrukturen finden sich bei Bakterien?

(1) Endoplasmatisches Retikulum
(2) Ribosomen
(3) Dictyosomen
(4) Cytoplasmamembran
(5) Mitochondrien

(A) nur 2
(B) nur 2 und 4
(C) nur 1, 2 und 4
(D) nur 1, 3 und 5
(E) nur 3, 4 und 5

14 Welche der angegebenen Strukturen bzw. Organelle kommen in einer prokaryotischen Zelle vor?

(1) Dictyosomen
(2) Mesosomen
(3) Mitochondrien
(4) Kernäquivalent
(5) Nukleolus

(A) nur 1 und 2
(B) nur 2 und 4
(C) nur 1, 2 und 4
(D) nur 1, 3 und 5
(E) nur 3, 4 und 5

15 Im Gegensatz zur eukaryotischen Zelle fehlen der prokaryotischen Zelle

(1) Endoplasmatisches Retikulum (ER)
(2) Ribosomen
(3) Plastiden
(4) Mitochondrien
(5) Dictyosomen

(A) nur 1 und 4
(B) nur 3 und 5
(C) nur 1, 2 und 4
(D) nur 1, 3 und 4
(E) nur 1, 3, 4 und 5

16 Welche der folgenden Aussagen über die prokaryotische Zelle trifft zu?

Die prokaryotische Zelle (Bakterium)

(A) kann Leukoplasten enthalten
(B) enthält Mitochondrien mit tubulärem Bau
(C) enthält im Cytoplasma 70 S-Ribosomen
(D) kann als Photosynthese-Pigment Chlorophyll b enthalten
(E) besitzt als Speicher der genetischen Information einsträngige ringförmige DNA

17 Welche der angegebenen Organelle kommen in Pilz-Zellen vor?

(1) Zellkern
(2) Mitochondrien
(3) Plastiden

(A) nur 1
(B) nur 1 und 2
(C) nur 1 und 3
(D) nur 2 und 3
(E) 1 bis 3 (alle)

18 Welche Antwort trifft nicht zu?

Genetische Informationen einer Bakterienzelle können lokalisiert sein in (im):

(A) Nukleoid
(B) Prophagen
(C) R-Faktoren
(D) F-Faktoren
(E) Plastom

19 Welche der folgenden Zellstrukturen findet sich bei Eubakterien?

(A) Plasmamembran
(B) 80S-Ribosomen
(C) Dictyosomen
(D) Nucleolus
(E) Plastiden

20 Welche Zellstrukturen kommen bei Prokaryoten vor?

(A) Zellkern
(B) rauhes Endoplasmatisches Reticulum
(C) Cytoplasmamembran
(D) Dictyosomen
(E) Nucleolus

21 Welche der folgenden Aussagen trifft zu?

Die prokaryotische Zelle

(A) kann Leukoplasten enthalten
(B) enthält Mitochondrien mit tubulärem Bau
(C) enthält im Cytoplasma 70 S-Ribosomen
(D) kann als Photosynthese-Pigment Chlorophyll b enthalten
(E) besitzt als Speicher der genetischen Information einsträngige ringförmige DNA

22 Welche der folgenden Strukturen finden sich sowohl bei pflanzlichen als auch bei tierischen Zellen?

(1) Cytoplasma
(2) Plasmamembran
(3) Glykokalix
(4) Mitochondrien

(A) nur 1 und 2
(B) nur 2 und 3
(C) nur 1, 2 und 4
(D) nur 1, 3 und 4
(E) 1 bis 4 (alle)

23 Welche der folgenden Strukturen finden sich sowohl bei pflanzlichen als auch bei tierischen Zellen?

(1) Zellwand
(2) Glycokalix
(3) Plasmamembran
(4) Zentralvakuole

(A) nur 1
(B) nur 3
(C) nur 1 und 3
(D) nur 2 und 3
(E) nur 3 und 4

24 Welche der Aussagen über Pflanzenzellen treffen zu?

Pflanzliche Zellen unterscheiden sich von tierischen Zellen durch das Vorhandensein

(1) von Plastiden
(2) einer besonders stark ausgeprägten Zellwand, die keine Polysaccharide enthält
(3) eines Zellkerns
(4) von Dictyosomen

(A) nur 1
(B) nur 4
(C) nur 1 und 3
(D) nur 2 und 4
(E) nur 1, 3 und 4

25 Welche Aussage trifft zu?

Die Zelle der Prokaryoten

(A) enthält nur 80S-Ribosomen
(B) hat keine Zellwand
(C) ist geringer kompartimentiert als die der Eucyte
(D) enthält nur Proplastiden
(E) ist prosenchymatisch gestaltet

26 Die Totipotenz pflanzlicher Zellen läßt sich mit Hilfe pflanzlicher Zellkulturen nachweisen.

weil

aus einer einzigen Pflanzenzelle unter geeigneten Bedingungen eine ganze Pflanze regeneriert werden kann.

Cytologie

1.1.5 Stoffliche Zusammensetzung (s.a. 6.1.1, 7.1.1, 8.1.1, 9.1.1)

Lehrbuch S. 23–53

Die an Bau und Funktion der Zellen Höherer Pflanzen beteiligten Elemente kommen z.T. in erheblich unterschiedlichen Konzentrationen vor (Bezug: Frischgewicht).
Man kann Hauptbestandteile (am Aufbau organischer Zellstrukturen beteiligt; Anteil 1 bis 50%), Bestandteile geringerer Menge (ca. 0,01 bis 1%) und Spurenbestandteile (im allgemeinen unter 0,001%) unterscheiden.

Ordnen Sie bitte den in Liste 1 aufgeführten Beschreibungen das jeweils entsprechende Element (Liste 2) zu.

Liste 1

27 Hauptbestandteil einer Zelle

28 Spurenbestandteil einer Zelle

Liste 2

(A) Chlor
(B) Magnesium
(C) Mangan
(D) Natrium
(E) Phosphor

29 Welche der folgenden Zuordnungen von Ion und Funktion in der pflanzlichen Zelle ist nicht zutreffend?

(A) NH_4^+ – eine Stickstoffquelle für organische Verbindungen
(B) Cu^{2+} – Cofaktor vieler Sauerstoff übertragender Enzyme
(C) PO_4^{3-} – Schlüsselrolle bei Energieübertragungsreaktionen
(D) K^+ – wichtig als Enzym-Cofaktor
(E) Ca^{2+} – Bestandteil von Membranen, Regulation der Membranaktivität

30 Welche der folgenden Zuordnungen von Ion und Funktion in der pflanzlichen Zelle ist nicht zutreffend?

(A) K^+ – Wirkung auf Zellkolloide
(B) Fe^{2+} – Zentralatom im Chlorophyll
(C) PO_4^{3-} – Bestandteil von Nukleinsäuren
(D) NO_3^- – Stickstoffquelle für organische Verbindungen bei Höheren Pflanzen
(E) Cu^{2+} – Cofaktor vieler Sauerstoff übertragender Enzyme

31 Welche der folgenden Zuordnungen von Ion und Funktion in der pflanzlichen Zelle ist nicht zutreffend?

(A) K^+ – Wirkung auf Zellkolloide
(B) Mg^{2+} – Zentralatom im Chlorophyll
(C) PO_4^{3-} – Bestandteil von Nukleinsäuren
(D) SiO_3^{2-} – Bestandteil der Wände von Kollenchymzellen
(E) Cu^{2+} – Cofaktor vieler Sauerstoff übertragender Enzyme

32 Welcher Ionenantagonismus spielt eine bedeutende Rolle bei Quellungs- und Entquellungsvorgängen des Plasmas?

(A) Ca^{2+} / Mg^{2+}
(B) K^+ / Na^+
(C) HCO_3^- / Cl^-
(D) NO_3^- / SO_4^{2-}
(E) Keine der Antworten trifft zu.

33 Eisen (Fe^{3+}, Fe^{2+}) ist für das Wachstum von Bakterien unbedeutend,

weil

Bakterien anaerob wachsen können.

34 Bei welchen der folgenden Elemente handelt es sich nicht um ein Spuren- oder Mikroelement?

(A) Zink
(B) Mangan
(C) Kupfer
(D) Schwefel
(E) Molybdän

35 Welches der aufgezählten Ionen ist für viele Pflanzen am ehesten entbehrlich?

(A) Mg^{2+}
(B) PO_4^{3-}
(C) Ca^{2+}
(D) NO_3^-
(E) Cl^-

36 Welches der genannten Elemente ist bei Höheren Pflanzen als Ion an der Osmoregulation beteiligt?

(A) Kalium
(B) Kupfer
(C) Mangan
(D) Molybdän
(E) Zink

37 Schwefel ist Bestandteil verschiedener organischer Verbindungen in Pflanzen.

Welcher der folgenden Stoffe enthält keinen Schwefel im Molekül?

(A) Cystin
(B) Biotin
(C) Methionin
(D) Glutaminsäure
(E) Glucosinolate

38 Schwefel ist Bestandteil verschiedener organischer Verbindungen in Pflanzen.

Welcher der folgenden Stoffe enthält keinen Schwefel im Molekül?

(A) FAD
(B) Methionin
(C) Thiamin
(D) Coenzym A
(E) Biotin

39 Welche Antwort trifft zu?

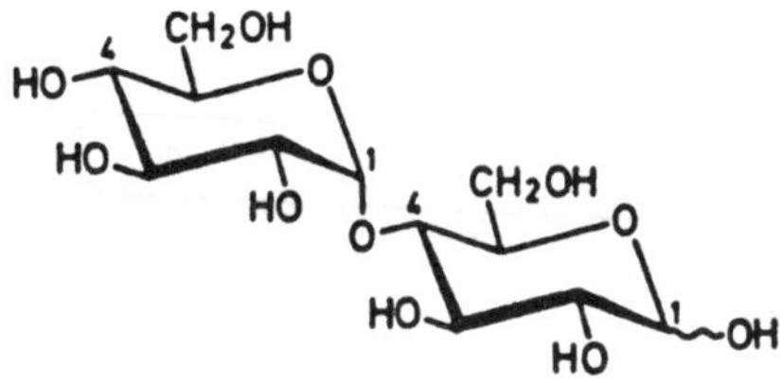

Die dargestellte Verbindung ist:

(A) Maltose
(B) Saccharose
(C) Mannose
(D) Galaktose
(E) Glucose

40 Welche Antwort trifft <u>nicht</u> zu?

Zu den proteinogenen Aminosäuren zählen

(A) Arginin
(B) Asparaginsäure
(C) Methionin
(D) Ornithin
(E) Prolin

41 Welche Bindungen zwischen Peptidketten sind an der Ausbildung und Stabilisierung der Tertiärstruktur der Proteine beteiligt?

(1) Disulfidbrücken
(2) Hydrophobe Wechselwirkungen
(3) Wasserstoffbrückenbindungen
(4) Säureanhydridbindungen
(5) Esterbindungen

(A) nur 1 und 2
(B) nur 3 und 4
(C) nur 1, 2 und 3
(D) nur 1, 2, 3 und 4
(E) 1 bis 5 (alle)

42 Welche Antwort trifft zu?

Die dargestellte Verbindung ist:

(A) Palmitinsäure
(B) Stearinsäure
(C) Ölsäure
(D) Linolsäure
(E) Arachidonsäure

43 Welches der genannten Elemente gehört in der Regel <u>nicht</u> zu den Spurenelementen pflanzlicher Zellen?

(A) Schwefel
(B) Molybdän
(C) Jod
(D) Zink
(E) Mangan

44 Welches der folgenden Elemente zählt <u>nicht</u> zu den sechs Elementen, die Hauptbestandteil der Zellen Höherer Pflanzen darstellen?

(A) Schwefel
(B) Natrium
(C) Sauerstoff
(D) Wasserstoff
(E) Phosphor

Ordnen Sie bitte den in Liste 1 aufgeführten Ionen die für sie zutreffende Aussage (Liste 2) zu!

Liste 1

45 Ca^{2+}

46 Cu^{2+}

47 SiO_3^{2-}

Liste 2

(A) Einlagerung in Zellwände bei Poaceae.
(B) Kofaktor von sauerstoffübertragenden Enzymen.
(C) Kofaktor von Alkoholdehydrogenase.
(D) Kofaktor der Nitratreduktase.
(E) Regulation der Membranaktivität.

48 Welche der Aussagen trifft nicht zu?

(A) Das Primärprodukt der Reservestärkesynthese ist Amylose.
(B) Amylopektin ist ein verzweigtes Glukan.
(C) Glykogen als Reservepolysaccharid findet sich nur in tierischen Zellen.
(D) Die Bildung der Reservestärke erfolgt in spezialisierten Leukoplasten.
(E) Das Inulin der Asteraceae ist ein Fructosan mit endständiger Glucose.

49 Welche Antwort trifft zu?

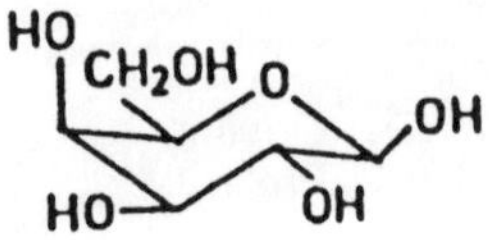

Die dargestellte Verbindung ist:

(A) α-D-Glucose
(B) β-D-Glucose
(C) β-D-Mannose
(D) β-D-Galaktose
(E) β-D-Xylose

Ordnen Sie bitte den Begriffen der Liste 1 die zutreffende Aussage der Liste 2 zu!

Liste 1

50 α-L-Galaktose

51 D-Fructose

Liste 2

(A) Grundbaustein von Reservesubstanzen
(B) Grundbaustein der Zellwände von Pilzen
(C) Grundbaustein von Agar
(D) Grundbaustein der Hülle mancher Viren
(E) Grundbaustein der Zellwände von Coniferen

Ordnen Sie bitte den in Liste 1 stehenden Formeln die für sie zutreffende Aussage (Liste 2) zu!

Liste 1

52

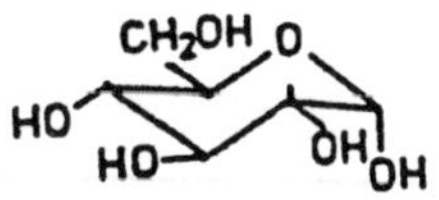

53

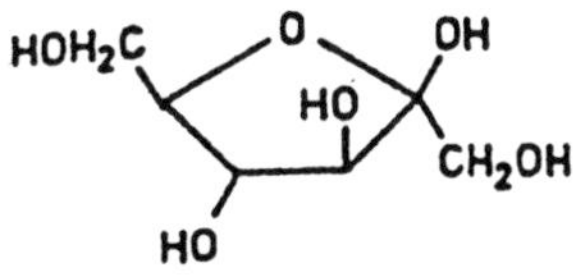

54

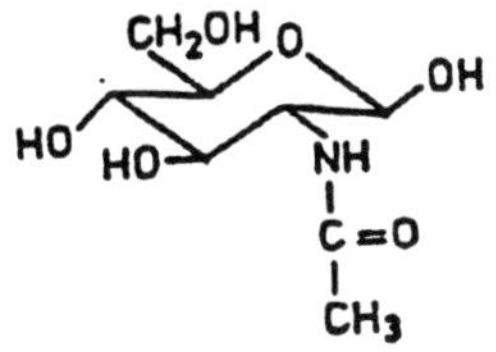

Liste 2

(A) Grundbaustein der Stärke
(B) ein Baustein von Bestandteilen der Primärwand Höherer Pflanzen
(C) Schleimsubstanz bei Braunalgen
(D) Grundbaustein einer Reservesubstanz in Asteraceen
(E) Baustein von Bestandteilen der Zellwände von Pilzen

---

55 Welche Aussage zu den Elementen, die am Aufbau der Zelle beteiligt sind, trifft zu?

(A) Am Zellaufbau sind nur die Elemente Wasserstoff, Kohlenstoff, Sauerstoff und Stickstoff beteiligt.
(B) Die wichtigsten Spurenelemente der Zelle sind Bor, Silicium, Schwefel, Mangan und Eisen.
(C) Als Cofaktoren von Enzymen werden gefunden: Iod, Molybdän, Cobalt, Kupfer, Barium und Phosphat.
(D) Mangan ist Bestandteil der Atmungsenzyme.
(E) Keine der obigen Aussagen trifft zu.

---

56 Schwefel ist ein essentielles Element biologischer Moleküle und Bestandteil folgender Strukturen:

(1) Methionin
(2) Cystein
(3) Coenzym A
(4) Histidin

(A) nur 1 und 4
(B) nur 2 und 3
(C) nur 1, 2 und 3
(D) nur 2, 3 und 4
(E) 1 bis 4 (alle)

---

57 Welche der Aussagen zum Mineralstoffhaushalt Höherer Pflanzen treffen zu?

Bei der mineralischen Ernährung der Höheren Pflanzen

(1) erweisen sich als essentielle Elemente bzw. Ionen essentieller Elemente u.a. Fe^{2+}, Ca^{2+}, K^+ sowie PO_4^{3-}, SO_4^{2-} und NO_3^-.
(2) erfolgt durch die Diffusion im Interzellularsystem der Wurzelrinde eine selektive Ionenaufnahme.
(3) werden Ionen auch gegen ein bestehendes Konzentrationsgefälle transportiert.

(A) nur 3
(B) nur 1 und 2
(C) nur 1 und 3
(D) nur 2 und 3
(E) 1 bis 3 (alle)

---

58 Welchem Ionenantagonismus wird eine bedeutende Rolle bei Quellungs- und Entquellungsvorgängen des Cytoplasmas zugeschrieben?

(A) Ca^{2+} / Mg^{2+}
(B) Ca^{2+} / K^+
(C) NH_4^+ / K^+
(D) K^+ / Na^+
(E) Zn^{2+} / Cu^{2+}

Ordnen Sie bitte den aufgeführten Polymeren (Liste 1) die jeweils zutreffende Kurzbeschreibung (Liste 2) zu!

Liste 1

59 Chitin

60 Glykogen

Liste 2

(A) Glucose in 1,4-β-glycosidischer Bindung
(B) Galakturonsäure in 1,4-α-glycosidischer Bindung
(C) N-Acetylglucosamin in 1,4-β-glycosidischer Bindung
(D) abwechselnd N-Acetylmuramin und Mannuronsäure in 1,4-β-glycosidischer Bindung
(E) Glucose in 1,4-α-glycosidischer Bindung, Verzweigungen durch 1,6-α-glycosidische Bindung

---

Ordnen Sie bitte den in Liste 1 stehenden Formeln die für sie zutreffenden Aussagen (Liste 2) zu!

Liste 1

61 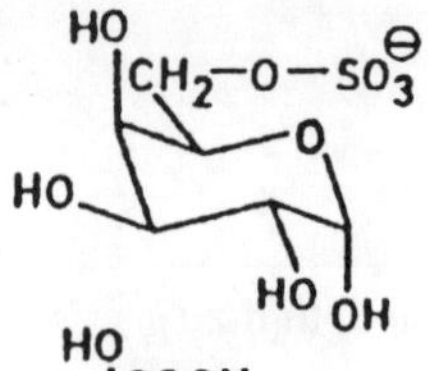

62 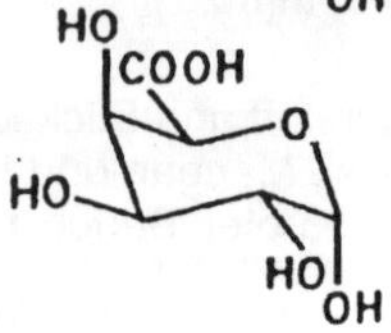

63 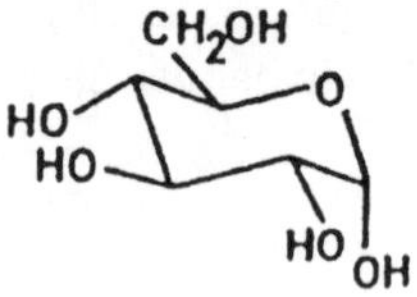

Liste 2

(A) Monomer von Murein
(B) Baustein von Pektinen
(C) Baustein der Amylose
(D) Baustein in Aleuronkörnern
(E) Baustein von Zellwandbestandteilen bei Algen

---

64 Welche der folgenden Aminosäuren tragen neben der α-Aminogruppe zusätzliche basische Gruppen?

(1) Methionin
(2) Arginin
(3) Lysin
(4) Histidin
(5) Threonin

(A) nur 2 und 4
(B) nur 1, 3 und 5
(C) nur 2, 3 und 4
(D) nur 3, 4 und 5
(E) 1 bis 5 (alle)

Ordnen Sie bitte der Charakterisierung der Liste 1 die entsprechende Aminosäure (Liste 2) zu!

Liste 1

65 Diaminomonocarbonsäure

66 verzweigtkettige Aminosäure

Liste 2

(A) Valin
(B) Lysin
(C) Methionin
(D) Asparaginsäure
(E) Cystein

67 Welche der folgenden Aminosäuren ist (für den Menschen) essentiell?

(A) Alanin
(B) Phenylalanin
(C) Glutaminsäure
(D) Glutamin
(E) Tyrosin

68 Welche der aufgführten Aminosäuren sind für den Menschen nichtessentiell?

(1) Methionin
(2) Alanin
(3) Threonin
(4) Serin
(5) Phenylalanin

(A) nur 1 und 4
(B) nur 2 und 3
(C) nur 2 und 4
(D) nur 3 und 5
(E) nur 4 und 5

Welche der Eigenschaften (Liste 2) ist den Aminosäuren der Liste 1 zuzuordnen?

Liste 1

69 Serin

70 Histidin

Liste 2

(A) basisch
(B) hydrophob
(C) essentiell
(D) schwefelhaltig
(E) primäre alkoholische Gruppe tragend

71 Welche Aussagen treffen zu?

Proteine und Peptide erfüllen bei Pflanzen folgende Aufgaben:

(1) als Hormone regulieren sie Wachstumsvorgänge
(2) als Antikörper sind sie an der Abwehr von Infektionen beteiligt
(3) als Enzyme katalysieren sie chemische Reaktionen
(4) in Vakuolen gespeichert, dienen sie als Reservesubstanzen
(5) als Bestandteile des Cytoskeletts haben sie wichtige Stützfunktion in der Tertiärwand

(A) nur 1 und 2
(B) nur 2 und 3
(C) nur 3 und 4
(D) nur 1, 2 und 4
(E) nur 3, 4 und 5

72 Bei welcher der dargestellten Formeln handelt es sich um eine essentielle Fettsäure?

(A) 

(B) 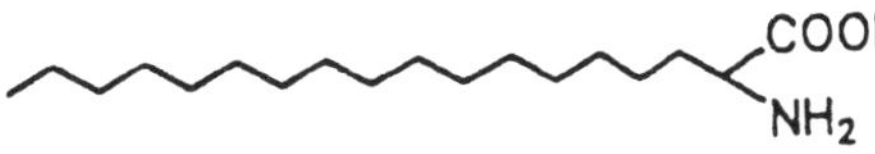

(C) 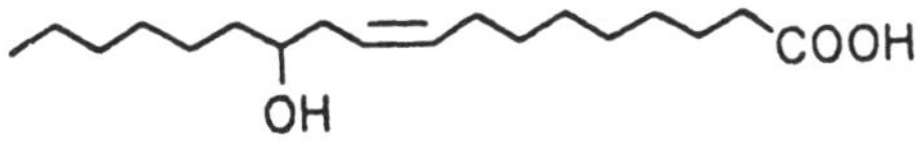

(D) 

(E) 

73 Welche Antwort trifft zu?

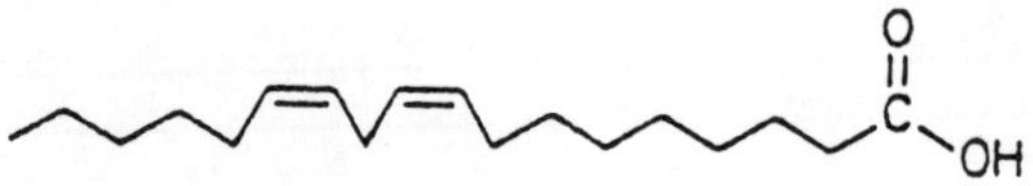

Die dargestellte Verbindung ist

(A) Palmitinsäure
(B) Stearinsäure
(C) Ölsäure
(D) Linolsäure
(E) Arachidonsäure

74 Welche der Aussagen zu der formelmäßig dargestellten Verbindung treffen zu?

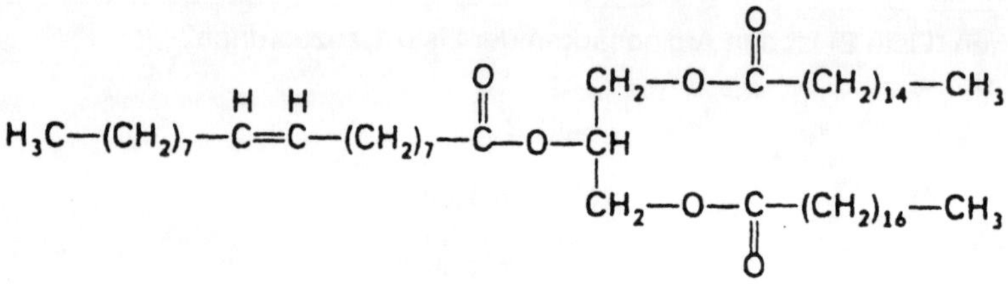

(1) Es handelt sich um ein Glykolipid.
(2) Die Verbindung enthält Cholin.
(3) Die Verbindung enthält Ölsäure.
(4) Die Verbindung enthält Palmitinsäure.

(A) nur 1 und 3
(B) nur 2 und 4
(C) nur 3 und 4
(D) nur 1, 3 und 4
(E) nur 2, 3 und 4

75 Welche der genannten Fettsäuren sind für den Menschen essentiell?

(1) Linolsäure
(2) Linolensäure
(3) Ölsäure

(A) nur 1
(B) nur 3
(C) nur 1 und 2
(D) nur 1 und 3
(E) 1 bis 3 (alle)

76 Welche der Aussagen treffen zu?

Fette und fette Öle (Neutralfette)

(1) bestehen zu über 90% aus Triacylglycerolen
(2) sind Reservestoffe von Säugetieren
(3) sind Reservestoffe von Pflanzen

(A) nur 2
(B) nur 3
(C) nur 1 und 2
(D) nur 2 und 3
(E) 1 bis 3 (alle)

1.2 Chemie und Struktur der Zellwand

1.2.1 Bakterien, Angriffsorte von Antibiotika (s.a. 6.1.1)

Lehrbuch S. 395–402

77 Welche Aussage zur Bakterienzellwand trifft zu?

(A) Die Zellwand einiger Bakterien-Arten enthält Lignin.
(B) Die Zellwand der Bakterien ist von Plasmodesmen durchbrochen.
(C) Die Zellwand der Bakterien enthält ein Glycopeptid.
(D) Die Zellwand der Bakterien wird von Golgi-Vesikeln aufgebaut.
(E) Die Zellwand der Bakterien wird auch als Cytoplasmamembran bezeichnet.

78 Welche Angaben zum Zellwandaufbau von Mikroorganismen treffen zu?

Murein

(1) ist Bestandteil der Zellwände gramnegativer Bakterien
(2) ist Bestandteil der Zellwände grampositiver Bakterien
(3) enthält Peptidketten

(A) nur 1
(B) nur 2
(C) nur 1 und 2
(D) nur 2 und 3
(E) 1 bis 3 (alle)

79 Welche der Aussagen zur Bakterienzellwand treffen zu?

(1) Die Bakterienzellwand besitzt Strukturen, die im Säugetierorganismus die Bildung spezifischer Antikörper auslösen.
(2) In der Zellwand gramnegativer Bakterien können sich Enzyme befinden, die eindringende Antibiotikamoleküle durch chemische Veränderung inaktivieren.
(3) Die Zellwand der gramnegativen Bakterien ist z.T. aus anderen Polymeren aufgebaut als die Zellwand der grampositiven Bakterien.
(4) Die Bakterienzellwand besitzt Rezeptoren zur Bindung von Bakteriophagen.

(A) nur 1 und 4
(B) nur 2 und 3
(C) nur 1, 2 und 4
(D) nur 1, 3 und 4
(E) 1 bis 4 (alle)

80 Welche der Aussagen zur Bakterienzellwand treffen zu?

(1) Ohne Zellwand sind Bakterien in keinem Falle lebensfähig.
(2) Verschiedene Bestandteile der Zellwand gramnegativer Bakterien wirken im Säugetierorganismus als Toxine.
(3) In der Zellwand gramnegativer Bakterien können sich Enzyme befinden, die eindringende Antibiotikamoleküle durch chemische Veränderung inaktivieren.
(4) Die Bakterienzellwand besitzt Rezeptoren zur Bindung von Bakteriophagen.

(A) nur 1 und 4
(B) nur 1, 2 und 3
(C) nur 1, 2 und 4
(D) nur 2, 3 und 4
(E) 1 bis 4 (alle)

81 Welche Aussage über die Bakterienzellwand trifft zu?

Die bakterielle Zellwand enthält Aminosäuren,

(A) die teilweise D- und teilweise L-konfiguriert sind
(B) die nur D-konfiguriert sind
(C) die über Glykosidbindungen miteinander verknüpft sind
(D) die Etherbrücken untereinander ausbilden
(E) die nur L-konfiguriert sind

82 Welches Biopolymer ist charakteristisch für die Bakterienzellwand?

(A) Chitin
(B) Hemicellulose
(C) Cellulose
(D) Murein
(E) Pektin

83 Welche der folgenden Aminosäuren ist als Pentapeptid im Mureinsacculus von Staphylococcus aureus, einem grampositiven Bakterium, zu finden?

(A) L-Alanin
(B) D-Alanin
(C) D-Glutaminsäure
(D) Glycin
(E) L-Lysin

84 Welches Biopolymer ist charakteristisch für die Bakterienzellwand?

(A) Chitin
(B) Hemicellulose
(C) Glykogen
(D) Pektin
(E) Keine der obigen Antworten trifft zu.

85 Organismen enthalten in ihren Zellwänden charakteristische Polymere.

Welches der aufgeführten Polymeren ist für die Gruppe der Bakterien charakteristisch?

(A) Cellulose
(B) Hemicellulose
(C) Pektin
(D) Polyprenole
(E) Keine der Antworten trifft zu.

86 Welche der folgenden Substanzen ist <u>nicht</u> als Baustein am Aufbau des Mureinsacculus der Bakterien beteiligt?

(A) Acetat
(B) Glucosamin
(C) D-Glutaminsäure
(D) Lactat
(E) Teichonsäure

87 Welche Aussage über Murein trifft zu?

Die Mureinschicht ist

(A) eine Hüllschicht um das „Bakterienchromosom“
(B) bei grampositiven Bakterien vorhanden
(C) ein Teil der Zellwand von Pilzen
(D) nur aus N-Acetylglucosamin und L-Alanin aufgebaut
(E) Keine der Aussagen trifft zu.

88 Welche der Aussagen über den Bau der Bakterienzellwand treffen zu?

(1) Alle Aminosäuren der Bakterienzellwand sind proteinogene Aminosäuren.
(2) Teichonsäuren kommen bei einem Teil der Bakterien in der plastischen Schicht vor.
(3) Beide Aminozucker-Bausteine des Mureins enthalten etherartig gebundene Milchsäure-Seitenketten.
(4) Die Polysaccharidketten des Mureinsacculus sind über Oligopeptidbrücken untereinander verknüpft.

(A) nur 4
(B) nur 1 und 3
(C) nur 2 und 4
(D) nur 1, 3 und 4
(E) 1 bis 4 (alle)

89 Welche der Aussagen treffen zu?

N-Acetylglucosamin ist als Baustein Bestandteil der Zellwand von:

(1) grampositiven Bakterien
(2) gramnegativen Bakterien
(3) Pilzen
(4) Braunalgen (Phaeophyceae)

(A) nur 1
(B) nur 3
(C) nur 1 und 2
(D) nur 1, 2 und 3
(E) 1 bis 4 (alle)

90 Welche Aussage über den Bau der Bakterienzellwand trifft nicht zu?

(A) Bei allen Bakterien sind die Teichonsäuren der plastischen Schicht über Phosphodiesterbindungen mit N-Acetyl-muraminsäure verknüpft.
(B) Der Mureinsacculus wird nach außen von einer plastischen Schicht umgeben.
(C) Ein Baustein des Mureinsacculus ist N-Acetyl-muraminsäure.
(D) Bei den gramnegativen Bakterien ist das Mureinnetz einschichtig.
(E) Die Zellwand der Strahlenpilze enthält kein Chitin.

91 Welche Aussage über die Bakterienzellwand trifft nicht zu?

Für die Bakterienzellwand ist charakteristisch

(A) Fehlen von Cellulose
(B) Vorkommen eines Mureinsacculus
(C) Vorkommen von D-Alanin
(D) Vorkommen von D-Glutaminsäure
(E) Vorkommen eines Homoglycans aus N-Acetylglucosamin-Einheiten

92 Welche Aussagen treffen zu?

(1) Die Zellwand der Bakterien enthält den Mureinsacculus.
(2) Die Zellwand der Bakterien bildet durch Einstülpung die Mesosomen.
(3) Die Zellwand der Bakterien ist bei grampositiven und gramnegativen Bakterien unterschiedlich aufgebaut.
(4) Die Zellwand der Bakterien enthält an der Innenseite die Enzyme der Atmungskette.
(5) Die Biosynthese der Bakterienzellwand wird durch Penicillin gestört.

(A) nur 1 und 3
(B) nur 3 und 4
(C) nur 1, 2 und 5
(D) nur 1, 3 und 5
(E) nur 3, 4 und 5

93 Welche Aussage über die Stützschicht der Bakterienzellwand trifft nicht zu?

Die Stützschicht der Bakterienzellwand

(A) besteht aus einem Glycopeptid
(B) stellt ein einziges Makromolekül dar
(C) enthält sowohl D- als auch L-Alanin
(D) enthält Polysaccharidketten aus Aminozuckern
(E) ist bei gramnegativen Bakterien stärker als bei grampositiven Bakterien ausgebildet

94 Welche der folgenden Aussagen zur Wand der Bakterienzelle trifft nicht zu?

Die Wand der Bakterienzelle

(A) enthält u.a. Milchsäure als Strukturelement des Zellwand-Polymeren
(B) enthält das aus Pektinstoffen und N-Acetylglucosamin aufgebaute Murein
(C) enthält neben selten vorkommenden Aminosäuren auch N-Acetylglucosamin und Muraminsäure
(D) weist bei grampositiven und gramnegativen Bakterien einen unterschiedlich hohen Mureinanteil auf
(E) kann nach außen hin zusätzlich von einer wasserreichen Kapselschicht umhüllt sein

95 Welche Aussage über den Bau der Bakterienzellwand trifft <u>nicht</u> zu?

(A) N-Acetyl-muraminsäure enthaltende Polysaccharide kommen nur in Zellwänden von Prokaryota vor.
(B) Die Polysaccharidketten der Bakterienzellwand sind aus N-Acetylglucos-amin und N-Acetyl-muraminsäure als alternierende Bausteine aufgebaut.
(C) N-Acetyl-muraminsäure ist ein Milchsäureether von N-Acetyl-glucosamin.
(D) In der Bakterienzellwand findet sich ein netzförmiges Stützskelett.
(E) Die Mureinschicht ist bei allen Bakterien gleich ausgeprägt.

96 Welche Aussage über den Bau der Bakterienzellwand trifft <u>nicht</u> zu?

(A) Die Bakterienzellwand besitzt ein netzförmiges Stützskelett.
(B) Der Aminozucker-Grundbaustein des Mureins findet sich auch im Chitin.
(C) Die Polysaccharidketten des Mureins sind über Aminosäurebrücken miteinander verbunden.
(D) Der Mureinsacculus wird von einem Glykopeptid gebildet.
(E) Im Mureinsacculus finden sich nur Aminosäuren in der L-Konfiguration.

97 Welche Aussage trifft <u>nicht</u> zu?

Bei der Zellwand gramnegativer Bakterien finden sich in der plastischen Schicht Lipopolysaccharide und Lipoproteine (u.a.).

Teilstrukturen dieser Polymere wirken als

(A) Antigenstrukturen (Determinante Gruppen)
(B) Endotoxine
(C) Phagenrezeptoren
(D) Pyrogene bei Säugetieren
(E) Resistenzdeterminanten gegen Antibiotika

98 Welche der Aussagen trifft <u>nicht</u> zu?

(A) Die Zellwand grampositiver und gramnegativer Bakterien ist unterschiedlich aufgebaut.
(B) Die Bakterienzellwand kann Rezeptoren zur Bindung von Bakteriophagen tragen.
(C) Die Bakterienzellwand trägt die O-Antigene.
(D) Bestandteile der Bakterienzellwand gramnegativer Bakterien können im Säugetierorganismus als Toxine wirken.
(E) Der Aufbau der Zellwand wird durch Tetracycline gestört.

Ordnen Sie bitte den in Liste 1 genannten Begriffen die zugehörigen Strukturelemente (Liste 2) zu.

Liste 1	Liste 2
99 O-Antigene	(A) Pili
	(B) Fimbrien
100 H-Antigene	(C) Bakterienkapsel
	(D) Bakteriengeißeln
	(E) Bakterienzellwand

Ordnen Sie bitte dem Formelausschnitt (Liste 1) den jeweils zutreffenden Begriff aus Liste 2 zu.

Liste 1

101

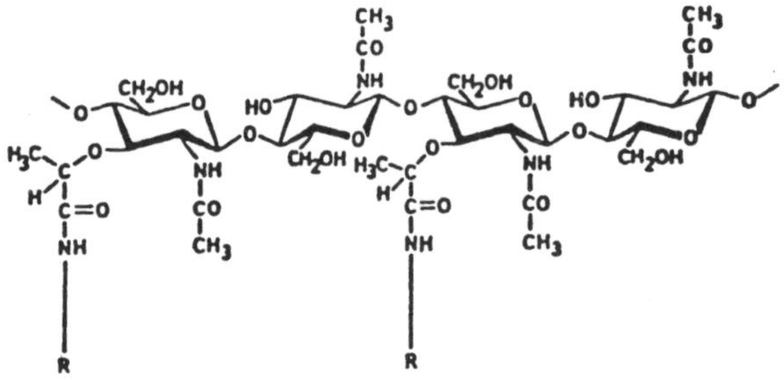

Liste 2

(A) Agar
(B) Chitin
(C) Inulin
(D) Murein
(E) Pektin

Die abgebildete Formel stellt den Ausschnitt eines bakteriellen Zellwandpolymers dar.

Ordnen Sie bitte den umrandeten Bausteinen (Liste 1) die jeweils zutreffende Bezeichnung aus Liste 2 zu.

Liste 1

102

103

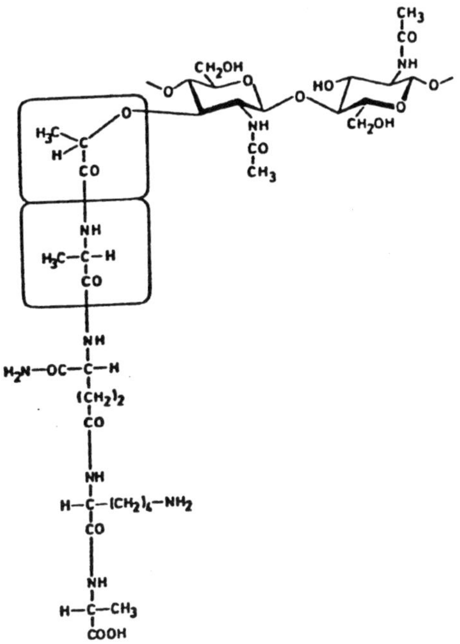

Liste 2

(A) Alanin-Rest
(B) Glutaminsäure-Rest
(C) Milchsäure-Rest
(D) Lysin-Rest
(E) α-Hydroxybuttersäure-Rest

Die abgebildete Formel stellt den Ausschnitt eines natürlichen Zellwandpolymers dar.

Ordnen Sie bitte den umrandeten Bausteinen (Liste 1) die jeweils zutreffende Bezeichnung aus Liste 2 zu.

Liste 1

104

105

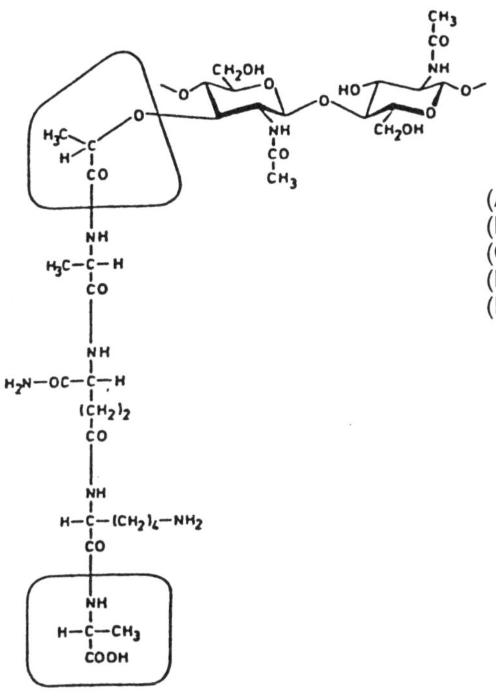

Liste 2

(A) Alanin-Rest
(B) Glutaminsäure-Rest
(C) Milchsäure-Rest
(D) Lysin-Rest
(E) α-Hydroxybuttersäure-Rest

Die abgebildete Formel stellt den Ausschnitt eines natürlichen Zellwandpolymers dar.

Ordnen Sie bitte den umrandeten Bausteinen (Liste 1) die jeweils zutreffende Bezeichnung aus Liste 2 zu.

Liste 1 — Liste 2

106

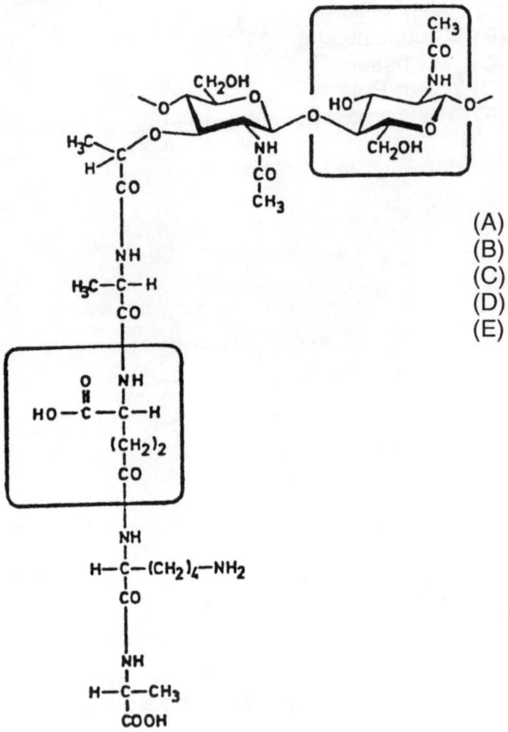

107

(A) Alanin-Rest
(B) Glutaminsäure-Rest
(C) Milchsäure-Rest
(D) Lysin-Rest
(E) N-Acetylglucosamin-Rest

---

108 Welche Antworten treffen zu?

Die hier abgebildete Verbindung ist Bestandteil der Zellwände folgender Organismen:

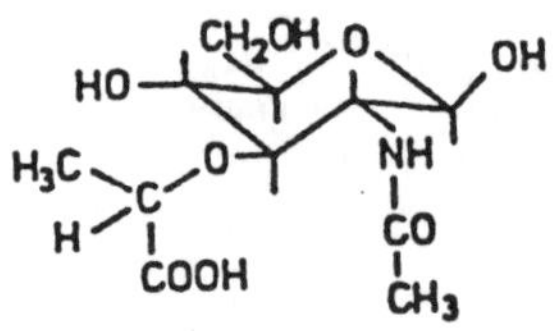

(1) Pilze
(2) Bakterien
(3) Gymnospermen
(4) Liliatae

(A) nur 1
(B) nur 2
(C) nur 1 und 2
(D) nur 3 und 4
(E) 1 bis 4 (alle)

---

109 Die Aussage
„Die Bakterien-Zellwand wird nicht durch Dictyosomen aufgebaut“
ist berechtigt,

weil

bei den Bakterien das Wandmaterial nicht von einem Golgi-Apparat synthetisiert wird, sondern (u.a.) von Cytoplasma und Cytoplasmamembran.

110 Welches der folgenden Antibiotika greift in die Murein-Biosynthese der Bakterien ein?

(A) Azaserin
(B) Erythromycin
(C) Penicillin
(D) Streptomycin
(E) Tetracyclin

111 Penicillin wirkt auf viele Bakterien in der Proliferationsphase bakterizid,

weil

Penicillin kompetitiv die Synthese des Polysaccharidanteils im Mureinsacculus hemmt.

112 Die Behauptung, Penicillin wirke nur in der Wachstumsphase von Bakterien, ist richtig,

weil

vornehmlich in der Wachstumsphase der Mureinsacculus neu aufgebaut und erweitert wird.

113 Der Wirkungsmechanismus von Cephalosporinen beruht auf einem Eingriff in die

(A) Translation
(B) Transkription
(C) Zellwand-Biosynthese
(D) Nukleinsäurebiosynthese
(E) Permeabilität der Cytoplasmamembran

Bitte ordnen Sie die Antigenstrukturen gramnegativer Bakterien (Liste 1) den entsprechenden Stoffklassen (Liste 2) zu.

Liste 1

114 Antigene der Geißeln (H-Antigene)

115 Antigene der Zellwand (O-Antigen)

Liste 2

(A) Lipide
(B) Nukleinsäuren
(C) Lipopolysaccharide
(D) Proteine
(E) Steroide

116 Welche Aussage trifft zu?

(A) Antigene präzipitieren das Operon.
(B) Antigene können aus Proteinen, Kohlenhydraten oder Glykoproteinen bestehen.
(C) Antigene sind die dem Anticodon gegenüberliegenden Basensequenzen.
(D) Antigene sind für die Repression der Proteinsynthese verantwortlich.
(E) Antigene sind die auf dem Komplementärstrang der DNA lokalisierten Gene.

117 Die Synthese des Mureinsacculus der Bakterien wird durch Penicilline beeinflußt,

weil

Penicilline die Verlängerung der Polysaccharidketten hemmen.

118 Welche Aussagen zu N-Acetylglucosamin treffen zu?

N-Acetylglucosamin ist ein Baustein

(1) des Kerngerüstes
(2) der Bakterienzellwand
(3) des Chitins
(4) des Mureins
(5) der Hemicellulosen

(A) nur 2 und 4
(B) nur 2, 3 und 4
(C) nur 2, 3 und 5
(D) nur 1, 2, 4 und 5
(E) nur 1, 3, 4 und 5

119 Welche Aussage über Antigene trifft zu?

(A) Antigene stimulieren das Immunsystem.
(B) Antigene präzipitieren das Operon.
(C) Antigene sind die dem Anticodon gegenüberliegenden Basensequenzen.
(D) Antigene sind für die Repression der Proteinsynthese verantwortlich.
(E) Antigene sind die auf dem Komplementärstrang der DNA lokalisierten Gene.

120 Pflanzenschleime werden in die Gruppe der Heteroglycane eingeordnet,

weil

Pflanzenschleime Glykoproteide sind.

121 Welche der Aussagen treffen zu?

Das Murein bakterieller Zellwände enthält die folgenden Komponenten:

(1) N-Acetylmuraminsäure
(2) α-D-Glucose
(3) L-Alanin
(4) D-Alanin
(5) Galacturonsäuremethylester

(A) nur 1 und 3
(B) nur 1 und 4
(C) nur 4 und 5
(D) nur 1, 3 und 4
(E) nur 1, 2, 3 und 5

122 Das abgebildete Formelschema stellt den Ausschnitt eines natürlichen Zellwandpolymers dar.

Welche der genannten Stoffe sind Bestandteil der abgebildeten Teilstruktur?

(1) Diaminopimelinsäure
(2) Alanin
(3) Glutaminsäureamid
(4) Lysin
(5) Glycin

(A) nur 2 und 5
(B) nur 1, 3 und 5
(C) nur 2, 3 und 4
(D) nur 1, 2, 3 und 4
(E) 1 bis 5 (alle)

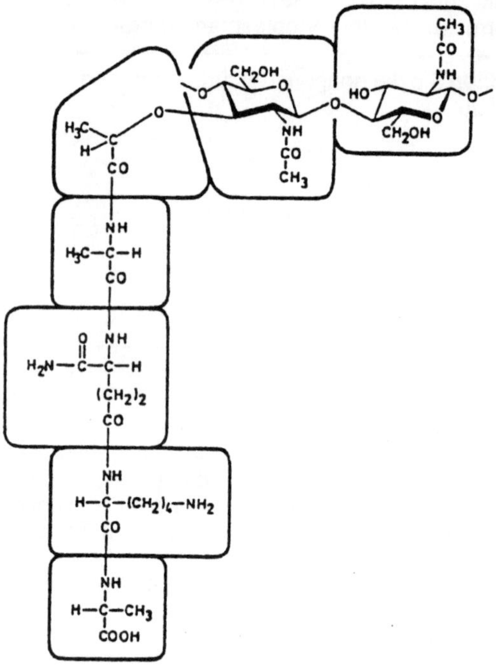

123 Welche Angaben zum Zellwandaufbau von Mikroorganismen treffen zu?

Murein

(1) ist Bestandteil der Zellwände gramnegativer Bakterien
(2) ist Bestandteil der Zellwände grampositiver Bakterien
(3) enthält Polysaccharidketten

(A) nur 1
(B) nur 2
(C) nur 1 und 2
(D) nur 2 und 3
(E) 1 bis 3 (alle)

124 Welche der folgenden Zuordnungen von Zellwandbestandteilen und Organismus treffen zu?

(1) N-Acetylglucosamin – Pilze
(2) N-Acetylglucosamin – Bakterien
(3) Muraminsäure – Bakterien
(4) Muraminsäure – Pilze
(5) *m*-Diaminopimelinsäure – Bakterien

(A) nur 2
(B) nur 1 und 2
(C) nur 1, 2 und 5
(D) nur 3, 4 und 5
(E) nur 1, 2, 3 und 5

125 In der Bakterienzellwand ist eine Transpeptidase lokalisiert.

Sie

(1) aktiviert transfer-RNA
(2) ist an der Mureinsynthese beteiligt
(3) katalysiert die Bildung der Penicillosäure

(A) nur 1
(B) nur 2
(C) nur 1 und 2
(D) nur 2 und 3
(E) 1 bis 3 (alle)

126 Welche der Aussagen über die Bakterienzellwand treffen zu?

Die Zellwände grampositiver Eubakterien enthalten:

(1) nur D-Aminosäuren
(2) Teichonsäuren
(3) einen mehrschichtigen Mureinsacculus

(A) nur 1
(B) nur 1 und 2
(C) nur 1 und 3
(D) nur 2 und 3
(E) 1 bis 3 (alle)

127 Welche der Aussagen zur Bakterienzellwand trifft <u>nicht</u> zu?

(A) Die Quervernetzung des Mureins erfolgt durch eine Transpeptidase.
(B) Bei der Verlängerung der Kohlenhydratkette ist die Muramidase (Lysozym) beteiligt.
(C) Der gesamte Aufbau des Mureins erfolgt im Cytoplasma.
(D) Typische Bausteine des Mureins sind D- und L-Aminosäuren.
(E) Typische Bausteine des Mureins sind acetylierte Aminozucker.

128 Welche der folgenden Aussagen trifft zu?

(A) Die Zellwand der gramnegativen Eubakterien besteht nur aus dem Mureinsacculus.
(B) In der Zellwand der grampositiven Eubakterien sind überwiegend Lipopolysaccharide zu finden.
(C) Nur grampositive Eubakterien sind pathogen.
(D) Mit Kristallviolett + Iod werden nur die gramnegativen Eubakterien blau gefärbt.
(E) Die Zellwände grampositiver und gramnegativer Eubakterien unterscheiden sich in der Schichtdicke des Mureinsacculus.

129 Welche der nachfolgend aufgeführten Strukturen bzw. Substanzen sind <u>nicht</u> Bestandteile von Bakterienzellwänden?

(A) Antigene
(B) Endotoxine
(C) Diphtherietoxine
(D) Teichonsäuren
(E) Phagenrezeptoren

130 Welche Aussage über die Bakterienzellwand trifft <u>nicht</u> zu?

Die Zellwandpolymeren der Eubakterien enthalten in der Regel:

(A) D-N-Acetylglucosamin
(B) D-Glucose
(C) D-Alanin
(D) D-Glutaminsäure
(E) L-Alanin

131 Welche der folgenden Aussagen trifft zu?

(A) Der Mureinsacculus ist bei allen Bakterien etwa gleich dick.
(B) Der Aufbau der Zellwand wird durch Tetracycline gestört.
(C) Bestandteile der Zellwand gramnegativer Bakterien können im Säugetierorganismus als Toxine wirken.
(D) Die Zellwand der Bakterien enthält an der Innenseite die Enzyme der Atmungskette.
(E) Ohne Zellwand sind Bakterien in keinem Falle lebensfähig.

132 Welche der Aussagen treffen zu?

N-Acetylglucosamin ist als Baustein natürlicher Polymere Bestandteil der Zellwand von:

(1) Pilzen
(2) Rotalgen
(3) grampositiven Bakterien
(4) gramnegativen Bakterien

(A) nur 1
(B) nur 3 und 4
(C) nur 1, 3 und 4
(D) nur 2, 3 und 4
(E) 1 bis 4 (alle)

Die abgebildete Formel stellt den Ausschnitt eines natürlichen Zellwandpolymers dar.

Ordnen Sie bitte den umrandeten Bausteinen (Liste 1) die jeweils zutreffende Bezeichnung aus Liste 2 zu!

Liste 1

Liste 2

(A) Alanin-Rest
(B) Glutaminsäureamid-Rest
(C) Glycin-Rest
(D) Lysin-Rest
(E) Pimelinsäure-Rest

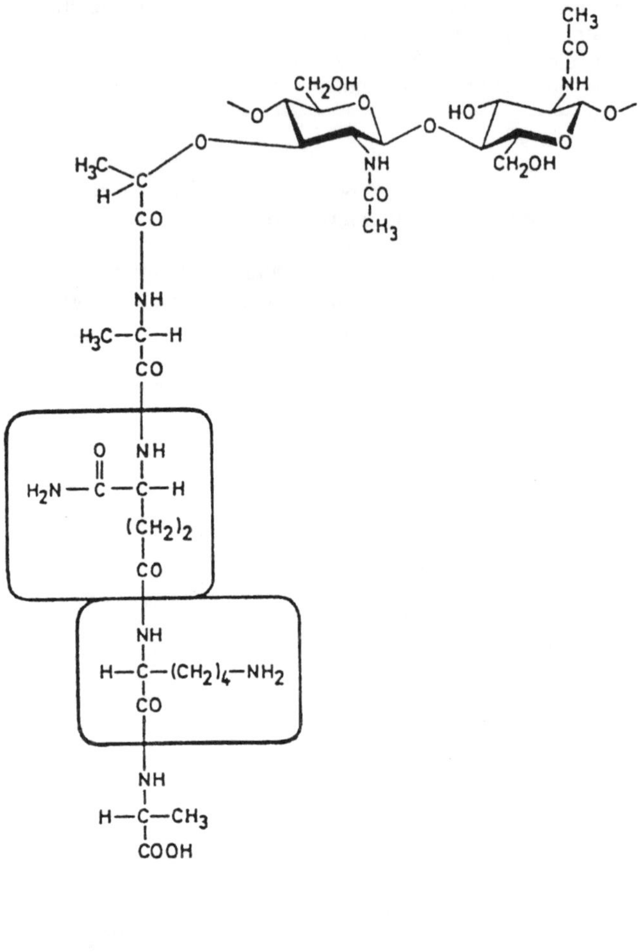

133

134

135 Welche Aussagen treffen zu?

Die hier abgebildete Verbindung ist Bestandteil der Zellwand folgender Organismen:

(1) bestimmte Pilze
(2) grampositive Bakterien
(3) gramnegative Bakterien
(4) Viren

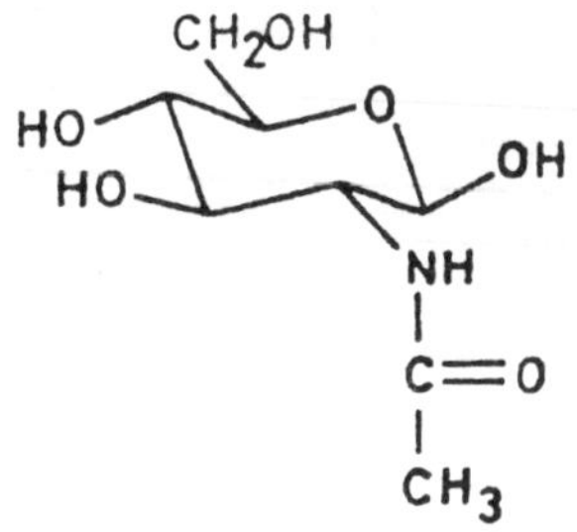

(A) nur 1
(B) nur 2 und 3
(C) nur 1, 2 und 3
(D) nur 2, 3 und 4
(E) 1 bis 4 (alle)

136 Welche Aussage zur Bakterienzellwand trifft zu?

(A) Die Zellwand einiger Bakterien-Arten enthält Lignin.
(B) Die Zellwand der Bakterien ist von Plasmodesmen durchbrochen.
(C) Die Zellwand der Bakterien enthält ein Glycopeptoid.
(D) Die Zellwand der Bakterien wird von Golgi-Vesikeln aufgebaut.
(E) Die Zellwand der Bakterien wird auch als Cytoplasmamembran bezeichnet.

137 Welche Antworten treffen zu?

Die hier abgebildete Verbindung ist Bestandteil der Zellwände folgender Organismen:

(1) Viren
(2) Bakterien
(3) Pilze
(4) Gymnospermen

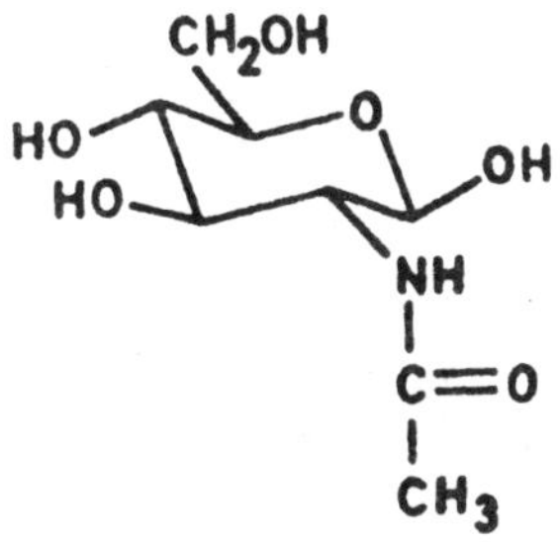

(A) nur 2
(B) nur 3
(C) nur 1 und 2
(D) nur 2 und 3
(E) nur 2, 3 und 4

138 Welche der folgenden Verbindungen enthalten N-Acetylglucosamin als Baustein?

(1) Glykogen
(2) Chitin
(3) Lecithin
(4) Murein
(5) Agar

(A) nur 2 und 4
(B) nur 3 und 5
(C) nur 1, 2 und 4
(D) nur 2, 3 und 4
(E) nur 2, 4 und 5

1.2.2 Pilze (s.a. 7.1.1)

Lehrbuch S. 437–439

139 Welche der Aussagen über die Zellwand der Pilze treffen zu?

Die Zellwand kann aufgebaut sein aus folgenden Gerüstsubstanzen:

(1) Cellulose
(2) Chitin
(3) Murein
(4) Pektine

(A) nur 1
(B) nur 2
(C) nur 1 und 2
(D) nur 1, 2 und 3
(E) 1 bis 4 (alle)

140 Organismen enthalten in ihren Zellwänden charakteristische Polymere.

Welches der aufgeführten Polymeren ist für die Gruppe der Pilze im Vergleich mit der Gruppe der Höheren Pflanzen charakteristisch?

(A) Cellulose
(B) Hemicellulose
(C) Pektin
(D) Polyprenole
(E) Keine der Antworten trifft zu.

141 Welche der folgenden Zuordnungen von Zellwandbestandteil und Organismus trifft nicht zu?

(A) Cellulose – Algen, Höhere Pflanzen
(B) Galaktane – Rotalgen
(C) Muraminsäure – Pilze
(D) D-Aminosäuren – Bakterien
(E) N-Acetylglucosamin – gramnegative Bakterien

142 Welche der Aussagen treffen zu?

N-Acetylglucosamin ist als Baustein zahlreicher natürlicher Polymere Bestandteil der Zellwand von:

(1) Pilzen
(2) Farnen
(3) grampositiven Bakterien
(4) gramnegativen Bakterien

(A) nur 1
(B) nur 3 und 4
(C) nur 1, 3 und 4
(D) nur 2, 3 und 4
(E) 1 bis 4 (alle)

143 Welche Antwort trifft zu?

Der Formelausschnitt

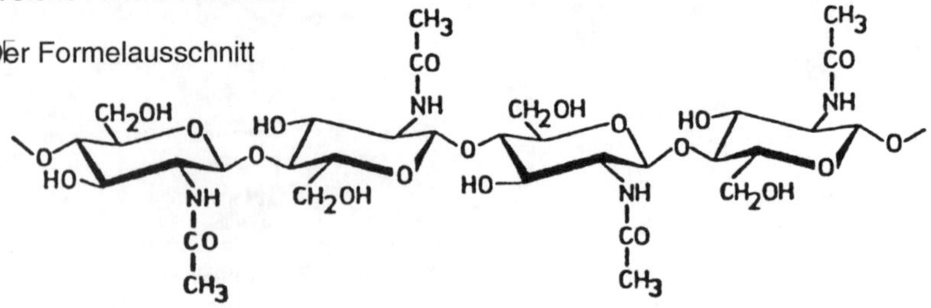

zeigt einen Bestandteil der:

(A) Mittellamelle
(B) Mureinschicht
(C) Zellwand von Pilzen
(D) Sekundärwand von Coniferae
(E) Reservecellulose von Liliatae

144 Welche Aussage trifft zu?

Die nachstehende Formel zeigt

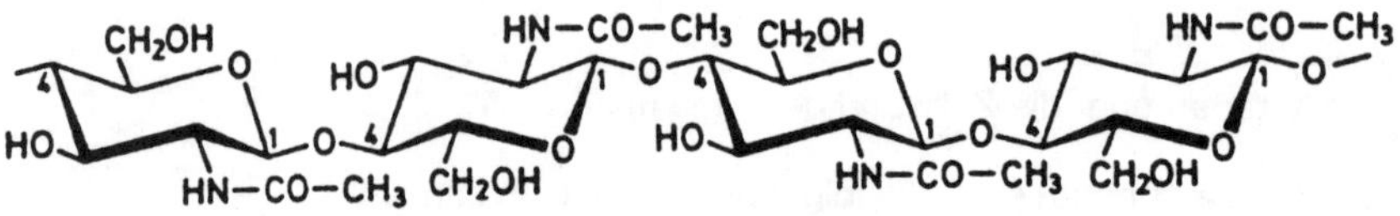

(A) ein Sekretionsprodukt der Golgi-Vesikel
(B) einen Bestandteil pflanzlicher Schleimstoffe
(C) ein Reservepolysaccharid von Liliaceen
(D) einen Zellwandbestandteil von Pilzen
(E) einen Zellwandbestandteil von Bakterien

1.2.3 Höhere Pflanzen

Lehrbuch S. 13–21

145 Welche Aussage zur Zellwand-Bildung bei Höheren Pflanzen trifft zu?

Die Substanzen zum Aufbau der Zellplatte werden unmittelbar angeliefert von

(A) den Amyloplasten
(B) dem Endoplasmatischen Retikulum (ER)
(C) der Kernmembran
(D) den Mitochondrien
(E) Keine der Aussagen trifft zu.

146 Welche Antwort zur Zellwandbildung trifft zu?

Während der Zellteilung sind bei Höheren Pflanzen an der Ausbildung einer neuen Zellwand beteiligt:

(A) Dictyosomen
(B) Lipid-Vakuolen
(C) Mitochondrien
(D) Plastiden
(E) Ribosomen

147 Welche Aussage zur Zellwand-Bildung bei Höheren Pflanzen trifft zu?

Die Zellplatte enthält

(A) Cellulose
(B) Hemicellulose
(C) Pektin(e)
(D) Protein(e)
(E) Stärke

148 Welche Aussage über Zellwände trifft zu?

Die Zellwand

(A) der prokaryotischen Zellen wird von Golgi-Vesikeln aufgebaut
(B) der Pilze enthält als innerste Schicht den Mureinsacculus
(C) einer eukaryotischen Pflanzenzelle erlaubt die freie Diffusion von Ionen
(D) ist bei prokaryotischen Zellen mit der Cytoplasmamembran identisch
(E) einer eukaryotischen Pflanzenzelle ist stets reich an Reservekohlenhydraten, wie z.B. Amylopektin

149 Welche Aussage trifft zu?

Die Wand der Zellen Höherer Pflanzen

(A) ist geschichtet und gliedert sich meist in eine Primär- und eine Sekundärwand; letztere wird der Primärwand gegen Ende des Zellwachstums aufgelagert
(B) ist einschichtig und zu etwa gleichen Teilen aus Pektin und Cellulose aufgebaut
(C) ist geschichtet und meist in Primär- und Sekundärwand gegliedert; beide entstehen gleichzeitig und verdicken sich beim Altern der Zelle allmählich
(D) ist vierschichtig; sie gliedert sich in Mittellamelle, Primärwand, Sekundärwand und Cytoplasmamembran
(E) Keine der Aussagen trifft zu.

Die Zellwand Höherer Pflanzen ist aus mehreren Schichten aufgebaut, die sich in ihrer chemischen Zusammensetzung unterscheiden.

Ordnen Sie bitte den in Liste 1 aufgeführten Zellwandschichten den jeweils anzutreffenden Hauptbaustein (Monomer) aus Liste 2 zu

Liste 1

150 Primärwand

151 Sekundärwand

Liste 2

(A) D-Glucose
(B) D-Fucose
(C) L-Rhamnose
(D) D-Glucuronsäure
(E) D-Galakturonsäure

---

152 Welcher der folgenden Begriffe trifft für die Primärwand zu?

(A) Streutextur
(B) Paralleltextur
(C) Schraubentextur
(D) Ringtextur
(E) Fasertextur

---

153 Welche Aussage über die Zellwandmatrix trifft zu?

Die Grundsubstanz (Matrix) der Zellwand Höherer Pflanzen besteht im wesentlichen aus

(A) Cellulose
(B) Lipopolysacchariden
(C) Teichonsäuren
(D) Amylopektin
(E) Keine der Aussagen trifft zu.

---

154 Folgende Polymere können am Aufbau der Zellwand Höherer Pflanzen beteiligt sein:

(1) Lignin
(2) Amylopektin
(3) Cellulose
(4) Hemicellulose
(5) Lipoproteine

(A) nur 1 und 3
(B) nur 2 und 3
(C) nur 1, 3 und 4
(D) nur 2, 4 und 5
(E) nur 1, 3, 4 und 5

---

155 Welche Antwort trifft zu?

D-Xylose ist beteiligt am Aufbau von:

(A) Amylopektin
(B) Amylose
(C) Cellulose
(D) Hemicellulosen
(E) Pektin

---

156 Welche Aussagen treffen zu?

Sekundärwände der Zellen Höherer Pflanzen können als Bestandteile enthalten:

(1) Lignin
(2) Hemicellulosen
(3) Cellulose

(A) nur 1
(B) nur 1 und 2
(C) nur 1 und 3
(D) nur 2 und 3
(E) 1 bis 3 (alle)

Ordnen Sie bitte den in Liste 1 aufgeführten Zellwandschichten den jeweils anzutreffenden Hauptbaustein (Monomer) aus Liste 2 zu.

Liste 1

157 Primärwand

158 Sekundärwand

Liste 2

(A) D-Glucose
(B) D-Fucose
(C) L-Fructose
(D) D-Glucuronsäure
(E) D-Galakturonsäure

159 Welche Aussage über die Zellwandmatrix trifft zu?

Die Grundsubstanz (Matrix) der Zellwand Höherer Pflanzen besteht im wesentlichen aus

(A) Cellulose
(B) Pektinen und Hemicellulose
(C) Lipopolysacchariden
(D) Teichonsäuren
(E) Amylopektin

160 Welche Aussage über Pektine trifft zu?

Pektine gehören zur Gruppe der

(A) glucosehaltigen Polysaccharide
(B) glucuronsäurehaltigen Polysaccharide
(C) galakturonsäurehaltigen Polysaccharide
(D) mannuronsäurehaltigen Polysaccharide
(E) Keine der Aussagen trifft zu.

161 Welche der Aussagen über das Vorkommen von Lignin treffen zu?

Pflanzliche Zellen können zu Verfestigung der Wand Lignin-Einlagerungen enthalten.

Diese Einlagerung kann in folgende Schichten erfolgen:

(1) Mittellamelle
(2) Primärwand
(3) Sekundärwand

(A) nur in 1
(B) nur in 2
(C) nur in 3
(D) nur in 2 und 3
(E) in 1 bis 3 (allen)

162 Welche Aussage über den Bau der Zellwand Höherer Pflanzen trifft <u>nicht</u> zu?

(A) Die unverzweigten Fadenmoleküle der Cellulose bilden Micellen.
(B) Cellulosefibrillen sind in eine Matrix aus Hemicellulosen und Pektinen eingebettet.
(C) Die Inkrustierung mit Lignin führt zur Verholzung.
(D) Verholzte Zellwände gibt es nur im Xylem.
(E) Das Verkorken von Zellwänden geschieht durch Adkrustierung mit Suberin und Wachsen.

163 Welche der genannten Stoffe können als Inkrusten der pflanzlichen Zellwand dienen?

(1) Cellulose
(2) Pektine
(3) Lignin
(4) Kieselsäure
(5) Gerbstoffe (Phlobaphene)

(A) nur 1 und 2
(B) nur 1 und 3
(C) nur 3 und 5
(D) nur 1, 2 und 3
(E) nur 3, 4 und 5

164 Welche Aussagen treffen zu?

Adkrustierte Wandschichten der Zellwände Höherer Pflanzen können bestehen aus:

(1) Cutin
(2) Suberin
(3) Lignin

(A) nur 1
(B) nur 3
(C) nur 1 und 2
(D) nur 2 und 3
(E) 1 bis 3 (alle)

165 In welchen Strukturen können Suberine vorkommen?

(1) Endodermis der Wurzel
(2) Casparyscher Streifen
(3) Kambium

(A) nur 1
(B) nur 2
(C) nur 1 und 2
(D) nur 2 und 3
(E) 1 bis 3 (alle)

166 Welche der Aussagen trifft zu?

Charakteristische Bestandteile von Zellwänden Höherer Pflanzen sind:

(1) Pektin
(2) Chitin
(3) Suberin
(4) Lignin

(A) nur 2 und 4
(B) nur 1, 2 und 3
(C) nur 1, 3 und 4
(D) nur 2, 3 und 4
(E) 1 bis 4 (alle)

167 Welche Aussage über den Bau der Zellwand Höherer Pflanzen trifft <u>nicht</u> zu?

(A) Cellulosefibrillen sind in eine Matrix aus Hemicellulosen und Pektinen eingebettet.
(B) Cellulosefibrillen der Sekundärwand sind parallel gelagert.
(C) Inkrustierung mit Lignin führt zur Verholzung.
(D) Adkrustierung mit Suberin und mit Wachsen führt zur Verkorkung.
(E) Verkorkte Zellwände gibt es nur im Phellem.

168 Welche der Aussagen trifft zu?

Nach erfolgter Kernteilung beginnt die Bildung einer neuen Zellwand mit einer Anreicherung folgender Organelle in der Äquatorialebene:

(A) Ribosomen
(B) Golgivesikel
(C) Chloroplasten
(D) Mitochondrien
(E) Endoplasmatisches Retikulum

169 Welche Aussage über die Zellwandmatrix trifft zu?

Die Matrix der Zellwand Höherer Pflanzen besteht im wesentlichen aus

(A) Cellulose
(B) Lipopolysacchariden
(C) Lignin
(D) Amylopektin
(E) Keine der obigen Aussagen trifft zu.

170 Welche der Aussagen treffen zu?

Die hier abgebildete Verbindung ist Bestandteil der Zellwände folgender Organismen:

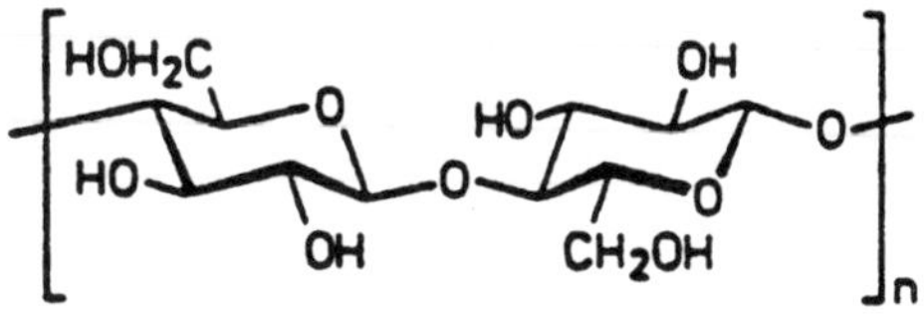

(1) Algen
(2) Bakterien
(3) Magnoliatae

(A) nur 1
(B) nur 2
(C) nur 3
(D) nur 1 und 3
(E) nur 2 und 3

171 Welches der folgenden Polysaccharide ist <u>nicht</u> Bestandteil von Zellwänden?

(A) Chitin
(B) Pektin
(C) Inulin
(D) Agar
(E) Alginsäure

172 In welchen der genannten Schichten können Lignineinlagerungen mit Phloroglucinlösung und Säure nachgewiesen werden?

(1) Mittellamelle
(2) Primärwand
(3) Sekundärwand
(4) Cuticula

(A) nur in 2
(B) nur in 3
(C) nur in 2 und 3
(D) nur in 1, 2 und 3
(E) in 1 bis 4 (in allen)

173 Welche Aussage über den Bau der Zellwand Höherer Pflanzen trifft <u>nicht</u> zu?

(A) Die unverzweigten Cellulosemoleküle bilden Fibrillen.
(B) Cellulosefibrillen sind in eine Matrix aus Hemicellulosen und Pektinen eingebettet.
(C) Die auf Epidermiszellwände aufgelagerte Cuticula ist aus Lamellen aus Cutin und Wachsen aufgebaut.
(D) Verholzte Zellwände gibt es nur im Xylem.
(E) Die Verkorkung von Zellwänden erfolgt durch Adkrustierung von Suberin und Wachsen.

174 Folgende Polymere können am Aufbau der Zellwand Höherer Pflanzen beteiligt sein:

(1) Lignin
(2) Amylopektin
(3) Cellulose
(4) Hemicellulose

(A) nur 1 und 3
(B) nur 2 und 3
(C) nur 2 und 4
(D) nur 3 und 4
(E) nur 1, 3 und 4

175 In welchen Strukturen kommen Cutine vor?

(1) Blattepidermis
(2) Sproßepidermis
(3) Rhizodermis

(A) nur 1
(B) nur 1 und 2
(C) nur 1 und 3
(D) nur 2 und 3
(E) 1 bis 3 (alle)

176 Welche Aussagen treffen zu?

Sekundäre Zellwände Höherer Pflanzen können <u>inkrustiert</u> sein mit:

(1) Lignin
(2) Cutin
(3) Suberin

(A) nur 1
(B) nur 1 und 2
(C) nur 1 und 3
(D) nur 2 und 3
(E) 1 bis 3 (alle)

177 Welche Antwort trifft zu?

D-Xylose ist beteiligt am Aufbau von:

(A) Amylopektin
(B) Amylose
(C) Cellulose
(D) Hemicellulosen
(E) Pektin

178 In welchem Organell bzw. Zellbestandteil können sekundäre Pflanzenstoffe abgelagert werden?

(A) Tonoplast
(B) Mitochondrien
(C) Zellwand
(D) Zellkern
(E) Ribosomen

179 Welche der folgenden Verbindungen sind nicht in Zellwänden Höherer Pflanzen zu finden?

(A) Xylane
(B) Glucomannane
(C) Muraminsäurepeptide
(D) Arabinogalaktane
(E) Galakturonane

1.3 Protoplast

1.3.1 Untergliederung des Protoplasten (s.a. 6.1.1)

Lehrbuch S. 5–13

180 Welche der genannten Zellkompartimente sind (u.a.) bei der Umwandlung von Reservefetten in Kohlenhydrate beteiligt?

(1) Cytosol
(2) Lysosomen
(3) Golgi-Vesikel

(A) nur 1
(B) nur 2
(C) nur 1 und 2
(D) nur 2 und 3
(E) 1 bis 3 (alle)

181 Welche Aussage zum Cytoplasma trifft zu?

Im Cytoplasma der eukaryotischen Pflanzenzelle

(A) können Eiweißkristalle in Form von Aleuronkörnern auftreten
(B) enthalten die Plasmide zusätzliche Erbinformationen
(C) sind die Nukleoide vom Endoplasmatischen Retikulum umgeben
(D) sind die Ribosomen aus einer 50 S- und einer 30 S-Untereinheit aufgebaut
(E) sind 80 S-Ribosomen am rauhen Endoplasmatischen Retikulum zu finden

182 Welches Kriterium spricht dafür, daß der Protoplast einer Zelle abgestorben ist?

(A) Das Fehlen von Chloroplasten
(B) Das Fehlen eines Zellkerns
(C) Das Fehlen der Kernmembran
(D) Das Wegfallen der Plasmolysierbarkeit
(E) Das Auftreten verdickter Zellwände

183 Welche Aussage zum Cytoplasma trifft zu?

Im Cytoplasma der eukaryotischen Pflanzenzelle

(A) bestimmt die Konzentration der gelösten Polysaccharide den osmotischen Wert
(B) enthalten die Plasmide zusätzliche Erbinformationen
(C) sind die Nukleoide vom Endoplasmatischen Retikulum umgeben
(D) sind die Ribosomen aus einer 50 S- und einer 30 S-Untereinheit aufgebaut
(E) sind 80 S-Ribosomen am rauhen Endoplasamtischen Retikulum zu finden

184 In ausdifferenzierten Zellen einer Höheren Pflanze lassen sich in einem guten Lichtmikroskop folgende Zellbestandteile bzw. Organelle erkennen:

(1) Chloroplasten
(2) Dictyosomen
(3) Ribosomen
(4) Mitochondrien
(5) Chromoplasten

(A) nur 1 und 3
(B) nur 1, 4 und 5
(C) nur 2, 4 und 5
(D) nur 1, 2, 4 und 5
(E) 1 bis 5 (alle)

Ordnen Sie bitte den Begriffen der Liste 1 das sie betreffende Organell (Liste 2) zu!

Liste 1

185 oxidative Phosphorylierung

186 Reduktion von Nitrat zu Nitrit

Liste 2

(A) Chloroplasten
(B) glattes Endoplasmatisches Reticulum
(C) Dictyosomen
(D) Cytosol
(E) Mitochondrien

1.3.2 Chemie, Struktur und Funktion von Biomembranen

Lehrbuch S. 55–71

187 Welche Aussagen zum Aufbau von Biomembranen treffen zu?

Biomembranen von Eubakterien enthalten in der Regel

(1) Phospholipide
(2) Sterole
(3) Proteine

(A) nur 1
(B) nur 2
(C) nur 1 und 2
(D) nur 1 und 3
(E) 1 bis 3 (alle)

188 Welche Aussagen zum Aufbau von Biomembranen treffen zu?

Biomembranen der Eukaryoten enthalten in der Regel

(1) Phospholipide
(2) Glykolipide
(3) Sterole
(4) Proteine

(A) nur 1 und 3
(B) nur 2 und 4
(C) nur 1, 2 und 4
(D) nur 1, 3 und 4
(E) 1 bis 4 (alle)

189 Welche Aussagen zu Biomembranen treffen zu?

Biomembranen der Eukaryoten enthalten als Bestandteile:

(1) Phospholipide
(2) Proteine
(3) Sterole

(A) nur 1
(B) nur 1 und 2
(C) nur 1 und 3
(D) nur 2 und 3
(E) 1 bis 3 (alle)

190 Welche der folgenden Substanzklassen sind in Biomembranen <u>nicht</u> zu finden?

(A) Glykolipide
(B) Phospholipide
(C) Proteine
(D) Sterole
(E) Triglycerole

191 Welche Aussagen zur Funktion von Biomembranen treffen zu?

Selektive Stoffaufnahme in ein von einer Biomembran umgebenes Kompartiment ist möglich durch

(1) Cotransport
(2) katalysierte Diffusion
(3) Endocytose

(A) nur 1
(B) nur 3
(C) nur 1 und 2
(D) nur 1 und 3
(E) 1 bis 3 (alle)

192 Welche Aussage über Biomembranen trifft <u>nicht</u> zu?

Biomembranen der eukaryotischen pflanzlichen Zelle

(A) verhindern weitgehend die freie Diffusion größerer polarer organischer Moleküle
(B) ermöglichen die Ausbildung zahlreicher Reaktionsräume
(C) begrenzen das Cytoplasma
(D) verbinden das ER (Endoplasmatisches Retikulum) mit den Thylakoidmembranen
(E) können Träger von Enzymkomplexen sein

193 Der Begriff selektive Permeabilität beschreibt die Kontrollfunktion von Biomembranen besser als der Begriff Semipermeabilität,

<u>weil</u>

Biomembranen nicht nur für Wasser, sondern auch für andere niedermolekulare Verbindungen durchlässig sind.

194 Welche der Aussagen treffen zu?

Die pflanzliche Zelle vermag ihren osmotischen Druck zu regeln über eine

(1) Erhöhung der Proteinkonzentration in der Zentralvakuole
(2) Umwandlung von fetten Ölen in Stärke
(3) Polymerisation von Glucose zu Stärke
(4) Veränderung der Ionenkonzentration in der Zentralvakuole

(A) nur 3
(B) nur 2 und 3
(C) nur 3 und 4
(D) nur 1, 2 und 4
(E) 1 bis 4 (alle)

195 Welche Aussagen zum Aufbau von Biomembranen treffen zu?

Biomembranen der Eukaryoten enthalten in der Regel

(1) Phospholipide
(2) Glykolipide
(3) Lipopolysaccharide
(4) Proteine

(A) nur 1 und 3
(B) nur 2 und 4
(C) nur 3 und 4
(D) nur 1, 2 und 4
(E) 1 bis 4 (alle)

196 Welche Angaben zum Aufbau von Biomembranen treffen zu?

Plasmamembranen Höherer Pflanzen enthalten

(1) Phospholipide
(2) Sterole
(3) Triacylglycerole

(A) nur 1
(B) nur 1 und 2
(C) nur 1 und 3
(D) nur 2 und 3
(E) 1 bis 3 (alle)

197 Welche der Aussagen treffen zu?

Die Proteine der Plasmamembran können

(1) Glykoproteine sein
(2) den Transport von Ionen ermöglichen
(3) Rezeptoren für Hormone sein

(A) nur 1
(B) nur 2
(C) nur 1 und 2
(D) nur 2 und 3
(E) 1 bis 3 (alle)

198 Welche Antwort trifft zu?

Das „fluid-mosaic"-Modell beschreibt

(A) den Durchsatz von Glucose durch die Glykolyse.
(B) die Strukturprinzipien, nach denen Membranlipide aufgebaut sind.
(C) die physikalischen Phänomene, die für die Aufrechterhaltung des Transpirationsstromes verantwortlich sind.
(D) Struktur und Dynamik von Biomembranen.
(E) die Ursachen der Plasmaströmung.

199 Welche der folgenden Funktionen und Stoffwechselvorgänge sind an Biomembranen gebunden?

(1) Osmotische Regulation
(2) Atmung
(3) Glykolyse
(4) Citratzyklus

(A) nur 1 und 3
(B) nur 2 und 3
(C) nur 1, 2 und 3
(D) nur 1, 2 und 4
(E) nur 1, 3 und 4

200 Welcher der folgenden Stoffwechselvorgänge ist <u>nicht</u> an Biomembranen gebunden?

(A) Glykolyse
(B) Atmung
(C) Citratzyklus
(D) Elektronentransport
(E) Fettsäureabbau

1.3.3 Membranfluß

Lehrbuch S. 67ff.

201 Welche Aussagen über die Zusammensetzung von Biomembranen treffen zu?

Bestandteil von Biomembranen sind:

(1) Amylopektin
(2) Proteine
(3) Lecithin
(4) Phospholipide
(5) Steroide

(A) nur 1 und 4
(B) nur 2 und 3
(C) nur 3 und 4
(D) nur 1, 2 und 5
(E) nur 2, 3, 4 und 5

202 Welche der folgenden Bausteine sind in den Molekülen zu finden, aus denen die Biomembranen zusammengesetzt sind?

(1) Aminoalkohole
(2) Aminosäuren
(3) Fettsäuren
(4) Sterine
(5) Zucker

(A) nur 2 und 3
(B) nur 1, 3 und 5
(C) nur 2, 4 und 5
(D) nur 2, 3, 4 und 5
(E) 1 bis 5 (alle)

203 Welche der Aussagen über den Aufbau der Biomembranen treffen zu?

Nachfolgend aufgeführte Verbindungen können Bestandteil von oder Baustein in Biomembranen sein:

(1) Cholin
(2) Cholesterol
(3) Phosphorsäure
(4) Proteine
(5) Glycerol

(A) nur 1 und 5
(B) nur 2 und 4
(C) nur 1, 3 und 5
(D) nur 2, 3 und 4
(E) 1 bis 5 (alle)

204 Welche der Aussagen über Biomembranen treffen zu?

Biomembranen

(1) sind mit Proteinen assoziiert
(2) enthalten Zuckerreste
(3) enthalten Cholinreste
(4) können Sterole enthalten

(A) nur 1 und 2
(B) nur 2 und 3
(C) nur 3 und 4
(D) nur 1, 2 und 3
(E) 1 bis 4 (alle)

205 Welche der hier genannten Komponenten sind Bestandteile von Biomembranen?

(1) globuläre Proteine
(2) Glykoproteine
(3) Oligosaccharide
(4) Phospholipide

(A) nur 1 und 2
(B) nur 2 und 3
(C) nur 3 und 4
(D) nur 2, 3 und 4
(E) 1 bis 4 (alle)

206 Welche der Aussagen über den Bau von Biomembranen treffen zu?

Nachfolgend aufgeführte Verbindungen können Bestandteile von Biomembranen sein:

(1) Proteine
(2) Pektine
(3) Phospholipide
(4) Nukleinsäuren
(5) Cellulose

(A) nur 1 und 3
(B) nur 2 und 5
(C) nur 1, 3 und 5
(D) nur 1, 4 und 5
(E) nur 2, 4 und 5

207 Welche Aussage zum Aufbau von Biomembranen trifft <u>nicht</u> zu?

Die Phospholipide in den Biomembranen

(A) enthalten Esterbindungen
(B) enthalten Fettsäurereste
(C) enthalten einen Glycerinrest
(D) enthalten eine N-Glykosidbindung am Cholinrest
(E) haben ein polares und ein unpolares Ende

208 Welche Aussage über die Cytoplasmamembran trifft <u>nicht</u> zu?

In der Cytoplasmamembran eukaryotischer Zellen finden sich

(A) Phospholipide
(B) neutrale Lipide
(C) saure Polysaccharide
(D) Adenosintriphosphatasen (ATPasen)
(E) Proteine

209 Welche der Aussagen trifft <u>nicht</u> zu?

Biomembranen können enthalten:

(A) Cholin
(B) Murein
(C) Glycerol
(D) Proteine
(E) Enzyme

210 Biomembranen unterschiedlicher Zellorganelle lassen im Elektronenmikroskop ähnliche Struktur erkennen,

<u>weil</u>

ein Austausch von Biomembranen zwischen Zellorganellen durch Membranfluß erfolgen kann.

211 Welche Antwort trifft zu?

Das „fluid-mosaic"-Modell beschreibt

(A) den Durchsatz von Glucose durch die Glykolyse
(B) die Strukturprinzipien, nach denen Membranlipide aufgebaut sind
(C) die physikalischen Phänomene, die für die Aufrechterhaltung des Transpirationsstromes verantwortlich sind
(D) die Ursachen der Plasmaströmung
(E) Keine der Antworten trifft zu.

212 Welche der im folgenden genannten Beobachtungen sind mit dem „fluid-mosaic"-Modell der Biomembranen vereinbar?

(1) Der Membranfluß zwischen Plasmalemma und Golgi-Vesikeln
(2) Die Variabilität in der Zusammensetzung der Biomembranen
(3) Die Beweglichkeit der Proteinmoleküle in der Biomembran

(A) nur 1
(B) nur 3
(C) nur 1 und 2
(D) nur 2 und 3
(E) 1 bis 3 (alle)

213 Das „fluid-mosaic“-Modell ist eines von mehreren Modellen über den Aufbau von Elementarmembranen.

Welche Aussage ist <u>nicht</u> richtig?

(A) Das „fluid-mosaic“-Modell geht davon aus, daß die Membranen weitgehend flüssige Konsistenz haben.
(B) Nach dem „fluid-mosaic“-Modell enthalten Biomembranen in die Lipidschicht eingebettete Proteine.
(C) Das „fluid-mosaic“-Modell postuliert eine monomolekulare Schicht globulärer Proteine, die die Lipidschicht überdeckt.
(D) Einzelne Proteine reichen als sog. Tunnelproteine quer durch die Membranen.
(E) Die Lipidschichten sind durch zwischenmolekulare Kräfte dicht geordnet und durch das umgebende Wasser zusammengeschoben und stabilisiert.

214 Welche der folgenden Aussagen zu Biomembranen trifft <u>nicht</u> zu?

(A) Proteinmoleküle können der Lipidschicht aufgelagert sein oder auch den Lipidfilm durchsetzen.
(B) Die beiden Lipidschichten sind so angeordnet, daß ihr hydrophobes Ende nach außen gerichtet ist.
(C) Die Proteine der Membranen können Enzyme sein.
(D) Die Hauptmenge der Lipidfraktion machen die Phospholipide aus.
(E) Biomembranen sind in der Regel asymmetrisch aufgebaut.

215 Welche der folgenden Angaben zu Aufgabe und Funktion von Biomembranen treffen zu?

(1) Semipermeabilität
(2) aktiver Transport
(3) Omnipermeabilität
(4) Diffusionsbarriere
(5) Kompartimentierung

(A) nur 1 und 5
(B) nur 2, 3 und 4
(C) nur 3, 4 und 5
(D) nur 1, 2, 4 und 5
(E) 1 bis 5 (alle)

216 Welche der folgenden Aussagen über die Funktion von Biomembranen treffen zu?

Biomembranen besitzen

(1) Organisationsfunktion (Kompartimentierung)
(2) Synthese-Funktion (Träger von Enzymen)
(3) Transportfunktion (Stoffaustausch)

(A) nur 1
(B) nur 1 und 2
(C) nur 1 und 3
(D) nur 2 und 3
(E) 1 bis 3 (alle)

217 Biomembranen bewirken die Semipermeabilität der pflanzlichen Zellwand,

<u>weil</u>

die selektive Aufnahme von Stoffen (Ionen bzw. Moleküle) an das Vorhandensein von Biomembranen geknüpft ist.

218 Die Stoffaufnahme in das Cytoplasma ist ein reiner Diffusionsprozeß,

<u>weil</u>

eine selektive Permeabilität bei den Zellen nicht besteht.

219 Welche Aussage über Biomembranen trifft zu?

Biomembranen

(A) sind omnipermeabel
(B) sind für Ionen undurchlässig
(C) kommen nicht in Prokaryoten vor
(D) können Konzentrationsunterschiede in einer Zelle aufrechterhalten
(E) lassen sich lichtmikroskopisch als Doppellinien darstellen

220 Welche Aussage zu Biomembranen trifft nicht zu?

(A) Biomembranen sind Orte der Reizleitung
(B) An Biomembranen kann Energietransformation stattfinden.
(C) Die sensorische Erregungsbildung erfolgt an Biomembranen.
(D) Mitochondrienmembranen können durch Membranfluß in Dictyosomenmembranen übergehen.
(E) Biomembranen dienen der Abgrenzung und Kompartimentierung von Reaktionsräumen innerhalb der Zelle.

221 Ionen sind an der Ausbildung des Ruhepotentials beteiligt,

weil

Ionen durch die Plasmagrenzschichten ungehindert diffundieren können.

222 Die Aussage:
„Durch Biomembranen ist ein aktiver Transport möglich."
ist richtig,

weil

durch Biomembranen unter Energieaufwand ein Transport gegen ein Konzentrationsgefälle stattfinden kann.

223 Ohne Carriermoleküle kann kein Stoffaustausch durch Biomembranen hindurch erfolgen,

weil

Carriermoleküle bei Formen von aktiven und passiven Transportvorgängen durch Biomembranen beteiligt sind.

224 Durch Biomembranen hindurch kann Stofftransport nur in einer Richtung erfolgen,

weil

Biomembranen semipermeabel sind.

225 Welche Aussagen über den Stofftransport durch Biomembranen treffen zu?

(1) Mit Hilfe aktiver Transportvorgänge wird die Ionenkonzentration in der Zelle reguliert.
(2) Durch Pinocytose werden in Wasser gelöste Moleküle unspezifisch in die Zellen aufgenommen.
(3) Carriermoleküle sind nur bei aktiven Transportvorgängen durch Biomembranen beteiligt.

(A) nur 1
(B) nur 3
(C) nur 1 und 2
(D) nur 2 und 3
(E) 1 bis 3 (alle)

226 Welche der Aussagen treffen zu?

Der aktive Transport

(1) ist abhängig von der Verfügbarkeit energiereicher Verbindungen
(2) kann gegen einen Konzentrationsgradienten erfolgen
(3) ist lebensnotwendig für die Zelle

(A) nur 2
(B) nur 3
(C) nur 1 und 2
(D) nur 1 und 3
(E) 1 bis 3 (alle)

227 Unter „aktivem Transport" von Ionen in der Wurzel versteht man

(A) die Diffusion der Ionen in den extrazellulären Bereich
(B) die Aufnahme von Wasser und darin gelöster Salze mittels des Transpirationssogs einer Pflanze
(C) das Selektionsvermögen der Pflanze für bestimmte Ionen
(D) den Übergang der Ionen aus dem extrazellulären Bereich in die Zelle unter Energieverbrauch
(E) Keine der Aussagen trifft zu.

228 Welche Aussage über Kompartimentierung trifft zu?

Unter Kompartimentierung versteht man

(A) die Ausbildung abgeteilter Reaktionsräume innerhalb der Zelle
(B) den Teilungsvorgang der Embryosackmutterzelle
(C) die Spezialisierung einzelner Zellen innerhalb eines Gewebes
(D) die Spezialisierung einzelner Gewebebereiche
(E) die zelluläre Gliederung der Grundorgane

229 Welche Aussage über Kompartimentierung trifft zu?

Die Kompartimentierung

(A) ist nur im Zellkern verwirklicht und beruht auf einer Abgrenzung der Kernbestandteile gegeneinander
(B) ist nur in älteren Zellen zu beobachten, in denen sich bereits der plasmatische Wandbelag ausgebildet hat
(C) beruht auf der Ausbildung von semipermeablen Lipoproteidmembranen, die bestimmte Bereiche des Plasmas abgrenzen
(D) dient zur inneren Differenzierung bei Einzellern, damit dort alle Lebensäußerungen geordnet ablaufen können; bei Mehrzellern findet man ein solches Prinzip nicht
(E) Keine der Aussagen trifft zu.

230 Welche der Aussagen über den Aufbau und die Funktion von Biomembranen treffen zu?

Biomembranen

(1) bestehen aus Lipiden und Proteinen, die durch hydrophobe und polare Wechselwirkungen zusammengehalten werden
(2) können eine Kompartimentierung des Cytoplasmas bewirken
(3) besitzen hohe Permeabilität für Ionen und geringe Permeabilität für unpolare niedermolekulare Substanzen
(4) können auf Reize mit Potential- und Permeabilitätsänderungen antworten

(A) nur 2
(B) nur 1 und 2
(C) nur 1, 2 und 4
(D) nur 1, 3 und 4
(E) 1 bis 4 (alle)

231 Welche Aussage über Biomembranen trifft nicht zu?

Das Vorhandensein der Biomembranen des Protoplasten führt dazu, daß

(A) es zur Ausbildung zahlreicher Reaktionsräume in der Zelle kommt
(B) die freie Diffusion größerer organischer Moleküle weitgehend unterbunden ist
(C) das Endoplasmatische Retikulum die Thylakoidmembranen der Chloroplasten umgibt
(D) bei vollständig ausdifferenzierten pflanzlichen Zellen das Cytoplasma auf einen wandständigen Bereich begrenzt werden kann
(E) durch Auflagerung auf die äußere, polare Oberfläche der Biomembranen die Einheiten eines Enzymkomplexes in einen zueinander geordneten Zustand gelangen können

232 Welche Aussagen zum Phänomen des „Membranflusses" treffen zu?

(1) Die Kernmembran steht mit dem Endoplasmatischen Retikulum in Verbindung.
(2) Die Cytoplasmamembran wird unter Mitwirkung des Golgi-Apparates gebildet.
(3) Membranen des Endoplasmatischen Retikulums gehen in das Membransystem der Golgi-Vesikel über.
(4) Plastidenmembranen sind Teile des Endoplasmatischen Retikulums.

(A) nur 1 und 2
(B) nur 2 und 3
(C) nur 2 und 4
(D) nur 1, 2 und 3
(E) nur 1, 3 und 4

233 Welches Biomembransystem ist in der Regel am Membranfluß beteiligt?

(1) Lysosomenmembran
(2) Golgivesikelmembran
(3) Kernmembran
(4) Cytoplasmamembran

(A) nur 4
(B) nur 1 und 2
(C) nur 3 und 4
(D) nur 2, 3 und 4
(E) 1 bis 4 (alle)

234 Welche Aussage trifft zu?

Der Tonoplast

(A) ist die Membran, die das Cytoplasma als osmotische Barriere nach außen abschließt
(B) bildet die Biomembran, welche die Plastiden überzieht und für die Aufrechterhaltung des osmotischen Druckes in den Plastiden sorgt
(C) ist die Biomembran, die das Cytoplasma gegen die Zentralvakuole abgrenzt
(D) ist die erste Schicht, die bei Zellteilungen das Protoplasma der entstandenen Tochterzellen gegeneinander abgrenzt
(E) ist die Biomembran, welche für den Tonus des Cytoplasmas verantwortlich ist

235 Welche Aussage trifft nicht zu?

Biomembranen

(A) sind am Aufbau der Thylakoide in den Chloroplasten beteiligt
(B) sind am Aufbau der Ribosomen beteiligt
(C) sind am Aufbau der Dictyosomen beteiligt
(D) umgeben die Mitochondrien
(E) umgeben die Zellkerne

236 Welche der Aussagen treffen zu?

Ein Biomembranfluß (Membranaustausch) kann in aller Regel stattfinden zwischen

(1) E.R. und Dictyosom
(2) Dictyosom und Plasmalemma
(3) Dictyosom und Tonoplast
(4) E.R. und Kernmembran

(A) nur 1
(B) nur 1 und 4
(C) nur 2 und 3
(D) nur 2, 3 und 4
(E) 1 bis 4 (alle)

237 Welche Aussage trifft <u>nicht</u> zu?

Zum Membranflußsystem der Zelle gehören folgende Organellen:

(A) Mitochondrien
(B) glattes Endoplasmatisches Retikulum
(C) Kernmembran
(D) Phagosomen
(E) Dictyosomen

1.3.4 Struktur, Funktion und stoffliche Zusammensetzung des Zellkerns einschließlich der Chromosomen

Lehrbuch S. 73–80

238 Welche Aussage über den Bau des Zellkerns trifft zu?

(A) Der Zellkern besitzt eine granuläre Feinstruktur, die durch die zahlreichen Nukleoli hervorgerufen wird.
(B) Während der Interphase läßt sich im Lichtmikroskop das Chromatingerüst des Zellkerns auch ohne Färbung erkennen.
(C) Der Zellkern ist durch die Kernmembran gegen das Cytoplasma abgegrenzt; er besteht aus Karyoplasma, Nukleoli und dem aus den Chromosomen bestehenden Chromatingerüst.
(D) Der Zellkern ist durch die Kernmembran gegen das Cytoplasma abgegrenzt; er geht aus den Nukleoli hervor, die neben dem Zellkern im Cytoplasma zu erkennen sind.
(E) Keine der Aussagen trifft zu.

239 Welche Aussage trifft zu?

Die Zellen der pflanzlichen Eukaryoten

(A) besitzen einen Zellkern, der durch eine Doppelmembran vom Cytosol abgegrenzt ist
(B) besitzen im Unterschied zu den Prokaryoten keine Mitochondrien
(C) besitzen anstatt eines organisierten Zellkerns sog. Kernäquivalente
(D) bilden durch Einstülpung der Plasmamembran die Mesosomen
(E) enthalten im Cytosol 70 S-Ribosomen

240 Welche der im folgenden genannten Fälle können von der Regel abweichen, daß eine Eukaryotenzelle <u>einen</u> Zellkern enthält?

(1) Siebröhren
(2) Basidiomyceten
(3) Markstrahlzellen

(A) nur 1
(B) nur 3
(C) nur 1 und 2
(D) nur 2 und 3
(E) 1 bis 3 (alle)

241 Welche Aussage über den Zellkern trifft nicht zu?

(A) Der Zellkern ist von einer Doppelmembran umgeben.
(B) Die Kernmembran läßt im Elektronenmikroskop Poren erkennen. Durch diese können Makromoleküle aus dem Kerninneren ins Cytoplasma gelangen und umgekehrt.
(C) Nach einer Kernteilung wird die Kernmembran aus den zusammenfließenden Membranen von Golgi-Vesikeln wieder aufgebaut.
(D) Der Zellkern enthält die Chromosomen, die während der Interphase im Lichtmikroskop als sog. „Chromatingerüst" sichtbar gemacht werden können.
(E) Es gibt Zellen mit mehreren, resp. vielen Zellkernen.

242 Welche der folgenden Aussagen trifft nicht zu?

(A) Triploide Organismen können sich nur vegetativ fortpflanzen.
(B) Im Verlauf der Mitose tritt ein Kernphasenwechsel auf.
(C) Der Chromosomensatz Höherer Pflanzen wird bei der Bildung der Gameten halbiert.
(D) Der Chromosomensatz der Somazellen innerhalb eines Individuums kann unterschiedlich sein.
(E) Der diploide Chromosomensatz der Menschen umfaßt 46 Chromosomen.

243 Kernmembranen benachbarter Zellen können über ein Biomembransystem miteinander verbunden sein,

weil

das Endoplasmatische Retikulum (ER) mit der Kernmembran und über Plasmodesmen mit dem ER der Nachbarzellen in Verbindung stehen kann.

244 Welche Antwort trifft zu?

Chromosomen der Höheren Pflanzen bestehen aus:

(A) DNA
(B) DNA + Histone
(C) DNA + Nichthiston-Proteine
(D) DNA + Histone + Nichthiston-Proteine
(E) Keine der Antworten trifft zu.

245 Welche Aussage über Chromosomen trifft nicht zu?

Die Chromosomen von Pflanzen

(A) bestehen aus DNA und Proteinen
(B) sind an der Proteinsynthese der Zelle mittelbar beteiligt
(C) sind an der r-RNA-Synthese der Zelle beteiligt
(D) enthalten zusammen die gesamte DNA einer Zelle
(E) sind in der Interphase ohne charakteristische, im Lichtmikroskop erkennbare Gestalt

246 Welche charakteristische Erscheinungsform zeigen die Chromosomen in der Interphase?

In der Interphase sind die Chromosomen

(A) erkennbar durch eine Einschnürung in zwei Schenkel gegliedert
(B) von länglicher bis kugeliger Gestalt
(C) lichtmikroskopisch deutlich voneinander abzugrenzen, aber ohne charakteristische Gestalt
(D) zumeist diffuses, stark aufgelockertes Fadenwerk ohne lichtmikroskopisch erkennbare Einzelindividuen
(E) Keine der Antworten trifft zu.

247 Welche der aufgeführten Begriffe bezeichnen Strukturelemente eines Chromosoms?

(1) Chromomer
(2) Chromatid
(3) Centriol
(4) Centromer

(A) nur 1
(B) nur 2 und 4
(C) nur 1, 2 und 3
(D) nur 1, 2 und 4
(E) 1 bis 4 (alle)

248 Welche der hier aufgeführten Zellbestandteile gehören zur Gruppe der Chromosomen?

(1) Autosomen
(2) Dictyosomen
(3) Heterosomen
(4) Polysomen
(5) Ribosomen

(A) nur 4
(B) nur 1 und 3
(C) nur 1 und 5
(D) nur 2 und 3
(E) nur 3 und 5

249 Welche Aussage zum „Bakterienchromosom“ trifft zu?

Das „Bakterienchromosom“ (= Bakterienlineom)

(A) ist abweichend vom Bau der Eukaryoten-Chromosomen nur aus Ribonukleinsäure aufgebaut
(B) ist die fadenförmige, in sich geschlossene Desoxyribonukleinsäure der Bakterienzelle, die nicht an Histone gebunden ist und auf der die Gene linear angeordnet sind
(C) wird gebildet von den Genträgern der Bakterienzelle, deren Struktur und chemische Zusammensetzung im einzelnen unbekannt sind
(D) ist das Kernäquivalent der Bakterienzelle, das bezüglich der chemischen Natur seiner Nukleotide von den Eukaryoten-Chromosomen abweicht
(E) ist statt durch eine Kernhülle, wie sie bei den Höheren Pflanzen auftritt, durch Histone gegen das Cytosol abgegrenzt

250 Die Chromosomen eukaryotischer Zellen haben in der Metaphase eine mikroskopisch sichtbare charakteristische Gestalt.

weil

die Zellteilung durch Colchicin in der Metaphase unterbrochen werden kann.

251 Welche Beschreibung ist dem Begriff Nukleosom zuzuordnen?

Nukleosomen

(1) enthalten Histone
(2) werden als Kernkörperchen bezeichnet
(3) enthalten DNA
(4) kommen bei Eukaryoten vor

(A) nur 2
(B) nur 2 und 4
(C) nur 1, 2 und 3
(D) nur 1, 3 und 4
(E) 1 bis 4 (alle)

252 Welche Aussagen treffen auf den Begriff Histon zu?

Histon

(1) ist ein basisches Protein
(2) ist Bestandteil von Nucleosomen
(3) ist mit DNA assoziiert

(A) nur 1
(B) nur 2
(C) nur 3
(D) nur 2 und 3
(E) 1 bis 3 (alle)

253 Welche Aussagen treffen zu?

Einen Zellkern besitzen:

(1) Algen
(2) Pilze
(3) Cyanobakterien
(4) Bakterien

(A) nur 1 und 2
(B) nur 1 und 3
(C) nur 1 und 4
(D) nur 1, 2 und 4
(E) nur 2, 3 und 4

254 Welche der Aussagen trifft <u>nicht</u> zu?

(A) Ein Zellkern enthält jeweils nur einen Nucleolus.
(B) In den Nucleoli findet die Synthese von rRNA statt.
(C) Zu Beginn der Kernteilung werden Kernmembran und Nucleolus aufgelöst.
(D) Kernporen verbinden Karyoplasma und Cytoplasma.
(E) Kernporen treten sowohl bei pflanzlichen als auch tierischen Zellen auf.

255 Welche Aussage trifft auf den Begriff Nucleosom zu?

Nucleosomen

(A) sind mit Nucleoli identisch
(B) sind Struktureinheiten von Chromosomen
(C) sind Ribosomen, die der Kernmembran aufliegen
(D) sind die Elemente der prokaryotischen Kernregion
(E) bestehen aus sauren Proteinen

256 Welche Aussagen treffen zu?

(1) Ein Chromosom beteht aus DNA, Histonen, Nicht-Histon-Proteinen und etwas RNA.
(2) Das Massenverhältnis von DNA und Histonen in Eukaryotenzellen beträgt in der Regel etwa 1 : 1.
(3) In Bakterien liegt die DNA in Form von Nucleosomen vor.

(A) nur 1
(B) nur 1 und 2
(C) nur 1 und 3
(D) nur 2 und 3
(E) 1 bis 3 (alle)

257 Welche der Aussagen trifft <u>nicht</u> zu?

(A) Ein Chromosom enthält DNA, Histone und Nicht-Histon-Proteine.
(B) Das Massenverhältnis von DNA und Histonen beträgt stets etwa 2 : 1.
(C) Zahl und Formen der Chromosomen sind für eine Eukaryotenzelle in der Regel konstant.
(D) Der Kondensationsgrad des Chromatins wird von Wechselwirkungen der DNA mit Histonen bestimmt.
(E) Im Interphasekern liegen die Chromosomen entspiralisiert als Chromatingerüst vor.

1.3.5 Funktion und stoffliche Zusammensetzung der Vakuole; spezialisierte Vakuolen; Zelleinschlüsse

Lehrbuch S. 108ff.

258 Welche Aussage zu Vakuolen trifft zu?

Als Vakuole bezeichnet man

(A) den vom Tonoplasten und vom Plasmalemma eingegrenzten Raum ausdifferenzierter Zellen
(B) einen mit Flüssigkeit gefüllten Raum innerhalb der Zelle, der durch eine Biomembran gegen das Zellplasma abgegrenzt ist
(C) den bei der Zellteilung durch den Phragmoplasten begrenzten Raum jeder Tochterzelle
(D) den Raum zwischen den Doppelmembranen des Endoplasmatischen Retikulums (ER)
(E) einen durch Auflösung von Zellwänden entstandenen (lysigenen) Interzellularraum

259 Das Vorhandensein einer festen Zellwand ist eine der Voraussetzungen für die Ausbildung der pflanzlichen Zellsaftvakuole,

<u>weil</u>

der osmotische Wert innerhalb einer Zelle in der Regel niedriger liegt als der osmotische Wert der Umgebung.

260 Welche der Antworten treffen zu?

Als Inhalt der Zentralvakuole können (u.a.) auftreten:

(1) Alkaloide
(2) Cardenolide
(3) Anthocyane
(4) Saponine

(A) nur 3
(B) nur 1 und 3
(C) nur 2 und 4
(D) nur 1, 2 und 3
(E) 1 bis 4 (alle)

261 Welche Aussage über die Zentralvakuole trifft zu?

Bei den Höheren Pflanzen ist die große Zentralvakuole

(A) sowohl in Zellen der Meristeme wie auch in Zellen von Dauergeweben vorhanden
(B) der bevorzugte Ort der Stärkespeicherung
(C) für die Turgeszenz der Zelle bedeutungslos
(D) Ablagerungsort für Reservecellulose
(E) Ablagerungsort für Gerbstoffe, Alkaloide und Glykoside

262 Welche der Antworten treffen zu?

In der Zentralvakuole können gespeichert werden

(1) Lignine
(2) Glykoside
(3) Gerbstoffe
(4) Kohlenhydrate

(A) nur 1 und 3
(B) nur 2 und 4
(C) nur 1, 2 und 4
(D) nur 2, 3 und 4
(E) 1 bis 4 (alle)

263 Welche Aussagen treffen zu?

Vakuolen

(1) können pflanzliche Sekundärstoffe speichern
(2) können Enzyme enthalten
(3) können Proteinkristalle enthalten
(4) können Oxalatkristalle enthalten

(A) nur 1
(B) nur 1 und 2
(C) nur 3 und 4
(D) nur 1, 2 und 4
(E) 1 bis 4 (alle)

264 Welche Aussage trifft <u>nicht</u> zu?

Die große Zentralvakuole pflanzlicher Zellen kann enthalten:

(A) Proteine
(B) Glykoside (Heteroside)
(C) Farbstoffe
(D) Sekundäre Inhaltsstoffe
(E) DNA

265 Welche Antwort trifft nicht zu?

Gerbstoffe können abgelagert werden

(A) in der Zellwand
(B) im Cytoplasma
(C) in der Vakuole
(D) in der Wurzel
(E) in Gerbstoffschläuchen

266 In welchem der folgenden Kompartimente können Anthocyane akkumuliert werden?

(A) Vakuole
(B) Cytoplasma
(C) Thylakoide
(D) Leukoplasten
(E) Mitochondrien

267 Welche Aussage über die Zentralvakuole von pflanzlichen Zellen trifft nicht zu?

Sie

(A) enthält in wäßriger Lösung Aminosäuren
(B) kann bei bestimmten Pflanzenfamilien Inulin enthalten
(C) dient zur Aufrechterhaltung des Turgors
(D) enthält Enzyme, die dem Abbau organischer Moleküle dienen
(E) ist der Speicherort für Stärke

268 Welche der Aussagen trifft nicht zu?

Zu den Aufgaben der Zentralvakuole der Pflanzen gehören:

(A) Regulation des Turgors
(B) Aufnahme überschüssiger Kationen
(C) Aufnahme temporärer Überschüsse an Stoffwechselprodukten
(D) Lieferung von Komponenten der Zellwand-Matrix
(E) Aufnahme von Stoffen, die für das Plasma und seine Enzyme schädlich wären

269 Welche der Aussagen treffen zu?

Als Inhalt der Zentralvakuole können (u.a.) auftreten:

(1) Alkaloide
(2) Cardenolide
(3) Anthocyane
(4) organische Säuren

(A) nur 3
(B) nur 1 und 3
(C) nur 2 und 4
(D) nur 1, 2 und 3
(E) 1 bis 4 (alle)

1.3.6 Rauhes ER, glattes ER

Lehrbuch S. 81–86

270 Welche Antwort trifft auf folgende Beschreibung zu?

Das System von tubulären Elementen und Hohlräumen, welches das Cytoplasma von Eukaryoten durchzieht und dem wichtige Stoffwechsel- und Transportfunktionen zugeschrieben werden, bezeichnet man als:

(A) Endoplasmatisches Retikulum (ER)
(B) Cristae mitochondriales
(C) Golgi-Apparat
(D) Mikrotubuli
(E) Keine der Antworten trifft zu.

271 Welcher Aussage über das Endoplasmatische Retikulum (ER) stimmen Sie zu?

(A) Es handelt sich um ein Konglomerat aus kugeligen, membranumgrenzten Hohlräumen des Cytoplasmas.
(B) Das ER ist bei der Kernteilung als sog. Spindelapparat beteiligt.
(C) Die Elementarmembranen des ER stehen mit den Plastiden in wechselseitigem Austausch (Membranfluß).
(D) Das ER bildet ein kommunizierendes System von Hohlräumen und Kanälen im Cytoplasma.
(E) Keine der Aussagen trifft zu.

272 Welcher Aussage über das Endoplasmatische Retikulum (ER) stimmen Sie zu?

(A) Das ER bildet den Phragmoblasten.
(B) Das ER findet sich bei Prokaryoten und Eukaryoten.
(C) Die Elementarmembranen des ER stehen mit den Plastiden in wechselseitigem Austausch (Membranfluß).
(D) Das ER bildet ein kommunizierendes System von Hohlräumen und Kanälen im Cytoplasma.
(E) Keine der Aussagen trifft zu.

273 Am rauhen Endoplasmatischen Retikulum (ER) kann Proteinbiosynthese stattfinden,

weil

die Membranen des rauhen ER mit Ribosomen besetzt sind.

274 Mit welcher subzellulären Struktur können Polysomen assoziiert sein?

(A) Liposomen
(B) Zentrosomen
(C) Endoplasmatisches Retikulum
(D) Dictyosomen
(E) Vakuole

275 Welche Aussagen zum Endoplasmatischen Retikulum (ER) treffen zu?

(1) Auf der cytoplasmatischen Seite des ER können Ribosomen gebunden werden.
(2) Bei der Biosynthese bestimmter Proteine werden Polypeptide in die ER-Zisternen aufgenommen.
(3) Der Inhalt der ER-Zisternen kann mittels Vesikel zum Golgi-Apparat transportiert werden.

(A) nur 1
(B) nur 1 und 2
(C) nur 1 und 3
(D) nur 2 und 3
(E) 1 bis 3 (alle)

276 Welche der nachfolgenden Aussagen trifft zu?

Das „glatte" ER

(A) ist ein Ort der Proteinbiosynthese in der Zelle
(B) ist an der Oberfläche frei von Enzymen („glatt")
(C) ist maßgeblich am Aufbau von Lipiden beteiligt
(D) dient dem Transport der an seiner Oberfläche gebildeten Proteine
(E) Keine der Aussagen trifft zu.

277 Welche Aussage zum Endoplasmatischen Retikulum trifft nicht zu?

(A) Der Ribosomenbesatz eines Endoplasmatischen Retikulums hängt stark von der Funktion der Zelle ab.
(B) Am rauhen Endoplasmatischen Retikulum werden Membranproteine gebildet.
(C) Die an den Ribosomen am rauhen ER gebildeten Polypeptidketten werden durch die Membran des ER in das Innere dieses Membransystems geschoben.
(D) Am rauhen Endoplasmatischen Retikulum werden Membranlipide synthetisiert.
(E) Das glatte Endoplasmatische Retikulum enthält Enzymsysteme zur Biotransformation von Arzneistoffen.

Ordnen Sie bitte den Zellbestandteilen der Liste 1 die in der schematischen Abbildung gekennzeichneten Organelle oder Zellstrukturen (Liste 2) zu.

Liste 1

278 glattes Endoplasmatisches Retikulum

279 Mitochondrium

Liste 2

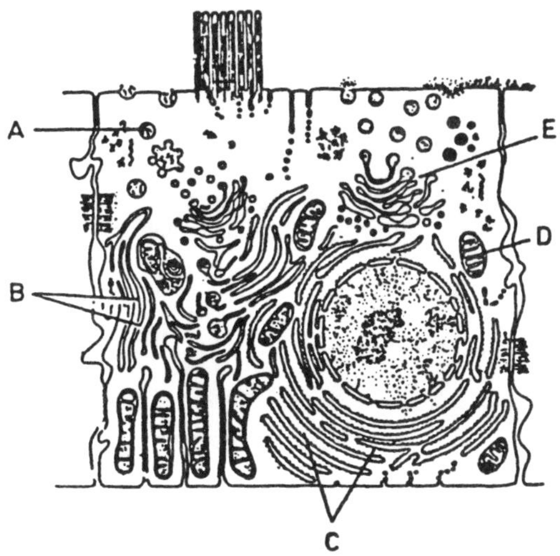

280 Welche der Aussagen trifft nicht zu?

(A) Am rauhen ER findet Synthese von Proteinen statt.
(B) Am glatten ER findet Synthese von Lipiden statt.
(C) In Mitochondrien finden sich die Enzyme der Photophosphorylierung.
(D) Dictyosomen bilden Vesikel für Exocytosen.
(E) In Lysosomen befinden sich vorwiegend hydrolytische Enzyme.

281 Welche Angabe zum Endoplasmatischen Retikulum (E.R.) trifft nicht zu?

(A) Exportproteine werden am rauhen E.R. synthetisiert.
(B) Exportproteine gelangen während ihrer Biosynthese durch die E.R.-Membran in die E.R.-Zisterne.
(C) Phospholipide werden am glatten E.R. synthetisiert.
(D) Polysaccharide werden am glatten E.R. synthetisiert.
(E) Sterole werden am glatten E.R. synthetisiert.

282 Welche Aussagen treffen zu?

(1) Proteine, die am rauhen Endoplasmatischen Reticulum synthetisiert werden, können in die Zisternen des Endoplasmatischen Reticulums gelangen.
(2) Proteine können in Dictyosomen mit Polysacchariden verknüpft werden.
(3) Proteine können über die Zisternen des Endoplasmatischen Reticulums in Golgi-Vesikel gelangen.
(4) Proteine, die am glatten Endoplasmatischen Reticulum synthetisiert werden, verbleiben im Cytosol.

(A) nur 1
(B) nur 1 und 3
(C) nur 1, 2 und 3
(D) nur 2, 3 und 4
(E) 1 bis 4 (alle)

283 Welche Aussagen treffen zu?

Plasmodesmen sind

(1) dünne Plasmastränge, die die Protoplasten benachbarter Zellen eines Gewebes verbinden
(2) vom Endoplasmatischen Reticulum durchsetzt
(3) auch in Geweben mit sekundär verdickten Zellwänden anzutreffen
(4) nur bei Höheren Pflanzen anzutreffen

(A) nur 1 und 2
(B) nur 2 und 3
(C) nur 1, 2 und 3
(D) nur 1, 3 und 4
(E) 1 bis 4 (alle)

284 Welche der Aussagen treffen zu?

Das rauhe Endoplasmatische Reticulum

(1) ist Ort der Proteinbiosynthese
(2) kann mit der Kernmembran verbunden sein
(3) dient der Zelle unter anderem als Transportsystem

(A) nur 1
(B) nur 1 und 2
(C) nur 1 und 3
(D) nur 2 und 3
(E) 1 bis 3 (alle)

285 Welche Aussage trifft <u>nicht</u> zu?

Glattes Endoplasmatisches Retikulum (ER)

(A) ist an der Lipidsynthese beteiligt
(B) synthetisiert Peptidhormone
(C) dient dem intrazellulären Transport von Stoffen
(D) trägt an seinen Membranen z.B. hydrolysierende und desalkylierende Enzyme
(E) kann durch Anlagerung von Ribosomen in rauhes ER umgewandelt werden

286 Mit welcher subzellulären Struktur können Polysomen assoziiert sein?

(A) Liposomen
(B) Zentrosomen
(C) Dictyosomen
(D) Mikrotubuli
(E) Endoplasmatisches Retikulum

1.3.7 Dictyosomen, Golgi-Apparat

Lehrbuch S. 87–93

287 Welche der folgenden Aussagen zum Golgi-Apparat trifft zu?

Der Golgi-Apparat

(A) bildet ein von anderen Biomembranen vollkommen unabhängiges System
(B) besteht aus den Dictyosomen, die allseits gleichmäßig die Golgi-Vesikel abschnüren
(C) beteiligt sich bei der Bakterienzelle am Aufbau des Mureinsacculus
(D) ist bei Eukaryoten an der Ausbildung der Kernmembran beteiligt
(E) Keine der Aussagen trifft zu.

288 Welche der Aussagen zum Golgi-Apparat treffen zu?

(1) Dictyosomen finden sich im Pflanzenreich nur bei grünen Pflanzen.
(2) In den Golgi-Zisternen werden die Vorstufen für die Zelluloseschichten der Sekundärwand gebildet.
(3) Golgi-Vesikel fließen nach der Kernteilung in der Äquatorialebene der Zelle zusammen und bilden u.a. neue Cytoplasmamembranen.
(4) In Golgi-Zisternen können Schleimstoffe gebildet werden.

(A) nur 3
(B) nur 1 und 4
(C) nur 3 und 4
(D) nur 1, 2 und 4
(E) nur 2, 3 und 4

289 Welche Aussage trifft zu?

Der Golgi-Apparat

(A) bildet ein von anderen Biomembranen vollkommen unabhängiges System
(B) ist die Gesamtheit der Golgi-Vesikel
(C) ist in der prokaryotischen Zelle am Aufbau der Cytoplasmamembran beteiligt
(D) ist bei Eukaryoten an der Ausbildung der Kernmembran beteiligt
(E) bildet aus den Monomeren die polymeren Grundsubstanzen für die Mittellamelle pflanzlicher Zellen

290 Welche Aussage zum Golgi-Apparat trifft zu?

Der Golgi-Apparat

(A) beteiligt sich bei der Bakterienzelle am Aufbau des Mureinsacculus
(B) besteht aus den erstmals von Golgi beschriebenen bläschenartigen Abschnürungen der durch Elementarmembranen begrenzten Zisternen
(C) ist bei der eukaryotischen Pflanzenzelle die Gesamtheit der Dictyosomen
(D) ist bei der eukaryotischen Pflanzenzelle die Gesamtheit der Golgi-Vesikel
(E) Keine der Aussagen trifft zu.

291 Welche der Aussagen über Dictyosomen treffen zu?

(1) Die Gesamtheit aller Dictyosomen einer Zelle wird Golgi-Apparat genannt.
(2) Dictyosomen sind am Transport bestimmter Polysaccharide beteiligt.
(3) Bakterien enthalten Dictyosomen.

(A) nur 2
(B) nur 1 und 2
(C) nur 1 und 3
(D) nur 2 und 3
(E) 1 bis 3 (alle)

292 Welche Aussagen über Dictyosomen treffen zu?

(1) Die Gesamtheit aller Dictyosomen einer Zelle wird Golgi-Apparat genannt.
(2) Dictyosomen sind über die Golgi-Vesikel am Transport bestimmter Polysaccharide beteiligt.
(3) Pilzzellen enthalten Dictyosomen

(A) nur 2
(B) nur 1 und 2
(C) nur 1 und 3
(D) nur 2 und 3
(E) 1 bis 3 (alle)

293 Welche Aussage zu Dictyosomen trifft zu?

Eine wichtige Funktion der Dictyosomen besteht in:

(A) Umwandlung von Fettsäuren in Monosaccharide
(B) Umwandlung von Glucose in andere Saccharide
(C) Synthese von Cellulose
(D) Beteiligung an der Proteinbiosynthese
(E) Beteiligung an der Synthese von Reservefetten

294 Welche der folgenden Aussagen zu Dictyosomen treffen zu?

Dictyosomen können

(1) Glucose in Pektinbausteine umwandeln
(2) Cellulose synthetisieren
(3) Hemicellulose-Vorstufen bilden
(4) saure Polysaccharide synthetisieren

(A) nur 2
(B) nur 1, 2 und 3
(C) nur 1, 3 und 4
(D) nur 2, 3 und 4
(E) 1 bis 4 (alle)

295 In welcher Zellfraktion autotropher Höherer Pflanzen ist Galaktosyl-Transferase ein wesentlicher Bestandteil?

(A) Chloroplasten
(B) Cytosol
(C) Dictyosomen
(D) Kernmembran
(E) Mitochondrien

296 Welche Aussage trifft <u>nicht</u> zu?

Das in der Abbildung Nr. 74 dargestellte Zellorganell

(A) gehört zum Golgi-Apparat
(B) weist funktionelle Polarität auf
(C) ist ein wichtiger Syntheseort für ATP
(D) ist bei Drüsenzellen an der Sekretion beteiligt
(E) ist am Membranfluß beteiligt

297 Bei der Zellteilung Höherer Pflanzen beginnt die Bildung einer neuen Zellwand mit dem Zusammenfließen von Golgi-Vesikeln in der Äquatorialebene der Zelle,

<u>weil</u>

Golgi-Vesikel Cellulose enthalten.

298 Welche Aussage zur Bildung neuer Zellen trifft zu?

Die Cytoplasmamembran, die einer sich neu bildenden Zellwand Höherer Pflanzen anliegt (auch genannt Plasmalemma), entsteht aus

(A) der Kernmembran
(B) der Membran der Golgi-Vesikel
(C) den Plasmodesmen
(D) den Thylakoiden von Proplastiden
(E) dem Tonoplasten

299 Welche Aussage zum Golgi-Apparat trifft zu?

Der Golgi-Apparat ist beteiligt

(A) am Aufbau des Mureinsacculus
(B) am Aufbau der Kernmembran
(C) an der Bildung der Spindelfasern
(D) an der Bildung der Mittellamelle
(E) an Bildung und Transport von Cellulose

300 Welche Aussage trifft zu?

Die Golgi-Vesikel sind direkt beteiligt an der Bildung

(A) der Zellplatte
(B) der Plasmodesmen
(C) der Primärwand
(D) des Phragmoplasten
(E) des Spindelapparates

301 Welche der Antworten treffen zu?

Der Golgi-Apparat in pflanzlichen Zellen ist beteiligt an der Bildung von

(1) Pektin
(2) Schleim
(3) Cellulose
(4) Hemicellulose

(A) nur 1
(B) nur 1 und 3
(C) nur 2 und 4
(D) nur 1, 2 und 4
(E) 1 bis 4 (alle)

302 Welche Angaben treffen zu?

In Dictyosomen werden

(1) Polysaccharide synthetisiert
(2) aus Polypeptiden Glykoproteine synthetisiert
(3) Phospholipide synthetisiert

(A) nur 1
(B) nur 1 und 2
(C) nur 1 und 3
(D) nur 2 und 3
(E) 1 bis 3 (alle)

303 Welche Angaben treffen zu?

In Dictyosomen werden

(1) Polysaccharide synthetisiert
(2) Triacylglycerole synthetisiert
(3) Phospholipide synthetisiert

(A) nur 1
(B) nur 1 und 2
(C) nur 1 und 3
(D) nur 2 und 3
(E) 1 bis 3 (alle)

304 Dictyosomen übernehmen folgende der genannten Aufgaben:

(1) Bildung von pflanzlichen Schleimpolysacchariden
(2) Bau der Zellplatte
(3) Aufbau von Ribonucleotidpartikeln

(A) nur 1
(B) nur 2
(C) nur 1 und 2
(D) nur 2 und 3
(E) 1 bis 3 (alle)

Ordnen Sie bitte den Begriffen der Liste 1 die zutreffende Aussage der Liste 2 zu!

Liste 1

305 Dictyosomen

306 Mikrotubuli

Liste 2

(A) Stapel flacher Zisternen, entstehen durch Membranfluß aus dem Endoplasmatischen Retikulum
(B) Stapel flacher Zisternen, membranumschlossen, entstehen u.a. durch Teilung
(C) Röhrenförmige Strukturen aus Proteinuntereinheiten, die an Transportvorgängen in der Zelle beteiligt sind
(D) membranumschlossen, Innenmembran stark gefaltet, entstehen u.a. durch Teilung
(E) System von membranumschlossenen Zisternen und Kanälen

---

307 Welche der folgenden Aussagen treffen zu?

Dictyosomen können

(1) Glucose in Pektinbausteine umwandeln
(2) Cellulose synthetisieren
(3) Hemicellulose-Vorstufen bilden
(4) saure Polysaccharide synthetisieren

(A) nur 2
(B) nur 1, 2 und 3
(C) nur 1, 3 und 4
(D) nur 2, 3 und 4
(E) 1 bis 4 (alle)

---

308 Welche Aussage trifft nicht zu?

Dictyosomen

(A) bestehen aus Stapeln von ribosomenbesetzten Membranen
(B) sind asymmetrisch aufgebaut
(C) sind in den Membranfluß-Prozeß einbezogen
(D) stehen in funktioneller Verbindung mit dem Endoplasmatischen Retikulum
(E) vollziehen die spezifische Verknüpfung von Zuckermolekülen der Glykokalix

---

309 Welche der Aussagen zum Golgiapparat reffen zu?

(1) In den Golgizisternen kann Glucose in saure Polysaccharide umgewandelt werden.
(2) In den Golgizisternen werden die Vorstufen für die Zelluloseschichten der Sekundärwand gebildet.
(3) Golgivesikel fließen nach der Kernteilung in der Äquatorialebene der Zelle zusammen und bilden u.a. neue Cytoplasmamembranen.
(4) Golgivesikel können Schleimstoffe aus der Zelle ausscheiden.

(A) nur 1 und 3
(B) nur 1 und 4
(C) nur 2 und 3
(D) nur 2 und 4
(E) nur 1, 3 und 4

---

310 Welche Aussagen zum Golgi-Apparat treffen zu?

(1) In Dictyosomen werden Proteine modifiziert.
(2) In Dictyosomen werden Polysaccharide synthetisiert.
(3) Der Inhalt der Dictyosomen kann über Vesikel zur Plasmamembran transportiert werden.

(A) nur 1
(B) nur 1 und 2
(C) nur 1 und 3
(D) nur 2 und 3
(E) 1 bis 3 (alle)

311 Welche der Aussagen treffen zu?

Der Golgi-Apparat pflanzlicher Zellen ist beteiligt an der Bildung von

(1) Pektin
(2) Schleim
(3) Cellulose
(4) Lignin

(A) nur 1
(B) nur 1 und 2
(C) nur 2 und 3
(D) nur 2, 3 und 4
(E) 1 bis 4 (alle)

1.3.8 Mitochondrien

Lehrbuch S. 97–101

312 Mitochondrien sind wichtige Zellorganelle für den Energiehaushalt der Pflanze,

weil

Mitochondrien u.a. Träger von Enzymen der Glykolyse sind.

313 Die Mitochondrien sind in besonderem Maße zum Fettsäureabbau befähigt,

weil

die Mitochondrien DNA *und* 70 S-Ribosomen enthalten.

314 Mitochondrien sind zu eigenständiger Proteinbiosynthese befähigt,

weil

Mitochondrien eigene DNA besitzen.

315 Welche Aussagen treffen zu?

Die Mitochondrien sind

(1) Träger der Enzyme der Atmungskette
(2) befähigt zur Synthese von Proteinen
(3) Träger der Enzyme des Citrat-Zyklus

(A) nur 1
(B) nur 1 und 2
(C) nur 1 und 3
(D) nur 2 und 3
(E) 1 bis 3 (alle)

316 Welche der folgenden Aussagen zu Mitochondrien treffen zu?

Mitochondrien

(1) besitzen ein eigenes DNA-abhängiges Proteinsynthese-System
(2) sind in prokaryotischen Zellen (Bakterien) anzutreffen
(3) enthalten Enzyme der Atmungskette, des Zitronensäure-Zyklus und der Glykolyse
(4) weisen durch Einstülpung der inneren Membran lamellären oder tubulären Feinbau auf
(5) vermehren sich durch Teilung vorhandener Mitochondrien oder werden aus Promitochondrien gebildet

(A) nur 1 und 3
(B) nur 2 und 5
(C) nur 3 und 4
(D) nur 1, 4 und 5
(E) nur 2, 4 und 5

317 Welche der folgenden Stoffwechselwege sind in den Mitochondrien lokalisiert?

(1) Fettsäuresynthese
(2) Citrat-Zyklus
(3) Atmungskette
(4) Glykolyse

(A) nur 2
(B) nur 1 und 2
(C) nur 2 und 3
(D) nur 3 und 4
(E) nur 2, 3 und 4

318 In welchem Zellorganell autotropher Höherer Pflanzen ist Cytochrom-Oxidase ein wesentlicher Bestandteil?

(A) Chromoplasten
(B) Chloroplasten
(C) Dictyosomen
(D) Kernmembran
(E) Mitochondrien

319 Welche Aussage über Mitochondrien trifft nicht zu?

(A) Sie besitzen 70 S-Ribosomen.
(B) Sie enthalten DNA.
(C) Sie verfügen über Enzyme und t-RNA für eine kernunabhängige Proteinbiosynthese.
(D) An ihrer inneren Membran sind die Enzyme der Fettsäuresynthese lokalisiert.
(E) Sie enthalten die Enzyme des Citrat-Zyklus.

320 Welche Aussage über Mitochondrien trifft nicht zu?

Mitochondrien

(A) sind befähigt zur ATP-Bildung
(B) sind befähigt zur Synthese von Proteinen
(C) verfügen über Elektronentransport-Systeme
(D) benötigen zur Funktion Cytochrome
(E) benötigen zur Funktion Plastochinon

321 Welcher der genannten Stoffwechselvorgänge findet nicht in den Mitochondrien statt?

(A) Elektronentransport der Atmungskette
(B) ß-Oxidation
(C) oxidative Phosphorylierung
(D) Pentosephosphat-Zyklus
(E) Zitronensäure-Zyklus

322 Die verschiedenen Zellorganellen besitzen eine für sie spezifische Enzymausstattung.

Für welchen der nachfolgend aufgeführten Stoffwechselvorgänge ist das Enzymsystem nicht in den Mitochondrien lokalisiert?

(A) Atmungskette
(B) Zitronensäure-Zyklus
(C) Fettsäureabbau
(D) Glykolyse
(E) oxidative Phosphorylierung

323 Proteinsynthese kann in Mitochondrien nicht stattfinden,

weil

Mitochondrien ringförmige DNA enthalten.

324 Mitochondrien sind wichtige Zellorganelle für den Energiehaushalt der Pflanze,

weil

Mitochondrien u.a. Träger von Enzymen der Atmungskette sind.

325 Welche der folgenden Aussagen trifft nicht zu?

(A) Mitochondrien können sich durch Teilung vermehren.
(B) Mitochondrien entstehen aus Promitochondrien.
(C) Mitochondrien besitzen zwei Biomembranen.
(D) In der äußeren Membran der Mitochondrien sind Enzyme lokalisiert, die Teilschritte des Citratzyklus katalysieren.
(E) In Mitochondrien finden sich doppelsträngige ringförmige DNA-Moleküle.

326 Welche der Aussagen zu Mitochondrien trifft nicht zu?

Mitochondrien

(A) entstehen durch Differenzierung von Promitochondrien
(B) entstehen durch Selbstteilung von Mitochondrien
(C) besitzen die Fähigkeit zu eigener Proteinsynthese
(D) besitzen alle für den Fettsäureaufbau und -abbau notwendigen Enzyme
(E) besitzen 70 S-Ribosomen

327 Welcher der genannten Stoffwechselvorgänge kann nicht in den Mitochondrien stattfinden?

(A) Elektronentransport der Atmungskette
(B) Transkription
(C) oxidative Phosphorylierung
(D) Calvin-Zyklus
(E) Citrat-Zyklus

328 Mitochondrien können unabhängig von der genetischen Information des Zellkerns sämtliche Enzymproteine ihrer inneren Membran selbst produzieren,

weil

Mitochondrien in ihrer Matrix 70 S-Ribosomen (bei Pflanzen) und mehrere DNA-Ringe enthalten.

329 Welche Aussage trifft nicht zu?

Mitochondrien

(A) sind von zwei Biomembranen umgeben
(B) enthalten ringförmige DNA
(C) enthalten mehrere, typisch aufgebaute Chromosomen
(D) enthalten Enzyme der Atmungskette
(E) enthalten Enzyme für die β-Oxidation der Fettsäuren

330 Welche der folgenden Stoffwechselwege sind in den Mitochondrien lokalisiert?

(1) Glykolyse
(2) Citrat-Zyklus
(3) Calvin-Zyklus
(4) Atmungskette

(A) nur 1 und 3
(B) nur 2 und 4
(C) nur 1, 2 und 4
(D) nur 1, 3 und 4
(E) 1 bis 4 (alle)

331 Welche der Aussagen trifft nicht zu?

Mitochondrien

(A) enthalten ribosomale RNA
(B) sind in Zahl und Form in somatischen Zellen sehr variabel
(C) enthalten Cytochrome
(D) können sich durch Teilung selbst vermehren
(E) enthalten histonreiche DNA

332 In den Mitochondrien Höherer Pflanzen treten 80S-Ribosomen auf,

<u>weil</u>

Höhere Pflanzen zu den Eukaryoten gehören.

1.3.9 Plastiden

Lehrbuch S. 93–96

333 Welche Umwandlungen von Plastiden sind möglich?

(1) Amyloplasten in Chloroplasten
(2) Chloroplasten in Amyloplasten
(3) Leukoplasten in Chloroplasten

(A) nur 1
(B) nur 2
(C) nur 1 und 2
(D) nur 2 und 3
(E) 1 bis 3 (alle)

334 Welche Aussage zu Chloroplasten trifft zu?

Chloroplasten

(A) enthalten Carotinoide
(B) sind der Ort der Gluconeogenese
(C) sind die Plastiden der photosynthetisch aktiven Bakterien
(D) entstehen in der Evolution auf der Stufe der Coniferophytina
(E) vermehren sich nicht durch Teilungsvorgänge

335 Welche der Aussagen treffen zu?

Chloroplasten enthalten

(1) DNA
(2) Ribosomen
(3) Enzyme der Proteinbiosynthese
(4) Enzyme für die Photosynthese

(A) nur 1 und 4
(B) nur 2 und 3
(C) nur 1, 2 und 4
(D) nur 1, 3 und 4
(e) 1 bis 4 (alle)

336 Welche der Aussagen trifft zu?

Chloroplasten

(A) sind die Plastiden der photosynthetisch aktiven Bakterien
(B) aller Algen enthalten die gleichen akzessorischen Pigmente
(C) sind nicht zu eigener Proteinsynthese befähigt
(D) enthalten die Enzyme der Atmungskette
(E) enthalten Carotinoide

337 Welche Aussage trifft <u>nicht</u> zu?

Chloroplasten

(A) enthalten DNA
(B) besitzen Thylakoide
(C) enthalten Carotinoide
(D) besitzen eine Doppelmembran
(E) enthalten 80 S-Ribosomen

338 Welche Aussage über Chloroplasten der Höheren Pflanzen trifft nicht zu?

Die Chloroplasten

(A) enthalten Carotinoide
(B) können Stärke bilden
(C) enthalten DNA
(D) enthalten 80 S-Ribosomen
(E) enthalten verschiedene Chlorophylle

339 Welche Aussage trifft nicht zu?

Die Chloroplasten der Höheren Pflanzen

(A) enthalten Carotinoide
(B) können Stärke bilden
(C) enthalten DNA-Histon-Komplexe
(D) enthalten 70 S-Ribosomen
(E) enthalten verschiedene Chlorophylle

340 Welcher der folgenden Stoffwechselvorgänge läuft vollständig oder teilweise in Chloroplasten ab?

(A) Gluconeogenese
(B) Citrat-Zyklus
(C) Calvin-Zyklus
(D) Glykolyse
(E) Steroidsynthese

341 In welchem der folgenden Organelle wird Nitrit reduziert?

(A) Chloroplasten
(B) Mitochondrien
(C) Dictyosomen
(D) Rauhes ER
(E) Lysosomen

342 Welche Aussagen treffen zu?

Thylakoidmembranen enthalten im wesentlichen

(1) Proteine
(2) Lipide
(3) Protopektine
(4) Photosynthesepigmente
(5) Polysaccharide

(A) nur 1 und 4
(B) nur 2 und 4
(C) nur 1, 2 und 4
(D) nur 1, 3 und 5
(E) nur 2, 4 und 5

343 Welche Aussage trifft nicht zu?

Amyloplasten

(A) werden bei der Herstellung von löslicher Stärke zerstört
(B) bestehen aus α-glykosidisch gebundenen, unverzweigten Glucose-Ketten
(C) enthalten wechselnde Mengen Amylose und Amylopektin
(D) können sich aus Chloroplasten entwickeln
(E) können sich aus Proplastiden entwickeln

344 Welche Aussage über die Funktion der Amyloplasten trifft zu?

Amyloplasten

(A) sind in den unterirdischen Pflanzenteilen an der Bildung von Hemicellulosen beteiligt
(B) bauen die gespeicherte Stärke in andere Reservestoffe (Fett, Eiweiß) um
(C) speichern Reservestärke in Form von Stärkekörnern
(D) bilden Assimilationsstärke aus den Assimilaten der Chloroplasten
(E) Keine der Aussagen trifft zu.

345 Wenn Stärke in Chloroplasten abgelagert ist, handelt es sich um transitorische Stärke,

weil

eine Umwandlung von Chloroplasten in Amyloplasten nicht möglich ist.

346 Chloroplasten entstehen aus Proplastiden oder anderen Plastidenformen oder durch Teilung,

weil

durch Membranfluß Teile von Biomembranen funktionell unterschiedlicher Zellkompartimente ausgetauscht werden können.

347 In welchem der folgenden Organelle wird Sulfat reduziert?

(A) Mitochondrien
(B) Chloroplasten
(C) Dictyosomen
(D) Rauhes Endoplasmatisches Retikulum
(E) Lysosomen

348 Pilze können sich nicht photoautotroph ernähren,

weil

die Zellen von Pilzen keine Plastiden enthalten.

349 Photosynthese ist bei Bakterien nicht möglich,

weil

Bakterien keine Chloroplasten haben.

350 Welche der Aussagen treffen zu?

Plastiden sind Organelle von

(1) Algen
(2) Pilzen
(3) Prokaryoten
(4) Höheren Pflanzen

(A) nur 3
(B) nur 4
(C) nur 1 und 4
(D) nur 1, 2 und 3

1.3.10 Ribosomen

Lehrbuch S. 101–105

351 Welche Aussage über Ribosomen trifft zu?

Ribosomen

(A) sind aus zwei identischen Untereinheiten aufgebaut
(B) sind die Orte der Proteinbiosynthese
(C) treten nur im Cytosol auf
(D) bestehen zu ca. 20% aus Protein und sind durch einen besonders hohen Gehalt an freier Ribose charakterisiert
(E) sind reich an m-RNA und t-RNA

352 Welche Aussage trifft zu?

Ribosomen

(A) kommen nur bei eukaryotischen Zellen vor
(B) können aufgrund des Sedimentationsverhaltens in 70 S- bzw. 80 S-Ribosomen unterschieden werden
(C) sind Bestandteil des glatten ER (Endoplastmatisches Retikulum)
(D) sind reich an m-RNA und t-RNA
(E) treten nur im Cytosol auf und nicht in Zellorganellen

353 Welche der Aussagen treffen zu?

70 S-Ribosomen finden sich

(1) am Endoplasmatischen Retikulum
(2) im Cytoplasma Höherer Pflanzen
(3) in Mitochondrien
(4) in Chloroplasten
(5) in Zellen von Prokaryoten

(A) nur 1 und 2
(B) nur 3 und 4
(C) nur 3, 4 und 5
(D) nur 1, 2, 3 und 4
(E) 1 bis 5 (alle)

354 Welche Aussage zum Vorkommen von Ribosomen trifft <u>nicht</u> zu?

Ribosomen finden sich

(A) in Plastiden von Pilzen
(B) in Chloroplasten von Grünalgen
(C) frei im Cytoplasma der Prokaryoten
(D) an Membranen des Endoplasmatischen Retikulums (ER)
(E) in Mitochondrien tierischer und pflanzlicher Zellen

355 Welche Aussage zu Ribosomen trifft <u>nicht</u> zu?

Ribosomen

(A) bestehen aus r-RNA und Proteinen
(B) bestehen aus drei Untereinheiten
(C) sind an der Proteinbiosynthese beteiligt
(D) sind Bestandteile des rauhen ER (Endoplasmatisches Retikulum)
(E) sind im aktiven Zustand häufig durch m-RNA zu einem mehrere Ribosomen umfassenden Aggregat verbunden

356 Welche Aussage zu Ribosomen trifft <u>nicht</u> zu?

Ribosomen

(A) bestehen aus r-RNA und Proteinen
(B) bestehen aus zwei gleich großen Untereinheiten
(C) finden sich in Cytosol und Organellen von Eukaryoten
(D) sind Bestandteile des rauhen ER (Endoplasmatisches Retikulum)
(E) sind im aktiven Zustand häufig durch m-RNA zu einem mehrere Ribosomen umfassenden Aggregat verbunden

357 Welche Antwort trifft <u>nicht</u> zu?

70 S-Ribosomen als funktionelle Einheit finden sich

(A) im Cytosol von Bakterien
(B) im Cytosol von Cyanobakterien („Blaualgen")
(C) im Cytosol von Grünalgen
(D) in Mitochondrien
(E) in Plastiden

358 Welche Antwort trifft <u>nicht</u> zu?

70 S-Ribosomen

(A) enthalten neben r-RNA auch Proteine
(B) sind Organelle der Transkription
(C) sind in allen lebenden Zellen zu finden
(D) werden aus 50 S- und 30 S-Untereinheiten gebildet
(E) bilden mit t-RNA und m-RNA einen Initiationskomplex der Proteinsynthese

359 Welche Aussage trifft <u>nicht</u> zu?

70 S-Ribosomen

(A) enthalten neben r-RNA auch Enzyme
(B) sind Organelle der Translation
(C) sind nur in prokaryotischen Zellen zu finden
(D) werden aus 50 S- und 30 S-Untereinheiten gebildet
(E) bilden mit t-RNA und m-RNA einen Initiationskomplex der Proteinsynthese

360 Welche der folgenden Verbindungen ist <u>nicht</u> am Aufbau eines Ribosoms beteiligt?

(A) Aminosäure
(B) Desoxiribose
(C) Phosphorsäure
(D) Purinbase
(E) Ribose

361 Welche der folgenden Verbindungen ist <u>nicht</u> am Aufbau eines Ribosoms beteiligt?

(A) Adenosin
(B) Cytidin
(C) Guanosin
(D) Thymidin
(E) Uridin

362 Ribosomen sind bei allen Lebewesen die Organelle der Translation,

<u>weil</u>

an Ribosomen die t-RNA gebildet wird.

363 Welche Aussage trifft zu?

Ribosomen

(A) setzen sich aus r-RNA und Proteinen zusammen
(B) kommen nur in eukaryotischen Zellen vor
(C) treten nur in Organellen auf
(D) sind Organelle der Transkription
(E) sind Angriffsort von Vinblastin

364 Welche Aussage trifft <u>nicht</u> zu?

Ribosomen

(A) finden sich im Cytoplasma
(B) finden sich in Mitochondrien
(C) finden sich auf den Membranen des Golgi-Apparates
(D) finden sich an Membranen des endoplasmatischen Retikulums
(E) bestehen aus RNA und Proteinen

365 Bei Bakterien wird die intrazelluläre Energiegewinnung von den 70 S-Ribosomen übernommen,

<u>weil</u>

im Cytoplasma der Bakterienzelle keine Mitochondrien vorhanden sind.

366 80S-Ribosomen treten auf

(A) in Chloroplasten
(B) in Mitochondrien
(C) in Leukoplasten
(D) in Protocyten
(E) im Cytoplasma von Eucyten

367 Welche Aussagen über Ribosomen treffen zu?

(1) Sie kommen am Endoplasmatischen Retikulum und frei im Cytosol vor.
(2) Bei den Ribosomen am Endoplasmatischen Retikulum und in Mitochondrien handelt es sich um 80S-Ribosomen.
(3) 80S-Ribosomen bestehen aus einer 50S- und einer 30S-Untereinheit.
(4) Ihre Vorstufen werden in den Nucleoli gebildet.

(A) nur 1
(B) nur 1 und 4
(C) nur 2 und 3
(D) nur 2, 3 und 4
(E) 1 bis 4 (alle)

368 Welche der Aussagen treffen zu?

70S-Ribosomen finden sich

(1) am Endoplasmatischen Retikulum
(2) in Mitochondrien
(3) in Chloroplasten
(4) in Zellen von Prokaryoten

(A) nur 1 und 2
(B) nur 3 und 4
(C) nur 1, 2 und 3
(D) nur 2, 3 und 4
(E) 1 bis 4 (alle)

369 Welche Aussage trifft <u>nicht</u> zu?

Riobosomen

(A) sind Organelle der Translation
(B) sind Organelle der Proteinbiosynthese
(C) treten nur in Organellen auf
(D) sind Angriffsort von Aminoglykosid-Antibiotika
(E) können unterschiedliche RNA-Untereinheiten aufweisen

1.3.11 Glyoxysomen

Lehrbuch S. 112

1.3.12 Lysosomen

Lehrbuch S. 111

1.3.13 Cytoskelett, Spindelapparat, Geißel

Lehrbuch S. 105–108

---

370 Welche Aussagen zu Mikrotubuli treffen zu?

(1) Mikrotubuli bauen den Spindelapparat bei der Zellteilung auf.
(2) Mikrotubuli sind an Bewegungsvorgängen innerhalb der Zelle beteiligt.
(3) Colchicin hemmt oder verhindert die Aggregation von Tubulin zu Mikrotubuli.
(4) Tubulin kann Vinblastin binden.

(A) nur 1 und 2
(B) nur 1 und 3
(C) nur 3 und 4
(D) nur 2, 3, und 4
(E) 1 bis 4 (alle)

---

371 Welche Antwort trifft zu?

Angriffsort für Cholchicin ist bzw. sind

(A) Dictyosomen
(B) Mikrotubuli
(C) Mitochondrien
(D) Ribosomen
(E) Zellkern (Kernporen)

---

372 Welche Antwort trifft zu?

Angriffsort für Vinblastin ist bzw. sind

(A) Dictyosomen
(B) Endoplasmatisches Retikulum (ER)
(C) Kernhülle
(D) Mikrotubuli
(E) Ribosomen

---

373 Welche Aussage trifft nicht zu?

Colchicin, Vinblastin und Vincristin haben folgende Gemeinsamkeiten:

(A) Es handelt sich um Alkaloide.
(B) Sie wirken auf die Tubulinaggregation.
(C) Sie beeinflussen Mitosen und Meiosen.
(D) Sie rufen Punktmutationen hervor.
(E) Sie unterbinden die Ausbildung des Spindelapparates.

---

374 Welche Aussage trifft nicht zu?

Colchicin, Vinblastin und Vincristin haben folgende Gemeinsamkeiten:

(A) Es handelt sich um Alkaloide.
(B) Sie wirken auf die Tubulinaggregation.
(C) Sie beeinflussen Mitosen und Meiosen.
(D) Sie unterbinden die Ausbildung des Spindelapparates.
(E) Sie sind für die Anheftung des Spindelapparates am Centromer verantwortlich.

375 Vinblastin und Vincristin beeinflussen Tumorzellen und normale Zellen nach dem gleichen Wirkprinzip,

weil

Vinblastin und Vincristin das Plasmalemma irreversibel schädigen.

---

376 Welche der folgenden Aussagen trifft nicht zu?

Mikrotubuli

(A) stellen langgestreckte röhrenförmige Strukturen dar
(B) dienen als Bestandteil des Cytoskeletts der Versteifung von Plasmapartien
(C) werden nach ihrem Abbau zu Tubulin in Mikrofilamente eingebaut
(D) sind am Transport der Chromosomen in der Anaphase der Mitose beteiligt
(E) dissoziieren leicht in zwei verschiedene globuläre Proteintypen

---

377 Welche der Antworten treffen zu?

An welchen Strukturen bzw. Vorgängen in der Zelle sind Mikrotubuli beteiligt?

(1) Am Aufbau des Phragmoplasten während der Telophase der Mitose.
(2) Am Aufbau der Spindelfasern während der Metaphase der Meiose.
(3) An der Bewegung und Verteilung von Organellen in der Eukaryotenzelle.
(4) Am Aufbau des Cytoskeletts einer Zelle.

(A) nur 2
(B) nur 1 und 2
(C) nur 1 und 4
(D) nur 2 und 4
(E) 1 bis 4 (alle)

---

378 Vincristin wirkt als Zytostatikum,

weil

Vincristin die Zusammenlagerung von Tubulin zu Mikrotubuli hemmt.

---

379 Mikrotubuli

(1) sind während der Mitose an Bewegungvorgängen beteiligt
(2) sind Bestandteile des Cytoskeletts
(3) sind Bestandteile der Geißeln eukaryotischer Zellen

(A) nur 2
(B) nur 1 und 2
(C) nur 1 und 3
(D) nur 2 und 3
(E) 1 bis 3 (alle)

---

380 Welche der Aussagen treffen zu?

Mikrotubuli sind

(1) aus zwei Typen von Proteinmolekülen aufgebaut
(2) Bestandteile des Cytoskeletts
(3) Bestandteile der Geißeln eukaryotischer Zellen

(A) nur 2
(B) nur 1 und 2
(C) nur 1 und 3
(D) nur 2 und 3
(E) 1 bis 3 (alle)

381 Welche Aussage über Microtubuli trifft <u>nicht</u> zu?

(A) Sie sind röhrenförmige Proteinstrukturen, die aus Untereinheiten bestehen.
(B) Ihr Aufbau wird in Gegenwart von Colchicin unterbunden.
(C) Sie sind an Bewegungsvorgängen in der Zelle beteiligt.
(D) Sie sind an der Kernteilung beteiligt.
(E) Sie können bei der Proteinbiosynthese mit Ribosomen assoziieren.

382 Welche der Aussagen zu Mikrotubuli trifft <u>nicht</u> zu?

Mikrotubuli

(A) sind röhrenförmige Strukturen der Zelle
(B) kommen in pflanzlichen und tierischen Zellen vor
(C) sind aus Untereinheiten, den Tubulinen, aufgebaut
(D) bilden das Innenskelett der Mitochondrien
(E) können am Aufbau komplexer Strukturen, z.B. des Cytoskeletts, beteiligt sein

383 Vinblastin und Vincristin beeinflussen Tumorzellen und normale Zellen nach dem gleichen Wirkprinzip,

<u>weil</u>

bei Tumorzellen und normalen Zellen Tubulin Angriffsort von Vinblastin und Vincristin ist.

384 Welche der Aussagen treffen zu?

Mikrotubuli sind

(1) Bestandteile des Spindelapparates
(2) Bestandteile des Cytoskeletts
(3) Bestandteile der Geißeln eukaryotischer Zellen

(A) nur 2
(B) nur 1 und 2
(C) nur 1 und 3
(D) nur 2 und 3
(E) 1 bis 3 (alle)

385 Welche der Aussagen treffen zu?

Lysosomen enthalten Enzyme zum Abbau von

(1) Lipiden
(2) Proteinen
(3) Nucleinsäuren
(4) Polysacchariden

(A) nur 2
(B) nur 2 und 4
(C) nur 1, 2 und 3
(D) nur 1, 3 und 4
(E) 1 bis 4 (alle)

Sonstige Fragen zu Zellorganellen

386 Welche Aussagen über Zellorganelle treffen zu?

Chloroplasten und Mitochondrien der Höheren Pflanzen haben folgende Gemeinsamkeiten:

(1) Sie sind zur Proteinbiosynthese befähigt.
(2) Sie enthalten 70 S-Ribosomen.
(3) In ihnen laufen membrangebunde energieliefernde Reaktionen ab.
(4) In ihnen wird Adenosintriphosphat aus Adenosinmonophosphat und Pyrophosphat gebildet.
(5) Sie sind chlorophyllhaltig.

(A) nur 1 und 4
(B) nur 2 und 3
(C) nur 1, 2 und 3
(D) nur 2, 3 und 4
(E) nur 3, 4 und 5

Ordnen Sie bitte den in Liste 1 aufgeführten Stoffwechselprozessen die für sie zutreffenden Kompartimente (Liste 2) zu!

Liste 1

387 Bildung von sauren Polysacchariden

388 Bildung der Spindelfasern

Liste 2

(A) Mitochondrien
(B) Dictyosomen
(C) Chloroplasten
(D) rauhes Endoplasmatisches Retikulum
(E) Mikrotubuli

Ordnen Sie bitte den Stoffwechselvorgängen der Liste 1 das sie betreffende Organell (Liste 2) zu!

Liste 1

389 Reduktion von Nitrit

390 Reduktion von Sulfat

Liste 2

(A) Rauhes E.R.
(B) Chloroplasten
(C) Dictyosomen
(D) Lysosomen
(E) Mitochondrien

---

391 Für welche der angegebenen Zellorganellen ist die Biosynthese von Polysacchariden charakteristisch?

(1) Chloroplasten
(2) Dictyosomen
(3) Leukoplasten
(4) Mitochondrien

(A) nur 1
(B) nur 1 und 3
(C) nur 2 und 4
(D) nur 3 und 4
(E) nur 1, 2 und 3

---

392 Welche der Zuordnungen von Zellbestandteilen zu Enzymen trifft nicht zu?

(A) Plasmamembran: Adenylatcyclase
(B) Cytoplasma: Aminoacyl-tRNA-Synthetase
(C) Ribosomen: RNA-Polymerase
(D) Mitochondrien: Cytochromoxidase
(E) Lysosomen: Hydrolasen

Ordnen Sie bitte den in Liste 1 aufgeführten Enzymen das Organell (Liste 2) zu, für das die genannten Enzyme jeweils charakteristisch sind!

Liste 1

393 RNA-Polymerase

394 Galaktosyltransferase

Liste 2

(A) Mikrotubuli
(B) Dictyosom
(C) Lysosom
(D) Ribosom
(E) Zellkern

Ordnen Sie bitte den in Liste 1 aufgeführten Stoffwechselprozessen die für sie zuftreffenden Kompartimente (Liste 2) zu!

Liste 1	Liste 2
395 Biotransformationen	(A) Zellkern
	(B) Mitochondrien
396 Glykolyse	(C) Cytosol
	(D) glattes Endoplasmatisches Retikulum
	(E) Chloroplasten

Ordnen Sie bitte jeder der in Liste 1 aufgeführten Zellfunktionen die Zellorganelle aus Liste 2 zu, die für diese Funktion hauptsächlich verantwortlich sind.

Liste 1	Liste 2
397 ATP-Synthese	(A) Ribosomen
	(B) Dictyosomen
398 Synthese von Matrixbestandteilen der Zellwand	(C) glattes Endoplasmatisches Retikulum
	(D) Mitochondrien
	(E) Chromoplasten

Ordnen Sie bitte die in Liste 1 aufgeführten Stoffwechselvorgänge dem jeweils zugehörigen Zellkompartiment (Liste 2) zu.

Liste 1	Liste 2
399 ß-Oxidation von Fettsäuren	(A) Cytosol
	(B) Endoplasmatisches Retikulum (ER)
400 Glykolyse	(C) Lysosom
	(D) Mitochondrium
	(E) Peroxisom

401 In welchen der genannten Zellkompartimente kann Biosynthese von Proteinen erfolgen?

(1) Cytoplasma
(2) Dictyosomen
(3) Mitochondrien
(4) Plastiden
(5) Zellkern

(A) nur in 1
(B) nur in 5
(C) nur in 1 und 4
(D) nur in 1, 3 und 4
(E) nur in 2, 3 und 5

402 Welche der folgenden Aussagen treffen zu?

In einer eukaryotischen Pflanzenzelle zählt man zu den DNA-haltigen Organellen

(1) Chloroplasten
(2) Dictyosomen
(3) Mitochondrien
(4) Nukleus
(5) Ribosomen

(A) nur 2 und 4
(B) nur 4 und 5
(C) nur 1, 2 und 3
(D) nur 1, 2 und 5
(E) nur 1, 3 und 4

403 Für welche der angegebenen Zellorganellen ist die Biosynthese von Polyglykanen charakteristisch?

(1) Chloroplasten
(2) Dictyosomen
(3) Leukoplasten
(4) Mitochondrien

(A) nur 1
(B) nur 1 und 3
(C) nur 2 und 4
(D) nur 3 und 4
(E) nur 1, 2 und 3

Ordnen Sie bitte den in Liste 1 angeführten Zellkompartimenten den jeweils darin vorkommenden Naturstoff der Liste 2 zu.

Liste 1

404 Chromoplast

405 Nukleus

406 Vakuole

Liste 2

(A) Assimilationsstärke
(B) Capsid
(C) Histon-Protein
(D) Inulin
(E) Xanthophylle

407 Die verschiedenen Organelle einer Zelle sind durch eine spezifische Enzymausstattung gekennzeichnet.

Welche der Aussagen hierüber treffen zu?

(1) Ribosomen zeichnen sich durch einen hohen Gehalt an m-RNA-Polymerasen aus.
(2) Chloroplasten enthalten Enzymsysteme zur Nitritreduktion.
(3) Dictyosomen enthalten Enzyme des Kohlenhydratstoffwechsels, z.B. Galaktosyltransferase.
(4) Alle Cytoplasmamembranen, auch die funktionell sehr unterschiedlicher Zellen, enthalten als charakteristisches Enzymsystem ATPasen.
(5) Im Cytosol sind die Enzymsysteme für die Fettsäuresynthese lokalisiert.

(A) nur 1 und 2
(B) nur 2 und 4
(C) nur 1, 3 und 5
(D) nur 2, 3, 4 und 5
(E) 1 bis 5 (alle)

408 Bestimmte Enzyme in bestimmten Organellen katalysieren die Bildung verschiedener Stoffgruppen.

Welche der folgenden Zuordnungen von Organell und Stoffgruppe trifft nicht zu?

(A) Mitochondrien: Nukleinsäuren
(B) Zellkern: Nukleinsäuren
(C) Dictyosomen: Fette
(D) Chloroplasten: Polysaccharide
(E) Leukoplasten: Polysaccharide

Die einzelnen Zellorganellen können ihre unterschiedliche Funktion aufgrund einer spezifischen Enzymausstattung ausüben.

Ordnen Sie bitte den in Liste 1 aufgeführten Enzymen das Organell (Liste 2) zu, für das die genannten Enzyme jeweils charakteristisch sind.

Liste 1

409 RNA-Polymerase

410 Galaktosyltransferase

Liste 2

(A) Chloroplast
(B) Dictyosom
(C) Endoplasmatisches Retikulum (ER)
(D) Ribosom
(E) Zellkern

411 In welchem Zellorganell autotropher Höherer Pflanzen ist Cytochrom-Oxidase ein wesentlicher Bestandteil?

(A) Chromoplasten
(B) Chloroplasten
(C) Dictyosomen
(D) Kernmembran
(E) Mitochondrien

412 Welche der Aussagen über DNA-haltige Zellkompartimente treffen zu?

In folgenden Zellkompartimenten der Eukaryoten ist DNA vorhanden:

(1) Chloroplasten
(2) Cytosol
(3) Mitochondrien
(4) Ribosomen
(5) Zellkern

(A) nur in 5
(B) nur in 1 und 3
(C) nur in 2 und 4
(D) nur in 1, 3 und 5
(E) in 1 bis 5 (allen)

Ordnen Sie bitte den in Liste 1 aufgeführten Zell-Kompartimenten den jeweils in ihnen ablaufenden Stoffwechselvorgang (Liste 2) zu.

Liste 1

413 Mitochondrium

414 Chloroplast

Liste 2

(A) Lipidsynthese
(B) Fettsäureabbau
(C) C-4-Carbonsäure-Weg
(D) Glykolyse
(E) Steroidsynthese

Ordnen Sie bitte den in Liste 1 aufgeführten Stoffwechselprozessen die für sie zutreffenden Kompartimente (Liste 2) zu.

Liste 1

415 Biotransformationen

416 Glykolyse

Liste 2

(A) Zellkern
(B) Mitochondrien
(C) Cytosol
(D) glattes Endoplasmatisches Retikulum
(E) Chloroplasten

1 Cytologie – Antworten

1	C	59	C	117	C	175	B
2	C	60	E	118	B	176	A
3	C	61	E	119	A	177	D
4	D	62	B	120	C	178	C
5	A	63	C	121	D	179	C
6	C	64	C	122	C	180	A
7	E	65	B	123	E	181	E
8	A	66	A	124	E	182	D
9	C	67	B	125	B	183	E
10	D	68	C	126	D	184	B
11	C	69	E	127	D	185	E
12	B	70	A	128	E	186	D
13	B	71	C	129	C	187	D
14	B	72	E	130	B	188	E
15	E	73	D	131	C	189	E
16	C	74	C	132	C	190	E
17	B	75	C	133	B	191	E
18	E	76	E	134	D	192	D
19	A	77	C	135	C	193	A
20	C	78	E	136	C	194	C
21	C	79	E	137	D	195	D
22	C	80	D	138	A	196	B
23	B	81	A	139	C	197	E
24	A	82	D	140	E	198	D
25	C	83	D	141	C	199	D
26	A	84	E	142	C	200	A
27	E	85	E	143	C	201	E
28	C	86	E	144	D	202	E
29	D	87	B	145	E	203	E
30	B	88	C	146	A	204	E
31	D	89	D	147	C	205	E
32	E	90	A	148	C	206	A
33	D	91	E	149	A	207	D
34	D	92	D	150	E	208	C
35	E	93	E	151	A	209	B
36	A	94	B	152	A	210	B
37	D	95	E	153	E	211	E
38	A	96	E	154	C	212	E
39	A	97	E	155	D	213	C
40	D	98	E	156	E	214	B
41	C	99	E	157	E	215	D
42	E	100	D	158	A	216	E
43	A	101	D	159	B	217	D
44	B	102	C	160	C	218	E
45	E	103	A	161	E	219	D
46	B	104	C	162	D	220	D
47	A	105	A	163	E	221	C
48	C	106	E	164	C	222	A
49	D	107	B	165	C	223	D
50	C	108	B	166	C	224	D
51	A	109	A	167	E	225	A
52	A	110	C	168	B	226	E
53	D	111	C	169	E	227	D
54	E	112	A	170	D	228	A
55	E	113	C	171	C	229	C
56	C	114	D	172	D	230	C
57	C	115	C	173	D	231	C
58	B	116	B	174	E	232	D

233	E	279	D	325	D	371	B
234	C	280	C	326	D	372	D
235	B	281	D	327	D	373	D
236	E	282	C	328	D	374	E
237	A	283	C	329	C	375	C
238	C	284	E	330	B	376	C
239	A	285	B	331	E	377	E
240	C	286	E	332	D	378	A
241	C	287	E	333	E	379	E
242	B	288	C	334	A	380	E
243	A	289	E	335	E	381	E
244	D	290	C	336	E	382	D
245	D	291	B	337	E	383	A
246	D	292	E	338	D	384	E
247	D	293	B	339	C	385	E
248	B	294	C	340	C	386	C
249	B	295	C	341	A	387	B
250	B	296	C	342	C	388	E
251	D	297	C	343	B	389	B
252	E	298	B	344	C	390	B
253	E	299	D	345	C	391	E
254	A	300	A	346	B	392	C
255	B	301	D	347	B	393	E
256	B	302	B	348	A	394	B
257	B	303	A	349	D	395	D
258	B	304	C	350	C	396	C
259	C	305	A	351	B	397	D
260	E	306	C	352	B	398	B
261	E	307	C	353	C	399	D
262	D	308	A	354	A	400	A
263	E	309	E	355	B	401	D
264	E	310	E	356	B	402	E
265	B	311	B	357	C	403	E
266	A	312	C	358	B	404	E
267	E	313	B	359	C	405	C
268	D	314	A	360	B	406	D
269	E	315	E	361	D	407	D
270	A	316	D	362	C	408	C
271	D	317	C	363	A	409	E
272	D	318	E	364	C	410	B
273	A	319	D	365	D	411	E
274	C	320	E	366	E	412	D
275	E	321	D	367	B	413	B
276	C	322	D	368	D	414	C
277	D	323	D	369	C	415	D
278	B	324	A	370	E	416	C

2 Genetik

Begriffe, Definitionen

Lehrbuch S. 117ff.

1 Welche der folgenden Aussagen treffen zu?

(1) Als Gen bezeichnet man eine definierte Nukleotidsequenz, die an der Ausprägung eines Merkmals beteiligt ist.
(2) Die Allele homologer Chromosomen enthalten immer die gleiche Information für die Ausprägung des betreffenden Merkmals.
(3) Die Allele homologer Chromosomen können eine unterschiedliche Information enthalten.
(4) Eine unterschiedliche Information in den Allelen homologer Chromosomen wird im Phänotyp immer sichtbar.

(A) nur 1
(B) nur 1 und 2
(C) nur 1 und 3
(D) nur 2 und 4
(E) nur 3 und 4

2 Welche der folgenden Aussagen treffen zu?

(1) Bei diploiden Organismen ist jedes Gen in vegetativen Zellen in der Regel zweimal vorhanden.
(2) Auf homologen Chromosomen nehmen entsprechende Gene die gleichen Genorte ein.
(3) Sind Allele völlig identisch, so ist der Organismus für das betreffende Merkmal homozygot.
(4) Unterschiede von Allelen entstehen durch Cross-over.

(A) nur 1
(B) nur 2 und 3
(C) nur 1, 2 und 3
(D) nur 2, 3 und 4
(E) 1 bis 4 (alle)

Ordnen Sie bitte den in Liste 1 aufgeführten Begriffen die jeweils zutreffende Aussage (Liste 2) zu.

Liste 1

3 Faktorenkopplung

4 Faktorenaustausch

5 Polygenie

Liste 2

(A) Ein Gen kann ein anderes in seiner Auswirkung überdecken.
(B) Konjugierte homologe Chromatiden können während der Meiose in Stücke zerbrechen und sich neu verbinden.
(C) Sobald zwei Gene sich in demselben Chromosom befinden, werden sie normalerweise gemeinsam vererbt.
(D) Ein Gen kann oft mehrere Merkmale in einem Organismus beeinflussen.
(E) Ein bestimmtes Merkmal einer Pflanze kann durch verschiedene Gene beeinflußt bzw. bedingt werden.

6 Bei Haplonten entsprechen sich Phänotyp und Genotyp,

weil

bei haploiden Organismen jedes Gen nur einfach vorhanden ist.

7 Bei Haplonten entspricht der Phänotyp dem Genotyp,

<u>weil</u>

bei homozygoten Organismen die Allele des betreffenden Gens gleich sind.

8 Welche Ausage trifft zu?

Die nachstehend als Strukturformel abgebildete Verbindung ist als Baustein Bestandteil von

(A) DNA
(B) tRNA
(C) ATP
(D) NADPH+H^+
(E) Coenzym A

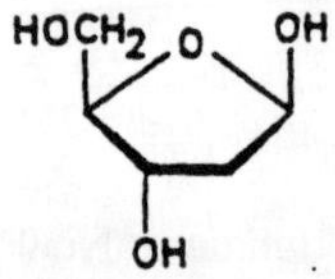

9 Welche der Aussagen zum Bau der DNA-Doppelhelix treffen zu?

In der DNA-Doppelhelix werden über folgende mit den Ziffern 1 bis 3 gekennzeichneten Molekülstellen Wasserstoffbrücken von Cytosin zum Guanin des benachbarten Nucleotidstranges ausgebildet:

(A) nur 2
(B) nur 3
(C) nur 1 und 3
(D) nur 2 und 3
(E) 1 bis 3 (alle)

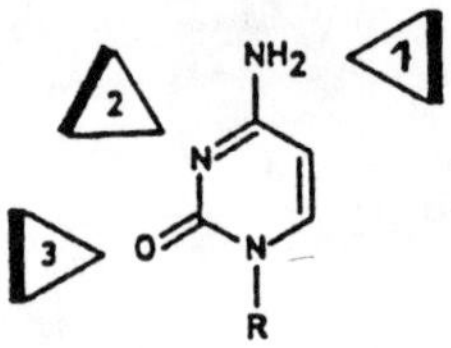

10 Welche der Aussagen treffen zu?

Okazaki-Fragmente

(1) bestehen aus Initiations-RNA und DNA.
(2) sind die Komplementärsequenzen der mRNA.
(3) sind die Vorstufen des Folgestranges (3' → 5'-Strang) der DNA

(A) nur 1
(B) nur 2
(C) nur 3
(D) nur 1 und 3
(E) nur 2 und 3

11 Welche Aussagen über Nucleinsäuren treffen zu?

Die DNA unterscheidet sich von der mRNA und tRNA hinsichtlich

(1) der Verknüpfung zwischen den Nucleosiden
(2) der Tertiärstruktur
(3) der am Aufbau beteiligten Basen
(4) des Zuckeranteils

(A) nur 1 und 2
(B) nur 1 und 3
(C) nur 3 und 4
(D) nur 2, 3 und 4
(E) 1 bis 4 (alle)

12 Welche der Aussagen treffen zu?

(1) Ribosomale Ribonucleinsäuren werden an entsprechenden rRNA-Genen gebildet.
(2) Transfer-Ribonucleinsäuren werden an entsprechenden tRNA-Genen gebildet.
(3) Messenger-Ribonucleinsäuren werden an entsprechenden Strukturgenen gebildet.

(A) nur 3
(B) nur 1 und 2
(C) nur 1 und 3
(D) nur 2 und 3
(E) 1 bis 3 (alle)

13 Die mRNA einer Zelle enthält die gesamte Information der DNA des Zellkerns,

weil

die DNA-Basensequenz beim Vorgang der Translation in die mRNA-Basensequenz übersetzt wird.

14 Welche Aussage trifft nicht zu?

Als Baustein für die Synthese der mRNA kann in aller Regel vorkommen

(A) ATP
(B) GTP
(C) TTP
(D) CTP
(E) UTP

2.1 Nukleinsäuren

2.1.1 Struktur und Funktion der Nukleinsäuren

Lehrbuch S. 40ff.

15 Welche der folgenden Basen ist nicht Baustein der DNA?

(A) Adenin
(B) Guanin
(C) Uracil
(D) Cytosin
(E) Thymin

16 DNA findet sich in Eukaryoten als

(1) mitochondriale DNA
(2) DNA im Zellkern
(3) Intron
(4) funktionell wichtiger Strukturbestandteil in Ribosomen

(A) nur 1 und 2
(B) nur 1 und 3
(C) nur 2 und 3
(D) nur 1, 2 und 3
(E) 1 bis 4 (alle)

17 Welche Aussagen über Nucleinsäuren treffen zu?

(1) Über Phosphodiester-Bindungen miteinander verknüpfte Nucleoside bilden die DNA und RNA.
(2) Nucleoside sind aus Phosphorsäure, einer Pentose und einer organischen Base aufgebaut.
(3) Nucleoside können als Zucker entweder Ribose oder 2-Desoxyribose enthalten.
(4) ATP, GTP, UTP sind an Reaktionen des Energiestoffwechsels und an Biosynthesereaktionen beteiligt.

(A) nur 3
(B) nur 1 und 2
(C) nur 1 und 3
(D) nur 1, 3 und 4
(E) 1 bis 4 (alle)

18 Welche Aussagen zum Desoxyriboseadenosintriphosphat (d-ATP) sind zutreffend?

Desoxyriboseadenosintriphosphat ist

(1) ein Nucleotid
(2) ein Nucleosid
(3) eine Verbindung, mit deren Beteiligung mRNA synthetisiert wird
(4) eine Verbindung, mit deren Beteiligung tRNA synthetisiert wird

(A) nur 1
(B) nur 2
(C) nur 2 und 3
(D) nur 3 und 4
(E) nur 1, 3 und 4

19 Welche der Aussagen zum Bau der DNA-Doppelhelix treffen zu?

In der DNA-Doppelhelix werden über folgende mit den Ziffern 1 bis 3 gekennzeichnete Molekülstellen Wasserstoffbrücken von Thymin zum Adenin des benachbarten Nucleotidstranges ausgebildet:

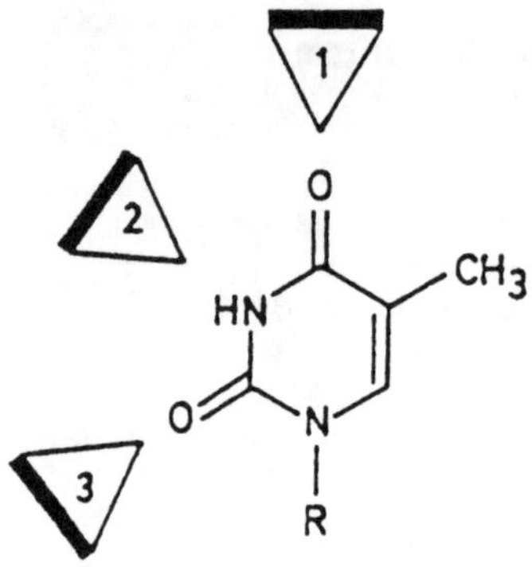

(A) nur 2
(B) nur 1 und 2
(C) nur 1 und 3
(D) nur 2 und 3
(E) 1 bis 3 (alle)

20 Welche der Aussagen über stöchiometrische Verhältnisse der Basen Adenin (A), Thymin (T), Guanin (G) und Cytosin (C) in der DNA-Doppelhelix treffen zu?

(1) Menge Purinbasen = Menge Pyrimidinbasen
(2) Menge A = Menge T
(3) Menge (A + T) = Menge (G + C)
(4) Das Verhältnis von (A + T) zu (G + C) ist artspezifisch.
(5) Eine eindeutige Aussage über die stöchiometrischen Verhältnisse der Basen A, C, G und T ist nicht möglich.

(A) nur 5
(B) nur 1 und 3
(C) nur 2 und 4
(D) nur 1, 2 und 4
(E) nur 1, 2, 3 und 4

21 Welche Aussage trifft <u>nicht</u> zu?

(A) Bei Eukaryoten ist DNA nicht nur im Zellkern, sondern auch in Plastiden und Mitochondrien enthalten.
(B) Bei allen Organismen codieren Nucleotid-Tripletts für bestimmte Aminosäuren.
(C) Chromosomen bestehen ausschließlich aus DNA.
(D) Bei Viren kann die Erbinformation in Form von DNA oder RNA vorliegen.
(E) Träger der Erbanlagen von Pro- und Eukaryoten ist die DNA.

22 Welche der folgenden Aussagen trifft nicht zu?

(A) Topoisomere der DNA besitzen die gleiche Nucleotidsequenz.
(B) Topoisomere der DNA unterscheiden sich nur in ihrer Raumstruktur.
(C) DNA kann bei Bakterien in topoisomeren Formen vorliegen. z.B. als Ringstruktur oder als Superhelix.
(D) Topoisomerasen schneiden Teile der ringförmigen DNA heraus und überführen diese damit in die Form der Superhelix.
(E) Die DNA kann durch DNA-Polymerasen repliziert werden.

Ordnen Sie bitte den Formeln (Liste 1) den Namen des jeweils zutreffenden Nucleinsäure-Bausteins (Liste 2) zu!

Liste 1

23

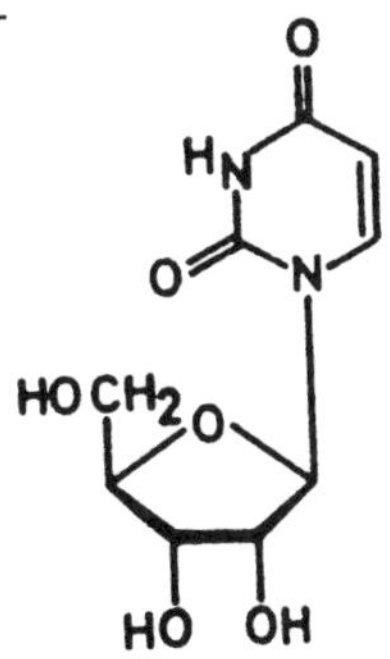

24

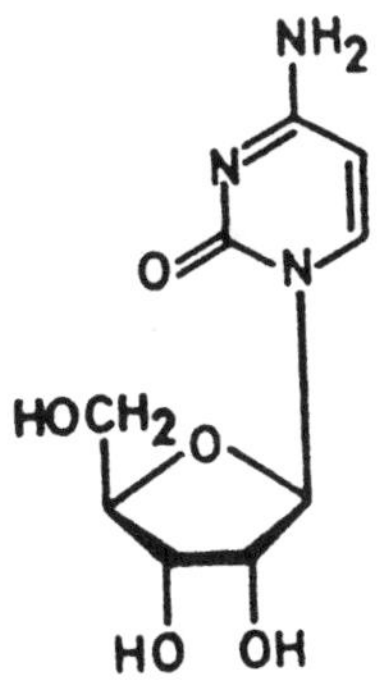

Liste 2

(A) Thymidin
(B) Cytidin
(C) Cytosin
(D) Uracil
(E) Uridin

25 Welche Aussage trifft nicht zu?

(A) Die mRNA ist einsträngig.
(B) Die mRNA enthält außer den Basen A, C, T und G auch sog. seltene Basen.
(C) Der Vorgang der Synthese der mRNA wird als Transkription bezeichnet.
(D) Im eukaryotischen Zellkern wird durch Umstrukturierung der hnRNA die funktionsfähige mRNA gebildet.
(E) Die funktionsfähige mRNA wird in das Cytosol transportiert.

Die tRNA-Moleküle enthalten spezifische Strukturelemente, die für die Synthese von Proteinen notwendig sind.
Ordnen Sie bitte den Begriffen der Liste 1 die zutreffende Kennzeichnung (Liste 2) zu!

Liste 1

26 Aminosäurebindungsstelle

27 Anticodon

Liste 2

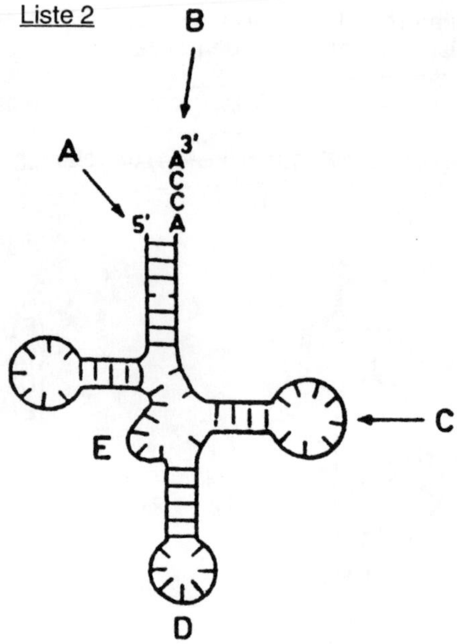

2.1.2 Molekulare Strukturen und Konformation der DNA, Exon, Intron, Mosaikgene, repetitive Sequenzen

Lehrbuch S. 156ff.

28 Welche der im folgenden genannten Enzyme beeinflussen DNA-Konformation und Genexpression?

(1) Topoisomerasen
(2) Lipasen
(3) Glucohydrolasen

(A) nur 1
(B) nur 1 und 2
(C) nur 1 und 3
(D) nur 2 und 3
(E) 1 bis 3 (alle)

29 Welche der folgenden Aussagen trifft nicht zu?

(A) Bei vielen Genen der Eukaryoten sind die Nucleotidsequenzen, die für ein Polypeptid codieren, von nichtcodierenden Nucleotidsequenzen unterbrochen.
(B) Die Umgruppierung von Exons in Mosaikgenen spielt eine Rolle bei Differenzierungsvorgängen.
(C) Exons sind nichtcodierende Nucleotidsequenzen eines Gens.
(D) Transposons sind genetische Elemente, die ihre Position im Genom verändern können.
(E) Transponierbare Elemente können Mutationen auslösen.

30 Welche Aussage zu Mosaikgenen trifft nicht zu?

(A) Mosaikgene sind Gene, deren Erbinformation auf verschiedene Chromosomen der Eukaryotenzelle verteilt ist.
(B) Mosaikgene enthalten auch Nucleotidsequenzen, die nicht für Proteine codieren.
(C) Mosaikgene setzen sich „mosaikartig“ aus Exon- und Intronsequenzen zusammen.
(D) Die Transkription von Mosaikgenen führt zu heterogener nucleärer RNA.
(E) Mosaikgene finden sich bei Eukaryoten und Viren.

31 Obwohl Introns nicht-codierende Genabschnitte sind, haben sie ein Triplettraster,

weil

eine geregelte Transkritpion und Translation des gesamten Gens (bei Eukaryoten) ohne das Triplettraster der Introns unmöglich ist.

32 Welche Beschreibung trifft auf den Begriff Intron zu?

(A) Ein Intron ist die innere Membran der Pollen.
(B) Introns sind die Bereiche zwischen den Nodien eines Sprosses.
(C) Introns sind die Inulinkristalle in den Vakuolen von Inula helenium.
(D) Introns sind die lufterfüllten Bereiche zwischen den Wänden der Mesophyllzellen.
(E) Introns sind bei Eukaryoten (und Archaebakterien) auftretende nicht-codierende DNA-Abschnitte bestimmter Gene.

33 Welche Aussagen über Exons und Introns sind richtig?

(1) Exons sind codierende Sequenzen eines Gens, welches aus Exons und Introns besteht.
(2) Es gibt Gene, die keine Introns enthalten.
(3) Exons und Introns sind einander komplementäre DNA-Sequenzen.
(4) Exons sind Gene, die sich am Ende eines Chromosoms befinden, während Introns zur Mitte hin angeordnet sind.

(A) nur 1
(B) nur 3
(C) nur 1 und 2
(D) nur 1 und 3
(E) nur 1 und 4

34 Welche Aussagen über Exons und Introns sind richtig?

(1) Introns können in Genen von Eubakterien vorkommen.
(2) Gene mit Exons und Introns kommen nur in solchen Zellen vor, in denen eine Prozessierung möglich ist.
(3) Bei Eukaryoten gibt es auch Gene, die keine Introns enthalten.

(A) nur 3
(B) nur 1 und 2
(C) nur 1 und 3
(D) nur 2 und 3
(E) 1 bis 3 (alle)

35 Introns haben im Gegensatz zu Exons kein Triplettraster,

weil

Introns nicht-codierende Genabschnitte darstellen.

36 Welche Aussage trifft zu?

Introns

(A) sind Nucleotidsequenzen, die für Proteine kodieren
(B) sind Primärtranskripte
(C) kommen in Genen der Eukaryoten vor
(D) sind Gene auf Plasmiden
(E) sind Endopeptidasen

2.1.3 Molekulare Strukturen der RNA

Lehrbuch S. 49ff.

37 Welche Angaben zu Nukleinsäuren treffen zu?

(1) Nukleosomen bestehen aus einem doppelsträngigen DNA-Abschnitt und Histonen.
(2) Nukleosomen kommen in den Chromosomen Höherer Pflanzen vor.
(3) Plasmide bestehen aus ringförmiger Einzelstrang-DNA.

(A) nur 1
(B) nur 1 und 2
(C) nur 1 und 3
(D) nur 2 und 3
(E) 1 bis 3 (alle)

38 Welche der Aussagen zum Aufbau der DNA treffen zu?

In der DNA

(1) sind alternierend Zucker- und Phosphorsäure-Moleküle verknüpft
(2) sind die Basen direkt mit dem Phosphorsäurerest verknüpft
(3) sind die Basen mit Zuckermolekülen verbunden
(4) kommen Basen-, Zucker- und Phosphorsäure-Moleküle im Verhältnis von 4:1:1 vor

(A) nur 3
(B) nur 1 und 3
(C) nur 1 und 4
(D) nur 2 und 3
(E) nur 1, 2 und 4

39 Welche der Aussagen über die DNA treffen zu?

Folgende Befunde sprechen für die Rolle der DNA als Träger der genetischen Information:

(1) Transformation
(2) Infektion durch DNA-Phagen
(3) Die Möglichkeit, durch Veränderung der DNA Mutationen zu erzeugen

(A) nur 1
(B) nur 3
(C) nur 1 und 3
(D) nur 2 und 3
(E) 1 bis 3 (alle)

40 Welche Aussage über Nukleoside trifft zu?

(A) 3', 5'-verknüpfte Nukleoside bilden die DNA und RNA.
(B) Nukleoside sind Verbindungen aus Phosphorsäure, Pentose und organischer Base.
(C) Nukleoside können als Zucker entweder Ribose oder 2-Desoxyribose enthalten.
(D) Nukleoside wie ATP, GTP, UTP sind als Coenzyme an Reaktionen des Energiestoffwechsels ebenso wie an Biosynthesereaktionen beteiligt.
(E) Keine der Aussagen trifft zu.

41 Nukleoside können folgende Bausteine enthalten:

(1) Phosphorsäure
(2) Ribose
(3) Purine
(4) Pyrimidine
(5) Desoxyribose

(A) nur 1 und 2
(B) nur 3, 4 und 5
(C) nur 1, 2, 3 und 4
(D) nur 2, 3, 4 und 5
(E) 1 bis 5 (alle)

42 Welche Antwort trifft <u>nicht</u> zu?

Bausteine der Nukleinsäuren sind

(A) Pentosen
(B) Phosphatide
(C) Phosphorsäure
(D) Purine
(E) Pyrimidine

43 Welche Aussage trifft <u>nicht</u> zu?

Als Teilbaustein für die DNA kann vorkommen

(A) Adenin
(B) Adenosin
(C) Thymin
(D) 2'-Desoxycytidin
(E) Guanin

---

44 Welche Antwort trifft zu?

In den Nukleinsäuren sind die Nukleoside mit den Phosphat-Resten verbunden über

(A) Etherbindungen
(B) Esterbindungen
(C) Glykosidbindungen
(D) Peptidbindungen
(E) Wasserstoffbrücken-Bindungen

Ordnen Sie bitte den genannten Bindungsstellen bei der DNA-Doppelhelix (Liste 1) den jeweils zutreffenden Bindungstyp aus Liste 2 zu.

Liste 1	Liste 2
45 Bindung von Pyrimidin- mit Purinbase	(A) Diesterbindung
46 Bindung von Pyrimidin-/Purin-Base an Pentose	(B) Esterbindung
	(C) Glykosidbindung
	(D) Peptidbindung
	(E) Wasserstoffbrücken-Bindung

---

47 Welche Aussage über die DNA trifft zu?

(A) Nukleotide der DNA sind 1'-Phosphorsäureester der entsprechenden Nukleoside.
(B) In DNA-Viren liegt das DNA-Molekül stets als Doppelstrang vor.
(C) Unter „Denaturation" der DNA versteht man ihren Abbau durch Enzyme.
(D) Das Gesetz der Basenpaarung sagt aus, daß auf einem DNA-Strang immer ein Molekül Adenosin-5'-phosphat neben einem Molekül Thymidin-5'-phosphat steht.
(E) Die Replikation der Eukaryoten-DNA erfolgt semikonservativ.

---

48 Welche Aussage trifft zu?

(A) Die Nukleotidbausteine der DNA sind 1'-Phosphorsäureester der entsprechenden Nukleoside.
(B) DNA als Träger der genetischen Information ist bei Pro- und Eukaryoten stets doppelsträngig.
(C) Das Gesetz der Basenpaarung sagt aus, daß auf einem DNA-Strang immer Adenin und Thymin benachbart sind.
(D) Die Reduplikation der DNA erfolgt konservativ.
(E) Keine der Aussagen trifft zu.

---

49 Welche Aussage über die DNA trifft <u>nicht</u> zu?

(A) Die monomeren Bausteine der DNA sind die Nukleotide.
(B) DNA enthält die Basen Adenin, Guanin, Cytosin, Uracil.
(C) Die Polynukleotidstränge sind durch Wasserstoffbrückenbindungen zu einem Doppelstrang vereinigt.
(D) Die Nukleotide der DNA bestehen aus Desoxyribose, Phosphorsäure und Purin- bzw. Pyrimidinbasen.
(E) In den Polynukleotidsträngen sind Desoxyribose- und Phosphorsäure-Einheiten miteinander esterartig verknüpft.

50 Welche der Aussagen über die Zusammensetzung der DNA treffen zu?

In einer DNA-Doppelhelix ist die Anzahl folgender Basen gleich:

(1) Purinbasen und Pyrimidinbasen
(2) Cytosin und Thymin
(3) Adenin und Guanin
(4) Adenin und Thymin
(5) Guanin und Cytosin

(A) nur 1
(B) nur 2 und 3
(C) nur 3 und 5
(D) nur 4 und 5
(E) nur 1, 4 und 5

51 In der DNA-Doppelhelix liegen spezifische Basenpaarungen vor. Adenin (A) paart mit Thymin (T); Guanin (G) paart mit Cytosin (C).

Welche der Aussagen über stöchiometrische Verhältnisse dieser Basen treffen zu?

(1) Menge Purinbasen = Menge Pyrimidinbasen
(2) Menge A = Menge T
(3) Menge (A + T) = Menge (G + C)
(4) Das Verhältnis von (A + T) zu (G + C) ist artspezifisch.
(5) Eine eindeutige Aussage über die stöchiometrischen Verhältnisse der Basen A, C, G und T ist nicht möglich.

(A) nur 5
(B) nur 1 und 3
(C) nur 2 und 4
(D) nur 1, 2 und 4
(E) nur 1, 2, 3 und 4

52 Über welche der aufgeführten Strukturelemente können in Nukleinsäuren und Proteinen Wasserstoffbrücken ausgebildet werden?

(1) $-\overline{N}H_2$
(2) $=\overline{N}-$
(3) $>C=O$
(4) 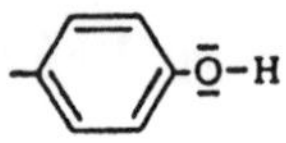

(A) nur 3
(B) nur 1 und 3
(C) nur 2 und 4
(D) nur 1, 3 und 4
(E) 1 bis 4 (alle)

53 Welche der Aussagen zum Bau der DNA-Doppelhelix treffen zu?

In der DNA-Doppelhelix werden über folgende mit den Ziffern 1 bis 4 gekennzeichneten Molekülstellen Wasserstoffbrücken von Cytosin zum Guanin des benachbarten Nukleotidstranges ausgebildet.

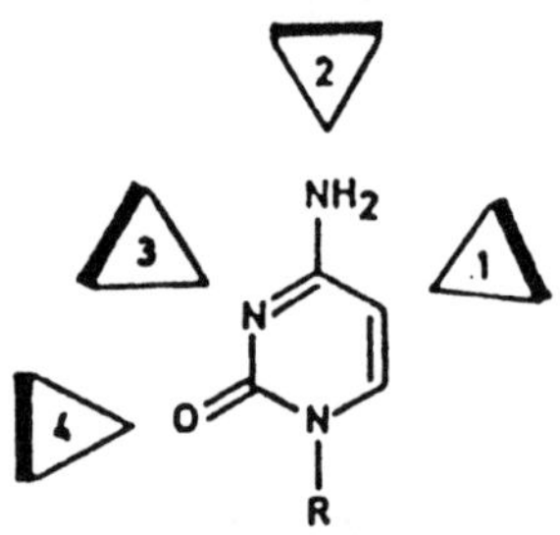

(A) nur 2 und 3
(B) nur 2 und 4
(C) nur 3 und 4
(D) nur 1, 2 und 3
(E) nur 2, 3 und 4

54 Welche der Aussagen zum Bau der DNA-Doppelhelix treffen zu?

In der DNA-Doppelhelix werden über folgende mit den Ziffern 1 bis 5 gekennzeichnete Molekülstellen Wasserstoffbrücken von Adenin zum Thymin des benachbarten Nukleotidstranges ausgebildet.

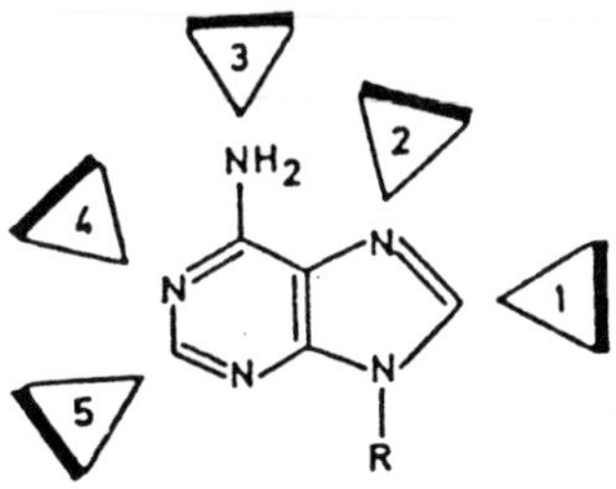

(A) nur 3 und 4
(B) nur 1, 3 und 4
(C) nur 2, 3 und 4
(D) nur 2, 3 und 5
(E) nur 3, 4 und 5

55 Welche der Aussagen zum Bau der DNA-Doppelhelix treffen zu?

In der DNA-Doppelhelix werden über folgende mit den Ziffern 1 bis 5 gekennzeichnete Molekülstellen Wasserstoffbrücken von Guanin zum Cytosin des benachbarten Nukleotidstranges ausgebildet.

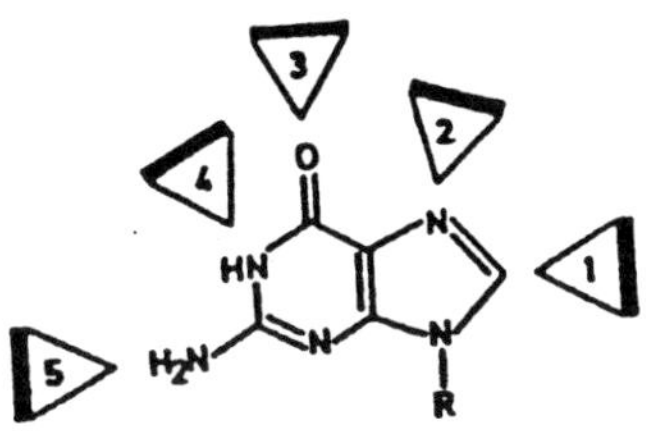

(A) nur 3 und 4
(B) nur 1, 2 und 3
(C) nur 2, 3 und 4
(D) nur 2, 4 und 5
(E) nur 3, 4 und 5

56

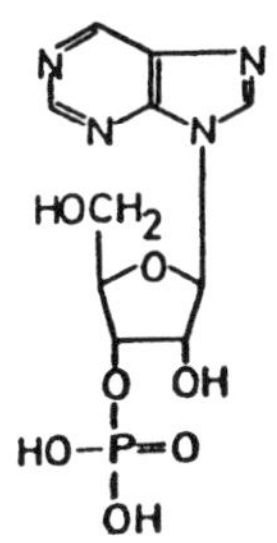

Welche Verbindung stellt die abgebildete Formel dar?

(A) Adenosin-3'-monophosphat
(B) Guanosin-3'-monophosphat
(C) Adenosin-5'-monophosphat
(D) Guanosin-5'-monophosphat
(E) Keine der Antworten trifft zu.

57 Welche Aussagen zum Nukleotid-Stoffwechsel treffen zu?

Das hier als Strukturformel abgebildete Molekül ist Bestandteil folgender Stoffe:

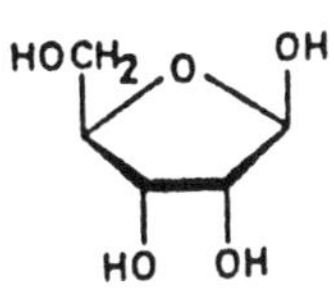

(1) DNA
(2) UTP
(3) t-RNA
(4) NADPH + H^+
(5) Coenzym A

(A) nur 1
(B) nur 3
(C) nur 1, 2 und 4
(D) nur 2, 4 und 5
(E) nur 2, 3, 4 und 5

58 Welche Aussage trifft <u>nicht</u> zu?

Die nachstehend als Strukturformel abgebildete Verbindung ist Bestandteil von

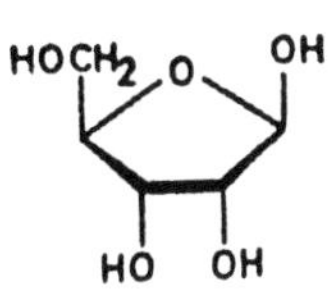

(A) DNA
(B) t-RNA
(C) UTP
(D) NADPH + H^+
(E) Coenzym A

59 Welches nachfolgende Formelbild stellt die Base der RNA dar, welche der DNA-Base Thymin analog ist?

(A) 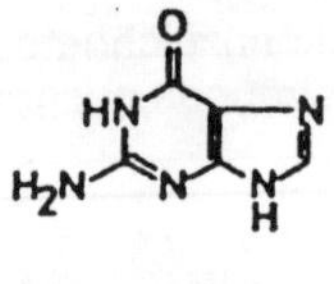

(B) 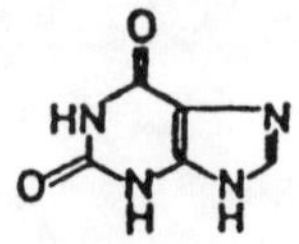

(C) 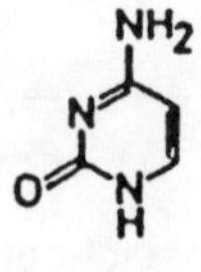

(D) 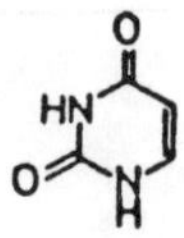

(E) 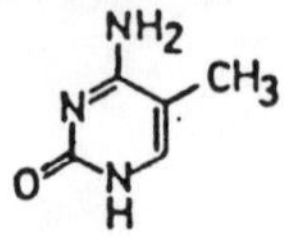

Ordnen Sie bitte den Formeln (Liste 1) den Namen des jeweils zutreffenden Nukleinsäure-Bausteins (Liste 2) zu.

Liste 1

60 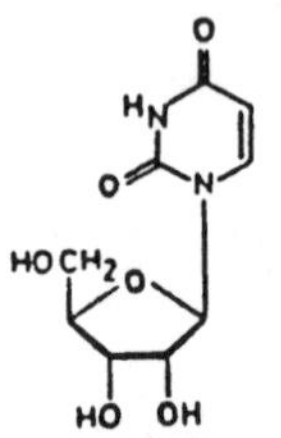

61 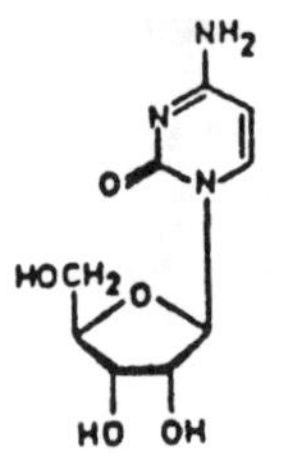

Liste 2

(A) Adenin
(B) Cytidin
(C) Thymin
(D) Uracil
(E) Uridin

62 Welche Aussage zur DNA trifft nicht zu?

(A) Bei Eukaryoten ist DNA nicht nur im Zellkern, sondern auch in Plastiden und Mitochondrien enthalten.
(B) Der in DNA und m-RNA vorliegende Triplettcode gilt für alle Organismen.
(C) Chromosomen bestehen ausschließlich aus DNA.
(D) Bei Viren kann die Erbinformation sowohl in DNA als auch in RNA enthalten sein.
(E) Träger der Erbanlagen von Pro- und Eukaryoten ist die DNA.

63 Welche Aussage über die Bedeutung von Nukleotiden im Zellstoffwechsel trifft nicht zu?

(A) Adenosintriphosphat (ATP) ist Energiedonator bei der Substrataktivierung zahlreicher Biosynthesen.
(B) Cyclisches Adenosinmonophosphat (c-AMP) spielt eine Rolle bei Regulationsvorgängen des Zellstoffwechsels.
(C) Uridintriphosphat (UTP) ist Energiedonator bei zahlreichen Reaktionen des Kohlenhydratstoffwechsels.
(D) Desoxyuridinmonophosphat (Desoxy-UMP) ist ein Baustein der Desoxyribonukleinsäure.
(E) Guanosintriphosphat (GTP) ist ein Energiedonator bei der Proteinbiosynthese.

64 Welche Aussagen treffen zu?

Desoxyribosecytidintriphosphat ist

(1) ein Nukleotid
(2) ein Nukleosid
(3) eine Verbindung, die am Aufbau der DNA beteiligt ist
(4) eine Verbindung, die am Aufbau der m-RNA beteiligt ist

(A) nur 1
(B) nur 2
(C) nur 1 und 3
(D) nur 2 und 3
(E) nur 3 und 4

65 Welche Antwort trifft nicht zu?

Bausteine der m-RNA sind

(A) Adenin
(B) Cytosin
(C) Guanin
(D) Pentose
(E) Thymin

66 Welche Aussage zur m-RNA trifft zu?

Die m-RNA

(A) hat Kleeblattstruktur
(B) hat Faltblattstruktur
(C) enthält das Anticodon
(D) besteht aus vielen Anticodons
(E) Keine der Aussagen trifft zu.

67 Welche Aussage trifft zu?

Die Basenfolge des m-RNA-Moleküls ist der Basenfolge

(A) der t-RNA komplementär
(B) eines codogenen DNA-Abschnitts gleich
(C) eines codogenen DNA-Abschnitts komplementär
(D) eines nicht-codogenen DNA-Abschnitts gleich
(E) eines nicht-codogenen DNA-Abschnitts komplementär

68 Welche Aussage trifft zu?

m-RNA

(A) besteht aus verschieden großen Untereinheiten
(B) enthält eine als Anticodon bezeichnete Region
(C) ist immer mit Histonen verknüpft
(D) liegt vollständig als Doppelhelix vor
(E) enthält die Pyrimidinbasen Uracil und Cytosin

69 Ein t-RNA-Molekül kann in vivo nur jeweils eine bestimmte Aminosäure binden,

weil

nur die jeweils spezifische Aminosäure an das Anticodon der t-RNA gebunden wird.

70 Welche Aussage über t-RNA-Moleküle trifft zu?

Die Moleküle der t-RNA

(A) enthalten selten vorkommende Aminosäuren
(B) haben, abgesehen vom Anticodon, eine unspezifische Nukleotidsequenz
(C) weisen alle eine identische Tertiär-Struktur auf
(D) werden von einem Ende her abgelesen
(E) haben eine terminale Cytosin-Cytosin-Adenin Basensequenz

71 Welche der Aussagen zum Bau der t-RNA treffen zu?

In der t-RNA kann über folgende mit den Ziffern 1 bis 5 gekennzeichneten Molekülstellen an Ribose eine Phosphoesterbindung erfolgen.

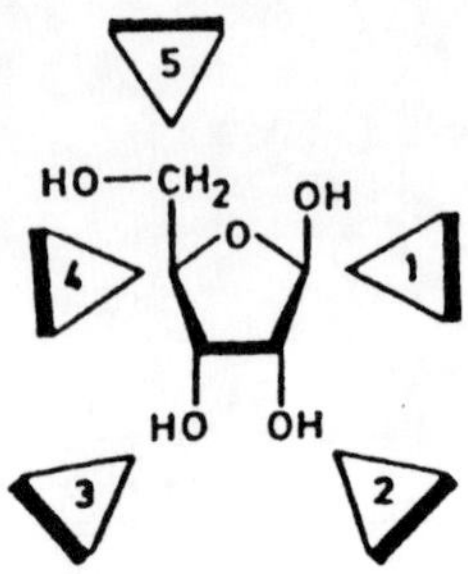

(A) nur 1 und 3
(B) nur 2 und 4
(C) nur 3 und 5
(D) nur 1, 3 und 4
(E) nur 2, 4 und 5

72 Bei dem hier dargestellten Molekülteil (Ⓟ = Phosphorsäurerest, Rib = Riboserest) handelt es sich um einen Ausschnitt aus

(A) einer Aminoacyl-t-RNA
(B) dem Murein
(C) einer DNA-Polymerase
(D) einem replizierenden DNA-Strang
(E) einer DNA-abhängigen RNA-Polymerase

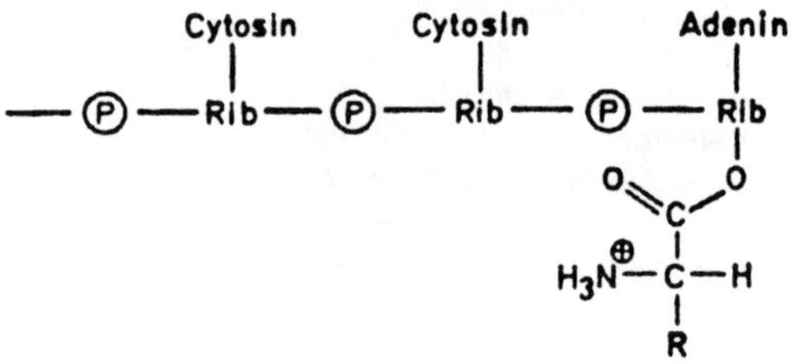

73 Welche Aussagen über Nukleinsäuren treffen zu?

Die DNA sowie die m-RNA und t-RNA unterscheiden sich

(1) im Proteinanteil
(2) in der Sekundärstruktur
(3) in den am Aufbau beteiligten Basen
(4) in der Struktur des Zuckeranteils

(A) nur 1 und 2
(B) nur 1 und 3
(C) nur 3 und 4
(D) nur 2, 3 und 4
(E) 1 bis 4 (alle)

2.1.4 Genetischer Code

Lehrbuch S. 179ff.

74 Welche Aussage trifft zu?

Unter dem Begriff „Genetischer Code" versteht man

(A) die Aufeinanderfolge von Genen auf der DNA
(B) die Festlegung der genetischen Information in der Nukleinsäure durch bestimmte Nukleotidfolgen
(C) eine gesetzmäßige Aneinanderreihung regulierender Gene auf der DNA
(D) die Codierung einer bestimmten Aminosäure durch nur eine bestimmte Nukleotidsequenz
(E) Keine der Aussagen trifft zu.

---

75 Der genetische Code wird als degeneriert bezeichnet,

weil

sowohl bei den Niederen als auch bei den Höheren Organismen entsprechende Codonen in der Regel die gleiche Bedeutung haben.

---

76 Welche der folgenden Aussagen treffen zu?

(1) Der genetische Code wird als degeneriert bezeichnet.
(2) Unter dem Begriff „Degeneration des genetischen Codes" versteht man die Tatsache, daß es neben den Codons für Aminosäuren auch solche für „Beginn einer Peptidkette" und „Ende einer Peptidkette" gibt.
(3) Der genetische Code ist ein „Raster-Code".
(4) Rasterverschiebungen können durch Einwirkung von Acridinen entstehen.

(A) nur 2 und 4
(B) nur 1, 2 und 3
(C) nur 1, 3 und 4
(D) nur 2, 3 und 4
(E) 1 bis 4 (alle)

---

77 Der genetische Code wird als degeneriert bezeichnet,

weil

einige Aminosäuren mehreren Codonen zugeordnet werden können.

---

78 Welche Aussage trifft zu?

Das Codon für eine Aminosäure sei G–C–U.
Das Anticodon ist dann

(A) C–G–A
(B) C–G–T
(C) A–G–C
(D) U–A–G
(E) Keine der Aussagen trifft zu.

Ordnen Sie bitte den Basentripletts der DNA (Liste 1) das jeweils komplementäre Triplett der m-RNA (Liste 2) zu.

Verwendete Abkürzungen: Adenin (A), Cytosin (C), Guanin (G), Thymin (T), Uracil (U)

Liste 1	Liste 2
79 C–G–A	(A) A–T–C
80 C–A–T	(B) G–U–A
	(C) A–G–U
	(D) G–C–U
	(E) G–A–U

Genetik

81 Welche Antwort trifft zu?

Das Codogen für eine Aminosäure sei A–C–C.
Das Anticodon ist dann

(A) U–G–G
(B) T–G–G
(C) T–U–U
(D) A–C–C
(E) C–A–A

82 Welche Antwort trifft zu?

Das Codogen einer DNA sei C–G–A.
Das Codon der m-RNA ist dann:

(A) G–C–T
(B) A–C–U
(C) T–A–T
(D) G–C–U
(E) U–A–G

Ordnen Sie bitte den Basentripletts der DNA (Liste 1) das jeweils komplementäre Triplett der m-RNA (Liste 2) zu.

Verwendete Abkürzungen: Adenin (A), Cytosin (C), Guanin (G), Thymin (T), Uracil (U)

Liste 1	Liste 2
83 C–G–A	(A) A–T–C
84 C–A–T	(B) G–U–A
	(C) A–G–U
	(D) G–C –U
	(E) G–A–U

85 Aus der Aminosäuresequenz einer Polypeptidkette kann man exakt auf die Nukleotidsequenz des codierenden Gens schließen,

weil

einer Aminosäuresequenz nur *eine* mögliche Nukleotidsequenz auf der DNA entspricht.

86 Welche der folgenden Angaben zum genetischen Code trifft nicht zu?

(A) Jedes Codon besteht aus drei Nukleotiden.
(B) Zu jeder Aminosäure gehört nur eine einzige Nukleotidsequenz als Codon.
(C) Mikroorganismen und Höhere Pflanzen haben den gleichen genetischen Code.
(D) Bestimmte Codons führen zum Abbruch der Synthese eines Polypeptids.
(E) Der genetische Code ist ein Raster-Code, d.h. er wird durch „Abzählen“ gleich großer Nukleotidgruppen von einem „Anfang“ her gelesen.

87 Welche Aussage zum Genetischen Code trifft nicht zu?

(A) Zur Codierung stehen vier verschiedene Nukleotide zur Verfügung.
(B) Eine Codierungseinheit (Codon) besteht aus drei Nukleotiden.
(C) Der Genetische Code wird kontinuierlich und lückenlos abgelesen.
(D) Der Genetische Code wird von jedem Ende der DNA-Kette abgelesen.
(E) Es gibt auch Codierungseinheiten, welche keine Aminosäuren codieren.

88 Welche Aussage trifft nicht zu?

(A) Zur Codierung stehen vier verschiedene Nukleotide zur Verfügung.
(B) Eine Codierungseinheit (Codon) besteht aus drei Nukleotiden.
(C) Für jede Aminosäure gibt es nur ein Basentriplett.
(D) Der Genetische Code wird kontinuierlich und lückenlos abgelesen.
(E) Es gibt auch Codierungseinheiten, welche keine Aminosäuren codieren.

89 Die Aussage, daß der nicht-codogene Strang der DNA mit dem m-RNA-Molekül identisch sei, ist berechtigt,

weil

die Basenfolgen der m-RNA und die des nicht-codogenen DNA-Stranges komplementär zur Basenfolge des codogenen DNA-Stranges sind.

90 Ein t-RNA-Molekül kann bei der RNA-abhängigen Proteinsynthese als Überträger für mehrere Aminosäuren fungieren,

weil

der genetische Code „degeneriert“ ist.

91 Welche DNA-Sequenz codiert das mRNA-Triplett UAG?

(A) ATC
(B) AUC
(C) CTA
(D) GGA
(E) TGA

2.2 Umsetzung genetischer Information

2.2.1 Transkription

Lehrbuch S. 161ff.

92 Welche der Aussagen zur bakteriellen Proteinsynthese trifft zu?

(A) Die Bildung der mRNA wird als Transkription bezeichnet.
(B) Die Bildung der mRNA wird als Translation bezeichnet.
(C) Die codierenden Basentripletts der DNA werden als Codons bezeichnet.
(D) Die codierenden Basentripletts der mRNA werden als Anticodons bezeichnet.
(E) Die Zahl der verschiedenen tRNA-Moleküle entspricht in etwa der Zahl der verschiedenen Proteinmoleküle.

93 Wenn die Ablesung von Strukturgenen beginnt, bindet die RNA-Polymerase an einen DNA-Abschnitt, der bezeichnet wird als

(A) Promotor
(B) Regulon
(C) Repressor
(D) Effektor
(E) Regulator

94 mRNA-Synthese kann an jedem der beiden Stränge der DNA erfolgen,

weil

die beiden Stränge einer DNA-Doppelhelix einander komplementär sind.

2.2.2 Prozessieren der RNA

Lehrbuch S. 163

95 Bei der Reifung der mRNA von Eukaryoten müssen Introntranskripte aus dem Primärtranskript herausgeschnitten werden,

weil

nur Introns, nicht aber Exons, codierende Sequenzen darstellen.

---

96 Die Exon-Intron-Struktur eines Gens macht die Prozessierung einer Primärtranskriptes notwendig,

weil

Exons nicht-codogene Sequenzen darstellen.

2.2.3 Translation

Lehrbuch S. 164ff.

97 Welche Aussage über die „Ein-Gen-Ein-Polypeptid-Hypothese" trifft zu?

Die „Ein-Gen-Ein-Polypeptid-Hypothese" besagt, daß

(A) jedes Gen ein Polypeptid synthetisiert
(B) ein Gen von einem Polypeptid synthetisiert wird
(C) jede Aminosäure-Sequenz einem Nukleinsäure-Abschnitt entspricht
(D) jeweils ein Strukturgen ein Polypeptid codiert
(E) jeweils ein Gen mit einem Polypeptid zu einem Nukleoproteid verbunden ist

---

98 Welche Aussage trifft für „Transkription" zu?

„Transkription" ist

(A) der Prozeß der DNA-Verdoppelung
(B) der Prozeß der m-RNA-Bildung am DNA-Strang
(C) der Prozeß, der bei meiotischen Kernteilungen zu haploiden Zellen führt
(D) der Prozeß der Übertragung von Genen eines Bakteriums auf ein anderes Bakterium
(E) der Prozeß der Anlagerung von Aminoacyl-t-RNA an m-RNA

---

99 Welche Aussage trifft zu?

Unter Transkription versteht man

(A) die Übertragung der Nukleotidsequenz der RNA in die Aminosäuresequenz eines Proteins
(B) die Veränderung der Erbinformation einer Zelle durch Einbau fremder DNA-Stücke
(C) die Übertragung der Nukleotidsequenz der DNA in eine Nukleotidsequenz der m-RNA
(D) die Übertragung von Erbinformationen durch Phagen
(E) die Übertragung eines Chromosomenbruchstückes auf ein anderes Chromosom

---

100 m-RNA-Synthese kann an beiden Strängen der DNA erfolgen,

weil

die beiden Stränge einer DNA-Doppelhelix einander komplementär sind.

101 Bei Einsetzen der Proteinsynthese löst sich bei den Eukaryoten die Kernmembran auf,

weil

bei den Eukaryoten zur Proteinsynthese die im Kern gebildete m-RNA an die Polysomen transportiert werden muß.

102 Bei der Proteinsynthese erfolgt die Basenpaarung zwischen t-RNA und m-RNA über Wasserstoffbrückenbindungen,

weil

t-RNA und m-RNA komplementäre Anticodons enthalten.

103 Welche Aussage über die „Ein Gen-Ein-Polypeptid-Hypothese“ trifft zu?

Sie besagt, daß

(A) jedes Gen ein Polypeptid synthetisiert
(B) ein Gen von einem Polypeptid synthetisiert wird
(C) jedem Nukleinsäure-Abschnitt eine Aminosäure-Sequenz entspricht
(D) jedes Polypeptid in einem definierten DNA-Abschnitt codiert ist, der als Gen bezeichnet wird
(E) jeweils ein Gen mit einem Polypeptid zu einem Nukleoproteid verbunden ist

104 Welche Aussagen über Nukleinsäuren und die Proteinbiosynthese treffen zu?

(1) Die Aminosäuresequenz in den Proteinen wird festgelgt durch die jeweilige Nukleotidsequenz in der DNA.
(2) DNA befindet sich bei Eukaryoten ausschließlich im Zellkern.
(3) Die Proteinbiosynthese vollzieht sich in der Regel an den Ribosomen.
(4) DNA ist ein Makromolekül, das elektronenmikroskopisch sichtbar gemacht werden kann.

(A) nur 1
(B) nur 2 und 3
(C) nur 1, 3 und 4
(D) nur 2, 3 und 4
(E) 1 bis 4 (alle)

105 In welchen der genannten Zellkompartimente kann Biosynthese von Proteinen erfolgen?

(1) Cytoplasma
(2) Dictyosomen
(3) Mitochondrien
(4) Plastiden
(5) Zellkern

(A) nur in 1
(B) nur in 5
(C) nur in 1 und 4
(D) nur in 1, 3 und 4
(E) nur in 2, 3 und 5

106 Welche der Aussagen zur Proteinbiosynthese treffen zu?

(1) Ribosomen sind an der Proteinbiosynthese beteiligt.
(2) Bei DNA-Viren erfolgt die Proteinbiosynthese unabhängig vom Vorhandensein einer m-RNA.
(3) Ribosomen von Mitochondrien und Chloroplasten sind den bakteriellen Ribosomen ähnlich.
(4) Die cytoplasmatischen Ribosomen der Eukaryoten sind größer als die Ribosomen der Bakterien.
(5) Die Aminosäuresequenz wird durch komplementäre Wechselwirkungen zwischen Aminosäuren und m-RNA festgelegt.

(A) nur 1 und 5
(B) nur 2 und 5
(C) nur 3 und 5
(D) nur 1, 2 und 4
(E) nur 1, 3 und 4

107 Welche Aussage zur Translation trifft zu?

Unter Translation versteht man

(A) die Übersetzung der DNA-Nukleotidsequenz in die komplementäre m-RNA-Sequenz
(B) die Übertragung fremder Gene durch Bakteriophagen
(C) die identische Reduplikation des DNA-Moleküls
(D) die direkte DNA-Übertragung auf Bakterien
(E) die Umsetzung der m-RNA-Nukleotidsequenz in die codierte Aminosäuresequenz

---

108 Welche der folgenden Verbindungen ist <u>nicht</u> an der Bildung des Initiationskomplexes zur Proteinbiosynthese bei *Mikroorganismen* beteiligt?

(A) m-RNA
(B) r-RNA
(C) t-RNA
(D) Threonin
(E) Formylmethionin

---

109 Welche der im folgenden aufgeführten Komponenten ist bei Prokaryoten <u>nicht</u> unmittelbar an der Proteinsynthese beteiligt?

(A) GTP
(B) $FADH_2$
(C) Peptidyltransferase
(D) Formyl-Methionin-t-RNA
(E) Ribosomen aus 50 S- und 30 S-Untereinheiten

---

110 Welches Enzym katalysiert im Rahmen der Proteinsynthese die Verknüpfung von Aminosäure und t-RNA-Molekül?

(A) Adenylatcyclase
(B) DNA-abhängige RNA-Polymerase
(C) t-RNA-Polymerase
(D) Aminoacyl-t-RNA-Synthetase
(E) Reverse Transkriptase

---

111 Welche der Aussagen zur Peptid- und zur Protein-Biosynthese treffen zu?

(1) An der Peptid-Biosynthese sind immer Ribosomen beteiligt.
(2) In Viren erfolgt die Protein-Biosynthese unabhängig vom Vorhandensein einer m-RNA.
(3) Die cytoplasmatischen Ribosomen der Eukaryoten sind schwerer als die Ribosomen der Bakterien.
(4) Die Aminosäuresequenz wird durch komplementäre Wechselwirkungen zwischen Aminosäuren und m-RNA festgelegt.

(A) nur 3
(B) nur 1 und 3
(C) nur 1 und 4
(D) nur 2 und 4
(E) nur 1, 2 und 4

---

112 m-RNA enthält Information der DNA,

<u>weil</u>

die DNA-Basensequenz beim Vorgang der Translation in die m-RNA-Basensequenz übersetzt wird.

---

113 Welche Beschreibung trifft auf den Begriff „Exon“ zu?

Exons

(A) sind bestimmte Peptidsequenzen
(B) sind degenerierte Tripletts
(C) sind codierende Nukleotidsequenzen
(D) kommen bei Eukaryoten nicht vor
(E) binden an den Promotor

Ordnen Sie bitte den Begriffen der Liste 1 die zutreffenden Aussagen aus Liste 2 zu.

Liste 1	Liste 2
114 Mosaikgen	(A) zusammengesetzt aus codierenden und nicht-codierenden Nukleotidsequenzen
115 Transposon	(B) kann seine Position im Genom verändern
	(C) verändert seine Funktion während der Transkription
	(D) Begriff für die Verteilung der Gene auf Plasmiden
	(E) Folge eines Cross-over

---

116 Welche Aussagen treffen zu?

Exons

(1) sind die für ein Protein codierenden DNA-Abschnitte eines Gens
(2) sind die DNA-Abschnitte eines Gens, die durch Introns voneinander abgegrenzt sind
(3) sind informationslose Wiederholungen eines Gens
(4) haben keinen Triplettcode
(5) und Introns bilden die Gene der Eubakterien

(A) nur 1 und 2
(B) nur 2 und 3
(C) nur 2 und 4
(D) nur 3 und 5
(E) nur 1, 2 und 5

---

117 Welche Aussage trifft auf den Begriff Intron zu?

Introns

(A) sind Nukleotidsequenzen, die für Proteine codieren
(B) sind die Primärtranskripte
(C) kommen in Genen der Eukaryoten vor
(D) sind Gene der Archaebakterien
(E) sind Endopeptidasen

---

118 Intervenierende Sequenzen (Introns) in der DNA stören die Transkription der DNA,

weil

Introns aus Nukleotidsequenzen bestehen, die nicht für Peptide codieren.

---

119 Welche der Aussagen zur Peptid- und zur Protein-Biosynthese treffen zu?

(1) An der Biosynthese der Peptidantibiotika sind immer Ribosomen beteiligt.
(2) In Viren erfolgt die Protein-Biosynthese unabhängig vom Vorhandensein einer mRNA.
(3) Die cytoplasmatischen Ribosomen der Eukaryoten und der Bakterien haben unterschiedliche Sedimentationsgeschwindigkeiten.
(4) Die Aminosäuresequenz wird durch komplementäre Wechselwirkungen zwischen Aminosäuren und mRNA festgelegt.

(A) nur 3
(B) nur 1 und 3
(C) nur 1 und 4
(D) nur 2 und 4
(E) nur 1, 2 und 4

---

120 Welche der im folgenden aufgeführten Komponenten ist bei Prokaryoten nicht unmittelbar an der Proteinsynthese beteiligt?

(A) GTP
(B) $FADH_2$
(C) Peptidyltransferase
(D) Formyl-Methionin-tRNA
(E) Ribosomen aus 50 S- und 30 S-Untereinheiten

Genetik

121 Bei der Proteinsynthese erfolgt die Basenpaarung zwischen tRNA und mRNA über Wasserstoffbrückenbindungen,

weil

die Basenfolge der tRNA und der mRNA komplementär ist.

122 Welche Aussage trifft zu?

Unter Translation versteht man

(A) die Übersetzung der DNA-Nucleotidsequenz in die komplementäre mRNA-Sequenz
(B) die Übertragung fremder Gene durch Bakteriophagen
(C) die identische Reduplikation des DNA-Moleküls
(D) die direkte DNA-Übertragung auf Bakterien
(E) die Umsetzung der mRNA-Nucleotidsequenz in die codierte Aminosäuresequenz

123 Ein tRNA-Molekül kann bei der RNA-abhängigen Proteinsynthese als Überträger für unterschiedliche Aminosäuren fungieren,

weil

der genetische Code „degeneriert" ist.

2.2.4 Hemmung der Umsetzung der genetischen Information

Lehrbuch S. 171ff.

124 Welche der im folgenden aufgeführten Komponenten ist bei Prokaryoten nicht unmittelbar an der Proteinsynthese beteiligt?

(A) GTP
(B) $FADH_2$
(C) Peptidyltransferase
(D) Formyl-Methionin-tRNA
(E) Ribosomen aus 50S- und 30S-Untereinheiten

125 Strukturanaloge der natürlichen Nukleoside, wie z.B. 5-Iod-2'-desoxy-uridin, können bei bestimmten viralen Infektionen eingesetzt werden,

weil

Verbindungen wie 5-Iod-2'-desoxy-uridin eine ausgesprochen selektive Wirkung gegen Viren aufweisen.

126 Welche Aussage zu Nukleotid-Analoga trifft zu?

Das Nukleotid-Analoge 5-Iod-2'-desoxy-uridin

(A) wirkt mutagen, weil es anstelle des richtigen Nukleotids in die DNA eingebaut wird und die DNA-abhängige RNA-Polymerase blockiert
(B) führt zu Basenaustauschmutationen, wenn es in der Enolform vorliegt
(C) wird in die m-RNA eingebaut und stört daher die Proteinbiosynthese
(D) wird in die t-RNA eingebaut und stört die Bindung von Aminosäuren
(E) wird selektiv und ausschließlich in die DNA von Viren eingebaut und kann so bei vielen Viruserkrankungen als Arzneimittel eingesetzt werden

127 Gyrasehemmer können als Antibiotika eingesetzt werden,

weil

Gyrasehemmer die Replikation der DNA bei Bakterien hemmen.

128 Welche Aussagen über Matrizenblocker treffen zu?

(1) Sie verhindern die Assoziation von Codon und Anticodon.
(2) Sie bilden Assoziate mit der DNA.
(3) Sie verhindern die Ausbildung der Paralleltextur der pflanzlichen Zellwand.
(4) Sie haben antibiotische Aktivität.
(5) Sie sind für die Assoziation der Untereinheiten der Ribosomen verantwortlich.

(A) nur 1
(B) nur 2
(C) nur 2 und 4
(D) nur 3, 4 und 5
(E) 1 bis 5 (alle)

2.3 Weitergabe und Verteilung des Erbgutes

2.3.1 Monohybrider Erbgang, Mendelsche Gesetze

Lehrbuch S. 123ff.

129 Kreuzt man Individuen zweier Rassen (P-Generation), die sich in nur einem Allelpaar unterscheiden, so sind bestimmte Verteilungen der durch das Allelpaar bestimmten Eigenschaft bei der F_1- und der F_2-Generation erkennbar.

Welche der Aussagen treffen zu?

(1) Alle F_1-Individuen sind genotypisch und phänotypisch gleich.
(2) Die F_1-Individuen entsprechen genotypisch stets einem Elternteil.
(3) Je ein Viertel der F_2-Individuen entspricht im Genotyp je einem Elternteil.
(4) Die Hälfte der F_2-Individuen ist heterozygot.

(A) nur 1
(B) nur 2 und 3
(C) nur 3 und 4
(D) nur 1, 3 und 4
(E) nur 2, 3 und 4

130 Welche der folgenden Aussagen treffen zu?

(1) Bei diploiden Organismen ist jedes Gen in vegetativen Zellen in der Regel zweimal vorhanden.
(2) Auf homologen Chromosomen nehmen entsprechende Gene die gleichen Genorte ein.
(3) Sind Allele völlig identisch, so ist der Organismus für das betreffende Merkmal homozygot.
(4) Unterschiede von Allelen entstehen durch cross-over.

(A) nur 1
(B) nur 2 und 3
(C) nur 1, 2 und 3
(D) nur 2, 3 und 4
(E) 1 bis 4 (alle)

131 Bei Haplonten entspricht der Phänotyp dem Genotyp.

weil

bei homozygoten Organismen die Allele des betreffenden Gens gleich sind.

132 Welche der Aussagen treffen zu?

Kreuzt man zwei homozygote Linien mit dominant-rezessivem Erbgang, die sich in einem Merkmal unterscheiden, so sind in Bezug auf dieses Merkmal

(1) die erste Filialgeneration genotypisch und phänotypisch gleich
(2) die erste Filialgeneration genotypisch unterschiedlich, jedoch phänotypisch gleich
(3) die zweite Filialgeneration zu 50% homozygot, zu 50% heterozygot
(4) die zweite Filialgeneration phänotypisch aufgespalten im Verhältnis 3:1

(A) nur 1
(B) nur 2
(C) nur 1 und 3
(D) nur 2 und 4
(E) nur 1, 3 und 4

133 Kreuzt man zwei Rassen, die sich in mehreren Allelen unterscheiden, so können Erbanlagen neu kombiniert werden

weil

bei der Meiose die väterlichen und mütterlichen Chromosomen nach den Regeln des Zufalls auf die entstehenden Tochterzellen verteilt werden.

134 Bei der Kreuzung zweier reinerbiger Arten, die sich nur in einem Merkmal unterscheiden, spaltet die F1-Generation im Verhältnis 3:1,

weil

das dominante Merkmal die Ausprägung des rezessiven Merkmals überdeckt.

135 Multiple Allele befinden sich an einander entsprechenden Genorten homologer Chromosomen,

weil

multiple Allele durch Mutationen aus einem Gen entstehen.

136 Unter Polygenie versteht man

(A) die Beeinflussung mehrerer Phäne durch ein Gen
(B) die Beteiligung mehrerer Gene an der Bildung eines Phäns
(C) die gleichzeitige Transkription mehrerer Strukturgene einer Enzymkette
(D) die Aneinanderreihung von Strukturgenen in einem Operon
(E) die Transkriptionsregulation mehrerer Strukturgene durch Regulationsgene

Ordnen Sie bitte den in Liste 1 aufgeführten Begriffen die jeweils zutreffende Aussage (Liste 2) zu!

Liste 1

137 Faktorenkopplung

138 Faktorentausch

Liste 2

(A) Ein Gen kann gegenüber einem anderen Gen dominant sein.
(B) Konjugierte homologe Chromatiden können während der Meiose zerbrechen und sich neu verbinden.
(C) Sobald zwei Gene sich in demselben Chromosom befinden, werden sie normalerweise gemeinsam vererbt.
(D) Ein Gen kann oft mehrere Merkmale in einem Organismus beeinflussen.
(E) Ein bestimmtes Merkmal einer Pflanze kann durch verschiedene Gene beeinflußt bzw. bedingt werden.

2.3.2 Replikation der DNA

Lehrbuch S. 152ff.

139 Welche Aussage trifft nicht zu?

Nach den Mendelschen Gesetzen gilt:

(A) Bei der sexuellen Fortpflanzung können Gene neu kombiniert werden.
(B) Das Spaltungsgesetz ist das Gesetz von der Reinheit der Gameten.
(C) Beim intermediären Erbgang homozygoter Eltern sind die Individuen der F_1-Generation phänotypisch und genotypisch gleich.
(D) Beim dominant-rezessiven Erbgang homozygoter Eltern sind die Individuen der F_1-Generation phänotypisch und genotypisch gleich.
(E) Die Individuen der F_2-Generation eines intermediären Erbgangs sind immer phänotypisch und genotypisch gleich.

140 Welche Aussage zu den Mendelschen Gesetzen trifft nicht zu?

Die Mendelschen Gesetze beinhalten Aussagen über

(A) die statistische Verteilung von Merkmalen in der F_2-Generation
(B) die Vererbung von Eigenschaften bei Pflanzen, nicht aber bei Tieren
(C) den intermediären sowie den dominanten bzw. rezessiven Erbgang
(D) die Neukombination der Gene
(E) die statistische Wahrscheinlichkeit für die Merkmalsausbildung der F_1-Generation

141 Kreuzt man zwei Rassen miteinander, die sich nur in einem Allelpaar unterscheiden, so sind die Hybriden der F_1-Generation untereinander gleich,

weil

bei der I. Reifungsteilung, die der Bildung der elterlichen Gameten vorausgeht, die homologen Chromosomen nach den Regeln des Zufalls auf die Tochterkerne verteilt werden.

142 Kreuzt man zwei homozygote Individuen einer Art, die sich nur in einem Merkmal unterscheiden, dann sind die Individuen der ersten Filialgeneration gleich,

weil

die Gameten der Parentalgeneration bei homozygoten Individuen, die sich nur in einem Merkmal unterscheiden, auch gleich sind.

143 Welche der Aussagen treffen zu?

Kreuzt man zwei homozygote Linien mit dominant-rezessivem Erbgang, die sich in einem Merkmal unterscheiden, so sind in bezug auf dieses Merkmal

(1) die erste Filialgeneration genotypisch und phänotypisch gleich
(2) die erste Filialgeneration genotypisch unterschiedlich, jedoch phänotypisch gleich
(3) die zweite Filialgeneration zu 50% homozygot, zu 50% heterozygot
(4) die zweite Filialgeneration phänotypisch aufgespalten im Verhältnis 3:1

(A) nur 1
(B) nur 2
(C) nur 1 und 3
(D) nur 2 und 4
(E) nur 1, 3 und 4

144 Reziproke Bastarde reinerbiger Pflanzenrassen sind untereinander gleich (wie durch das 1. Mendelsche Gesetz beschrieben),

weil

väterliches und mütterliches Erbgut homozygoter Eltern in der F_1-Generation gleichwertig sind.

145 Welche der Aussagen treffen zu?

Kreuzt man zwei homozygote Linien mit intermediärem Erbgang, die sich in einem Merkmal unterscheiden, so sind in bezug auf dieses Merkmal

(1) die erste Filialgeneration genetisch und phänotypisch gleich
(2) die erste Filialgeneration zu 100% heterozygot
(3) die zweite Filialgeneration zu 50% homozygot, zu 50% heterozygot
(4) die zweite Filialgeneration phänotypisch im Verhältnis 1:3 aufgespalten

(A) nur 1 und 2
(B) nur 2 und 3
(C) nur 1, 2 und 3
(D) nur 1, 2 und 4
(E) nur 1, 3 und 4

146 Kreuzt man die uniformen Individuen der F_1-Generation miteinander (1. Mendelsches Gesetz), dann treten in der F_2-Generation die gegensätzlichen Merkmale der Parentalgeneration wieder auf,

weil

in den haploiden Gameten der F_1-Generation Cross-over, wenn auch nur in geringem Umfang, stattgefunden hat.

147 Kreuzt man zwei Rassen, die sich in zwei oder mehr Allelen unterscheiden, so werden nach dem 3. Mendelschen Gesetz die einzelnen Allele unabhängig voneinander vererbt und können neu kombiniert werden,

weil

Allele zwischen homologen Chromosomen ausgetauscht werden können.

148 Das dritte Mendelsche Gesetz wird auch als das Gesetz von der Neukombination der Gene bezeichnet, es gilt jedoch nur mit Einschränkungen,

weil

das Genom bei Eukaryotenzellen eine Kopplungsgruppe darstellt.

149 Das dritte Mendelsche Gesetz, welches auch als Gesetz von der Neukombination der Gene bezeichnet wird, gilt ohne Einschränkung,

weil

Chromosomen Kopplungsgruppen darstellen.

150 Das dritte Mendelsche Gesetz ist nicht gültig, wenn die Genorte zweier Merkmale bzw. Merkmalsgruppen jeweils auf demselben Chromosom lokalisiert sind,

weil

alle Genorte, die auf demselben Chromosom liegen, in der Regel gemeinsam vererbt werden.

151 Welcher der unten aufgeführten Begriffe ist in das 3. Mendelsche Gesetz an die durch Punkte bezeichnete Stelle einzusetzen?

Kreuzt man Individuen einer Art, die sich in mehreren Merkmalen unterscheiden, so treten in der Nachkommenschaft .... auf.

(A) neue Merkmalskombinationen
(B) neue Allele
(C) vermehrt Crossing-over Ereignisse
(D) neue Mutanten
(E) neue Translokationen

152 Die Gene einer Kopplungsgruppe werden stets in der gleichen Kombination vererbt,

weil

alle Gene einer Kopplungsgruppe stets auf demselben Chromosom liegen.

153 Genetisch fixierte Merkmale von Chloroplasten können von der Elterngeneration auf die Tochtergeneration übertragen werden,

weil

männliche Gameten im Vergleich zu den weiblichen Gameten plasmaärmer sind und in stärkerem Maße Proplastiden enthalten.

154 Reziproke Bastarde können sich in einigen Merkmalen unterscheiden,

weil

die extrachromosomalen Erbfaktoren nicht entsprechend den Mendelschen Gesetzen vererbt werden.

155 Welche Aussage trifft nicht zu?

Extrachromosomale Erbfaktoren

(A) kommen in Plastiden vor
(B) kommen in Mitochondrien vor
(C) werden bei der Vererbung pflanzlicher Merkmale entsprechend den Mendelschen Gesetzen rekombiniert
(D) sind für die in einigen Fällen beobachteten Unterschiede zwischen den Bastarden bei reziproken Kreuzungen verantwortlich
(E) haben die Fähigkeit zur identischen Reduplikation

Ordnen Sie bitte den in Liste 1 aufgeführten Begriffen die für sie zutreffende Aussage (Liste 2) zu.

Liste 1

156 Plasmon

157 Plastom

Liste 2

(A) Grundsubstanz des Protoplasten
(B) Gesamtheit der in Plastiden lokalisierten Erbfaktoren
(C) Gesamtheit der im Plasma lokalisierten Erbfaktoren
(D) Mutation der Erbfakoren in Plastiden
(E) Plastidenanaloge Zellbestandteile bei Bakterien

Ordnen Sie bitte den in Liste 1 aufgeführten Begriffen die für sie zutreffenden Aussage (Liste 2) zu!

Liste 1

158 Gyrase

159 Primase

Liste 2

(A) knüpft die Wasserstoffbrückenbindungen zwischen Purin- und Pyrimidinanteil
(B) trennt die beiden DNA-Stränge durch Lösen der Wasserstoffbrücken
(C) baut kurze RNA-Stränge auf
(D) knüpft Phosphodiesterbindungen
(E) reguliert die topologische Konfiguration der DNA-Helix

---

160 Welche Nucleinsäuren werden nach dem Prinzip der komplementären Basenpaarung an einem DNA-Strang als Matrize neu synthetisiert?

(1) mRNA
(2) tRNA
(3) DNA
(4) rRNA

(A) nur 1
(B) nur 3
(C) nur 1 und 2
(D) nur 1, 2 und 3
(E) 1 bis 4 (alle)

---

161 Bei der Replikation verläuft die Synthese eines der DNA-Stränge über Okazaki-Fragmente,

weil

die DNA-Polymerase die Nuclecotidbausteine nur in einer Richtung (von 5' nach 3') verbinden kann.

2.3.3 Mitose, Meiose, Zellzyklus

Lehrbuch S. 129ff.

---

162 Welche Aussage zu Meristemen trifft zu?

In meristematischen Geweben

(A) geht der Zellteilung eine mitotische Kernteilung voran
(B) sind mitotische und meiotische Kernteilungen zu beobachten
(C) erfolgt die Kernteilung nach der Zellteilung
(D) überwiegen Meiosen
(E) erfolgen regelmäßig abwechselnd Mitosen und Meiosen

---

163 Prinzipiell besitzen die diploiden Zellen eines vielzelligen Organismus identische genetische Informationen,

weil

jede diploide Zelle im Gewebe eines vielzelligen Organismus durch Mitose gebildet wird.

164 In der Mitose werden die Chromosomen eines Zellkerns im Mikroskop deutlich sichtbar,

<u>weil</u>

bei Zellteilungen die DNA des Zellkerns auf die Tochterzellen verteilt wird.

165 In welcher Reihenfolge laufen die Teilungsphasen einer Mitose ab?

(A) Pro-, Meta-, Ana-, Telophase
(B) Pro-, Meta-, Telo-, Anaphase
(C) Pro-, Telo-, Meta-, Anaphase
(D) Meta-, Pro-, Ana-, Telophase
(E) Keine der Antworten trifft zu.

166 Wie verhalten sich Chromosomen in der Metaphase der Mitose?

(A) Sie entspiralisieren sich.
(B) Sie ordnen sich in der Äquatorialebene an.
(C) Sie werden mit Hilfe des Spindelapparates auf die Plasmabereiche der zukünftigen Tochterzellen verteilt.
(D) Sie bilden mit Hilfe der DNA-Polymerase einen neuen DNA-Strang (Chromatiden).
(E) Sie beginnen, sich durch Spiralisierung zu verkürzen.

Ordnen Sie bitte die Begriffe der Liste 1 den Stadien der Mitose in Liste 2 zu.

<u>Liste 1</u>

167 Metaphase

168 Prophase

<u>Liste 2</u>

(A) Die Chromosomen ordnen sich in einer Ebene (Zellplatte) an.
(B) Chromosomen verkürzen sich und werden sichtbar.
(C) Die Chromatiden werden polwärts gezogen.
(D) Die Kernmembran bildet sich aus.
(E) Die DNA wird verdoppelt.

Ordnen Sie bitte die Begriffe der Liste 1 den Stadien der Mitose in Liste 2 zu.

<u>Liste 1</u>

169 Anaphase

170 Telophase

<u>Liste 2</u>

(A) Die Chromosomen ordnen sich in einer Ebene (Zellplatte) an.
(B) Chromosomen verkürzen sich und werden sichtbar.
(C) Die Chromatiden werden polwärts gezogen.
(D) Die Kernmembran bildet sich aus.
(E) Die DNA wird verdoppelt.

171 Welche der folgenden Aussagen treffen zu?

(1) Chromosomen treten im Zellkern nur im Verlauf einer Mitose auf.
(2) Der Chromosomensatz Höherer Pflanzen wird bei der Bildung der Gameten halbiert.
(3) Triploide Organismen können sich nur vegetativ fortpflanzen.

(A) nur 2
(B) nur 3
(C) nur 1 und 2
(D) nur 2 und 3
(E) 1 bis 3 (alle)

172 Welche der Aussagen zum mitotischen Zellzyklus treffen zu?

(1) In der Prophase findet die Verdoppelung der Chromosomen statt.
(2) In der S-Phase wird die DNA semikonservativ redupliziert.
(3) In der G_1-Phase finden m-RNA-Synthese, Proteinsynthese und Zellwachstum statt.
(4) Die zeitliche Dauer für den Ablauf der G_1-, S- und G_2-Phase ist bei den verschiedenen Organismen praktisch gleich.

(A) nur 1
(B) nur 1 und 3
(C) nur 2 und 3
(D) nur 2 und 4
(E) nur 2, 3 und 4

173 Welche der Aussagen zum Zellzyklus treffen zu?

In der S-Phase wird in größerem Umfang

(1) m-RNA synthetisiert
(2) DNA synthetisiert
(3) Protein synthetisiert

(A) nur 1
(B) nur 2
(C) nur 3
(D) nur 1 und 3
(E) nur 2 und 3

174 Welche der Aussagen zum Zellzyklus treffen zu?

In der G_1-Phase wird in größerem Umfang synthetisiert

(1) m-RNA (2) DNA (3) Protein

(A) nur 1
(B) nur 2
(C) nur 3
(D) nur 1 und 3
(E) nur 2 und 3

175 Welche der folgenden Aussagen treffen zu?

(1) In der G_1-Phase des Zellzyklus findet Proteinsynthese statt.
(2) In der G_2-Phase des Zellzyklus findet Proteinsynthese statt.
(3) In der S-Phase des Zellzyklus findet DNA-Synthese statt.

(A) nur 2
(B) nur 3
(C) nur 1 und 2
(D) nur 2 und 3
(E) 1 bis 3 (alle)

176 Der Chromosomensatz im Zellkern eines Haplonten beträgt in der Diplophase 2n,

<u>weil</u>

sich die DNA in der S-Phase verdoppelt.

177 Im Verlaufe eines Zellzyklus wird die Erbinformation identisch redupliziert und gleichmäßig auf die Tochterzellen verteilt.

In welcher der aufgeführten Phasen findet die Verdopplung der DNA statt?

(A) Prophase
(B) Metaphase
(C) Anaphase
(D) Telophase
(E) Interphase

178 Die zeitliche Dauer der G_1-, S- und G_2-Phase des mitotischen Zellzyklus ist bei allen Organismen praktisch gleich,

weil

bei allen Organismen in der G_1-, S- und G_2-Phase jeweils die entsprechenden Vorgänge der Protein- und Nukleinsäuresynthese ablaufen.

179 Welche Aussage über die Zelle im Zustand der Interphase trifft zu?

In der Interphase

(A) sind die Chromosomen besonders gut erkennbar
(B) befindet sich der Zellkern physiologisch im inaktiven Zustand
(C) erfolgt in der G_1- und G_2-Phase die Synthese von Heterochromatin
(D) wird die DNA semikonservativ identisch repliziert
(E) Keine der Antworten trifft zu.

180 In welcher der angegebenen Phasen des Zellzyklus bzw. der Mitose erfolgt die identische Replikation der DNA der Chromosomen?

(A) G_1-Phase
(B) G_2-Phase
(C) S-Phase
(D) Prophase
(E) Keine der Antworten trifft zu.

181 Wie verhalten sich Chromosomen in der Anaphase I der Meiose?

(A) Sie entspiralisieren sich.
(B) Sie ordnen sich in der Äquatorialebene an.
(C) Sie werden mit Hilfe des Spindelapparates auf die Plasmabereiche der zukünftigen Tochterzellen verteilt.
(D) Sie verdoppeln sich.
(E) Keine der Aussagen trifft zu.

182 Welche Aussage trifft nicht zu?

Bei der Meiose

(A) entstehen in der Regel zwei Tochterzellen
(B) wird die Chromosomenzahl pro Zelle – in der Regel von 2n auf n – reduziert
(C) wird das Genom durch zufallsgemäße Verteilung der homologen Chromosomen umgeordnet
(D) können Chromosomen durch Austausch von Teilen zwischen homologen Chromosomen umgebaut werden
(E) bestehen die Chromosomen in der Prophase aus je zwei Chromatiden

183 Welche Aussagen treffen zu?

In der Anaphase I der Meiose

(1) wird die Chromosomenzahl einer Zelle reduziert
(2) werden Schwesternchromatiden getrennt
(3) werden Genabschnitte ausgetauscht
(4) sind deutlich Chiasmata zu erkennen

(A) nur 1
(B) nur 2
(C) nur 4
(D) nur 2 und 4
(E) nur 3 und 4

184 Welche der Aussagen zur Meiose treffen zu?

Bei der meiotischen Kernteilung einer Pflanzenzelle

(1) wird die Zahl der Chromosomen reduziert
(2) werden väterliche und mütterliche Chromosomen auseinandersortiert und jeweils getrennt auf die entstehenden Tochterzellen verteilt
(3) werden die Erbanlagen durch Crossing-over zwischen homologen Chromosomen rekombiniert
(4) werden vier Gameten gebildet

(A) nur 1 und 3
(B) nur 3 und 4
(C) nur 1, 2 und 3
(D) nur 1, 2 und 4
(E) 1 bis 4 (alle)

185 Welche Aussagen über Vorgänge bei der Meiose treffen zu?

(1) Die Chromosomen werden in die ursprünglich väterlichen bzw. mütterlichen geordnet.
(2) Die Chromosomen werden neu kombiniert.
(3) Homologe Chromosomen können Stücke austauschen.
(4) Die Gene auf den Chromosomen können neu kombiniert werden.
(5) Die Zahl der Chromosomen pro Zelle wird verringert.

(A) nur 5
(B) nur 1 und 3
(C) nur 4 und 5
(D) nur 3, 4 und 5
(E) nur 2, 3, 4 und 5

186 Im Verlauf einer Meiose werden in der Regel Zellen mit haploidem Chromosomensatz gebildet.

Welche Aussage trifft zu?

Dieser Vorgang findet sich nur

(A) bei Organismen mit ausgeprägtem Generationswechsel
(B) bei Organismen mit Samenbildung
(C) bei Organismen mit Sporenbildung
(D) bei Organismen mit ausgeprägter Haplophase
(E) Keine der Aussagen trifft zu.

187 Im Verlaufe der Meiose kann es durch Stückaustausch zwischen homologen Chromosomen zu einer Umordnung der Gene kommen.

Dieses Crossing-over findet statt während der

(A) Prophase I
(B) Metaphase I
(C) Anaphase I
(D) Interkinese
(E) 2. Reifungsteilung

188 Welche Aussage zur Meiose trifft zu?

Das Crossing-over zwischen Nicht-Schwesterchromatiden findet statt in der

(A) Anaphase I
(B) Anaphase II
(C) Metaphase I
(D) Prophase I
(E) Telophase I

189 Die Erkenntnis, daß Chromosomen Kopplungsgruppen darstellen, gilt nur mit Einschränkung,

weil

zwischen verschieden-elterlichen Chromosomen Cross-over auftreten kann.

190 Welche der Antworten sind zutreffend?

Cross-over

(1) führt zur Bildung der Chiasmata
(2) führt zu Änderungen der Faktorenkopplung
(3) findet in der Prophase der Meiose statt
(4) ist der Austausch von DNA-Abschnitten zwischen Schwester-Chromatiden

(A) nur 1 und 2
(B) nur 1 und 4
(C) nur 2 und 4
(D) nur 1, 2 und 3
(E) nur 2, 3 und 4

191 In welchem Stadium der Meiose kann ein Segmentaustausch zwischen Chromatiden homologer Chromosomen (Crossing-over) stattfinden?

(A) Metaphase I
(B) Anaphase I
(C) Interkinese
(D) Telophase
(E) Keine der Antworten trifft zu.

192 Welche Aussage trifft zu?

Die meiotische Kernteilung

(A) läßt sich unterteilen in die G_1-, S- und G_2-Phase
(B) führt in der ersten Reifungsteilung zu vier haploiden Zellen
(C) kann in der zweiten Reifungsteilung zur Neukombination der Gene in den Kopplungsgruppen führen
(D) ist bei der Bildung haploider Sporen in Sporangien Höherer Pflanzen zu beobachten
(E) ist bei der Bildung haploider Gameten in Sporangien Höherer Pflanzen zu beobachten

193 Eine meiotische Kernteilung ist Voraussetzung für die Bildung der Embryosackmutterzelle,

weil

bei der Entstehung der Eizelle aus der Embryosackmutterzelle lediglich mitotische Teilung(en) erfolgen.

194 Die Pollenkörner stellen Geschlechtszellen (Gameten) dar,

weil

die Pollenkörner aus einer meiotischen Kernteilung der Pollenmutterzellen hervorgehen.

195 Jede haploide Zelle eines vielzelligen diploiden Organismus weist identische genetische Information auf,

weil

alle haploiden Zellen durch Reifeteilung einer diploiden Zelle entstehen.

196 Welche Aussage über die Entwicklung des männlichen Gametophyten der Magnoliophytina trifft zu?

Eine Meiose findet statt bei der Teilung

(A) des ersten Spermakerns
(B) des Kerns der Pollenmutterzelle
(C) des Kerns der einkernigen Pollenzelle
(D) des vegetativen Kerns des Pollenschlauchs
(E) des Kerns der generativen Zelle des Pollenschlauchs

197 In welchem Stadium der Meiose kann ein Segmentaustausch zwischen Chromatiden homologer Chromosomen (cross-over) stattfinden?

(A) Metaphase I
(B) Anaphase I
(C) Interkinese
(D) Telophase
(E) Keine der obigen Antworten trifft zu.

198 Welche der folgenden Aussagen trifft nicht zu?

(A) In der G1-Phase des Zellzyklus findet DNA-Synthese statt.
(B) In der G1-Phase des Zellzyklus findet m-RNA-Synthese statt.
(C) In der S-Phase des Zellzyklus findet DNA-Synthese statt.
(D) In der G2-Phase des Zellzyklus findet Proteinsynthese statt.
(E) In der G2-Phase des Zellzyklus findet m-RNA-Synthese statt.

199 Welche Aussage trifft nicht zu?

Während der Mitose

(A) sind die Chromosomen eng aufgeknäuelt
(B) findet die DNA-Replikation statt
(C) verschwindet die Kernmembran
(D) werden Chromatiden auf zwei Zellen verteilt
(E) beginnt die Teilung einer Mutterzelle in zwei Tochterzellen

200 Welche der Antworten sind zutreffend?

Cross-over

(1) führt zur Bildung von Chiasmata
(2) führt zu Änderungen der Genkopplung
(3) findet in der Prophase der Meiose statt
(4) ist auch Austausch von DNA-Abschnitten zwischen Schwester-Chromatiden

(A) nur 1 und 2
(B) nur 1 und 4
(C) nur 2 und 4
(D) nur 1, 2 und 3
(E) nur 2, 3 und 4

201 Welche Aussage zur Meiose trifft zu?

Das cross-over zwischen Nicht-Schwesterchromatiden findet statt in der

(A) Anaphase I
(B) Anaphase II
(C) Metaphase I
(D) Prophase I
(E) Telophase I

202 Wie verhalten sich Chromosomen in der Anaphase I der Meiose?

(A) Sie entspiralisieren sich.
(B) Sie ordnen sich in der Äquatorialebene an.
(C) Sie werden mit Hilfe des Spindelapparates auf die Plasmabereiche der zukünftigen Tochterzellen verteilt.
(D) Sie verdoppeln sich.
(E) Keine der obigen Aussagen trifft zu.

2.3.4 Eingriffe in die Kern- und Zellteilung

Lehrbuch S. 131ff.

203 Unter dem Einfluß von Colchicin auf eine Zelle kann sich eine Endomitose entwickeln,

weil

die Aggregation von Tubulinmolekülen zu Mikrotubuli unterbunden wird.

204 Nach Colchicin-Einwirkung erfolgt keine Zellteilung,

weil

Colchicin-Behandlung zu polyploiden Zellkernen führen kann.

205 Welche Aussage zur Wirkung des Colchicins trifft zu?

Colchicin

(A) stört die Funktionsfähigkeit des Spindelapparates
(B) ruft Chromosomenmutationen hervor
(C) behindert die Neubildung der Kernmembran
(D) verhindert die Verdopplung des genetischen Materials
(E) wirkt als Cofaktor bei der Aggregation der Mikrotubuli

206 Welche Aussage zur Wirkung von Colchicin trifft zu?

Colchicin

(A) ruft Chromosomenmutationen hervor
(B) behindert die Neubildung der Kernmembran
(C) verhindert die Verdopplung des genetischen Materials
(D) wirkt als Cofaktor bei der Aggregation der Mikrotubuli
(E) Keine der Aussagen trifft zu.

207 Vinblastin und Vincristin beeinflussen Tumorzellen und normale Zellen *nicht* nach dem gleichen Wirkprinzip,

weil

sich Tumorzellen schneller teilen als normale Zellen.

2.3.5 Meiotische Systeme, Generationswechsel, Kernphasenwechsel

Lehrbuch S. 134ff.

208 Welche Aussage zum Generationswechsel trifft zu?

Generationswechsel bei Pflanzen

(A) ist der regelmäßige Wechsel zweier oder mehrerer Generationen, die sich morphologisch unterscheiden müssen
(B) ist der regelmäßige Wechsel von Generationen, die sich in verschiedener Weise fortpflanzen
(C) ist der stetige Wechsel von Mitose und Meiose
(D) ist im Bereich der Höheren Pflanzen nur noch bei Gymnospermen anzutreffen
(E) Keine der Aussagen trifft zu.

209 Bei den Ascomycetes gehen die Gameten unmittelbar aus der Meiose hervor,

weil

bei den Pilzen der Gametophyt diploid ist.

210 Welche Aussage zu Polypodiaceae trifft zu?

Beim Generationswechsel der Polypodiaceae

(A) beginnt die haploide Kernphase bei der Bildung der Gameten
(B) stellt die ausdauernde Farnpflanze den Gametophyten dar
(C) stellt die ausdauernde Farnpflanze den Sporophyten dar
(D) vollzieht sich die gesamte Entwicklung des Sporophyten parasitisch auf dem Gametophyten
(E) werden vom Prothallium Isosporen gebildet

211 Welche der Aussagen treffen zu?

Diplo-Haplonten finden sich bei

(1) Höheren Pflanzen
(2) Fucus
(3) Laminaria

(A) nur 2
(B) nur 3
(C) nur 1 und 2
(D) nur 1 und 3
(E) 1 bis 3 (alle)

212 Die Pollenkörner stellen Geschlechtszellen (Gameten) dar,

weil

die Pollenkörner aus einer meiotischen Kernteilung der Pollenmutterzellen hervorgehen.

213 Welchem der folgenden Organe ist das Staubblatt der Spermatophyta homolog?

(A) Mikrosporen
(B) Mikrosporophyll
(C) Mikrosporangium
(D) Mikroprothallium
(E) Mikrosporenmutterzelle

214 Gameten enthalten in der Regel nur ein Allel von einem Allelpaar,

weil

Zygoten in bezug auf ein Allelpaar immer homozygot sind.

215 Welche der folgenden Aussagen trifft nicht zu?

(A) Der Embryosack der Magnoliophytina entsteht aus einer Embryosackmutterzelle.
(B) Die Eizelle der Magnoliophytina wird durch Meiose gebildet.
(C) Der Embryosack der Magnoliophytina ist eine Megaspore.
(D) Der primäre Embryosackkern einer diploiden Pflanze ist haploid.
(E) Der sekundäre Embryosackkern einer diploiden Pflanze ist diploid.

216 Welche der folgenden Aussagen trifft nicht zu?

(A) Im Verlauf der Meiose tritt ein Kernphasenwechsel auf.
(B) Ein Generationswechsel kann mit einem Kernphasenwechsel verbunden sein.
(C) Kernphasenwechsel ist der Übergang von Interphasenkern zu Mitosekern.
(D) Die Zygotenbildung stellt einen Kernphasenwechsel dar.
(E) Sexuelle Vermehrung ist mit Kernphasenwechsel verbunden.

217 In der phylogenetischen Entwicklung nehmen diploide Formen zu,

weil

Diploidie gegenüber der Haploidie in der Regel einen Selektionsvorteil dargestellt.

218 Welche der nachfolgenden Aussagen trifft nicht zu?

(A) Bei Haplonten entspricht der Genotyp dem Phänotyp.
(B) Bei Haplonten ist die Zygote diploid.
(C) Bei Haplonten sind die Sporen immer haploid.
(D) Bei Diplonten läßt sich jede Mutation ohne weitere Kreuzungsexperimente im Phänotyp erkennen.
(E) Bei Diplonten sind in der F_2-Generation bei dominantem und intermediärem Erbgang die Nachkommen in Bezug auf ein bestimmtes Allel zur Hälfte jeweils heterozygot resp. homozygot.

219 Die Reduktion des Gametophyten ist bei den Spermatophyten sehr stark ausgeprägt.

Dabei entspricht der Nucellus einer Samenanlage

(A) dem Megasporophyll
(B) dem Megasporangium
(C) dem Megaprothallium
(D) der Megaspore
(E) Keine der obigen Antworten trifft zu.

220 Welches der folgenden Pflanzenteile ist dem Megasporophyll homolog?

(A) Deckblatt
(B) Kronblatt
(C) Fruchtblatt
(D) Staubblatt
(E) Hochblatt

Ordnen Sie bitte den in Liste 1 genannten Organen das jeweils homologe Organ der Liste 2 zu!

Liste 1	Liste 2
221 Karpell	(A) Mikrospore
222 Embryosack	(B) Mikrosporophyll
	(C) Megaspore
	(D) Megagamet
	(E) Megasporophyll

2.3.6 Plasmatische Vererbung

Lehrbuch S. 127ff.

2.3.7 Parameiotische Systeme, Phagen, Plasmide, Resistenzfaktoren

Lehrbuch S. 139ff.

223 Welche der Aussagen treffen zu?

Ein parameiotischer Prozeß ist:

(1) Transformation
(2) Transduktion
(3) Konversion
(4) Konjugation

(A) nur 4
(B) nur 1 und 4
(C) nur 2 und 3
(D) nur 1, 2 und 4
(E) nur 2, 3 und 4

224 Welche Aussage trifft auf den Begriff „Transformation" zu?

„Transformation" ist

(A) der Prozeß der DNA-Synthese an einer DNA-Matrize
(B) der Prozeß der m-RNA-Synthese an einer DNA-Matrize
(C) der am Ribosom ablaufende Prozeß der Umsetzung von der Basensequenz der jeweiligen m-RNA in die zugehörige Aminosäure-Sequenz
(D) ein Prozeß der Übertragung von DNA eines Bakteriums auf ein anderes Bakterium
(E) ein Prozeß, durch den gesichert wird, daß alle Zellen eines Organismus die gleiche Erbinformation besitzen

225 Transformationsversuche mit isolierter DNA liefern einen Beweis für die Rolle der DNA als Träger der Erbinformation,

weil

bei Transformationsversuchen die Empfängerzelle die aufgenommene DNA zur Merkmalsausbildung verwenden kann.

226 Bei parameiotischen Prozessen der Prokaryoten können Phagen an der Genübertragung beteiligt sein.

Wie bezeichnet man diesen Vorgang?

(A) Transduktion
(B) Transformation
(C) Transkription
(D) Translation
(E) Konjugation

227 Welche der Antworten trifft zu?

Die Übertragung von genetischem Material zwischen Bakterien durch Phagen wird bezeichnet als

(A) Transformation
(B) Transduktion
(C) Transkription
(D) Konjugation
(E) Keine der Antworten trifft zu.

228 Welche der Aussagen über Plasmide treffen zu?

Plasmide

(1) bestehen immer aus DNA und enthalten für die Zelle zusätzliche Erbinformationen
(2) enthalten u.a. die Information für Resistenzen gegen Antibiotika
(3) können nur durch Transduktion von Zelle zu Zelle übertragen werden

(A) nur 1
(B) nur 2
(C) nur 3
(D) nur 1 und 2
(E) nur 2 und 3

229 Welche der Antworten treffen zu?

Zu den Plasmiden zählt man:

(1) Mikrosomen
(2) Fertilitäts-Faktoren (F-Faktoren)
(3) Resistenz-Faktoren (R-Faktoren)
(4) Viren

(A) nur 3
(B) nur 1 und 2
(C) nur 2 und 3
(D) nur 3 und 4
(E) nur 2, 3 und 4

230 Welche der Aussagen treffen zu?

Zu den Plasmiden zählt man:

(1) die Resistenzfaktoren von Bakterien
(2) die Fertilitätsfaktoren von Bakterien
(3) die DNA-Ringe, die sich in den Mitochondrien von Eukaryotenzellen finden
(4) die Chromosomenteile von Eukaryoten, die vom Hauptteil eines Chromosoms durch eine Einschnürung abgesetzt sind

(A) nur 1
(B) nur 3
(C) nur 1 und 2
(D) nur 3 und 4
(E) nur 1, 2 und 4

231 Was fällt nicht unter den Begriff „Plasmide"?

(A) Mikrosomen
(B) Colicinogene Faktoren (C-Faktoren)
(C) Fertilitäts-Faktoren (F-Faktoren)
(D) Resistenz-Faktoren (R-Faktoren)
(E) Prophagen

232 An welchen Vorgängen sind Fertilitäts-Faktoren (F-Faktoren) beteiligt?

(A) An der Befruchtung der Eizelle durch eine Spermazelle
(B) An der Verteilung der Chromosomen bei der Meiose
(C) An der Übertragung von Erbfaktoren bei Bakterien durch Konjugation
(D) An der Bestäubung der Narbe durch Pollen
(E) Keine der Aussagen trifft zu.

233 Welche der Aussagen über R-Faktoren treffen zu?

(1) R-Faktoren bestehen aus Strukturgenen und einer Phagenrezeptorregion für die Transduktion.
(2) Derselbe R-Faktor kann einem Trägerbakterium die Resistenz gegen mehrere Antibiotika verleihen.
(3) R-Faktoren tragen Gene, welche die Zelle des Trägerbakteriums so verändern, daß Antibiotika-Moleküle nicht mehr eindringen können.

(A) nur 1
(B) nur 2
(C) nur 1 und 3
(D) nur 2 und 3
(E) 1 bis 3 (alle)

234 Welche Aussagen über R-Faktoren treffen zu?

(1) R-Faktoren tragen Gene, die in der Trägerzelle die Bildung solcher Enzyme codieren können, welche Antibiotika und Sulfonamide inaktivieren.
(2) Ein R-Faktor kann einem Trägerbakterium Resistenz gegen mehrere Antibiotika verleihen.
(3) Durch R-Faktoren resistent gewordene Bakterien können wieder sensitiv werden, wenn Nukleasen diese R-Faktoren abbauen.

(A) nur 2
(B) nur 3
(C) nur 1 und 2
(D) nur 1 und 3
(E) 1 bis 3 (alle)

235 Welche der Antworten treffen zu?

Antibiotikaresistenz kann erworben werden durch

(1) Konjugation
(2) Transformation
(3) Transduktion

(A) nur 1
(B) nur 3
(C) nur 1 und 2
(D) nur 2 und 3
(E) 1 bis 3 (alle)

236 Resistenz gegen Antibiotika kann ausschließlich durch Gene determiniert werden, die auf Plasmiden (R-Faktoren) lokalisiert sind,

<u>weil</u>

durch die chromosomalen Gene der Bakterien keine Antibiotika-Resistenzen bedingt sein können.

237 Bakterien, die gegen Antibiotika resistent sind, können in vielen Fällen wieder voll sensitiv werden,

<u>weil</u>

Plasmide durch Nukleasen abgebaut werden können.

238 Resistenz-bedingende Plasmide (R-Faktoren) können von Escherichia coli auf Shigella-Arten übertragen werden,

<u>weil</u>

Plasmide bei den Enterobakterien durch Konjugation von Zelle zu Zelle übertragen werden.

239 Welche der folgenden Aussagen trifft <u>nicht</u> zu?

(A) Das Bakterienchromosom (Nukleoid) ist eine ringförmige DNA-Doppelhelix.
(B) Plasmide können R-Faktoren und F-Faktoren sein.
(C) Resistenzfaktoren können durch Konjugation von Bakterium zu Bakterium übertragen werden.
(D) Die Neutralisation der sauren DNA erfolgt bei den Bakterien durch basische Proteine (Histone).
(E) Resistenzfaktoren können durch Phagen von Bakterium zu Bakterium übertragen werden.

240 Welche der Aussagen treffen zu?

Plasmid-Transfer bei grampositiven Bakterien (z.B. Staphylokokken)

(1) kann durch Transduktion erfolgen
(2) kann durch Phagen vermittelt werden
(3) kann die Fähigkeit zur Bildung Antibiotika-inaktivierender Enzyme übertragen

(A) nur 1
(B) nur 3
(C) nur 1 und 2
(D) nur 2 und 3
(E) 1 bis 3 (alle)

241 Welche Aussage trifft zu?

Unter dem Begriff „Konversion durch Phagen" versteht man

(A) die Umsteuerung des Stoffwechsels des Bakteriums durch die DNA *virulenter* Phagen
(B) die Auflösung der Bakterienzelle durch Phagen
(C) den Erwerb genetischer Eigenschaften, die aus der Aufnahme des Genoms eines *temperenten* Phagen in das Bakteriengenom resultieren
(D) die Übertragung von Erbeigenschaften eines Bakteriums auf ein anderes Bakterium
(E) die Auslösung von Mutationen durch Phagen

242 Plasmide können Resistenzen von Bakterien gegen Antibiotika bedingen,

weil

Plasmide Gene tragen, die die Struktur der Mureinschicht der Trägerbakterien beeinflussen.

243 Welche der Antworten trifft zu?

Die Übertragung von genetischem Material zwischen Bakterien durch Phagen wird bezeichnet als

(A) Transformation
(B) Transduktion
(C) Transkription
(D) Konjugation
(E) Keine der obigen Antworten trifft zu.

244 Welche Aussage über die Vermehrungsstadien eines Bakteriophagen trifft nicht zu?

(A) Bindung an die Rezeptoren der Zellwand
(B) Aufnahme in das Bakterium durch Pinocytose
(C) Replikation der Nucleinsäure
(D) Synthese der Virusproteine
(E) Zusammenbau der Virusbestandteile

245 Welche der Aussagen treffen zu?

Die Aufnahme von DNA in die Zelle kann bei Bakterien erfolgen durch

(1) Transkription
(2) Konjugation
(3) Transformation
(4) Transduktion
(5) Translation

(A) nur 1, 2 und 4
(B) nur 1, 3 und 4
(C) nur 2, 3 und 4
(D) nur 2, 3 und 5
(E) nur 3, 4 und 5

246 Welche Aussagen treffen zu?

(1) Transduktion ist die Übertragung von genetischem Material zwischen Bakterien durch Bakteriophagen.
(2) Transformation ist die Aufnahme und Integration freier DNA durch ein Bakterium.
(3) Transposition ist die Umlagerung genetischen Materials (z.B. Resistenzfaktoren gegen Antibiotika) innerhalb eines Bakteriengenoms.

(A) nur 1
(B) nur 2
(C) nur 1 und 2
(D) nur 2 und 3
(E) 1 bis 3 (alle)

247 Welche der Aussagen treffen zu?

R-Faktoren

(1) sind Plasmide
(2) können für Proteine codieren, die Antibiotika inaktivieren
(3) können zwischen unterschiedlichen Bakterienarten ausgetauscht werden

(A) nur 1
(B) nur 2
(C) nur 1 und 3
(D) nur 2 und 3
(E) 1 bis 3 (alle)

248 Welche der folgenden Aussagen trifft nicht zu?

(A) Plasmide sind DNA-Moleküle.
(B) Plasmide werden durch Konjugation von Bakterienzelle zu Bakterienzelle übertragen.
(C) Gene auf Plasmiden codieren Enzyme zur Ausbildung von Geißeln bei Bakterien.
(D) Gene auf Plasmiden können Enzyme codieren, die Antibiotika chemisch verändern.
(E) Plasmide können Gene tragen, die die Ausbildung von Pili regulieren.

249 Resistenzfaktoren grampositiver Bakterien können Resistenz gegen Penicilline determinieren,

weil

Resistenzfaktoren grampositiver Bakterien Veränderungen in der Mureinschicht bewirken.

2.4 Veränderungen des Erbguts

2.4.1 Somatische Mutation, Mutation der Keimbahn

Lehrbuch S. 183ff.

250 Welche der Aussagen zu Mutationen sind zutreffend?

(1) Bei Vielzellern kommen Mutationen in der Keimbahn und in Körperzellen vor.
(2) Bei haploiden Organismen sind bestimmte Mutationen ohne Kreuzungsexperimente an der Veränderung des Phänotyps erkennbar.
(3) Mutationen dominanter Allele bei diploiden Organismen lassen sich erst nach Kreuzungsexperimenten im Phänotyp erkennen.
(4) Mutationen sind bleibende Veränderungen des Erbmaterials. Eine Mutation kann nicht mehr durch Rückmutation aufgehoben werden.

(A) nur 3
(B) nur 1 und 2
(C) nur 1 und 3
(D) nur 1, 2 und 4
(E) nur 2, 3 und 4

251 Welche Aussage über somatische Mutationen trifft zu?

(A) Die Auswirkungen somatischer Mutationen können vom Entwicklungsstadium des betroffenen Organismus abhängen.
(B) Somatische Mutationen sind im Rahmen von Sexualprozessen vererbbar.
(C) Somatische Mutationen finden sich bei einzelligen und vielzelligen Organismen.
(D) Bei somatischen Mutationen werden Nukleinsäuren nicht betroffen.
(E) Somatische Mutationen sind induzierbar, erfolgen aber nie spontan.

252 Für Höhere Pflanzen gilt:

Eine somatische Mutation ist bei geschlechtlicher Fortpflanzung nicht vererbbar,

weil

ein Organismus nicht gleichzeitig die Möglichkeit zu generativer und vegetativer Fortpflanzung haben kann.

253 In Zellen und Geweben Höherer Pflanzen können sich somatische Mutationen ereignen,

weil

somatische Mutationen Voraussetzungen der unterschiedlichen Differenzierung der Zellen eines pflanzlichen Organismus sind.

254 Die Auswirkung einer somatischen Mutation ist umso umfangreicher, je früher sie in der Entwicklung eines Organismus auftritt,

weil

bei einer somatischen Mutation auch die Keimbahn mitbetroffen ist.

255 Mutationen sind für einen Organismus meistens nachteilig,

weil

das Genom eines Organismus in aller Regel nach evolutionären Prozessen bereits optimale Anpassungen an die Umwelt ermöglicht.

256 Welche der Aussagen über die Mutationsrate treffen zu?

Die Höhe der Mutationsrate kann beeinflußt werden durch

(1) Strahlungsart
(2) Art des chemischen Agens
(3) Entwicklungsstadium des Organismus

(A) nur 1
(B) nur 2
(C) nur 1 und 2
(D) nur 1 und 3
(E) 1 bis 3 (alle)

257 Somatische Mutationen werden bei geschlechtlicher Vermehrung nicht auf die Nachkommen weitergegeben,

weil

somatische Mutationen nicht die Keimbahn betreffen.

2.4.2 Mutationstypen, Genom-, Chromosomen- und Punktmutationen, Genommutationen

Lehrbuch S. 184ff.

258 Welche der Aussagen zu Genommutationen treffen zu?

Nachfolgend aufgeführte Vorgänge bzw. Mutationen sind bzw. führen zu Genommutationen:

(1) Aneuploidie
(2) Endomitose
(3) Deletion
(4) Punktmutation
(5) Trisomie

(A) nur 1 und 2
(B) nur 3 und 4
(C) nur 1, 2 und 5
(D) nur 2, 3 und 5
(E) nur 1, 2, 3 und 4

Ordnen Sie bitte den in Liste 1 aufgeführten Mutationsformen den jeweils zutreffenden Fall (Liste 2) zu.

Liste 1	Liste 2
259 Genommutation	(A) Aneuploidie
	(B) Deletion
260 Genmutation	(C) Inversion
	(D) Punktmutation
	(E) Translokation

Ordnen Sie bitte den in Liste 1 aufgeführten Begriffen die für sie zutreffende Aussage (Liste 2) zu.

Liste 1	Liste 2
261 Euploidie	(A) Übertragung genetischer Information zwischen Bakterien
262 Aneuploidie	(B) numerische Veränderung einzelner Chromosomen in einer Zelle
263 Translokation	(C) numerische Veränderung des ganzen Chromosomensatzes einer Zelle
	(D) Ausfall der DNA-Polymerase
	(E) Stückaustausch zwischen Chromosomen

264 Welche Aussagen zu Mutationstypen treffen zu?

(1) Bei aneuploiden Zellen ist die Zahl einzelner Chromosomen verändert.
(2) Polyploidie entsteht nur nach induzierter Mutation z.B. durch Colchicin.
(3) Trisomien entstehen durch fehlerhafte Verteilung der Chromosomen bei der Zellteilung.
(4) Bei polyploiden Organismen ist der Chromosomensatz in allen Zellen vervielfacht.

(A) nur 1 und 2
(B) nur 1 und 4
(C) nur 2 und 4
(D) nur 1, 2 und 3
(E) nur 1, 3 und 4

265 Welche Antwort trifft zu?

Genommutationen, bei denen einzelne Chromosomen einem Chromosomensatz hinzugefügt werden, führen zur

(A) Alloploidie
(B) Aneuploidie
(C) Euploidie
(D) Polyploidie
(E) Keine der Antworten trifft zu.

266 Welche Aussage über Aneuploidie trifft nicht zu?

Aneuploidie

(A) kann durch „Hinzufügen“ eines Chromosoms zum Chromosomensatz eines Diplonten entstehen
(B) kann durch Vervielfachung des Chromosomensatzes eines Diplonten entstehen
(C) kann durch Eliminierung eines Chromosoms aus dem Chromosomensatz eines Diplonten entstehen
(D) kann durch „Hinzufügen“ von zwei einzelnen Chromosomen zum Chromosomensatz eines Diplonten entstehen
(E) bedingt Anomalien bei der Meiose

267 Welche Aussage über Polyploidie trifft nicht zu?

Polyploidie

(A) kann experimentell induziert werden
(B) kann durch Vervielfachung homologer Chromosomensätze (Autopolyploidie) entstehen
(C) kann durch Vervielfachung nicht homologer Chromosomensätze (Allopolyploidie) entstehen
(D) kommt nur in somatischen Zellen vor, nicht aber in Gameten
(E) kann unter extremen Umweltbedingungen – verglichen mit diploiden Pflanzen – Selektionsvorteile mit sich bringen

---

268 Mit Colchicin kann man pflanzliche Mutanten züchten,

weil

durch Einwirkung von Colchicin polyploide Zellen entstehen.

---

269 Durch Metaphasengifte wie z.B. Colchicin kann man künstlich Aneuploidie erzeugen,

weil

Colchicin die Aggregation des Tubulins zu Mikrotubuli stört.

---

270 Colchicin-Behandlung von Zellen führt zu polyploiden Zellkernen,

weil

nach Colchicin-Behandlung keine Aufteilung der Chromatiden auf die Tochterkerne erfolgt.

---

271 Eine Deletion kann zu einer Rastermutation führen,

weil

der Genetische Code degeneriert ist.

---

272 Welche der Aussagen treffen zu?

Ist in einem diploiden Chromosomensatz ein Chromosom dreimal vorhanden, ist das Genom

(1) trisom
(2) triploid
(3) aneuploid

(A) nur 1
(B) nur 2
(C) nur 3
(D) nur 1 und 3
(E) nur 2 und 3

---

273 Colchicin kann die Bildung von polyploiden Zellen und Organismen auslösen,

weil

Colchicin die DNA-Replikation induziert.

---

274 Welche Antwort trifft zu?

Ist in einem diploiden Genom ein Chromosom dreifach vorhanden, so bezeichnet man diesen Chromosomensatz als

(A) triploid
(B) trisom
(C) anorthoploid
(D) euploid
(E) orthoploid

275 Welche der angegebenen Moleküle können zum Substrat eines Reparaturenzyms werden?

(A) Histone
(B) DNA
(C) Protein
(D) Membranlipide
(E) Keine der obigen Antworten trifft zu.

276 Zerteilt man z.B. eine Staude oder krautige Pflanze und läßt einen Teil im Tiefland, den anderen im Gebirge wachsen, so entwickeln sich aus den jeweiligen Hälften Pflanzen mit stark unterschiedlichem Aussehen (Blattgröße, Behaarung, Bewurzelung).

Welche der folgenden Aussagen erklärt dieses Phänomen?

(A) Es handelt sich um eine polyploide Pflanze.
(B) Es handelt sich um eine heterozygote Pflanze.
(C) Im Gebirge finden häufig Spontanmutationen statt.
(D) Es finden Metamorphosen statt.
(E) Es handelt sich um umweltbedingte Modifikationen.

277 Welche der folgenden Aussagen treffen zu?

(1) Bromuracil verursacht Punktmutationen.
(2) Rasterverschiebungen führen in der Regel zur Bildung von Nonsensproteinen.
(3) Cytosin wird durch salpetrige Säure in Uracil umgewandelt.
(4) Transponierbare Elemente (Transposons) lösen Mutationen durch Insertion von Nucleotidsequenzen in die DNA aus.
(5) Transponierbare Elemente (Transposons) können Mutationen durch Deletion von Nucleotidsequenzen aus der DNA auslösen.

(A) nur 1 und 3
(B) nur 3 und 4
(C) nur 1, 3 und 5
(D) nur 1, 4 und 5
(E) 1 bis 5 (alle)

Chromosomenmutationen

Lehrbuch S. 186–187

Ordnen Sie bitte den in Liste 1 aufgeführten Mutationen die jeweils zutreffende Beschreibung aus Liste 2 zu.

Liste 1

278 Genmutation

279 Genommutation

280 Chromosomenmutation

Liste 2

(A) Eine durch Außenfaktoren bewirkte Modifikation des Phänotyps
(B) Durch Einwirkung des Lichtes erzielter morphogenetischer Reiz
(C) Meist rezessiv vererbbare Veränderung eines Genabschnitts
(D) Durch Chromosomenbruch veränderte Anordnung der Gene
(E) Häufig manifeste Veränderung der Chromosomenverteilung

Ordnen Sie bitte den Begriffen der Liste 1 die Vorgänge der Liste 2 zu.

Liste 1

281 Translokation

282 Deletion

Liste 2

(A) Verlust eines Chromosomenstückes
(B) Vermehrung des Chromosomensatzes eines Genoms (> 2n)
(C) Vermehrung nur eines Chromosoms im Genom
(D) Übertragung eines Chromosomenabschnitts auf ein anderes, nicht-homologes Chromosom
(E) Verlust eines ganzen Chromosoms

---

283 Welche Kurzbeschreibung erläutert den Vorgang einer *Translokation* zutreffend?

(A) Übertragung von Erbeigenschaften zwischen Bakterien
(B) Durch Phagen vermittelter Genaustausch zwischen Bakterienzellen
(C) Austausch von Chromosomenabschnitten zwischen homologen Chromosomen
(D) Eindringen von Phagen in eine Bakterienzelle
(E) Austausch von Chromosomenabschnitten zwischen nicht-homologen Chromosomen

---

284 Welche Antwort trifft zu?

Die Translokation ist eine

(A) Genmutation
(B) Genommutation
(C) Chromosomenmutation
(D) Punktmutation
(E) Aneuploidie

---

285 Welche Aussagen zu Chromosomenmutationen treffen zu?

(1) Bei Translokationen findet ein Stückaustausch zwischen Schwester-Chromatiden statt.
(2) In einer Zelle lassen sich Translokationen durch starke Röntgenbestrahlung induzieren.
(3) Chromosomenmutationen treten selten spontan auf, können aber durch Virusinfektion oder chemische Agentien leicht induziert werden.

(A) nur 2
(B) nur 1 und 2
(C) nur 1 und 3
(D) nur 2 und 3
(E) 1 bis 3 (alle)

Punktmutationen

Lehrbuch S. 189ff.

---

286 Welche Aussagen zu Punktmutationen treffen zu?

(1) Bei diploiden Organismen sind Punktmutationen meist rezessiv.
(2) Punktmutationen können den Falscheinbau von Aminosäuren in Proteine zur Folge haben.
(3) Punktmutationen sind Änderungen der Nukleotidsequenz in der DNA.
(4) Innerhalb eines Gens können mehrere Punktmutationen auftreten.

(A) nur 1 und 3
(B) nur 1 und 4
(C) nur 3 und 4
(D) nur 1, 2 und 3
(E) 1 bis 4 (alle)

287 Welche der Aussagen zu Punktmutationen treffen zu?

(1) Bei diploiden Organismen sind Punktmutationen meist rezessiv.
(2) Punktmutationen können den Falscheinbau von Aminosäuren in Proteine zur Folge haben.
(3) Auf der DNA existieren Stellen, an denen Punktmutationen bevorzugt auftreten. Die Verteilung dieser Stellen über die DNA ist charakteristisch für ein bestimmtes Mutagen.

(A) nur 1
(B) nur 2
(C) nur 1 und 2
(D) nur 2 und 3
(E) 1 bis 3 (alle)

288 Die chemische Veränderung eines einzigen Nukleotids in der DNA ist eine Prämutation,

weil

für eine Genmutation ein größerer Abschnitt der DNA verändert werden muß.

289 Welche Aussagen über Mutationen treffen zu?

(1) Prämutationen können durch bestimmte Enzyme wieder „repariert" werden.
(2) Chemische Veränderungen der Basen der DNA müssen nicht zwangsläufig zu veränderten Aminosäuresequenzen führen.
(3) Punktmutationen haben ihre Ursache in chemischen Veränderungen der Purin- bzw. Pyrimidinbasen der DNA.

(A) nur 1
(B) nur 3
(C) nur 1 und 2
(D) nur 2 und 3
(E) 1 bis 3 (alle)

290 Welche Aussage zu Mutationen trifft nicht zu?

Punktmutationen

(A) können an verschiedenen Stellen des gleichen Gens auftreten
(B) können elektronenmikroskopisch nachgewiesen werden
(C) können durch den Austausch einer Base in der DNA hervorgerufen sein
(D) können durch Bestrahlung mit UV-Licht ausgelöst werden
(E) können durch bestimmte Chemikalien (z.B. Salpetrige Säure) ausgelöst werden

291 Die Sichelzellanämie beruht auf einer Mutation. Träger dieser Mutation (Homozygote) zeigen ein typisches Krankheitsbild. Heterozygoten (für dieses Gen) sind gegen Malaria in gewissem Umfang resistent.

Deshalb kann folgendes Phänomen beschrieben werden:

Bei der Bevölkerung in Malaria-verseuchten Gebieten ist der Anteil der Träger der Sichelzellanämie häufiger als bei der Bevölkerung Malaria-freier Gebiete,

weil

der Nachteil der Sichelzellanämie bei Heterozygoten durch den Vorteil der Malaria-Resistenz z.T. aufgehoben wird.

2.4.3 Mutagene Faktoren

Lehrbuch S. 189ff.

292 Agentien wie Dimethylsulfat und Propylenoxid können als Mutagene wirken,

weil

durch Verbindungen wie Dimethylsulfat und Propylenoxid DNA-Basen alkyliert werden können.

293 5-Bromuracil kann eine Prämutation auslösen,

weil

5-Bromuracil anstelle von Thymin in die DNA eingebaut werden kann.

294 In der DNA paart nur die Ketoform von 5-Bromuracil (s. Formel) mit Guanin,

weil

5-Bromuracil in der Ketoform drei Molekülstellen besitzt, die die Ausbildung von Wasserstoffbrücken zur komplementären Base ermöglichen.

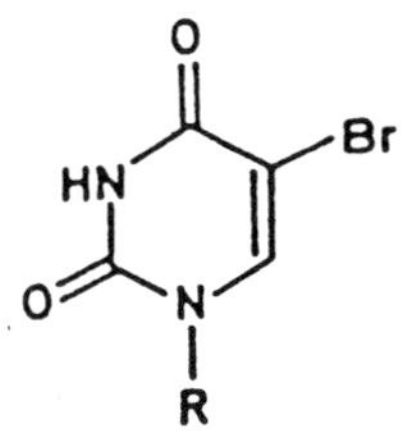

Bromuracil
(Ketoform)

295 5-Bromuracil, das anstelle von Thymin in die DNA eingebaut ist, bewirkt in der Ketoform keine Mutation,

weil

5-Bromuracil erst durch den Übergang in die Enolform die Möglichkeiten zur Ausbildung von drei Wasserstoffbrücken zum benachbarten DNA-Strang bietet.

296 5-Iod-2'-desoxy-uridin, eine strukturanaloge Verbindung der natürlichen Nukleoside, kann in DNA eingebaut werden anstelle von

(A) 2'-Desoxy-adenosin
(B) 2'-Desoxy-cytidin
(C) 2'-Desoxy-guanosin
(D) 2'-Desoxy-thymidin
(E) 2'-Desoxy-uridin

297 Welche Aussage trifft zu?

Das Nukleosid-Analoge 5-Iod-2'-desoxy-uridin

(A) wirkt mutagen, weil es die DNA-abhängige RNA-Polymerase blockiert
(B) führt zu Basenaustauschmutationen
(C) wird in die m-RNA eingebaut und stört daher die Proteinbiosynthese
(D) wird in die t-RNA eingebaut und stört die Bindung von Aminosäuren
(E) wird selektiv und ausschließlich in die DNA von Viren eingebaut und kann so bei vielen Viruserkrankungen als Arzneimittel eingesetzt werden

298 Welche Aussagen über die Wirkungen von mutagenen Agentien treffen zu?

(1) Salpetrige Säure desaminiert Cytosin.
(2) Röntgenstrahlen erzeugen u.a. Chromosomenbrüche.
(3) Durch Desaminierung von Adenin ergibt sich nach zweimaliger Replikation ein Basenaustausch von Adenin/Thymin zu Guanin/Cytosin.

(A) nur 1
(B) nur 3
(C) nur 1 und 2
(D) nur 2 und 3
(E) 1 bis 3 (alle)

299 Durch Nitrit kann in einem Organismus eine Punktmutation ausgelöst werden,

<u>weil</u>

Nitrit Hypoxanthin desaminiert.

300 Welchen Aussagen über die mutagene Wirkung von Salpetriger Säure stimmen Sie zu?

Die Einwirkung von Salpetriger Säure auf die DNA führt zur

(1) Desaminierung von Adenin
(2) Desaminierung von Cytosin
(3) Desaminierung von Guanin
(4) Reduktion von Thymin
(5) Nitrierung der Desoxyribose

(A) nur 4
(B) nur 5
(C) nur 4 und 5
(D) nur 1, 2 und 3
(E) nur 3, 4 und 5

301 Bei der Desaminierung durch Salpetrige Säure entsteht aus Adenin

(A) Guanin
(B) Xanthin
(C) Hypoxanthin
(D) Uracil
(E) Guanidin

302 Durch Behandlung mit Salpetriger Säure bzw. Nitrit werden zunächst Prämutanten erhalten.

Welche der nachfolgenden Basen tritt anstelle von Cytosin nach Nitritbehandlung in solchen Prämutanten auf?

(A) Adenin
(B) Guanin
(C) Uracil
(D) Thymin
(E) Desamino-cytosin

303 Welche Antwort trifft zu?

Unter welchen Bedingungen kann die Base Adenin in Hypoxanthin übergehen?

(A) Bei UV-Bestrahlung

(B) Bei Behandlung mit NO_2

(C) Bei Behandlung mit NO_3

(D) Bei Behandlung mit Fluoro-Uracil

(E) Bei Behandlung mit Acridin-Orange

304 Welche Antwort trifft zu?

Die mutagene Wirkung von ultraviolettem Licht beruht hauptsächlich auf

(A) der Lösung von Wasserstoffbrücken zwischen Cytosin und Guanin
(B) der Dimerisierung zweier am gleichen DNA-Strang nebeneinanderliegender Thyminbasen
(C) der Trennung von Adenin von der 2-Desoxy-D-ribose
(D) der Aufspaltung der Esterbindung zwischen 2-Desoxy-D-ribose und Phosphorsäure
(E) der Demethylierung von Thymin

305 Bei Einwirkung von Salpetriger Säure bzw. Nitrit auf Gene können zunächst Prämutationen erhalten werden.

Welche der nachfolgenden Basen tritt an Stelle von Cytosin nach Nitritbehandlung in solchen Prämutationen auf?

(A) Adenin
(B) Guanin
(C) Uracil
(D) Thymin
(E) Desamino-cytosin

306 Welche der Aussagen treffen zu?

Mutagene Agenzien

(1) verändern die DNA
(2) können Krebs auslösen
(3) können im Säugetierorganismus aus nichtmutagenen Vorstufen gebildet werden

(A) nur 1
(B) nur 1 und 2
(C) nur 1 und 3
(D) nur 2 und 3
(E) 1 bis 3 (alle)

2.4.4 Transponierbare genetische Elemente

Lehrbuch S. 203ff.

307 Mutationen können durch Transposons ausgelöst werden,

weil

Transposons in Gene inseriert werden können.

2.5 Gentechnologie und somatische Hybridisierung

2.5.1 Synthese und Isolierung von Genen
2.5.2 Klonierung von Genen
2.5.3 Gentechnologische Gewinnung von Arzneistoffen
2.5.4 Protoplastenfusion
2.5.5 Zellfusion

Lehrbuch S. 207–219

308 Plasmide spielen eine wichtige Rolle bei gentechnologischen Arbeiten,

weil

in Plasmide Fremdgene eingefügt werden können.

309 Will man mittels chemischer Synthese ein bekanntes Gen nachbauen, um dessen Wirkung zu simulieren, müssen die Nukleotidsequenzen von synthetischem und natürlichem Gen exakt übereinstimmen,

weil

unterschiedliche Nukleotidsequenzen der DNA immer zu unterschiedlichen Polypeptidketten führen.

2 Genetik – Antworten

1	C
2	C
3	C
4	B
5	E
6	A
7	B
8	A
9	E
10	D
11	D
12	E
13	E
14	C
15	C
16	D
17	D
18	A
19	B
20	D
21	C
22	D
23	E
24	B
25	B
26	B
27	D
28	A
29	C
30	A
31	A
32	E
33	C
34	D
35	D
36	C
37	B
38	B
39	E
40	C
41	D
42	B
43	B
44	B
45	E
46	C
47	E
48	B
49	B
50	E
51	D
52	E
53	E
54	A
55	E
56	E
57	E
58	A
59	D
60	E
61	B
62	C
63	D
64	C
65	E
66	E
67	C
68	E
69	C
70	E
71	C
72	A
73	D
74	B
75	B
76	C
77	A
78	A
79	D
80	B
81	D
82	D
83	D
84	B
85	E
86	B
87	D
88	C
89	D
90	D
91	A
92	A
93	A
94	B
95	C
96	C
97	D
98	B
99	C
100	B
101	D
102	C
103	D
104	C
105	D
106	E
107	E
108	D
109	B
110	D
111	A
112	C
113	C
114	A
115	B
116	A
117	C
118	D
119	A
120	B
121	C
122	E
123	D
124	B
125	C
126	B
127	A
128	C
129	D
130	C
131	B
132	E
133	A
134	D
135	A
136	B
137	C
138	B
139	E
140	B
141	B
142	C
143	E
144	A
145	C
146	C
147	B
148	C
149	D
150	A
151	A
152	D
153	C
154	A
155	C
156	C
157	B
158	E
159	C
160	E
161	A
162	A
163	A
164	B
165	A
166	B
167	A
168	B
169	C
170	D
171	D
172	C
173	B
174	D
175	E
176	B
177	E
178	D
179	D
180	C
181	C
182	A
183	A
184	A
185	E
186	E
187	A
188	D
189	A
190	D
191	E
192	D
193	E
194	D
195	E
196	B
197	E
198	A
199	B
200	D
201	D
202	C
203	A
204	B
205	A
206	E
207	D
208	B
209	E
210	C
211	D
212	D
213	B
214	C
215	B
216	C
217	A
218	D
219	B
220	C
221	E
222	C
223	D
224	D
225	A
226	A
227	B
228	D
229	C
230	C
231	A
232	C

233	B
234	E
235	E
236	E
237	A
238	A
239	D
240	E
241	C
242	C
243	B
244	B
245	C
246	E
247	E
248	C
249	C
250	B
251	A
252	C
253	C
254	C
255	A
256	E
257	A
258	C
259	A
260	D
261	C
262	B
263	E
264	E
265	B
266	B
267	D
268	A
269	D
270	A
271	B
272	D
273	C
274	B
275	B
276	E
277	E
278	C
279	E
280	D
281	D
282	A
283	E
284	C
285	D
286	E
287	E
288	C
289	E
290	B
291	A
292	A
293	A
294	E
295	A
296	D
297	B
298	E
299	C
300	D
301	C
302	C
303	B
304	B
305	C
306	E
307	A
308	A
309	E

3 Entwicklungs- und Stoffwechselphysiologie

3.1 Entwicklung und Differenzierung

3.1.1 Totipotenz, Polarität

Lehrbuch S. 323ff.

Physiologie

1 Welche der folgenden Beschreibungen treffen auf den Begriff Hormon zu?

(1) Ist häufig Bestandteil von Coenzymen.
(2) Muß einem Organismus von außen zugeführt werden.
(3) Bedarf eines Rezeptors, um wirksam zu werden.
(4) Wird von dem betreffenden Organismus selbst gebildet.

(A) nur 2
(B) nur 3
(C) nur 1 und 3
(D) nur 1 und 4
(E) nur 3 und 4

2 Welche der Aussagen trifft zu?

Unter Ontogenie versteht man

(A) das Auftreten des Generationswechsels
(B) den Entwicklungsgang eines Individuums
(C) die Entwicklung der Art aus einfacheren Lebensformen
(D) die gerichtete Veränderung von Pflanzenmerkmalen im Verlauf der Evolution
(E) eine Form der Anisogamie, bei der die weiblichen Gameten zur Eizelle geworden sind.

3 Welche Aussagen über die Polarität bei Pflanzen treffen zu?

(1) Einzellige Organismen können einen deutlich polaren Bau besitzen.
(2) Bei gewissen Keimzellen vermögen Außenfaktoren, wie Licht oder Schwerkraft, eine Polarisierung zu induzieren.
(3) Tochterzellen sind in ihrer Größe immer gleich, d.h. es finden keine inäqualen Teilungen statt.
(4) Chemische Einflüsse können die Polarität einer Zelle bewirken.
(5) Im Gegensatz zu der Polarität von Zellen existiert in ganzen Organen keine Polarität.

(A) nur 1, 2 und 4
(B) nur 1, 2 und 5
(C) nur 1, 3 und 4
(D) nur 1, 2, 3 und 4
(E) nur 2, 3, 4 und 5

4 Welche Aussage trifft zu?

Stomata entstehen

(A) aus Scheitelzellen der Epidermis
(B) aus kambialen Zonen im Palisadenparenchym
(C) durch schizogene Entwicklungsvorgänge epidermaler Zellverbände
(D) durch inäquale Teilung epidermaler Meristemoide
(E) aus kambialen Zonen im Schwammparenchym

5 Welche der Aussagen über Eigenschaften von ausdifferenzierten lebenden Pflanzenzellen treffen zu?

(1) Sie stehen in keiner Wechselwirkung mit den jeweiligen Nachbarzellen.
(2) Sie sind in der Regel auf *eine* Funktion festgelegt.
(3) Sie sind nicht mehr totipotent.
(4) Sie können, z.B. im Zuge des sekundären Dickenwachstums, wieder Teilungsfähigkeit erlangen.

(A) nur 3
(B) nur 2 und 3
(C) nur 2 und 4
(D) nur 1, 2 und 3
(E) 1 bis 4 (alle)

6 Welche Aussage über differentielle Genaktivität trifft <u>nicht</u> zu?

(A) Puffs an den Chromosomen sind Genorte mit hoher Transkriptionsaktivität.
(B) Das Muster der Puffs auf den Chromosomen ist gewebespezifisch.
(C) Das Muster der Puffs auf den Chromosomen ist spezifisch für ein bestimmtes Entwicklungsstadium.
(D) Eine differentielle Genaktivität bedingt eine unterschiedliche Differenzierung der Zellen.
(E) Puffs lassen sich besonders gut an Metaphasenchromosomen erkennen.

7 Eine einmal ausdifferenzierte Zelle ist in keinem Falle mehr totipotent,

<u>weil</u>

die ausdifferenzierte Zelle über ein ganz spezielles Muster an aktiven Genen verfügt.

8 Welche der Aussagen über Zellen treffen zu?

(1) Embryonale Zellen sind totipotent.
(2) Bereits ausgewachsene und differenzierte Zellen sind – von Ausnahmen abgesehen – totipotent.
(3) Mit der Determination einer Zelle ist ihre Totipotenz aufgehoben.

(A) nur 1
(B) nur 2
(C) nur 3
(D) nur 1 und 2
(E) nur 1 und 3

9 Welche der Aussagen über das Zellwachstum treffen zu?

Die starke Volumenzunahme pflanzlicher Zellen beim Streckungswachstum beruht im wesentlichen auf der

(1) gesteigerten Vermehrung cytoplasmatischer Substanz
(2) starken Vakuolisierung
(3) Endocytose von Reservestoffen
(4) Verdickung und Erhärtung der Zellwände

(A) nur 1
(B) nur 2
(C) nur 1 und 3
(D) nur 2 und 4
(E) nur 1, 3 und 4

10 Bei Höheren Pflanzen ist das Streckungswachstum auf die gesteigerte Teilungsaktivität meristematischer Gewebe zurückzuführen,

<u>weil</u>

das Streckungswachstum eines Organs durch die andauernde Abgliederung stark vakuolisierter meristematischer Zellen bedingt wird.

11 Welche der Aussagen zum Wurzelwachstum treffen zu?

Das Streckungswachstum der Wurzel Höherer Pflanzen

(1) ist an bestimmte Streckungszonen gebunden
(2) ist zurückzuführen auf eine Volumenvergrößerung der Zellen mit Vakuolenbildung
(3) geht einher mit einer starken Vermehrung an plasmatischer Substanz
(4) erfolgt unabhängig von Wachstumsvorgängen der Zellwand

(A) nur 1 und 2
(B) nur 1 und 3
(C) nur 2 und 4
(D) nur 3 und 4
(E) 1 bis 4 (alle)

12 Welche Aussage trifft zu?

Die starke Volumenzunahme pflanzlicher Zellen beim Streckungswachstum beruht hauptsächlich auf der

(A) starken Vakuolisierung
(B) erhöhten Zellteilungsrate
(C) verstärkten DNA-Synthese
(D) Vermehrung cytoplasmatischer Substanz
(E) erhöhten Aufbaurate von Reservekohlenhydraten

13 Welche Aussagen über das biologische Phänomen der Polarität treffen zu?

(1) Polarität kann durch Umweltfaktoren (z.B. Licht) induziert werden.
(2) Polarität kann sich biochemisch oder anatomisch-morphologisch manifestieren.
(3) Transportpolarität wird verursacht durch Diffusion.
(4) Schwerkraft kann eine biochemische Polarität induzieren.

(A) nur 1
(B) nur 1 und 2
(C) nur 2 und 3
(D) nur 1, 2 und 4
(E) 1 bis 4 (alle)

14 Welche der Aussagen treffen zu?

(1) Die Polarität von Zellen kann durch Lichteinflüsse induziert werden.
(2) Durch Ausbildung einer Polarität (z.B. bei Equisetum-Sporen) wird eine inäquale Zellteilung induziert.
(3) Bei einer inäqualen Zellteilung werden die Chromosomen gleichmäßig auf die beiden Tochterzellen verteilt.
(4) Eine einmal ausgeprägte Polarität bei Höheren Pflanzen ist in der Regel irreversibel.

(A) nur 1 und 4
(B) nur 2 und 3
(C) nur 2 und 4
(D) nur 1, 2, und 4
(E) 1 bis 4 (alle)

15 Welche Aussagen zur apikalen Dominanz treffen zu?

(1) Apikale Dominanz wird durch Auxin vermittelt.
(2) Apikale Dominanz führt zur Unterdrückung der Seitentriebe durch den Hauptsproß.
(3) Apikale Dominanz bedeutet verfrühte Fruchtreife bei beschleunigtem Blattfall.

(A) nur 1
(B) nur 2
(C) nur 3
(D) nur 1 und 2
(E) nur 1 und 3

16 Welche Aussagen zur apikalen Dominanz sind richtig?

(1) Apikale Dominanz wird durch Auxin vermittelt.
(2) Apikale Dominanz ist das Vorherrschen apokarper Fruchtknoten innerhalb einer Familie.
(3) Apikale Dominanz ist die Unterdrückung der Seitentriebe durch den Hauptsproß.

(A) nur 1
(B) nur 3
(C) nur 1 und 3
(D) nur 2 und 3
(E) 1 bis 3 (alle)

3.1.2 Phytohormone und Differenzierung, Phytochromsystem, ökologische Faktoren (Licht, Temperatur, Wasser)

Lehrbuch S. 328–333; 354–388

17 Welche Aussage trifft nicht zu?

Zu den Stoffen mit Phytohormonwirkung zählt man

(A) p-Aminobenzoesäure (PABA)
(B) 3-Indolyl-essigsäure (IES)
(C) 2,4-Dichlor-phenoxy-essigsäure (2,4-D)
(D) Gibberellinsäure
(E) Kinetin

18 Welche der folgenden Stoffe mit Phytohormonwirkung fördern die Zellteilung?

(1) Kinetin
(2) Abscisinsäure
(3) 3-Indolyl-essigsäure
(4) Zeatin

(A) nur 1 und 3
(B) nur 2 und 4
(C) nur 1, 3 und 4
(D) nur 2, 3 und 4
(E) 1 bis 4 (alle)

19 Welche Antwort trifft nicht zu?

Zu den Stoffen mit Phytohormon*wirkung* rechnet man:

(A) Kinetin
(B) Gibberellinsäure
(C) 3-Indolyl-essigsäure
(D) Trypsin
(E) Zeatin

20 Welche der nachstehend aufgeführten Verbindungen rechnet man zu den Stoffen mit Phytohormonwirkung?

(1) 3-Indolyl-essigsäure
(2) Tomatin
(3) Kinetin
(4) Zeatin

(A) nur 1
(B) nur 2
(C) nur 1, 2 und 3
(D) nur 1, 3 und 4
(E) 1 bis 4 (alle)

21 Welche der folgenden Aussagen über Phytohormone trifft nicht zu?

Zu den Phytohormonen rechnet man

(A) Abscisinsäure
(B) Gibberellinsäure
(C) Indolyl-3-essigsäure (IES)
(D) Oxalessigsäure
(E) Zeatin

22 Welche Aussage zu den Phytohormonen trifft nicht zu?

Folgende Verbindungen *wirken* als Phytohormone:

(A) Kinetin
(B) Ethylen
(C) Zeatin
(D) Tomatin
(E) Gibberellin A_3

23 Welche der nachfolgend genannten Verbindungen stellen Stoffe mit Auxinwirkung dar?

(1) 2,4-Dichlorphenoxy-essigsäure (2,4-D)
(2) 3-Indolyl-essigsäure (IES)
(3) 3-Indolyl-buttersäure (IBS)
(4) 1-Naphthyl-essigsäure (NES)

(A) nur 2
(B) nur 3
(C) nur 1 und 2
(D) nur 3 und 4
(E) 1 bis 4 (alle)

24 Im Rahmen regulierter pflanzlicher Entwicklungsprozesse wirken Auxine als Vitamine,

weil

Auxine Bestandteil von Coenzymen sind.

25 Welche Aussage trifft auf das abgebildete Molekül zu?

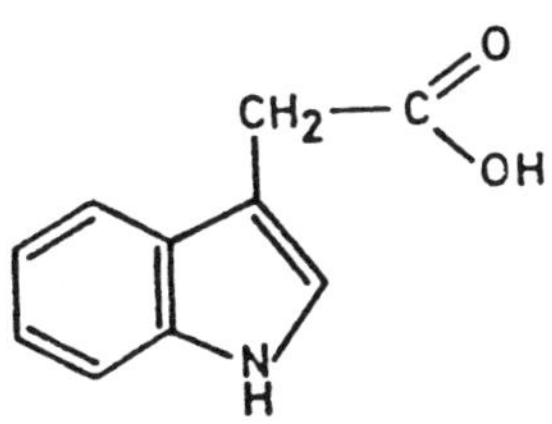

Bei dem hier abgebildeten Phytohormon handelt es sich um

(A) Abscisinsäure
(B) ein Auxin
(C) Gibberellinsäure
(D) ein Phytokinin
(E) Tryptophan

26 Welche Aussage trifft zu?

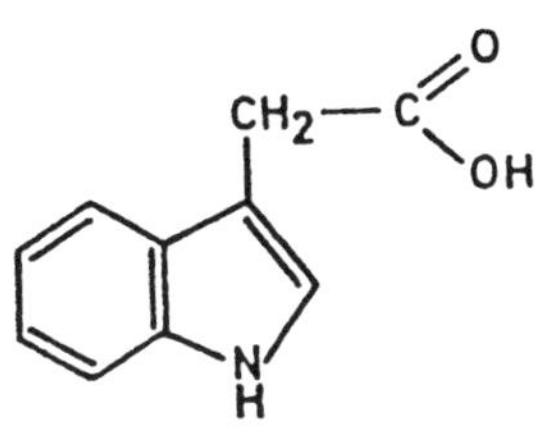

Bei dem hier abgebildeten Molekül handelt es sich um

(A) Gibberellinsäure
(B) Abscisinsäure
(C) ein Cytokinin
(D) Tryptophan
(E) ein Auxin

Phytohormone fördern verschiedene pflanzliche Wachstums- und Entwicklungsvorgänge.

Ordnen Sie bitte den in Liste 1 aufgeführten Vorgängen das entsprechende Phytohormon (Liste 2) zu.

Liste 1

27 Synthese von α-Amylase in Gerste

28 Streckungswachstum von Sproß und Wurzel sowie Induktion der Polarität

Liste 2

(A) Auxin(e)
(B) 6-Isopentenyl-aminopurin
(C) Gibberellinsäure
(D) Abscisinsäure
(E) Zeatin

Phytohormone beeinflussen bestimmte pflanzliche Wachstums- und Entwicklungsvorgänge.

Ordnen Sie bitte den in Liste 1 aufgeführten Vorgängen das zutreffende *fördernde* Phytohormon (Liste 2) zu.

Liste 1	Liste 2
29 Laubfall	(A) Auxine
	(B) 6-Isopentenyl-aminopurin
30 Synthese von α-Amylase in Gerste	(C) Gibberellinsäure
	(D) Abscisinsäure
	(E) Zeatin

Phytohormone beeinflussen bestimmte pflanzliche Wachstums- und Entwicklungsvorgänge.

Ordnen Sie bitte den in Liste 1 aufgeführten Vorgängen das zutreffende *fördernde* Phytohormon (Liste 2) zu.

Liste 1	Liste 2
31 Laubfall	(A) Gibberellinsäure
	(B) 6-Isopentenyl-aminopurin
32 Bildung von Adventiv- und Seitenwurzeln	(C) 3-Indolyl-essigsäure
	(D) Abscisinsäure
	(E) Zeatin

33 Welche Aussage über Abscisinsäure trifft zu?

Das Phytohormon Abscisinsäure

(A) fördert die apikale Dominanz
(B) regt Zellteilungen im Kambium an
(C) verhindert den Blattfall im Herbst
(D) fördert die Bildung sproßbürtiger Wurzeln
(E) fördert die Winterruhe der Knospen von Laubbäumen

34 Welche der Aussagen trifft zu?

Abscisinsäure

(A) fördert das Streckungswachstum
(B) fördert das Austreiben von Knospen
(C) fördert die Keimung von Samen
(D) steigert die RNA- und Proteinsynthese
(E) löst bei Höheren Pflanzen das Abwerfen von Laub aus

35 Wann bzw. an welchen Orten innerhalb einer Pflanze tritt Abscisinsäure auf?

(1) In ruhenden Knospen
(2) In austreibenden Knospen
(3) In Schließzellen
(4) Am Blattgrund (im Herbst)

(A) nur 1
(B) nur 1 und 2
(C) nur 2 und 3
(D) nur 2 und 4
(E) nur 1, 3 und 4

36 Cytokinine verstärken die apikale Dominanz,

weil

Cytokinine die Zellteilungsaktivität fördern.

37 Welche Aussage trifft nicht zu?

Die Entwicklung von Pflanzen beeinflussende ökologische Faktoren sind:

(A) elektromagnetische Strahlung im Bereich zwischen 400 und 800 nm
(B) mittlere Tagestemperatur
(C) Auxine
(D) Tageslänge (Photoperiode)
(E) Luftfeuchtigkeit

38 Welche Aussage trifft zu?

Der Einfluß der Temperatur auf das Wachstum Höherer Pflanzen in gemäßigten Klimaten zeigt sich in der graphischen Darstellung (Ordinate: Zuwachs pro Zeiteinheit; Abszisse: Temperatur) folgendermaßen:

(A)
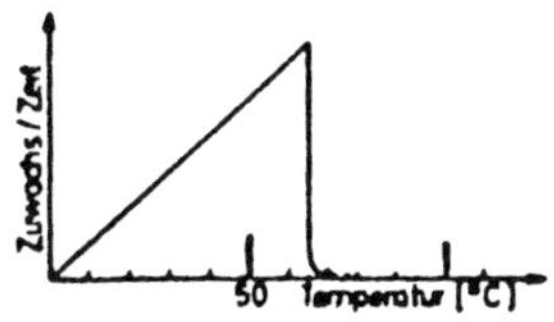

linearer Anstieg bis zum Erreichen einer Temperatur von 65°C

(B)
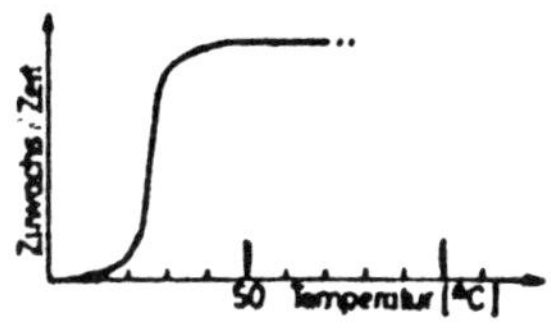

„S“-förmige Kurve, deren Wendepunkt bei ca. 25°C liegt

(C)
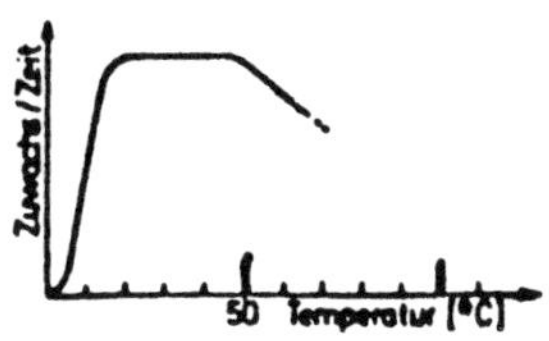

im Bereich von 5 bis 15°C steil ansteigende Kurve, die nach Erreichen eines ausgeprägten Plateaus bei Temperaturen von 60°C allmählich abfällt

(D)
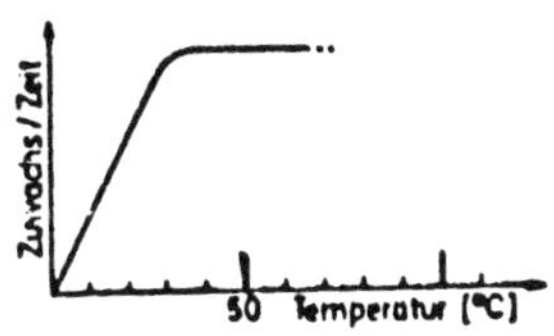

im Bereich 30°C ansteigende Kurve, die bei höheren Temperaturen parallel zur Abszisse verläuft

(E) Keine der Aussagen trifft zu.

39 Welche Aussage über den Zusammenhang zwischen Lichteinwirkung und Längenwachstum trifft zu?

Unter normaler Lichteinwirkung (Tageslicht) wird bei Höheren Pflanzen

(A) das Längenwachstum nicht beeinflußt
(B) das Internodienwachstum gehemmt
(C) die Etiolierung ausgelöst
(D) stets die Samenkeimung gehemmt
(E) Keine der Aussagen trifft zu.

Physiologie

40 Durch Licht werden in Pflanzen verschiedene Wachstums- und Entwicklungsvorgänge beeinflußt.

Welche Aussage über die Lichtwirkung trifft nicht zu?

Weißes Licht

(A) kann Polarität induzieren
(B) kann ATP-Bildung ermöglichen
(C) kann den Sekundärstoffwechsel beeinflussen
(D) bewirkt verstärktes Längenwachstum der Internodien
(E) fördert die Differenzierung der Proplastiden zu Chloroplasten

41 Licht beeinflußt viele morphogenetische Vorgänge bei Pflanzen,

weil

Licht durch die Photosynthesepigmente absorbiert wird.

42 Licht kann durch das Phytochromsystem Entwicklungsvorgänge bei Pflanzen steuern,

weil

durch bestimmte Spektralbereiche des Lichtes die Reaktion des Photochromsystems ausgelöst wird.

43 Welche der Aussagen zum Phytochromsystem treffen zu?

Das Phytochromsystem

(1) ist an der Atmungskettenphosphorylierung beteiligt
(2) ist an photomorphogenetischen Prozessen beteiligt
(3) ist ein lichtabsorbierendes Pigmentsystem

(A) nur 1
(B) nur 3
(C) nur 1 und 2
(D) nur 2 und 3
(E) 1 bis 3 (alle)

44 Welche der Aussagen zum Phytochromsystem treffen zu?

Das Phytochromsystem

(1) ist ein Hellrot-Licht und Dunkelrot-Licht absorbierendes System
(2) vermittelt bei vielen morphogenetischen Prozessen die Absorption der wirksamen Strahlung
(3) geht nach Absorption dunkelroter Strahlung in die aktive Form über

(A) nur 1
(B) nur 3
(C) nur 1 und 2
(D) nur 1 und 3
(E) nur 2 und 3

45 Welche Aussage bezüglich des Phytochromsystems trifft nicht zu?

(A) Es ist an der Atmungskettenphosphorylierung beteiligt.
(B) Es ist an photomorphogenetischen Prozessen beteiligt.
(C) Es ist ein lichtabsorbierendes Pigmentsystem.
(D) Die Wirkung ist gebunden an ein Chromoprotein mit einem offenen Tetrapyrrolsystem.
(E) Nach Einwirkung von hellrotem Licht (660 nm) liegt Phytochrom in aktiver Form vor.

46 Welche Aussage zum Phytochromsystem trifft <u>nicht</u> zu?

Das Phytochromsystem

(A) ist ein Hellrot-Dunkelrot-System
(B) vermittelt bei vielen morphogenetischen Prozessen die Absorption der wirksamen Strahlung
(C) stellt ein Chromoprotein dar, von dem zwei reversibel ineinander überführbare Formen bekannt sind
(D) enthält ein offenkettiges Tetrapyrrol-System als prosthetische Gruppe
(E) geht nach Absorption dunkelroter Strahlung (Maximum 730 nm) in die aktive Form P_{fr} über

47 Durch Vernalisation wird bei manchen Pflanzen die Blütenbildung induziert,

<u>weil</u>

durch die relativ hohen Frühlingstemperaturen ein Austreiben der Knospen gefördert wird.

48 Die hier dargestellte Reaktion läuft in Pflanzen ab:

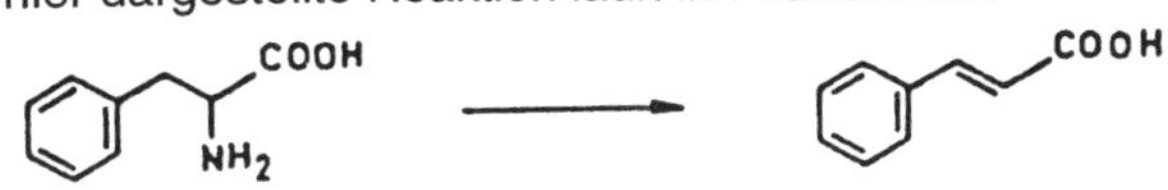

Welche der folgenden Aussagen dazu ist <u>nicht</u> richtig?

(A) Sie wird durch Licht ausgelöst.
(B) An ihr ist aktiviertes Phytochrom beteiligt.
(C) Es handelt sich um eine Reaktion, bei der eine Vorstufe für Lignine bereitgestellt wird.
(D) Sie wird durch eine Lyase katalysiert.
(E) An der Reaktion ist Pyridoxalphosphat als Coenzym beteiligt.

49 Welche der Aussagen trifft <u>nicht</u> zu?

(A) Auxine wirken auf das Streckungswachstum von Sproß und Wurzel.
(B) Cytokinine finden sich nur bei eukaryotischen Pflanzen.
(C) Neben Auxinen fördern auch Cytokinine die Zellteilungsaktivität.
(D) Gibberelline wirken unter anderem auch auf das Streckungswachstum.
(E) Die Abscisinsäure ist maßgeblich am Laub- und Fruchtfall beteiligt.

50 Den hier abgebildeten Verbindungen ist gemeinsam, daß sie

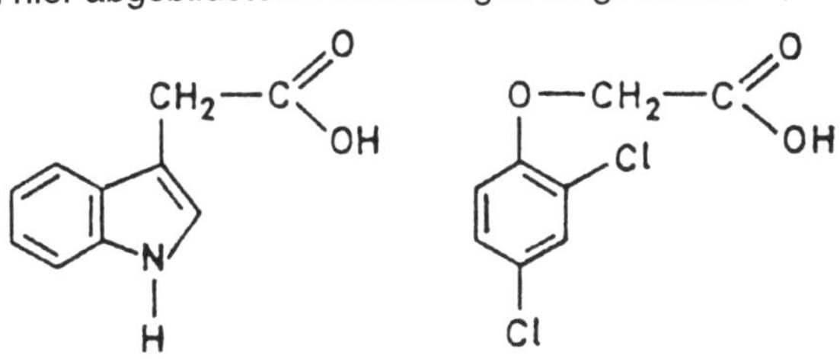

(A) Streckungswachstum bewirken
(B) zur Gruppe der Kinetine gerechnet werden
(C) von einem Pilz gebildet werden
(D) an der Regulation der Stomate mitwirken
(E) Blattabfall im Herbst bewirken

51 Welche der folgenden Phytohormone fördern überwiegend die Zellstreckung?

(1) β-Indolyessigsäure
(2) Ethylen
(3) Gibberellinsäure
(4) Abscisinsäure
(5) Kinetin

(A) nur 1 und 3
(B) nur 1, 3 und 4
(C) nur 1, 4 und 5
(D) nur 2, 3 und 5
(E) 1 bis 5 (alle)

52 Welche Aussage trifft zu?

Gibberellinsäure ist an der Induktion des α-Amylase-Gens beteiligt.

Dieser Prozeß

(A) läuft bei der Keimung von Früchten der Poaceae ab
(B) ist Voraussetzung für den Abbau der Stärke im Darm
(C) ist Voraussetzung für den Abbau von Fetten
(D) ist mit dem Beginn der Samenruhe verbunden
(E) wird durch Abscisinsäure positiv beeinflußt

53 Die hier abgebildete Reaktion

wird katalysiert von einem pflanzlichen Enzym.
Dieses Enzym wird bezeichnet als:

(A) Nitratreduktase
(B) Cinnamataminotransferase
(C) Phenylalaninammoniaklyase (PAL)
(D) Pyruvatdehydrogenase
(E) Nitrogenase

54 Welche der Aussagen zur Aktivität der Phenylalaninammoniumlyase (PAL) treffen zu?

(1) Die PAL-Aktivität Höherer Pflanzen ist abhängig vom Phytochromsystem.
(2) Die Wirkung des Phytochromsystems ist lichtabhängig.
(3) Die Produktion von Phenylpropan-Derivaten des Stoffwechsels, wie z.B. Zimtsäure, ist bei Höheren Pflanzen abhängig von der PAL-Aktivität.

(A) nur 1
(B) nur 3
(C) nur 1 und 2
(D) nur 2 und 3
(E) 1 bis 3 (alle)

55 Welche Prozesse werden durch Abscisinsäure ausgelöst?

(1) Blattabfall im Herbst
(2) Induktion der α-Amylase
(3) Seitenwurzelbildung

(A) nur 1
(B) nur 1 und 2
(C) nur 1 und 3
(D) nur 2 und 3
(E) 1 bis 3 (alle)

56 Welche der hier genannten Verbindungen sind pflanzliche Hormone?

(1) Ethylen
(2) Indolylessigsäure
(3) Zeatin
(4) Acetylen

(A) nur 1und 3
(B) nur 2 und 4
(C) nur 1, 2 und 3
(D) nur 1, 2 und 4
(E) 1 bis 4 (alle)

3.1.3 Mikrobielle Wachstumsfaktoren

Lehrbuch S. 327

57 Welche Aussage über das Wachstum von Mikroorganismen trifft zu?

Viele Mikroorganismen benötigen bestimmte Wachstumsfaktoren, die sie mit ihrer Nahrung aufnehmen müssen.

Bei diesen Wachstumsfaktoren handelt es sich u.a. um

(A) Vitamine, insbesondere B-Vitamine
(B) Wuchsstoffe vom Typus der 3-Indolyl-essigsäure
(C) energiereiche Phosphate vom Typus des Adenosintriphosphats
(D) bestimmte Phytohormone, wie sie vor allem auch von Höheren Pflanzen bekannt sind
(E) Keine der Aussagen trifft zu.

58 Welche der Aussagen trifft zu?

Da Sulfonamide Strukturanaloga von p-Aminobenzoesäure sind, hemmen sie den Einbau von p-Aminobenzoesäure in Folsäure.

Sulfonamide wirken daher als

(A) allosterische Inhibitoren
(B) nicht-kompetitive Inhibitoren
(C) kompetitive Inhibitoren
(D) unkompetitive Inhibitoren
(E) Suizidinhibitoren

59 4-Aminobenzoesäure ist ein wichtiger Wachstumsfaktor für Bakterien,

weil

4-Aminobenzoesäure einen Grundbaustein der Mureinschicht darstellt.

60 Licht nimmt auf die Bildung von Lignin Einfluß,

weil

Zimtsäure in einer lichtabhängigen Reaktion aus Phenylalanin gebildet wird.

3.1.4 Differentielle Genaktivität (s.a. 2.1), Induktion der Genexpression, Regulation der Proteinbiosynthese auf der Stufe der Transkription, DNA-Konformation und Genexpression, Regulation der Proteinbiosynthese auf der Stufe der Translation

Lehrbuch S. 334ff.

61 Im Verlauf des Entwicklungsgeschehens sind alle Gene ständig aktiv,

weil

die Genaktivität in der Zelle nicht spezifisch reguliert werden kann.

62 Die Bildung von Enzymen kann durch regulierbare Gene gesteuert werden,

weil

die Aminosäuresequenz jedes Enzymproteins durch die Basensequenz der m-RNA eindeutig festgelegt ist.

63 Welche Aussage zur Genregulation bei Bakterien trifft zu?

(A) Nur am Strukturgen findet Transkription statt.
(B) Am Regulatorgen findet Transkription statt.
(C) An der Reprimierung des Operatorgens sind Enzymproteine beteiligt.
(D) Der Induktor ist immer ein Biopolymer.
(E) Operon und Regulatorgen liegen auf dem Chromosom stets nebeneinander.

64 Welche Aussage zur Regulation der Proteinbiosynthese bei Bakterien trifft zu?

(A) Der Induktor aktiviert das Strukturgen direkt.
(B) Der Repressor veranlaßt die Synthese eines Regulators.
(C) Der Induktor wird mit dem Operatorgen assoziiert und ermöglicht die m-RNA-Synthese.
(D) Unter der Einwirkung des Induktors lagert sich der Repressor an das Regulatorgen an; dadurch wird das Operatorgen für die m-RNA-Synthese freigegeben.
(E) Der Effektor bindet den Repressor.

65 Welche Aussage zum Operatorgen trifft zu?

Ein Operatorgen bei Bakterien

(A) kann mit dem Repressor reagieren
(B) reagiert mit katabolen Enzymen
(C) determiniert die Struktur eines Proteins
(D) regelt direkt Enzymaktivitäten
(E) Keine der Aussagen trifft zu.

Ordnen Sie bitte den Begriffen in Liste 1 die jeweils zutreffende Aussage (Liste 2) zu.

Liste 1	Liste 2
66 Ein Regulatorgen	(A) kann mit dem Repressor reagieren
67 Ein Operatorgen	(B) determiniert die Struktur eines Nukleotids
	(C) kann die Struktur des Repressors determinieren
	(D) regelt direkt Enzymaktivitäten
	(E) reagiert mit katabolen Enzymen

68 Welche Aussage über differentielle Genaktivität trifft nicht zu?

(A) Puffs (Balbiani-Ringe) an den Chromosomen sind Genorte mit hoher Transkriptionsaktivität.
(B) Das Muster der Puffs (Balbiani-Ringe) auf den Chromosomen ist gewebespezifisch.
(C) Das Muster der Puffs (Balbiani-Ringe) auf den Chromosomen ist spezifisch für ein bestimmtes Entwicklungsstadium.
(D) Eine differentielle Genaktivität bedingt eine unterschiedliche Differenzierung der Zellen.
(E) Puffs (Balbiani-Ringe) lassen sich besonders gut an den alten Metaphasenchromosomen erkennen.

69 Bei identischem genetischen Zellmaterial laufen in vielzelligen Organismen Differenzierungsvorgänge ab,

weil

bei Differenzierungsvorgängen im Rahmen der differentiellen Genaktivität eine durch Vitamine gesteuerte gezielte Enzymsynthese stattfindet.

70 Die Bildung von Enzymen kann durch regulierbare Gene gesteuert werden,

weil

die Aminosäuresequenz jedes Enzymproteins genetisch festgelegt ist.

71 Welche der Antworten treffen zu?

Das Lactose-Operon bei Escherichia coli

(1) ist eine Funktionseinheit, bestehend aus Operatorgen, Promotor(gen) und Strukturgenen
(2) besteht aus Regulatorgen und Strukturgen
(3) wird in seiner Aktivität durch Interaktion von Repressor und Regulatorgen inhibiert

(A) nur 1
(B) nur 2
(C) nur 3
(D) nur 1 und 3
(E) nur 2 und 3

72 Die Steuerung einer Biosynthesekette durch Endprodukthemmung setzt ein allosterisch regulierbares Enzym am Ende der Kette voraus,

weil

die Bindung des Endprodukts an das allosterisch regulierbare Enzym dessen Aktivität hemmt.

73 Welche der Aussagen treffen zu?

(1) Die Differenzierung eines vielzelligen Organismus beruht auf differentieller Aktivierung von Genen.
(2) In verschiedenen Organen einer Pflanze lassen sich organspezifische Proteinmuster nachweisen.
(3) Während der Entwicklung eines Pflanzenorgans lassen sich stadienspezifische mRNA-Muster nachweisen.
(4) In mikroskopisch sichtbaren Puffs befinden sich aktive Gene.

(A) nur 1 und 4
(B) nur 2 und 3
(C) nur 1, 2 und 4
(D) nur 2, 3 und 4
(E) 1 bis 4 (alle)

3.2 Wasser- und Mineralhaushalt

3.2.1 Quellung, Diffusion, Osmose, Saugkraft, Hydratation der Zelle, Bedeutung und Art der Nährsalze

Lehrbuch S. 313ff.

74 Der Quellungszustand des Cytosols hängt vom Hydratationsvermögen der enthaltenen Proteine ab,

weil

die Ionenkonzentration in einer Zelle relativ konstant ist.

75 Die Turgeszenz einer ausdifferenzierten lebenden Pflanzenzelle setzt voraus, daß diese Zelle sich in einem hypertonischen Milieu befindet,

weil

durch den osmotisch bedingten Sog der Zelle nur solange Wasser aufgenommen werden kann, wie es die nur begrenzt dehnbare Zellwand zuläßt.

76 Welche Aussage trifft zu?

Für eine Zelle im Zustand der Grenzplasmolyse gilt:

Der Turgor ist

(A) positiv
(B) negativ
(C) gleich Null
(D) gleich der Saugkraft der Zelle
(E) größer als die Saugkraft der Zelle

77 Welche Aussage trifft zu?

Bei fallendem Turgor einer Zelle

(A) steigt die Saugkraft einer Zelle
(B) fällt die Saugkraft einer Zelle
(C) bleibt die Saugkraft einer Zelle konstant
(D) fällt die Saugkraft einer Zelle auf Null ab
(E) Keine der Aussagen trifft zu.

78 Welche Aussage trifft zu?

Bei steigendem Turgor in einer Zelle

(A) steigt die Saugkraft der Zelle an
(B) bleibt die Saugkraft der Zelle konstant
(C) sinkt die Saugkraft der Zelle
(D) steigt die Saugkraft nur wenig bis zu einem Grenzwert an
(E) Keine der Aussagen trifft zu.

79 Welche Aussage über Osmose trifft zu?

Unter Osmose versteht man

(A) das Bestreben von in Wasser gelösten Molekülen bzw. Ionen, sich auf beiden Seiten einer permeablen Membran gleichmäßig zu verteilen
(B) die Wanderung von gelösten Stoffen gegen ein Konzentrationsgefälle
(C) die ungehinderte Diffusion von in Wasser gelösten Molekülen bzw. Ionen durch eine semipermeable Membran hindurch
(D) den Durchtritt von Wasser durch eine semipermeable Membran zu der Seite mit der höheren Konzentration an gelösten Molekülen bzw. Ionen
(E) den Druck, den die Zentralvakuole auf die äußere Biomembran einer Zelle ausübt

80 Welche der Aussagen zur Regulation des osmotischen Drucks treffen zu?

Die pflanzliche Zelle vermag ihren osmotischen Druck zu regeln über eine

(1) Erhöhung der Proteinkonzentration in der Zentralvakuole
(2) Umwandlung von fetten Ölen in Stärke
(3) Polymerisation von Glucose zu Stärke
(4) Veränderung der Ionenkonzentration in der Zentralvakuole

(A) nur 3
(B) nur 2 und 3
(C) nur 3 und 4
(D) nur 1, 2 und 4
(E) 1 bis 4 (alle)

81 Welches der genannten Elemente ist bei Höheren Pflanzen als Ion an der Osmoregulation beteiligt?

(A) Kalium
(B) Kupfer
(C) Mangan
(D) Molybdän
(E) Zink

82 Das Vorhandensein einer festen Zellwand ist eine der Voraussetzungen für die Ausbildung der pflanzlichen Zellsaftvakuole,

<u>weil</u>

der osmotische Wert innerhalb einer Zelle in der Regel niedriger liegt als der osmotische Wert der Umgebung.

---

83 Welche Aussage trifft zu?

Bei der Plasmolyse erfolgt

(A) die Auflösung der äußeren Plasmamembran durch osmotisch wirksame Lösungen
(B) die Auflösung der inneren Plasmamembran durch osmotisch wirksame Lösungen
(C) die Diffusion von Plasma in Interzellularen unter der Einwirkung osmotisch aktiver Lösungen
(D) die Ablösung der äußeren Plasmamembran von der Innenseite der Zellwand unter der Einwirkung osmotisch aktiver Lösungen
(E) die Verkleinerung der Vakuole durch Quellung des Plasmas unter der Einwirkung osmotisch wirksamer Lösungen

---

84 Welche Aussage über die Plasmolyse trifft zu?

Unter Plasmolyse versteht man

(A) die Diffusion von Protoplasma durch die Zellwand hindurch aufgrund eines Unterdruckes in der Umgebung der Zelle
(B) eine experimentell hervorgerufene Veränderung des Protoplasten in hypotonischer Lösung
(C) die Auflösung von Protoplasma unter dem Einfluß veränderter Druckverhältnisse in der Zelle
(D) das Eindringen von Cytoplasma in die Vakuole aufgrund eines experimentell erhöhten äußeren Druckes, der auf die Zelle einwirkt
(E) Keine der Aussagen trifft zu.

---

85 Welche der Vorgänge treten bei *Plasmolyse* einer ausdifferenzierten Zelle Höherer Pflanzen immer auf?

(1) Abtötung des Protoplasten
(2) Wasserabgabe aus der Vakuole
(3) Erhöhung der Zellsaftkonzentration
(4) Wasserabgabe in hypotonisches Medium
(5) Erhöhung des Zellturgors durch Wasseraufnahme

(A) nur 1 und 5
(B) nur 2 und 3
(C) nur 2 und 4
(D) nur 1, 2 und 3
(E) nur 3, 4 und 5

---

86 Welche der Aussagen zum Mineralstoffhaushalt Höherer Pflanzen treffen zu?

Bei der mineralischen Ernährung der Höheren Pflanzen

(1) ist die Phase des aktiven Transports durch die Zellwand von der einleitenden Diffusionsphase zu unterscheiden
(2) erweisen sich als essentielle Elemente bzw. Ionen essentieller Elemente u.a. Fe^{3+}, Ca^{2+}, K^{+} sowie PO_4^{3-}, SO_4^{2-}, NO_3^- und Cl^-
(3) erfolgt durch die Diffusion im Interzellularsystem der Wurzelrinde eine selektive Ionenaufnahme
(4) werden Ionen auch gegen ein bestehendes Konzentrationsgefälle transportiert

(A) nur 4
(B) nur 2 und 3
(C) nur 2 und 4
(D) nur 1, 3 und 4
(E) 1 bis 4 (alle)

87 Welche Aussage bezüglich des Mineralstoffwechsels Höherer Pflanzen trifft nicht zu?

(A) Die Ionenaufnahme erfolgt vorwiegend durch die Wurzel.
(B) Die Ionenaufnahme in den Protoplasten erfolgt allein durch Diffusion.
(C) Ionenaufnahme kann gegen ein Konzentrationsgefälle stattfinden.
(D) Bei der Aufnahme von Kationen spielen Chelate eine wichtige Rolle.
(E) Höhere Pflanzen besitzen ein Selektionsvermögen für bestimmte Ionen.

88 Die Aussage:
„Die selektive Ionenaufnahme in die lebende pflanzliche Zelle ist an die Bereitstellung von ATP gebunden“, ist zulässig,

weil

selektive Ionenaufnahme ein energieverbrauchender Prozeß ist.

89 In Wasser gelöste Ionen werden von der lebenden Pflanzenzelle nicht selektiv aufgenommen,

weil

Ionen mit Wasser ungehindert in das Zellinnere lebender Pflanzenzellen diffundieren.

90 Welche Verbindungen oder Ionen werden im Phloem transportiert?

(1) Anionen, wie z.B. NO_3^-
(2) Kationen, wie z.B. Ca^{2+}
(3) Aminosäuren, wie z.B. Gly, Ala
(4) Disaccharide, wie z.B. Saccharose

(A) nur 2
(B) nur 4
(C) nur 1 und 2
(D) nur 2 und 3
(E) nur 3 und 4

91 Welche Aussage bezüglich des Mineralstoffwechsels Höherer Pflanzen trifft nicht zu?

(A) Der pH-Wert des Bodens ist von ausschlaggebender Bedeutung für die Ionenaufnahme.
(B) Salze können nur in Form ihrer gelösten Ionen aufgenommen werden.
(C) Autotrophe Organismen können auf einer ausschließlich anorganischen Nährlösung gedeihen.
(D) Lebensnotwendig für die Pflanze sind folgende, in der Knoopschen Nährlösung enthaltenen Ionen: K^+, Ca^{2+}, Mg^{2+}, $Fe^{2+(3+)}$, NO_3^-, SO_4^{2-} , PO_4^{3-}
(E) Zu den grundsätzlich lebensnotwendigen Spurenelementen gehören: Na^+, $Co^{+\,(2+)}$, Si^{2+}, Pb^{2+}

92 Grüne, autotrophe Pflanzen können im Licht auf Mineralsalzlösungen wachsen.

Welches der angegebenen Ionen kann bei Herstellung einer solchen Lösung unberücksichtigt bleiben?

(A) K^+
(B) Na^+
(C) Ca^{++}
(D) Mg^{++}
(E) NO_3^-

93 Welche Aussage trifft zu?

Unter „aktivem Transport“ von Ionen in der Wurzel versteht man

(A) die Diffusion der Ionen in den extrazellulären Bereich
(B) die Aufnahme von Wasser und darin gelöster Salze mittels des Transpirationssogs einer Pflanze
(C) das Selektionsvermögen der Pflanze für bestimmte Ionen
(D) den Übergang der Ionen aus dem extrazellulären Bereich in die Zelle unter Energieverbrauch
(E) Keine der Aussagen trifft zu.

94 Der Ausschluß von Sauerstoff führt nach kurzer Zeit zu einem Erlöschen der aktiven Ionenaufnahme durch pflanzliche Zellen,

weil

die aktive Ionenaufnahme u.a. an die sauerstoffabhängige Zellatmung gebunden ist.

95 Durch welche Faktoren kann der osmotische Druck in pflanzlichen Zellen beeinflußt werden?

(1) Exkretion von Salzen
(2) Polymerisation von aktivierter Glucose zu Stärke
(3) kutikuläre Transpiration
(4) Abbau von Stärke zu Monosacchariden
(5) stomatäre Transpiration

(A) nur durch 1 und 2
(B) nur durch 2 und 4
(C) nur durch 1, 3 und 5
(D) nur durch 1, 2, 3 und 5
(E) durch alle Faktoren (1 bis 5)

96 Grüne, autotrophe Pflanzen können im Licht auf Mineralsalzlösungen wachsen.

Welches der angegebenen Ionen kann bei Herstellung einer solchen Lösung am ehesten unberücksichtigt bleiben?

(A) Fe^{2+}
(B) Na^{+}
(C) Ca^{2+}
(D) Mg^{2+}
(E) NO_3^-

97 Durch welche Faktoren wird die Saugkraft der Zelle bestimmt?

(1) durch den Wanddruck (Turgordruck)
(2) durch den osmotischen Druck
(3) durch den Salzgehalt der Zelle
(4) durch die Menge an unlöslichen Polysacchariden innerhalb der Zelle

(A) nur 1 und 2
(B) nur 1 und 3
(C) nur 2 und 2
(D) nur 1, 2 und 3
(E) 1 bis 4 (alle)

98 Welche Definition trifft auf den Begriff Plasmolyse zu?

(A) Verdauung des Zellinhaltes durch Lysosomen.
(B) Fusionierung von Lysosomen und Makrophagen.
(C) Auflösung des Plasmas beim Absterben einer Zelle.
(D) Austritt des Protoplasten aus dem Mureinsacculus unter Penicillinwirkung.
(E) Ablösung des Plasmamembran von der Zellwand unter dem Einfluß eines äußeren Osmotikums.

99 Welche der Aussagen treffen zu?

Die Saugkraft einer Zelle ist abhängig

(1) von der Konzentration der gelösten Teilchen in der Vakuole
(2) von der Differenzierung der Zellwand
(3) vom Druck des umgebenden Gewebes

(A) nur 1
(B) nur 2
(C) nur 1 und 2
(D) nur 1 und 3
(E) 1 bis 3 (alle)

100 Welchem Ionenantagonismus wird eine bedeutende Rolle bei Quellungs- und Entquellungsvorgängen des Cytoplasmas zugeschrieben?

(A) Ca^{2+} / Mg^{2+}
(B) K^{+} / Cl^{-}
(C) Ca^{2+} / Cl^{-}
(D) Ca^{2+} / K^{+}
(E) Keine der obigen Antworten trifft zu.

3.2.2 Wasseraufnahme und Leitung, Transpiration

Lehrbuch S. 313ff.

101 Die Wasseraufnahme durch die Wurzel und der Wassertransport zum Sproß erfolgen allein durch osmotische Saugkräfte,

weil

die Wasseraufnahme durch einen osmotischen Saugspannungsgradienten in der Wurzelrinde aufrecht erhalten wird.

102 Die Wasseraufnahme durch die Wurzel und der Wassertransport zum Sproß erfolgen allein durch osmotische Saugkräfte,

weil

die beiden Vorgänge – Wasseraufnahme durch die Wurzel und Wassertransport zum Sproß – durch die Exodermis in der Wurzel räumlich voneinander getrennt sind.

103 Welcher der folgenden Transportvorgänge erfolgt in der Regel in einem Pflanzengewebe, dessen Zellen keine lebenden Protoplasten mehr besitzen?

(A) Assimilattransport
(B) aktiver Ionentransport
(C) Wasser- und Ionentransport
(D) symplasmatischer Ionentransport
(E) kein Transport; denn Stofftransport kann nur in Geweben mit lebendem Protoplasten erfolgen.

104 Einzige Antriebskraft für den Wassertransport in der Pflanze ist der Wurzeldruck,

weil

der Wurzeldruck bei Pflanzen 100 bar betragen kann.

105 Welche Aussage trifft nicht zu?

Die Kohäsionstheorie des Wassertransports in Höheren Landpflanzen besagt, daß die kapillaren Wasserfäden

(A) in den Gefäßen auch bei Unterdruck zusammenhängend bleiben
(B) durch Energieaufwand seitens der Pflanze aufsteigen
(C) durch Kräfte zwischen den Wassermolekülen fest zusammenhalten
(D) durch Kräfte an den wasserdurchtränkten Gefäßwänden festgehalten werden
(E) als Wasserleitungsbahnen in das Saugspannungsgefälle zwischen feuchtem Boden und trockener Atmosphäre zwischengeschaltet sind

106 Für einen ausreichenden Transport des Wassers von der Wurzel zu den Blättern bei Höheren Pflanzen müssen verschiedene Voraussetzungen erfüllt sein.

Welche der folgenden Aussagen hierzu sind richtig?

(1) Der Wurzeldruck ist am aktiven Wassertransport beteiligt.
(2) In den Wasserleitungsbahnen fehlen Interzellularen.
(3) Adhäsion und Kohäsion in den geschlossenen Gefäßkapillaren ermöglichen das Aufsteigen des Wassers in Höhen von mehr als 10 m.

(A) nur 1
(B) nur 3
(C) nur 1 und 2
(D) nur 1 und 3
(E) 1 bis 3 (alle)

107 Im Zentralzylinder der Höheren Pflanzen erfolgt der Wassertransport von der Wurzel zum Sproß als ein aktiver Transportvorgang,

<u>weil</u>

für die Transpiration erhebliche Mengen an Strahlungsenergie in Form von Wärme verbraucht werden.

108 Welche Aussage trifft <u>nicht</u> zu?

Der vasculäre Wassertransport

(A) dient der direkten Wasserversorgung jeder einzelnen Zelle
(B) kommt innerhalb des Pflanzenreiches nur bei Kormophyten vor
(C) ist für den Massentransport über längere Strecken in der Pflanze geeignet
(D) ist sowohl in der Wurzel wie auch in oberirdischen Organen an den extravasculären Transport angeschlossen
(E) ist gebunden an das Vorhandensein echter Leitgewebe

109 Welche der folgenden Aussagen trifft <u>nicht</u> zu?

(A) Der Anteil der cuticulären Transpiration an der Gesamttranspiration beträgt in der Regel 5 bis 10%.
(B) Das Ausmaß der cuticulären Transpiration ist vom Wasserdampfdruck der Umgebung unabhängig.
(C) Die Spaltöffnungsweite ist von Lichtintensität, Luftfeuchtigkeit und Temperatur abhängig.
(D) Starker Wasserverlust der Blätter kann zu einem Verschließen der Spaltöffnungen führen.
(E) Der Transpirationsstrom der Pflanze bietet eine Transportmöglichkeit für Nährsalze, die aus dem Boden aufgenommen werden.

110 Welche Aussagen zur pflanzlichen Transpiration sind richtig?

(1) Die Transpiration dient der Kühlung der Blätter an heißen Tagen.
(2) Die Transpiration erfolgt sowohl durch die Cuticula als auch durch die Stomata.
(3) Die cuticuläre Transpiration ist nicht regulierbar und daher im Tagesmittel größer als die stomatäre.
(4) Überwiegt die Transpiration größenmäßig über den Wassernachschub aus der Wurzel, beginnen die Blätter zu welken.
(5) Die stomatäre Transpiration ist in der Regel bei Tageslicht größer als bei Dunkelheit.

(A) nur 1, 2 und 3
(B) nur 1, 4 und 5
(C) nur 2, 3 und 4
(D) nur 1, 2, 3 und 5
(E) nur 1, 2, 4 und 5

111 Die stomatäre Transpiration ist durch die Öffnungsweite der Spaltöffnungen regulierbar,

<u>weil</u>

die Öffnungsweite der Spaltöffnungen bei Wassermangel klein ist.

112 Die Transpiration (Wasserabgabe) bei Höheren Landpflanzen erfolgt hauptsächlich durch

(A) die Blattoberseite
(B) die Stomata der Sproßachse
(C) die Cuticula der Blattunterseite
(D) die Wasserspalten aufgrund der Guttation
(E) die Stomata der Blattunter- und -oberseite

113 Landpflanzen geben Wasserdampf durch stomatäre <u>und</u> cuticuläre Transpiration an die Atmosphäre ab,

<u>weil</u>

die Transpiration durch die Cuticula nicht durch die Stomata reguliert werden kann.

114 Die Intensität der Transpiration kann von der Pflanze durch Veränderung der stomatären Transpiration beeinflußt werden,

<u>weil</u>

die Pflanze auf die Intensität der cuticulären Transpiration keinen unmittelbaren Einfluß hat.

115 Ein Durchtritt von Wasser durch die Epidermis nach außen ist nicht möglich,

<u>weil</u>

die Cuticula den Durchtritt von Wasser durch die Epidermis nach außen vollständig verhindert.

116 Welche Gruppe von Pflanzen läßt sich durch folgende Merkmale charakterisieren?

Dünne Cuticula und dünne Epidermisaußenwände, interzellularenreiches Mesophyll, meist Fehlen von Stomata sowie Rückbildung oder Fehlen wasserleitender Gefäße

(A) Halophyten
(B) Xerophyten
(C) Epiphyten
(D) Hydrophyten
(E) Hygrophyten

117 Dürreresistenz bei Höheren Pflanzen erfordert morphologische und anatomische Anpassungen.

Welche der Aussagen hierzu sind richtig?

(1) Eine dickere Cuticula an oberirdischen Organen erhöht den Transpirationsschutz.
(2) Ein geringeres Verhältnis von Blattoberfläche zu Blattvolumen erhöht das Wasserspeichervermögen und damit das Überleben bei Dürre.
(3) Pflanzen, die ihre Spaltöffnungen nur nachts öffnen und bei Tage schließen, sind dürreresistenter, brauchen aber einen internen CO_2-Speicher.

(A) nur 1
(B) nur 2
(C) nur 1 und 2
(D) nur 2 und 3
(E) 1 bis 3 (alle)

118 Welche der folgenden Aussagen treffen zu?

Kennzeichen von Xerophyten ist/sind:

(1) Einsenkung der Stomata
(2) Verdickung der Cuticula
(3) Einlagerung fettlöslicher Farbstoffe

(A) nur 1
(B) nur 2
(C) nur 1 und 2
(D) nur 2 und 3
(E) 1 bis 3 (alle)

119 Welches ist das zutreffende Merkmal für die pflanzliche Anpassungsform des Xerophyten?

(A) Fehlen von Leitgewebe
(B) starke Cuticula
(C) starke cuticuläre Transpiration
(D) hohe Salztoleranz
(E) gering ausgebildete Festigungsgewebe

120 Welche Aussage trifft nicht zu?

Der Anpassung von Pflanzen an physiologisch trockene Standorte dienen:

(A) Ausbildung von Wachs-, Harz- und Kalküberzügen bei Blättern
(B) Ausbildung von Aerenchym
(C) Verengung und Einsenkung der Stomata
(D) Ausbildung einer verdickten Cuticula und verdickter Epidermisaußenwände
(E) Bildung lederartiger, sklerenchymreicher Blätter

121 Welche der folgenden Aussagen treffen zu?

Der Anpassung von Pflanzen an trockene Standorte dienen:

(1) Ausbildung von Aerenchym
(2) Verengung und Einsenkung der Stomata
(3) Bildung lederartiger, sklerenchymreicher Blätter
(4) Ausbildung von Wachs-, Harz- und Kalküberzügen bei Blättern
(5) Ausbildung einer verdickten Cuticula und verdickter Epidermisaußenwände

(A) nur 1 und 2
(B) nur 3 und 4
(C) nur 1, 2, 3 und 4
(D) nur 1, 2, 4 und 5
(E) nur 2, 3, 4 und 5

Bitte ordnen Sie den in Liste 1 genannten pflanzlichen Anpassungsformen das jeweils zutreffende Merkmal (Liste 2) zu.

Liste 1

122 Xerophyten
123 Halophyten

Liste 2

(A) Fehlen von Leitgewebe
(B) starke Cuticula
(C) starke cuticuläre Transpiration
(D) hohe Salztoleranz
(E) gering ausgebildete Festigungsgewebe

124 Pflanzen, deren Blätter eine dicke Cuticula aufweisen, vermögen eher an trockenen Standorten zu leben,

weil

durch die dicke Cuticula die stomatäre Transpiration weitgehend unterbunden wird.

125 Das pflanzliche Interzellularsystem ist stets wassererfüllt,

weil

die einzelnen Pflanzenzellen durch das pflanzliche Interzellurlarsystem mit Wasser und den gelösten Mineralstoffen versorgt werden.

126 Welche der genannten Polymere stellen einen Verdunstungsschutz für die Pflanze dar?

(1) Wachse
(2) Cutin
(3) Zellulose
(4) Suberin

(A) nur 1
(B) nur 1 und 2
(C) nur 2 und 3
(D) nur 1, 2 und 4
(E) 1 bis 4 (alle)

Physiologie

127 Welche Aussagen über die Assimilateleitung treffen zu?

(1) Die Assimilateleitung ist ein energieverbrauchender Prozeß.
(2) Assimilationsstärke wird vorwiegend in der Dunkelphase abgebaut und in die Transportform überführt.
(3) Kohlenhydrate werden bevorzugt als Glucose-6-Ⓟ transportiert.
(4) Die Assimilateleitung kann durch Blockierung der Zellatmung gehemmt bzw. unterbunden werden.

(A) nur 1
(B) nur 2
(C) nur 2 und 3
(D) nur 3 und 4
(E) 1, 2 und 4

128 Die Transpiration (Wasserabgabe als Wasserdampf) bei Höheren Pflanzen erfolgt

(A) zu 70–90% durch die Stomata der Blätter
(B) zu mindestens 40% durch die Cuticula der Blätter
(C) durch Wasserspalten am Blattrand aufgrund der Guttation
(D) nur bei Sonnenschein
(E) nur parallel mit der CO_2-Assimilation

129 Welche der Aussagen trifft <u>nicht</u> zu?

(A) Bei Landpflanzen erfolgt die Transpiration sowohl durch die Cuticula als auch durch die Stomata.
(B) Bei Xerophyten können die Spaltöffnungen eingesenkt sein.
(C) Bei Gymnospermen überwiegt die cuticuläre Transpiration.
(D) Die stomatäre Transpiration ist in der Regel (C_3-Pflanzen) bei Tageslicht größer als bei Dunkelheit.
(E) Die Spaltöffnungsweite ist unter anderem auch von der Luftfeuchtigkeit abhängig.

130 Welche Aussagen treffen zu?

Die Öffnungsweite der Spaltöffnungen Höherer Pflanzen

(1) bestimmt die Größe der stomatären Transpiration
(2) wird durch das Wasserdampfsättigungsdefizit der Luft reguliert
(3) wird durch die CO_2-Konzentration des Interzellularsystems und der blattnahen Luftschicht beeinflußt
(4) ist lichtreguliert

(A) nur 1 und 3
(B) nur 2 und 4
(C) nur 1, 3 und 4
(D) nur 2, 3 und 4
(E) 1 bis 4 (alle)

131 Welche der folgenden Aussagen treffen zu?

Kennzeichen von Xerophyten ist/sind:

(1) Einsenkung der Stomata
(2) Verdickung der Cuticula
(3) Reduktion der Blattfläche

(A) nur 2
(B) nur 3
(C) nur 1 und 2
(D) nur 2 und 3
(E) 1 bis 3 (alle)

132 Merkmale xeromorpher Pflanzen können sein:

(1) eine besonders dicke Kutikula
(2) die Häufung von Stomata auf der Blattoberseite
(3) Stomata, die in Einsenkungen der Epidermis liegen

(A) nur 1
(B) nur 1 und 2
(C) nur 1 und 3
(D) nur 2 und 3
(E) 1 bis 3 (alle)

3.3 Stofftransport

3.3.1 Transportmechanismen

Lehrbuch S. 317

133 In welcher Form werden Kohlenhydrate hauptsächlich in den Siebröhren Höherer Pflanzen transportiert?

(A) als Amylose
(B) als Glucose
(C) als Maltose
(D) als Saccharose
(E) als Fructose

134 Welches der folgenden Kohlenhydrate wird im Phloem *bevorzugt* transportiert?

(A) Fructose
(B) Galaktose
(C) Glucose
(D) Xylose
(E) Saccharose

135 Welche Aussage über den Transport von Kohlenhydraten (Assimilateleitung) trifft zu?

Kohlenhydrate werden in Höheren Pflanzen über weitere Strecken vorwiegend transportiert als

(A) Fructose
(B) Glucose
(C) Ribose
(D) Maltose
(E) Saccharose

136 Welche der genannten Zelltypen stehen in Höheren Pflanzen für den Ferntransport von Stoffen zur Verfügung?

(1) Kollenchymzellen
(2) Palisadenparenchymzellen
(3) Siebröhren
(4) Tracheen

(A) nur 1 und 3
(B) nur 3 und 4
(C) nur 1, 2 und 3
(D) nur 1, 2 und 4
(E) 1 bis 4 (alle)

137 Welche Aussage trifft nicht zu?

Die Siebröhren der Angiospermen

(A) dienen überwiegend dem Ferntransport organischer Moleküle
(B) dienen überwiegend dem Ferntransport von Ionen
(C) haben in der Regel keinen Zellkern
(D) verlaufen im Bast bei Pflanzen mit sekundärem Dickenwachstum
(E) stellen im funktionsfähigen Zustand lebende Zellen

138 Welche Aussagen über die Assimilateleitung treffen zu?

(1) Die Assimilateleitung ist ein energieverbrauchender Prozeß.
(2) Assimilationsstärke wird vorwiegend in der Dunkelphase abgebaut und in die Transportform übergeführt.
(3) Kohlenhydrate werden bevorzugt als Glucose-6-Ⓟ transportiert.
(4) Die Assimilateleitung kann durch Blockierung der Zellatmung gehemmt bzw. unterbunden werden.

(A) nur 1
(B) nur 2
(C) nur 2 und 3
(D) nur 3 und 4
(E) nur 1, 2 und 4

139 Welche Aussage trifft <u>nicht</u> zu?

Als Reservestoffe können im Samen angetroffen werden:

(A) Suberin
(B) Amylose
(C) Protein(e)
(D) Amylopektin
(E) Hemicellulose

140 In welchen Teilen von Pflanzensamen können Reservestoffe gespeichert werden?

(1) in den Kotyledonen
(2) im Endosperm
(3) in der Samenschale
(4) im Perisperm

(A) nur in 4
(B) nur in 1 und 4
(C) nur in 2 und 3
(D) nur in 1, 2 und 4
(E) in 1 bis 4 (alle)

141 Welche Aussage trifft <u>nicht</u> zu?

Für Höhere Pflanzen typische Reservestoffe

(A) können in Plastiden vorkommen
(B) können auch in Algen vorkommen
(C) sind in Zwiebelschuppen häufig vorhanden
(D) sind bevorzugt in der Testa von Samen anzutreffen
(E) können innerhalb der Zellen in Vakuolen vorkommen

142 Die Aufnahme von Ionen durch die aerob lebende Zelle ist in der Regel an den Ablauf der Atmung geknüpft,

<u>weil</u>

die selektive Ionenaufnahme durch Zellen mit energieverbrauchenden Vorgängen gekoppelt ist.

143 Welche Verbindungen oder Ionen werden in der Regel im Xylem transportiert?

(1) Kationen, z.B. Ca^{2+}
(2) Anionen, z.B. NO_3^-
(3) Aminosäuren, z.B. Ala, Gly
(4) Monosaccharide, z.B. Glucose
(5) Glycerol

(A) nur 1 und 2
(B) nur 3 und 4
(C) nur 1, 2 und 5
(D) nur 2, 3 und 4
(E) nur 3, 4 und 5

144 Welches Disaccharid ist der bevorzugte Transportzucker der Pflanzen?

(A) Isomaltose
(B) Lactose
(C) Maltose
(D) Saccharose
(E) Cellobiose

3.4 Grundprinzipien des Stoffwechsels

3.4.1 Aminosäuren: Struktur und Funktion (s.a. Allg., anorg. und organ. Chemie)

3.4.2 Proteine: Struktur und Funktion (s.a. Allg., anorg. und organ. Chemie)

Lehrbuch S. 27–36

---

145 Welche der Aussagen über Aminosäuren trifft nicht zu?

(A) Proteinogene Aminosäuren können nur von pflanzlichen Organismen gebildet werden.
(B) Die Bildung der Aminogruppe bei Aminosäuren kann durch reduktive Aminierung erfolgen.
(C) Bei der Bildung von Aminosäuren spielt Pyridoxalphosphat eine wichtige Rolle.
(D) Die Vorstufen für die Aminosäuren entstammen nur zum Teil dem Citratzyklus.
(E) Stickstoffspeicherung in Pflanzen kann durch Bildung von Speicherproteinen erfolgen.

---

146 Welche der Aussagen treffen zu?

Die Carboxylgruppe einer Aminosäure wird mit Hilfe von ATP aktiviert, bevor die Aminosäure

(1) mit einem tRNA-Molekül verknüpft wird
(2) durch ein entsprechendes Enzym decarboxyliert wird
(3) mit Hilfe von Pyridoxalphosphat desaminiert wird

(A) nur 1
(B) nur 2
(C) nur 3
(D) nur 1 und 2
(E) 1 bis 3 (alle)

---

147 Welche der Aussagen treffen zu?

Die abgebildete Verbindung

(1) ist eine D-Aminosäure
(2) ist eine proteinogene Aminosäure
(3) ist Serin

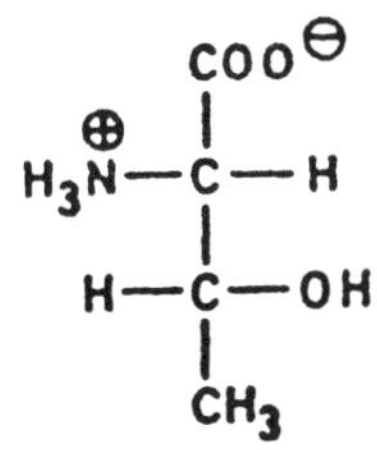

(A) nur 1
(B) nur 2
(C) nur 3
(D) nur 1 und 3
(E) nur 2 und 3

---

148 Welche Aminosäure wird durch die nachstehende Strukturformel wiedergegeben?

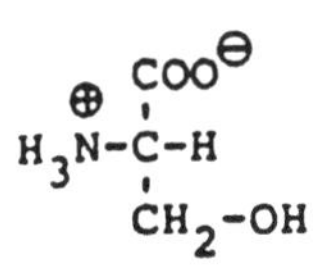

(A) Alanin
(B) Cystein
(C) Glycin
(D) Methionin
(E) Serin

149 Welche der folgenden Strukturen stellen α-Aminosäuren dar?

(1) 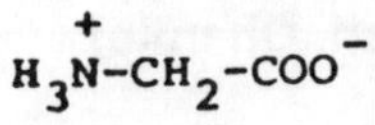

(2) 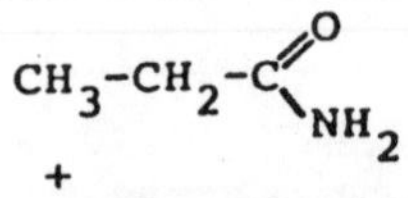

(3) 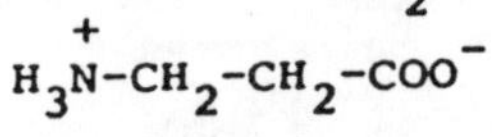

(4) 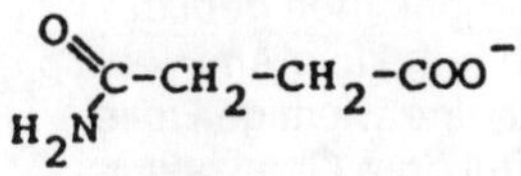

(5) 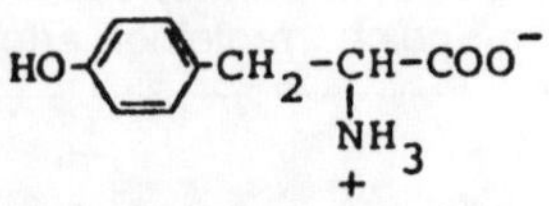

(A) nur 4
(B) nur 5
(C) nur 1 und 2
(D) nur 1 und 5
(E) nur 3 und 4

150 Welche Antwort trifft <u>nicht</u> zu?

Zu den proteinogenen Aminosäuren zählen

(A) Arginin
(B) Asparaginsäure
(C) Methionin
(D) Ornithin
(E) Prolin

151 Welche der nachfolgend aufgeführten Aminosäuren sind proteinogene Aminosäuren?

(1) L-Lysin
(2) β-Alanin
(3) D-α-Alanin
(4) L-α-Alanin
(5) L-Methionin

(A) nur 1 und 2
(B) nur 1 und 5
(C) nur 3 und 4
(D) nur 1, 2 und 4
(E) nur 1, 4 und 5

152 Welche der folgenden Aussagen trifft <u>nicht</u> zu?

(A) Proteinogene Aminosäuren sind in der Regel L-Aminosäuren.
(B) Die Sekundärstruktur eines Proteins ist durch die Primärstruktur vorbestimmt.
(C) Disulfidbrückenbindungen bedingen die Quartärstruktur eines Proteins.
(D) Funktionsfähige Proteine können aus mehreren Untereinheiten bestehen.
(E) Für den Quellungszustand des Cytosols sind u.a. Proteine verantwortlich.

Ordnen Sie bitte den in Liste 1 genannten Aminosäuren die jeweils zugehörige Formel (Liste 2) zu.

Liste 1

153 Cystein

154 Serin

Liste 2

(A)
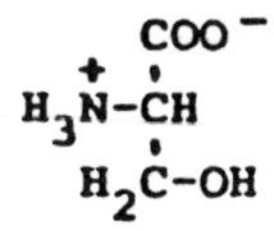

(B)
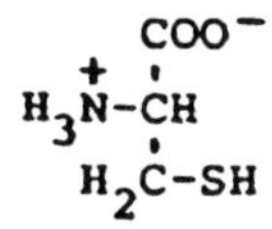

(C)
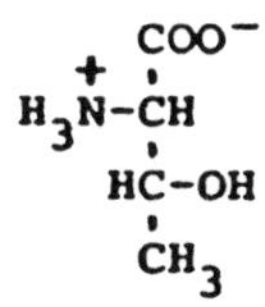

(D)
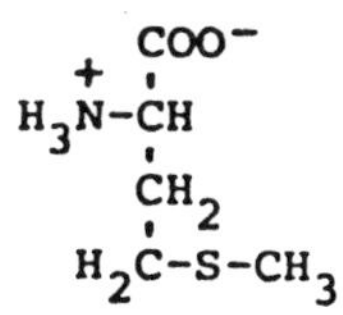

(E)
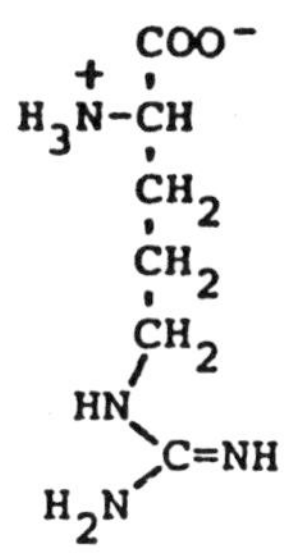

Ordnen Sie bitte den in Liste 1 genannten Aminosäuren die jeweils zugehörige Strukturformel (Liste 2) zu.

Liste 1

155 Prolin

156 Tyrosin

Liste 2

(A) 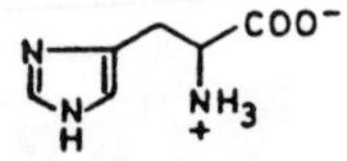

(B) 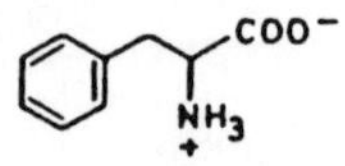

(C) 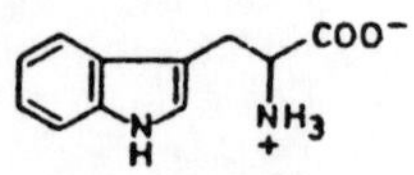

(D) 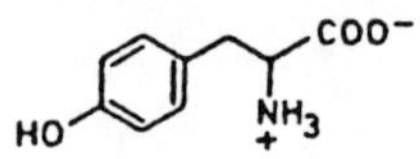

(E) 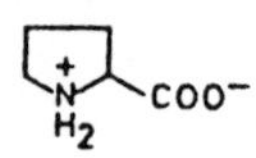

---

157 Aminosäuren sind die Bausteine der Proteine.

Welche Aminosäure wird durch die nachstehende Strukturformel wiedergegeben?

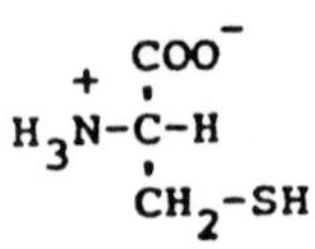

(A) Cystein
(B) Glycin
(C) Methionin
(D) Serin
(E) Keine der Antworten trifft zu.

---

158 Proteine spielen nicht nur als Enzyme, sondern auch als Strukturelemente eine große Rolle,

weil

die Proteine langgestreckte, unverzweigte Fadenmoleküle bilden, die sich zu Micellarsträngen zusammenlagern.

---

159 Die Primärstruktur eines Proteins ist auch für die Quartärstruktur mitverantwortlich,

weil

die Primärstruktur eines Proteins alle Folgestrukturen beeinflußt.

---

160 Welche der aufgeführten Bindungen treten in Peptiden und Proteinen auf?

(1) Säureamidbindung
(2) Disulfidbrücke
(3) hydrophobe Wechselwirkung
(4) Wasserstoffbrückenbindung

(A) nur 1 und 2
(B) nur 3 und 4
(C) nur 1, 2 und 3
(D) nur 2, 3 und 4
(E) 1 bis 4 (alle)

161 Welche der Aussagen treffen zu?

Methionin ist eine Aminosäure mit folgenden Eigenschaften bzw. Funktionen:

Es ist

(1) eine schwefelhaltige Aminosäure
(2) eine basische Aminosäure
(3) bei Eukaryota „Startaminosäure" bei der Proteinbiosynthese am Ribosom

(A) nur 3
(B) nur 1 und 2
(C) nur 1 und 3
(D) nur 2 und 3
(E) 1 bis 3 (alle)

162 Welche Aussagen zum Abbau der Aminosäuren treffen zu?

(1) Alle α-Aminosäuren werden ausschließlich zu Brenztraubensäure abgebaut.
(2) Beim Aminosäureabbau ist mit der Entfernung der Aminogruppe die Aminierung einer β-Ketosäure gekoppelt.
(3) Die am Abbau von Aminosäuren beteiligten Transaminasen enthalten Pyridoxalphosphat.
(4) Alle Aminosäuren werden zunächst zu Glycin abgebaut, das unter Desaminierung in CO_2 und einen „aktiven C_1-Körper" zerfällt.

(A) nur 3
(B) nur 1 und 2
(C) nur 1 und 3
(D) nur 2 und 4
(E) nur 2, 3 und 4

163 Welche der Aussagen treffen zu?

(1) Die Primärstruktur von Proteinen ist durch die Basensequenz von Nucleinsäuren determiniert.
(2) Die Primärstruktur ist spezifisch für jedes Protein.
(3) Die Primärstruktur eines Proteins bedingt dessen Sekundär- und Tertiärstruktur.

(A) nur 1
(B) nur 3
(C) nur 1 und 2
(D) nur 1 und 3
(E) 1 bis 3 (alle)

164 Welche Aussage trifft zu?

Coenzym bei Transaminierungen ist

(A) Thiaminpyrophosphat
(B) Pyridoxalphosphat
(C) NAD
(D) ATP
(E) FAD

165 Welche der folgenden Aussagen trifft <u>nicht</u> zu?

(A) Die beim Abbau von Aminosäuren entstehenden Verbindungen sind letztlich alle am Citrat-Zyklus beteiligt.
(B) Durch Decarboxylierung von Asparaginsäure kann β-Alanin entstehen.
(C) Durch Decarboxylierung von Aminosäuren können primäre Amine entstehen.
(D) Der erste Schritt beim Abbau von Aminosäuren kann eine Transaminierung sein.
(E) Durch reduktive Aminierung der L-Glutaminsäure entsteht α-Ketoglutarsäure.

3.4.3 Energetische Kopplung: Prinzip und Bedeutung

Lehrbuch S. 223–246

166 Welche Aussage trifft nicht zu?

Lebende Systeme sind immer charakterisiert durch

(A) Fließgleichgewichte
(B) Transportvorgänge
(C) Reizbarkeit
(D) Bedarf an molekularem Sauerstoff (O_2)
(E) Anabolische Stoffwechselreaktionen

167 Ein Organismus kann nur solange leben, wie die Gleichgewichtslage des Fließgleichgewichtes nicht erreicht ist,

weil

ein Erreichen der Gleichgewichtslage mit einem Verlust der Energiebildung einhergeht.

168 Welche Antwort trifft zu?

Eine energiereiche Kohlenstoff-Schwefel-Bindung kommt vor in:

(A) Biotin
(B) Coenzym A
(C) einem Thioester
(D) Aminosäure-AMP-Addukten
(E) schwefelhaltigen Aminosäuren

Ordnen Sie bitte die Cosubstrate der Liste 1 den entsprechenden Reaktionen der Liste 2 zu.

Liste 1

169 Biotin

170 Coenzym A

Liste 2

(A) Hydrolyse
(B) Aktivierung
(C) Carboxylierung
(D) Razemisierung
(E) Redoxreaktion

171 Welche der im folgenden aufgeführten Bindungen ist am energiereichsten?

(A) Esterbindung
(B) Säureanhydridbindung
(C) Etherbindung
(D) Peptidbindung
(E) Glykosidbindung

172 In welchen der hier abgebildeten Verbindungen ist die energiereiche Bindung zutreffend dargestellt?

(1) 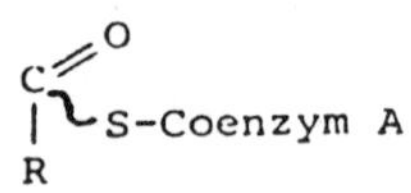

(2) 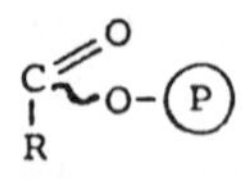

(3) 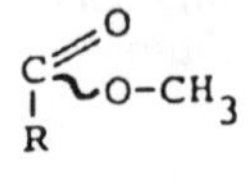

(4) 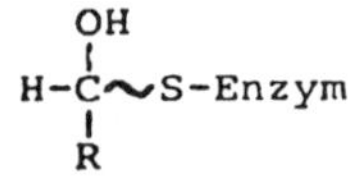

(A) nur 1
(B) nur 1 und 2
(C) nur 2 und 4
(D) nur 1, 2 und 4
(E) 1 bis 4 (alle)

173 Wieviel Phosphorsäureesterbindungen befinden sich im GTP-Molekül?

(A) eine
(B) zwei
(C) drei
(D) vier
(E) Keine der Antworten trifft zu.

174 Welche Antwort trifft nicht zu?

Sogenannte „energiereiche Bindungen", die ein hohes Gruppenübertragungspotential besitzen, kommen vor in:

(A) AMP
(B) UDP
(C) UDP-Glucose
(D) GTP
(E) Acetyl-CoA

175 Welche Aussage trifft zu?

Wieviel energiereiche Säureanhydridbindungen befinden sich im ATP-Molekül?

(A) eine
(B) zwei
(C) drei
(D) vier
(E) Keine der Antworten trifft zu.

176 Welche Antwort trifft nicht zu?

ATP kann folgende Reaktionen ermöglichen:
ATP + Substrat →

(A) Adenosin + Substrat-Triphosphat
(B) AMP + Substrat-Pyrophosphat
(C) ADP + Substrat-Phosphat
(D) Pyrophosphat + Substrat-AMP
(E) Phosphat + Pyrophosphat + Substrat-Adenyl

177 Bei welchen der genannten Stoffwechselprozesse werden ATP oder GTP umgesetzt?

(1) Proteinsynthese
(2) Atmungskette
(3) Photosynthese (Lichtreaktion)
(4) Calvin-Zyklus

(A) nur 1
(B) nur 4
(C) nur 1 und 4
(D) nur 1, 3 und 4
(E) 1 bis 4 (alle)

178 Welche Aussage über Enzymeigenschaften trifft zu?

Die Michaelis-Menten-Konstante gibt an:

(A) die Enzymkonzentration pro mg Trockengewicht
(B) das Mengenverhältnis Substrat/Enzym in einer enzymgesteuerten Reaktion
(C) die Substratkonzentration in mol/l, bei der die Reaktionsgeschwindigkeit maximal ist
(D) die Substratkonzentration in mol/l, bei der die Reaktionsgeschwindigkeit halbmaximal ist
(E) die Enzymkonzentration in mol/l, bei der die enzymgesteuerte Reaktion gerade anläuft

179 Welche Aussagen zur Reaktionsgeschwindigkeit von Enzymen treffen zu?

Die Michaelis-Menten-Konstante K_M

(1) ist die Substratkonzentration, bei der eine enzymatische Reaktion mit maximaler Geschwindigkeit abläuft
(2) ist unabhängig von der Enzymkonzentration
(3) hat die Dimension Mol/Liter
(4) ist für alle Enzyme gleich

(A) nur 1
(B) nur 1 und 3
(C) nur 2 und 3
(D) nur 2 und 4
(E) nur 1, 2 und 3

180 Welche der Aussagen über Enzymreaktionen treffen zu?

(1) Bei ausreichend niedrigen Substratkonzentrationen ist die Geschwindigkeit der enzymkatalysierten Reaktion proportional der Substratkonzentration.
(2) Die Sättigungskonzentration ist enzymspezifisch.
(3) Eine niedrige Michaelis-Menten-Konstante zeigt an, daß die Affinität des Substrats zum Enzym groß ist.

(A) nur 1
(B) nur 2
(C) nur 1 und 3
(D) nur 2 und 3
(E) 1 bis 3 (alle)

181 Die Geschwindigkeit einer enzymatischen Reaktion

(1) ist umgekehrt proportional der Substratkonzentration
(2) ist bei Substratüberschuß linear proportional der Enzymkonzentration
(3) ist zwischen 5°C und 25°C weitgehend temperaturunabhängig
(4) ist vom pH-Wert der verwendeten Lösung abhängig

(A) nur 1
(B) nur 2 und 3
(C) nur 2 und 4
(D) nur 3 und 4
(E) nur 1, 3 und 4

182 Eine große Affinität zwischen Enzym und Substrat ist durch einen hohen Wert der Michaelis-Konstanten charakterisiert,

weil

die Michaelis-Konstante die Substratkonzentration bei halbmaximaler Umsatzgeschwindigkeit angibt.

183 Die pH-Optima unterschiedlicher Enzyme streuen über einen größeren Bereich der pH-Skala,

weil

enzymgesteuerte Reaktionen z.T. von der Konzentration aktivierender Metall-Ionen abhängig sind.

184 Die Geschwindigkeit (V), mit der ein Produkt in einer enzymatischen Reaktion gebildet wird, hängt von der Substratkonzentration [S] in der in der Grafik (lineare Achsen) dargestellten Weise ab.

Welche der Aussagen lassen sich aus dieser Grafik folgern?

(1) Es kann eine Substrathemmung vorliegen.
(2) Es kann eine Produkthemmung vorliegen.
(3) Bei niedrigen Substratkonzentrationen wächst die Geschwindigkeit der Produktbildung exponentiell.

(A) nur 1
(B) nur 2
(C) nur 3
(D) nur 1 und 2
(E) nur 1 und 3

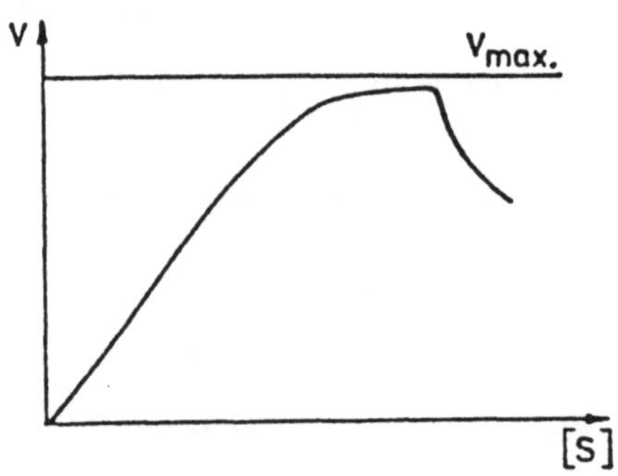

185 Die Kurve beschreibe die Abhängigkeit der Reaktionsgeschwindigkeit einer enzymkatalysierten Reaktion von der Substratkonzentration.

An welchem der gekennzeichneten Punkte kann man die Michaelis-Menten-Konstante ablesen?

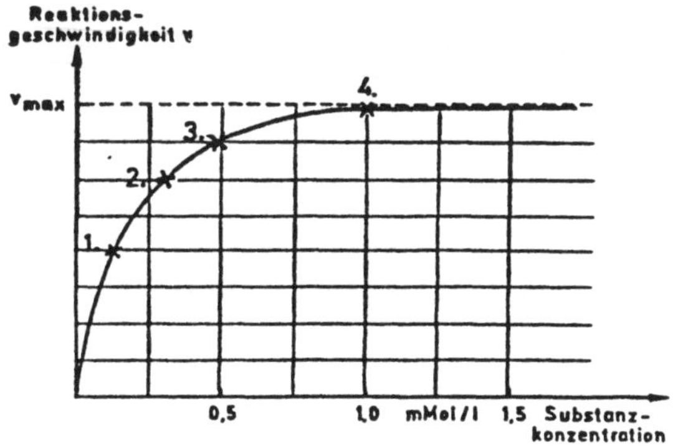

(A) 1
(B) 2
(C) 3
(D) 4
(E) An keinem der angegebenen Punkte.

186 Welche der Parameter beeinflussen die Geschwindigkeit enzymatischer Reaktionen?

(1) Subtratkonzentration
(2) Aktivatoren
(3) pH-Wert
(4) Temperatur
(5) Inhibitoren

(A) nur 4 und 5
(B) nur 1, 2 und 3
(C) nur 1, 3 und 4
(D) nur 1, 2, 3 und 4
(E) 1 bis 5 (alle)

187 Welche der Aussagen treffen zu?

Sogenannte „energiereiche Bindungen“, die ein hohes Gruppenübertragungspotential besitzen, kommen vor in:

(1) ATP
(2) Acetyl-CoA
(3) CTP
(4) UDP-Glucose

(A) nur 1
(B) nur 1 und 2
(C) nur 1 und 3
(D) nur 2 und 4
(E) 1 bis 4 (alle)

188 Welche Antwort trifft zu?

Wenn der Energiegehalt des Adenosintriphosphates (ATP) in einer energieverbrauchenden Reaktion in Anspruch genommen wird, wird die Bindung gespalten zwischen

(A) Adenin und Adenosin
(B) Adenin und Ribose
(C) Ribose und Phosphatrest
(D) einem Phosphatrest und einem weiteren Phosphatrest
(E) Adenin und Phosphorsäure

189 Welche der folgenden Gleichungen sind möglich?

(1) $ATP + \xrightarrow{\text{Enzym}} ADP + P_i$

(2) $ATP + \xrightarrow{\text{Enzym}} AMP + PP_i$

(3) $ATP + \xrightarrow{\text{Enzym}} c\text{-}AMP + PP_i$

(A) nur 1
(B) nur 3
(C) nur 1 und 2
(D) nur 1 und 3
(E) 1 bis 3 (alle)

190 Bei welchen der folgenden Stoffwechselprozesse wird ATP gewonnen?

(1) Citrat-Zyklus
(2) Calvin-Zyklus
(3) Endoxidation
(4) Glykolyse

(A) nur 1 und 4
(B) nur 2 und 3
(C) nur 1, 3 und 4
(D) nur 2, 3 und 4
(E) 1 bis 4 (alle)

3.5 Enzyme

3.5.1 Einteilung, Wirkweise und Bedeutung von Enzymen für den Stoffwechsel; Beziehung zu Vitaminen

Lehrbuch S. 323ff.

Ordnen Sie bitte den in Liste 1 schematisch dargestellten Reaktionen die jeweils reaktions-katalysierende Enzymgruppe (Liste 2) zu.

Liste 1

191

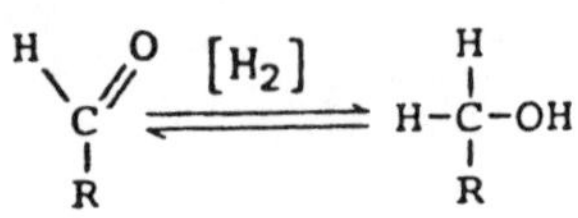

192

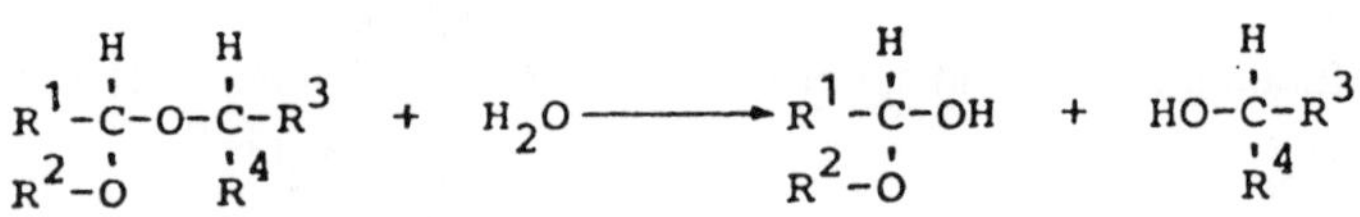

Liste 2

(A) Hydrolasen
(B) Ligasen
(C) Lyasen
(D) Oxidoreduktasen
(E) Transferasen

Ordnen Sie bitte den aufgeführten Reaktionen (Liste 1) das jeweils katalysierende Enzym (Liste 2) zu.

Liste 1

193 Glucose + ATP ➛ Glucose-6-phosphat + ADP

194 Fructose-1,6-diphosphat ➛ Dihydroxy-aceton-phosphat + Glycerin-aldehyd-3-phosphat

Liste 2

(A) Aldolase
(B) Enolase
(C) Hexokinase
(D) Isomerase
(E) Mutase

195 Welche der Aussagen trifft zu?

Die nebenstehend als Formel dargestellte Verbindung

(1) kann von Transaminasen umgesetzt werden
(2) kann von Decarboxylasen umgesetzt werden
(3) gehört zur Gruppe der proteinogenen Aminosäuren
(4) entsteht im Citrat-Zyklus
(5) wirkt bei Höheren Pflanzen als Wuchsstoff

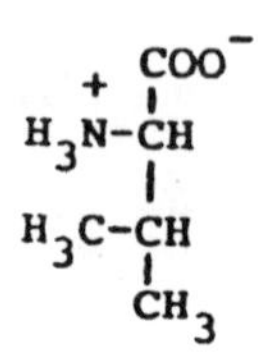

(A) nur 1, 2 und 3
(B) nur 1, 2 und 4
(C) nur 1, 3 und 4
(D) nur 2, 3 und 5
(E) nur 2, 3, 4 und 5

196 Es gibt im Stoffwechselgeschehen eine große Zahl von Reaktionen, die Redoxvorgänge darstellen.

Welche der Aussagen treffen zu?

Die Umsetzung von

(1) Succinat zu Fumarat ist eine Reduktion
(2) Pyruvat zu Acetaldehyd ist eine oxidative Decarboxylierung
(3) β-Hydroxybutyrat zu β-Ketobutyrat ist eine Oxidation
(4) Oxalacetat zu Malat ist eine Oxidation

(A) nur 2
(B) nur 3
(C) nur 1 und 2
(D) nur 2 und 3
(E) nur 3 und 4

197 Welche Aussage über Enzyme trifft nicht zu?

(A) Oxidoreduktasen übertragen Wasserstoff oder Elektronen.
(B) Transferasen übertragen ganze Gruppen von einem Substrat auf ein anderes.
(C) Lyasen spalten neben Kohlenstoff-Kohlenstoff-Bindungen auch Kohlenstoff-Sauerstoff- und Kohlenstoff-Stickstoff-Bindungen.
(D) Isomerasen katalysieren intramolekulare Umlagerungen.
(E) Hydrolasen lagern Wasser an Kohlenstoff-Kohlenstoff-Doppelbindungen an.

198 Kinasen gehören zur Gruppe der Transferasen,

weil

Kinasen Aminogruppen von einer Aminosäure auf eine α-Ketosäure übertragen.

199 Ein Enzym, welches die hier dargestellte Reaktion katalysiert,

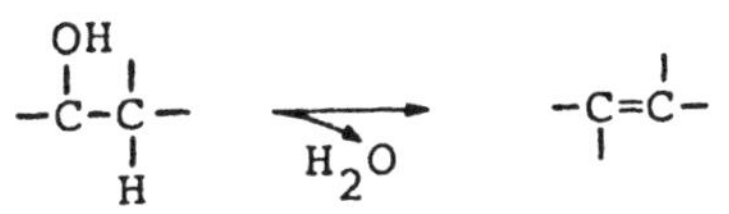

wird eingereiht in die Gruppe der

(A) Lyasen
(B) Ligasen
(C) Transferasen
(D) Peptidasen
(E) Amylasen

200 Welche der Aussagen treffen zu?

Substrate, die von Transaminasen umgesetzt werden, sind

(1) Aminosäuren
(2) α-Ketosäuren
(3) bestimmte Metabolite des Citronensäure-Zyklus
(4) das Folgeprodukt des Fructose-6-Ⓟ im glykolytischen Abbau

(A) nur 1
(B) nur 1 und 2
(C) nur 2 und 3
(D) nur 1, 2 und 3
(E) 1 bis 4 (alle)

Physiologie

201 Welche der folgenden Reaktionen werden durch Lyasen katalysiert?

(1) Spaltung von C-O-Bindungen
(2) Eliminierungen
(3) Addition an Doppelbindungen

(A) nur 1
(B) nur 2
(C) nur 1 und 3
(D) nur 2 und 3
(E) 1 bis 3 (alle)

202 Welche der Aussagen über Enzyme treffen zu?

(1) Enzyme sind Proteine, welche die Gleichgewichtseinstellung einer biochemischen Reaktion beschleunigen.
(2) Enzyme sind Proteine, welche die Aktivierungsenergie einer biochemischen Reaktion erniedrigen.
(3) Enzyme katalysieren eine Reaktion immer nur in eine Richtung.
(4) Als Biokatalysatoren verschieben die Enzyme das Gleichgewicht einer Reaktion in Richtung des Reaktionsproduktes.

(A) nur 4
(B) nur 1 und 2
(C) nur 2 und 3
(D) nur 3 und 4
(E) nur 1, 2 und 4

203 Welche Aussage über Enzyme trifft nicht zu?

(A) Ein Holoenzym besteht aus Apoenzym und Coenzym.
(B) Prosthetische Gruppen können Bestandteile des aktiven Zentrums von Enzymen sein.
(C) Jedes Enzym hat entweder eine prosthetische Gruppe oder ein Coenzym.
(D) Der Proteinanteil eines Enzyms ist für die Substratspezifität verantwortlich.
(E) Coenzyme können als Cosubstrate von Enzymen aufgefaßt werden.

204 Welche Aussage über Enzyme trifft nicht zu?

(A) Die Enzym-katalysierten Reaktionen des Stoffwechsels sind irreversibel.
(B) Durch Blockierung des aktiven Enzymzentrums kann eine kompetitive Enzymhemmung verursacht werden.
(C) Einige Spurenelemente können an Enzymwirkungen beteiligt sein.
(D) Viele Vitamine sind als Coenzyme bzw. Cosubstrate an der Enzymwirkung beteiligt.
(E) Jedes Enzym weist in seiner Wirkung ein pH-Optimum auf.

205 Die als Coenzyme bezeichneten, reversibel an den Proteinanteil eines Enzyms gebundenen Nichtproteinanteile fungieren eigentlich als Cosubstrate,

weil

die sogenannten Coenzyme bei der Reaktion eine Umwandlung erfahren und zur Wiederherstellung ihrer ursprünglichen Form eine zusätzliche Reaktion notwendig ist.

206 Der von einem Enzym abdissoziierbare Nichtproteinanteil wird heute häufig als Cosubstrat bezeichnet,

weil

der abdissoziierbare Nichtproteinanteil, auch Coenzym genannt, während der enzymatischen Reaktion eine Umwandlung erfährt und zur Wiederherstellung seines ursprünglichen Zustands eine zusätzliche Reaktion notwendig ist.

207 Welche der im folgenden genannten Verbindungen ist das Cosubstrat von Transaminasen?

(A) Biotin
(B) Coenzym A
(C) Panthothensäure
(D) Adenosindiphosphat
(E) Keine der Antworten trifft zu.

208 Welche der im folgenden genannten Verbindungen ist das Cosubstrat von Transaminasen?

(A) Pyridoxalphosphat
(B) Nicotinamid
(C) Cytochrom
(D) Phytochrom
(E) Keine der genannten Antworten trifft zu.

209 Welche der Aussagen über die Struktur von Coenzymen treffen zu?

Folgende Coenzyme enthalten kein Nukleotid:

(1) Coenzym A
(2) FAD
(3) TPP (Thiaminpyrophosphat)

(A) nur 1
(B) nur 3
(C) nur 1 und 3
(D) nur 2 und 3
(E) 1 bis 3 (alle)

210 Welche der aufgeführten Coenzyme enthalten ein Nukleotid?

(1) FAD
(2) CoA
(3) Liponsäure

(A) nur 1
(B) nur 1 und 2
(C) nur 1 und 3
(D) nur 2 und 3
(E) 1 bis 3 (alle)

211 Welche der genannten Verbindungen ist Cosubstrat von Ligasen?

(1) ATP
(2) Liponsäure
(3) Pyridoxalphosphat
(4) Thiaminpyrophosphat

(A) nur 1
(B) nur 1 und 2
(C) nur 1 und 4
(D) nur 3 und 4
(E) nur 2, 3 und 4

212 Welche Aussage über Coenzyme trifft <u>nicht</u> zu?

Wasserstoffübertragende Coenzyme in der Zelle sind

(A) Ferredoxin
(B) Flavin-adenin-dinucleotid
(C) Flavin-adenin-mono-nucleotid
(D) Nicotinsäureamid-adenin-dinucleotid
(E) Plastochinon

213 Welche der aufgeführten Verbindungen ist im Zellstoffwechsel an einem Prozeß der Wasserstoff-Übertragung beteiligt?

(A) Liponsäure
(B) Adenosyl-methionin
(C) Chlorophyll a
(D) Tetrahydrofolsäure
(E) Pyridoxalphosphat

214 Welche der Aussagen treffen zu?

Wasserstoffübertragende Coenzyme sind

(1) Ferredoxin
(2) Flavin-adenin-dinucleotid
(3) Flavin-adenin-mononucleotid
(4) Nicotinsäureamid-adenin-dinucleotid

(A) nur 4
(B) nur 2 und 3
(C) nur 1, 2 und 3
(D) nur 2, 3 und 4
(E) 1 bis 4 (alle)

215 Welche Aussage trifft auf die abgebildete Formel zu?

Das nebenstehende Formelbild zeigt eine Teilstruktur von

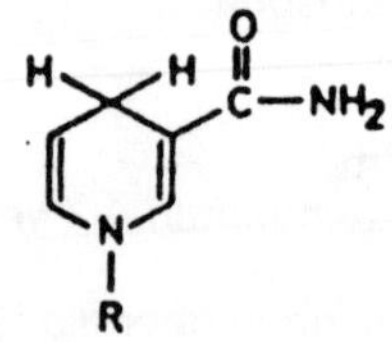

(A) ATP
(B) $FADH_2$
(C) FMN
(D) NADPH + H^+
(E) UDP

216 Welche Aussagen zum Nicotinsäureamid sind richtig?

(1) Nicotinsäureamid ist ein Vitamin.
(2) Nicotinsäureamid wird zum Aufbau von NAD benötigt.
(3) Nicotinsäureamid ist Bestandteil von Liponsäureamid.
(4) Nicotinsäureamid ist ein Strukturelement der DNA.

(A) nur 1
(B) nur 2
(C) nur 1 und 2
(D) nur 2 und 4
(E) nur 1, 3 und 4

217 Pyridoxalphosphat dient als Coenzym (Cosubstrat) von

(1) Transaminasen
(2) Decarboxylasen
(3) Transferasen
(4) Dehydrogenasen

(A) nur 3
(B) nur 1 und 2
(C) nur 1, 2 und 3
(D) nur 1, 2 und 4
(E) 1 bis 4 (alle)

218 Welche Antwort trifft zu?

Bei dem nebenstehend als Formel dargestellten Coenzym handelt es sich um:

(A) $FADH_2$
(B) $FMNH_2$
(C) NADH
(D) NADPH
(E) Biotin

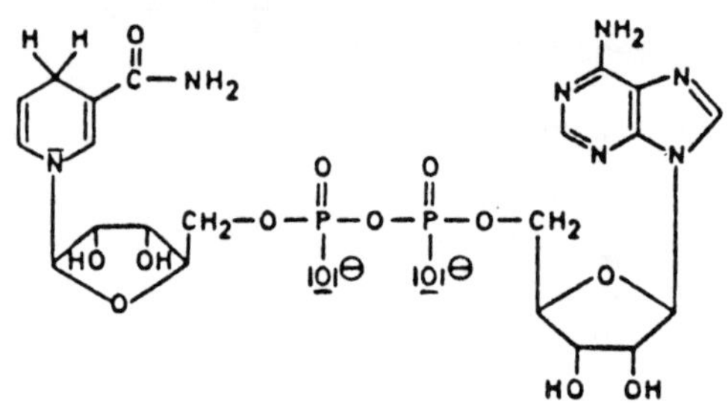

219 Welches Adenin-Nukleotid wird durch die abgebildete Formel dargestellt?

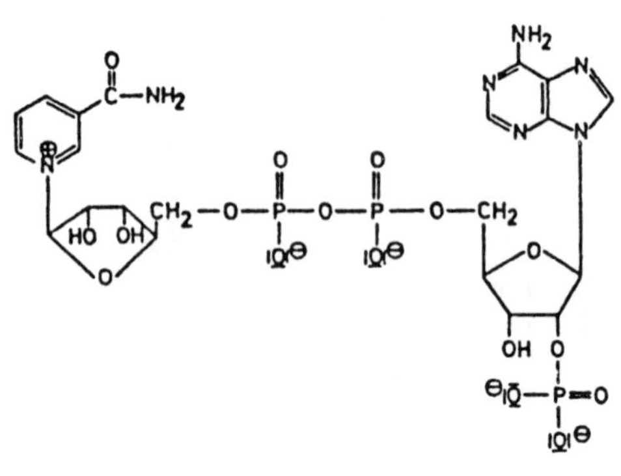

(A) FAD
(B) NAD^+
(C) $NADP^+$
(D) NADH (+H^+)
(E) NADPH (+H^+)

220 Welche Antwort trifft zu?

Bei dem nebenstehend als Formel dargestellten Coenzym handelt es sich um:

(A) AMP
(B) ATP
(C) NAD^+
(D) NADH
(E) FAD

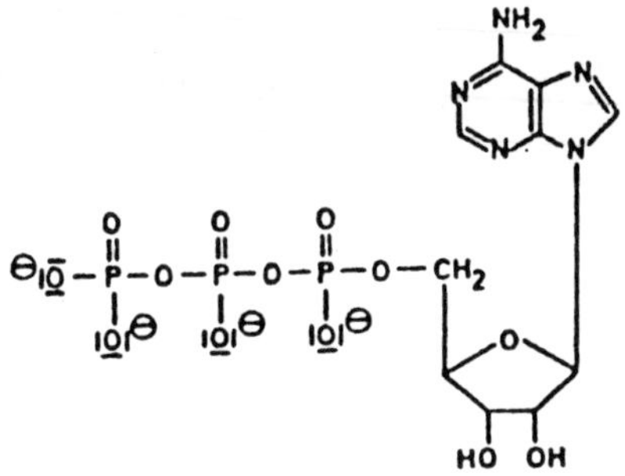

221 Bei biosynthetischen Reaktionen ist häufig NADPH + H^+ als reduzierendes Coenzym beteiligt,

weil

NADPH + H^+ in der Glykolyse als Reduktionsäquivalent gebildet wird.

222 Welche der folgenden Beschreibungen treffen auf den Begriff Vitamin zu?

(1) Löst Entwicklungsprozesse aus.
(2) Ist häufig Bestandteil von Coenzymen.
(3) Muß einem Organismus von außen zugeführt werden.

(A) nur 2
(B) nur 3
(C) nur 1 und 2
(D) nur 2 und 3
(E) 1 bis 3 (alle)

Ordnen Sie bitte den in Liste 1 genannten Verbindungen jeweils das Coenzym (Liste 2) zu, für das diese Verbindung als ein Baustein dient.

Liste 1

223 4-Aminobenzoesäure

224 Pantothensäure

Liste 2

(A) Coenzym A
(B) Pyridoxalphosphat
(C) FAD
(D) Liponsäure
(E) Tetrahydrofolsäure

225 Was wird vom Coenzym (Cosubstrat) auf das Substrat übertragen, wenn ein Reduktionsvorgang durch eine NADH + H^+-abhängige Oxidoreduktase katalysiert wird?

(A) ein Hydridion
(B) ein Proton
(C) zwei Protonen
(D) molekularer Wasserstoff
(E) atomarer Wasserstoff

Ordnen Sie bitte den in Liste 1 aufgeführten Coenzymen die jeweils zutreffende Funktionsbeschreibung (Liste 2) zu.

Liste 1

226 Nicotinamid-adenin-dinucleotid

227 Pyridoxalphosphat

Liste 2

(A) Carboxylgruppen-übertragendes Coenzym
(B) C_2-Aldehydgruppen-übertragendes Coenzym
(C) Aminogruppen-übertragendes Coenzym
(D) Elektronen-übertragendes Coenzym
(E) Wasserstoff-übertragendes Coenzym

Ordnen Sie bitte den in Liste 1 genannten Verbindungen jeweils das Coenzym (Liste 2) zu, für das diese Verbindung als Baustein dient.

Liste 1

228 4-Aminobenzoesäure

229 Riboflavin

Liste 2

(A) Coenzym A
(B) FAD
(C) Liponsäure
(D) NAD^+
(E) Tetrahydrofolsäure

Ordnen Sie bitte den in Liste 1 aufgeführten Funktionsbeschreibungen das jeweils zutreffende Coenzym (Liste 2) zu.

Liste 1

230 NH_2-Gruppen-Übertragung

231 CO_2-Übertragung

Liste 2

(A) Biotin
(B) Tetrahydrofolsäure
(C) Pyridoxalphosphat
(D) Coenzym A
(E) Thiaminpyrophosphat (TPP)

---

232 Mangel an Pyridoxalphosphat (Vitamin B_6-Mangel) führt zu Störungen im Aminosäurestoffwechsel,

weil

Pyridoxalphosphat Baustein von Coenzym A ist.

---

233 Welche Antwort trifft zu?

Cosubstrat von Hydrolasen ist

(A) $NADPH + H^+$
(B) FAD
(C) NAD^+
(D) ATP
(E) Keine der Antworten trifft zu.

---

234 Welche der aufgeführten Coenzyme sind an *keiner* Wasserstoffübertragung beteiligt?

(1) FMN
(2) NAD^+
(3) Biotin
(4) Coenzym A
(5) Liponsäure

(A) nur 5
(B) nur 1 und 3
(C) nur 2 und 5
(D) nur 3 und 4
(E) nur 1, 2 und 4

---

235 Welches der folgenden Coenzyme ist nicht am Wasserstoff- bzw. Elektronentransport beteiligt?

(A) Liponsäure
(B) FAD^+
(C) Tetrahydrofolsäure
(D) NAD^+
(E) Cytochrom a

---

236 Welche Aussage über Coenzyme trifft nicht zu?

Wasserstoffübertragende Coenzyme in der Zelle sind

(A) Ferredoxin
(B) Flavin-adenin-dinucleotid
(C) Flavin-adenin-mononucleotid
(D) Nicotinsäureamid-adenin-dinucleotid
(E) Plastochinon

237 Welche der Aussagen treffen zu?

Plastochinon und Ubichinon haben folgende Gemeinsamkeiten:

Plastochinon und Ubichinon

(1) sind in der Funktionsform membrangebunden
(2) sind an der Photosynthese beteiligt
(3) sind an Elektronentransportketten beteiligt
(4) aktivieren ATP

(A) nur 2
(B) nur 3
(C) nur 1 und 3
(D) nur 1, 3 und 4
(E) 1 bis 4 (alle)

238 Welches der genannten Enzyme enthält Fe^{2+} / Fe^{3+} als Cofaktor?

(A) Alkohol-Dehydrogenase
(B) Cytochrom a
(C) Fettsäure-Synthetase
(D) Fructose-diphosphat-Aldolase
(E) Pyruvat-Decarboxylase

239 Bei der Veratmung von Polysacchariden und Triacylglycerolen tritt $FADH_2$ als wasserstoffübertragendes Cosubstrat auf

(1) beim Abbau der Fettsäuren durch β-Oxidation
(2) im Verlauf der Glykolyse
(3) im Verlauf des Citratzyklus

(A) nur 1
(B) nur 2
(C) nur 1 und 2
(D) nur 1 und 3
(E) 1 bis 3 (alle)

240 Durch welche Aussage wird die abgebildete Reaktion zutreffend beschrieben?

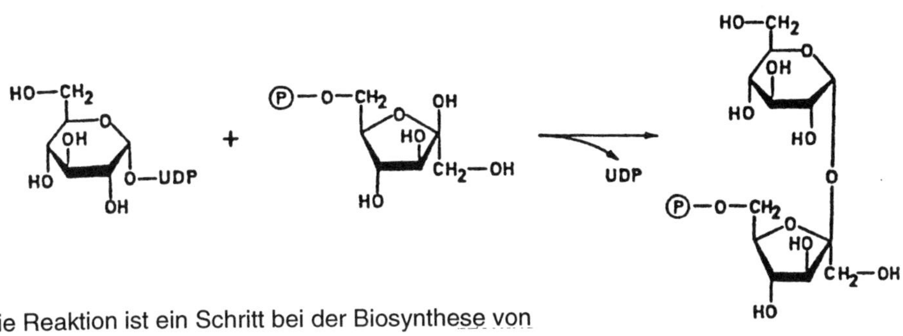

Die Reaktion ist ein Schritt bei der Biosynthese von

(A) Maltose
(B) Cellobiose
(C) Saccharose
(D) Lactose
(E) Keine der Aussagen trifft zu.

241 Bei biosynthetischen Reaktionen ist häufig NADPH + H^+ als reduzierendes Coenzym beteiligt,

weil

NADPH + H^+ in der Glykolyse als Reduktionsäquivalent gebildet wird.

Physiologie

242 Welche der Aussagen über Nicotinsäureamid treffen zu?

Nicotinsäureamid

(1) ist ein Phytohormon
(2) wird zum Vitamin-B-Komplex gerechnet
(3) ist struktureller Bestandteil von Cosubstraten
(4) ist Bestandteil des Flavin-adenin-dinucleotids

(A) nur 3
(B) nur 1 und 2
(C) nur 1 und 4
(D) nur 2 und 3
(E) nur 1, 2 und 3

243 Welche der genannten Verbindungen ist Cosubstrat von Ligasen?

(1) ATP
(2) Liponsäure
(3) Pyridoxalphosphat
(4) Thiaminpyrophosphat

(A) nur 1
(B) nur 1 und 2
(C) nur 1 und 4
(D) nur 3 und 4
(E) nur 2, 3 und 4

244 Thiaminpyrophosphat ist das notwendige Coenzym der Carboxylierungsreaktionen,

weil

CO_2 mit Thiaminpyrophosphat aktiviert wird.

245 Welcher Cofaktor ist im Rahmen der Proteinsynthese an der Verknüpfung von Aminosäure und t-RNA-Molekül beteiligt?

(A) NADP
(B) Pyridoxalphosphat
(C) ATP
(D) UTP
(E) FAD

246 Wärme ist eine Energieform, die zwar Voraussetzung für die Existenz des Lebens ist, jedoch von lebenden Organismen als Energiequelle *nicht* verwendet werden kann,

weil

lebende Organismen Wärme *nicht* in chemische Energie umsetzen können.

247 Welche Antworten treffen zu?

Wenn eine Carboxylgruppe im Rahmen biochemischer Reaktionen aktiviert wird, kann das geschehen durch Bildung

(1) eines Thioesters
(2) eines Phosphorsäureesters
(3) eines Adenylates

(A) nur 1
(B) nur 2
(C) nur 1 und 2
(D) nur 2 und 3
(E) 1 bis 3 (alle)

Ordnen Sie bitte den in Liste 1 genannten Enzymen die jeweils zutreffende Reaktion (Liste 2) zu.

Liste 1

248 Pyruvatkinase

249 Pyruvatcarboxylase

Liste 2

(A) Pyruvat + CO_2 + ATP → Oxalacetat + ADP + Ⓟ
(B) Phosphoenolpyruvat + ADP → Pyruvat + ATP
(C) 2-Phosphoglycerat → Phosphoenolpyruvat + H_2O
(D) Acetyl-CoA + CO_2 → Pyruvat + CoA-SH
(E) Pyruvat + NADH + H^+ → Lactat + NAD^+

---

250 Welche Aussagen zur Isocitratdehydrogenase sind richtig?

Die Isocitratdehydrogenase

(1) ist ein Enzym des Calvin-Zyklus
(2) reduziert Isocitrat zu Succinat
(3) katalysiert die Isocitratbildung aus Citrat
(4) hat NAD als Cosubstrat

(A) nur 4
(B) nur 1 und 2
(C) nur 1 und 3
(D) nur 2 und 4
(E) nur 3 und 4

---

251 Welche der Aussagen über Cytochrome treffen zu?

Cytochrome

(1) enthalten $Fe^{2+/3+}$-Porphyringruppen
(2) kommen nur im Pflanzenreich vor
(3) sind elektronenübertragende Enzyme
(4) katalysieren nur 1-Elektron-Übertragungen

(A) nur 3
(B) nur 1 und 2
(C) nur 1 und 4
(D) nur 1, 3 und 4
(E) nur 2, 3 und 4

---

252 Welche der Eigenschaften sind für das Enzymsystem Cytochrom P_{450} zutreffend?

(1) Es ist an Biotransformationen beteiligt.
(2) Es ist induzierbar.
(3) Es hat eine hohe Substratspezifität.

(A) nur 1
(B) nur 3
(C) nur 1 und 2
(D) nur 2 und 3
(E) 1 bis 3 (alle)

---

253 Welche Aussagen über Isoenzyme treffen zu?

(1) Isoenzyme haben gleiche isoelektrische Punkte.
(2) Isoenzyme katalysieren dieselbe chemische Reaktion.
(3) Verschiedene Isoenzyme können innerhalb derselben Zelle auftreten.
(4) Isoenzyme führen für dasselbe Substrat zu verschiedenen Michaelis-Konstanten.
(5) Das Isoenzym-Muster in den Zellen eines Organismus ist abhängig von dessen Entwicklungszustand und kann sich im Laufe der Differenzierung ändern.

(A) nur 1 und 2
(B) nur 1, 3 und 5
(C) nur 1, 4 und 5
(D) nur 2, 3 und 4
(E) nur 2, 3, 4 und 5

254 Welche Aussagen über Makromoleküle in der Zelle treffen zu?

(1) Die Nukleinsäuren und Proteine besitzen eine spezifische Sequenz ihrer Monomeren.
(2) Proteine können die Information der Nukleinsäuren realisieren.
(3) Die Konzentration der kolloidal gelösten Makromoleküle im Zellsaft bestimmt im wesentlichen den osmotischen Wert der Zelle.
(4) Enzyme sind Proteine, welche die Gleichgewichtseinstellungen einer biochemischen Reaktion beschleunigen.
(5) Inulin ist ein kolloidal im Cytosol gelöstes Polysaccharid.

(A) nur 1 und 3
(B) nur 2 und 4
(C) nur 1, 2 und 4
(D) nur 1, 4 und 5
(E) nur 2, 3 und 5

255 Welche der folgenden Stoffe sind Substrate, die von Transaminasen umgesetzt werden?

(1) α-Aminosäuren
(2) β-Ketosäuren
(3) bestimmte Metabolite des Citronensäure-Zyklus
(4) das Folgeprodukt von Fructose-6-phosphat im glykolytischen Abbau

(A) nur 1 und 2
(B) nur 1 und 3
(C) nur 2 und 3
(D) nur 1, 2 und 3
(E) 1 bis 4 (alle)

256 Welche der Aussagen zu dem Begriff „Protease“ sind zutreffend?

(1) Eine Protease spaltet Peptide an der Säureamidbindung.
(2) Eine Protease ist ein Protein, das Zuckerreste in ein zweites Protein einführt.
(3) Proteasen gehören zur Gruppe der Hydrolasen.
(4) Proteasen gehören zur Gruppe der Lyasen.

(A) nur 1
(B) nur 1 und 3
(C) nur 1 und 4
(D) nur 2 und 4
(E) nur 1, 2 und 4

257 Der Abbau von Proteinen durch Endopeptidasen führt unmittelbar zum Auftreten freier Aminosäuren,

<u>weil</u>

beim Abbau von Proteinen durch Endopeptidasen die Peptidketten von den Enden her abgebaut werden.

258 Ein Enzym, welches die hier dargestellte Reaktion katalysiert,

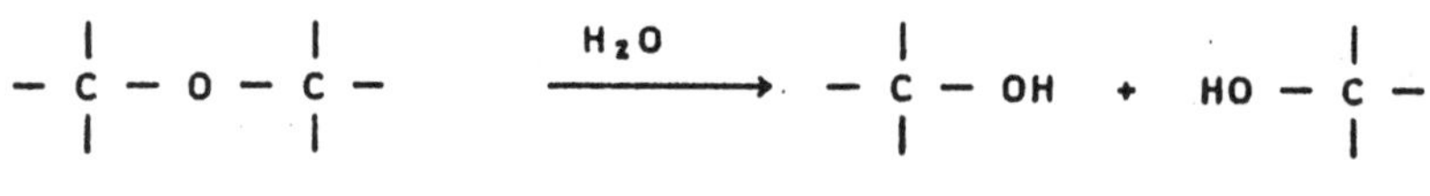

wird eingereiht in die Gruppe der

(A) Ligasen
(B) Isomerasen
(C) Kinasen
(D) Hydrolasen
(E) Transferasen

259 Die Maximalgeschwindigkeit (V_{max}) einer enzymatischen Reaktion kann bei Anwesenheit eines kompetitiven Inhibitors genauso groß werden wie bei Abwesenheit des Inhibitors,

<u>weil</u>

bei Zugabe einer ausreichend großen Menge Substrat der Inhibitor vom katalytischen Zentrum verdrängt wird.

260 Die Michaelis-Konstante eines Enzyms erlaubt eine Aussage über

(A) das pH-Optimum
(B) das Temperatur-Optimum
(C) das Molekulargewicht des Enzyms
(D) die Affinität zum Substrat
(E) die Primärstruktur

---

261 Welche Aussage zur Michaelis-Konstante ist richtig?

Die Michaelis-Menten-Konstante

(1) hat die Einheit Mol/Liter.
(2) ist numerisch größer, je höher die Affinität zwischen Enzym und Substrat ist.
(3) hat eine charakteristische Größe für ein Enzym-Substrat-Paar.
(4) ist unabhängig von der im Versuchsansatz vorliegenden Menge an Enzym.

(A) nur 2
(B) nur 1 und 3
(C) nur 2 und 3
(D) nur 1, 3 und 4
(E) 1 bis 4 (alle)

---

262 Höhere Pflanzen sind auf die Zufuhr von Vitaminen angewiesen,

weil

Vitamine Cosubstrate von Enzymen darstellen können.

Ordnen Sie bitte den in Liste 1 aufgeführten Begriffen die für sie zutreffende Aussage (Liste 2) hinsichtlich der beteiligten Coenzyme zu!

Liste 1

263 Übertragung von Acylgruppen

264 Decarboxylierung

Liste 2

(A) FAD
(B) Thiaminpyrophosphat (TPP)
(C) Folsäure
(D) Coenzym A
(E) Carotin

---

265 Welches der aufgeführten Coenzyme ist an einer Wasserstoffübertragung beteiligt?

(1) FAD
(2) NAD^+
(3) Biotin
(4) Coenzym A
(5) Liponsäure

(A) nur 1
(B) nur 1 und 2
(C) nur 2 und 5
(D) nur 1, 2 und 5
(E) nur 1, 3 und 4

---

266 Welche Aussage über Enzyme trifft nicht zu?

(A) Sie setzen die Aktivierungsenergie herab.
(B) Kompetitive Hemmung von Enzymen ist irreversibel.
(C) Sie sind meist hochspezifisch.
(D) Die Geschwindigkeit enzymatischer Reaktionen ist von der Substratkonzentration abhängig.
(E) Die Dissoziationskonstante des Enzym-Substrat-Komplexes ist unabhängig von der Enzymkonzentration.

267 Die hier abgebildete Reaktion

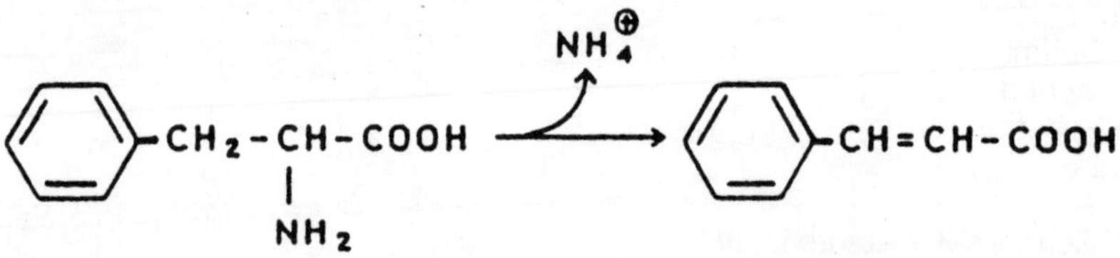

wird katalysiert von einem pflanzlichen Enzym. Dieses Enzym wird bezeichnet als:

(A) Lactatdehydrogenase
(B) Isocitratlyase
(C) Phenylalaninammoniumlyase
(D) Pyruvatdehydrogenase
(E) Nitrogenase

268 Welche Reaktion wird von der Isocitrat-Lyase katalysiert?

Die Isocitrat-Lyase

(A) hydrolysiert Isozitronensäure zu α-Ketoglutarsäure
(B) setzt Isozitronensäure zu Bernsteinsäure und Glyoxylsäure um
(C) katalysiert die Reaktion von Glyoxylsäure mit Acetyl-Coenzym A
(D) decarboxyliert Zitronensäure
(E) setzt Isozitronensäure zu Zitronensäure um

269 Welche der Aussagen trifft zu?

Ein Enzym, das die dargestellte Reaktion katalysiert,

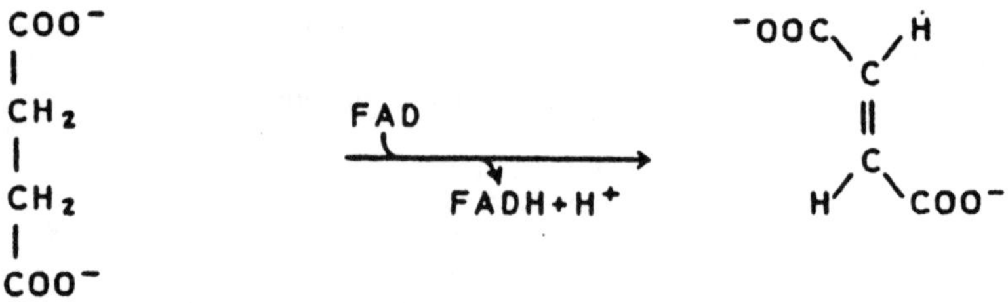

ist eine

(A) Lyase
(B) Ligase
(C) Isomerase
(D) Transferase
(E) Dehydrogenase

270 Welche der hier genannten Enzymsysteme katalysieren die abgebildete Reaktion?

$$R\text{-}\overset{\overset{\large O}{\|}}{C}\text{-}COOH + CoASH + NAD \longrightarrow R\text{-}\overset{\overset{\large O}{\|}}{C}{\sim}SCoA + NADH{+}H^{+} + CO_2$$

(1) Ketoglutaratdehydrogenase
(2) Pyruvatdehydrogenase
(3) Pyruvatdecarboxylase eines Anaerobiers
(4) Coenzym-A-Ligase

(A) nur 3
(B) nur 1 und 2
(C) nur 1, 2 und 3
(D) nur 1, 2 und 4
(E) 1 bis 4 (alle)

271 Welche der folgenden Aussagen trifft <u>nicht</u> zu?

(A) α-Amylase ist ein Endoenzym.
(B) β-Amylase ist ein Exoenzym.
(C) β-Amylase baut Amylose zu Maltose ab.
(D) α-Amylase hydrolysiert nur 1,4-α-glykosidische Bindungen.
(E) α-Amylase ist ausschließlich bei Höheren Pflanzen zu finden.

272 Welche Aussagen treffen zu?

Das Enzym α-Amylase

(1) wird durch Auxine induziert
(2) wird durch Gibberelline induziert
(3) wird bei der Keimung von Karyopsen gebildet
(4) entsteht in den Zellen der Aleuronschicht

(A) Keine der Aussagen trifft zu.
(B) nur 1
(C) nur 2
(D) nur 3 und 4
(E) nur 2, 3 und 4

273 Avidin, ein Protein aus Hühnereiweiß, ist ein spezifischer Hemmer von *Biotin* enthaltenden Enzymen.

Welche der folgenden Reaktionen würden durch die Zugabe von Avidin zu Zellhomogenaten blockiert werden?

(1) Acetyl-CoA ⟶ Fettsäuren
(2) Glucose ⟶ Pyruvat
(3) Oxalacetat ⟶ Glucose

(A) nur 1
(B) nur 3
(C) nur 1 und 2
(D) nur 2 und 3
(E) 1 bis 3 (alle)

274 Welche der Aussagen trifft zu?

(A) Eine hohe Michaelis-Menten-Konstante zeigt an, daß die Affinität des Substrats zum Enzym groß ist.
(B) Isoenzyme können verschiedene Michaelis-Menten-Konstanten haben.
(C) Die Hemmung von Enzymen durch Schwermetallionen ist kompetitiv.
(D) Die allosterische Hemmung von Enzymen ist irreversibel.
(E) Die nichtkompetitive Hemmung kann durch Erhöhung der Substratkonzentration aufgehoben werden.

275 Welche Antwort trifft zu?

Bei einer kompetitiven Hemmung einer Enzymreaktion wird die Michaeliskonstante für das Substrat

(A) erhöht
(B) verdoppelt
(C) halbiert
(D) erniedrigt
(E) nicht beeinflußt

276 Die Michaelis-Konstante kann zur Identifizierung eines von einem Enzym umgesetzten Substrates beitragen,

<u>weil</u>

die Michaelis-Konstante ein Maß für die Affinität zwischen Substrat und Enzym ist.

277 Reaktionen von Dehydrogenasen können der Energieumwandlung dienen,

weil

Dehydrogenasen Reduktionsäquivalente ($NADH_2$, $NADPH_2$, $FADH_2$) bilden, die zu ATP umgesetzt werden können.

278 Welche der Eigenschaften treffen für das Enzymsystem Cytochrom P_{450} zu?

(1) Es ist an Biotransformationen beteiligt.
(2) Es ist induzierbar.
(3) Es hat eine geringe Substratspezifität.

(A) nur 1
(B) nur 3
(C) nur 1 und 2
(D) nur 2 und 3
(E) 1 bis 3 (alle)

Ordnen Sie bitte den Enzymen der Liste 1 die entsprechende Enzymgruppe (Liste 2) zu!

Liste 1

279 β-Amylase

280 Hexokinase

Liste 2

(A) Transferasen
(B) Hydrolasen
(C) Lyasen
(D) Isomerasen
(E) Ligasen

281 Welche Reaktion kann eine Polymerase katalysieren?

(A) Synthese von Polysacchariden im Zuge der Phosphorolyse
(B) Verstärkung von Biomembranen im Zuge des Membranflusses
(C) Aufbau von DNA aus Nucleotiden
(D) Posttranslationale Substitution von Proteinen
(E) Keine der obigen Antworten trifft zu.

282 Welche der folgenden Reaktionen können durch Lyasen katalysiert werden?

(1) Spaltung von C-C-Bindungen
(2) Spaltung von C-N-Bindungen
(3) Eliminierungen

(A) nur 1
(B) nur 3
(C) nur 1 und 2
(D) nur 2 und 3
(E) 1 bis 3 (alle)

283 Transferasen sind Enzyme, die funktionelle Gruppen von einem Substrat auf ein anderes übertragen.

Die dazu zählenden Kinasen übertragen

(A) Aminogruppen
(B) Phosphatgruppen
(C) Hydroxylgruppen
(D) Aldehydgruppen
(E) Carboxylgruppen

Ordnen Sie bitte den in Liste 1 schematisch dargestellten Reaktionen die jeweils reaktions-katalysierende Enzymgruppe (Liste 2) zu!

Liste 1

Liste 2

(A) Hydrolasen
(B) Isomerasen
(C) Lyasen
(D) Oxidoreduktasen
(E) Transferasen

284

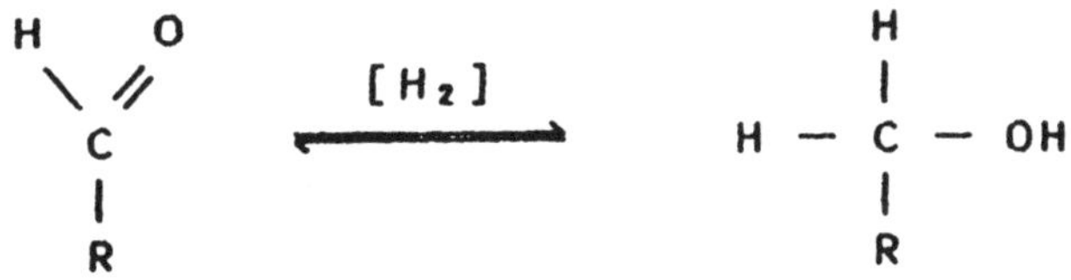

285

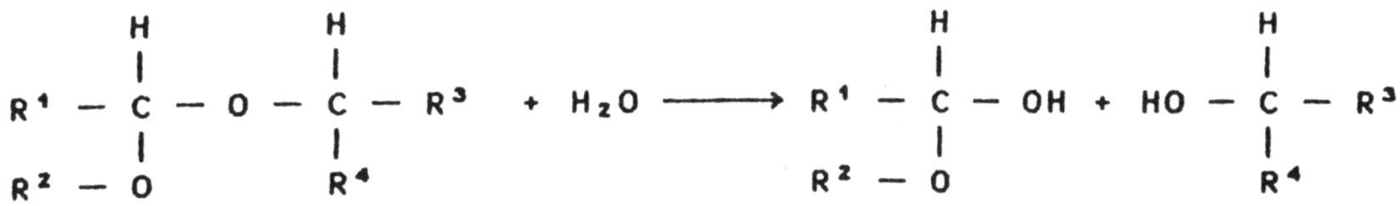

286 Welche der Aussagen treffen zu?

Die Isocitratdehydrogenase

(1) ist ein Enzym des Calvin-Zyklus
(2) reduziert Isocitrat zu Succinat
(3) katalysiert die Isocitratbildung aus Citrat
(4) hat NAD als Cosubstrat

(A) nur 4
(B) nur 1 und 2
(C) nur 1 und 3
(D) nur 2 und 4
(E) nur 3 und 4

287 Welche Aussagen treffen zu?

Die Succinatdehydrogenase

(1) ist ein Enzym des Citratzyklus
(2) hat FAD als Cosubstrat
(3) oxydiert Succinat zu Oxalacetat
(4) ist an das glatte E.R. gebunden

(A) nur 1
(B) nur 1 und 2
(C) nur 2 und 3
(D) nur 1, 2 und 4
(E) 1 bis 4 (alle)

288 Welche Aussage trifft zu?

Vitamine

(A) werden nur vom menschlichen Körper gebildet
(B) werden auch als Phytohormone bezeichnet
(C) sind häufig Bestandteil von Coenzymen
(D) müssen heterotrophen Pflanzen von außen zugeführt werden
(E) sind essentiell als Lieferanten von stoffwechselphysiologisch verwendeter Energie

289 Welche der Aussagen treffen zu?

Bei der hier abgebildeten Sturktur handelt es sich um

(1) ein B-Vitamin
(2) ein A-Vitamin
(3) eine Base, die in der tRNA vorkommt
(4) ein Pyrimidinderivat

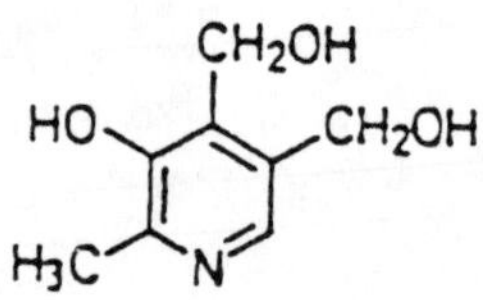

(A) nur 1
(B) nur 2
(C) nur 3
(D) nur 4
(E) nur 1 und 3

---

290 Thiaminpyrophosphat ist das notwendige Coenzym der Carboxylierungsreaktionen,

weil

CO_2 mit Thiaminpyrophosphat aktiviert wird.

Ordnen sie bitte den in Liste 1 genannten Verbindungen jeweils das Coenzym (Liste 2) zu, für das diese Verbindung als ein Baustein dient!

Liste 1

291 4-Aminobenzoesäure

292 Riboflavin

Liste 2

(A) Coenzym A
(B) FAD
(C) Liponsäure
(D) NAD^+
(E) Tetrahydrofolsäure

Ordnen sie bitte den Coenzymen der Liste 1 die entsprechende Reaktion (Liste 2) zu, an der es beteiligt ist!

Liste 1

293 Biotin

294 Pyridoxalphosphat

Liste 2

(A) CO_2-Transfer
(B) Elektronentransfer
(C) Transaminierung
(D) C_2-Transfer
(E) Acyl-Übertragung

---

295 Welches Coenzym wird durch die abgebildete Formel dargestellt?

(A) Pyridoxalphosphat
(B) Thiaminpyrophosphat
(C) Biotin
(D) $NADP^+$
(E) ADP

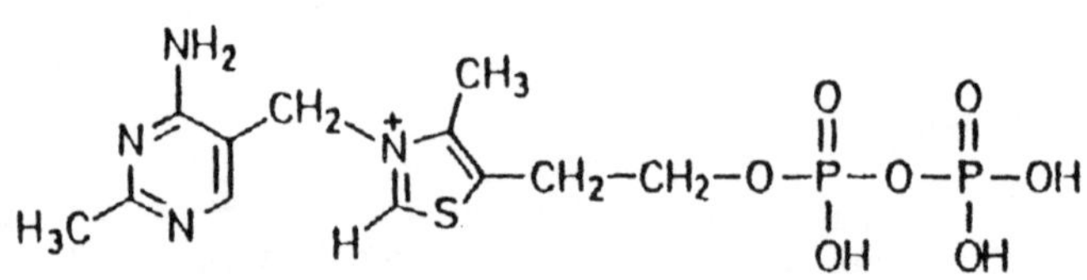

---

296 Welche funktionelle Gruppe eines Substrates kann mit Hilfe von Coenzym A aktiviert werden?

(A) Carboxylgruppe
(B) Hydroxylgruppe
(C) Aminogruppe
(D) Phosphatgruppe
(E) Sulfhydrylgruppe

297 Welche Aussage trifft <u>nicht</u> zu?

Isoenzyme

(A) haben die gleiche primäre Proteinstruktur (Aminosäuresequenz)
(B) werden durch Genduplikation und Mutation gebildet
(C) weisen ähnliche oder identische enzymatische Aktivität auf
(D) treten auch beim Menschen auf
(E) lassen sich u.U. durch Elektrophorese trennen

3.5.2 Beeinflussung der Enzymaktivität

Lehrbuch S. 237–238

298 Welche der Aussagen treffen zu?

(1) Die kompetitive Hemmung eines Enzyms kann durch Erhöhung der Substratkonzentration überwunden werden.
(2) Die Hemmung von Enzymen durch Schwermetallionen ist nicht-kompetitiv.
(3) Allosterische Hemmung oder Aktivierung eines Enzyms sind reversibel.

(A) nur 1
(B) nur 2
(C) nur 1 und 2
(D) nur 2 und 3
(E) 1 bis 3 (alle)

299 Schwermetallionen können zur irreversiblen Hemmung von Enzymen führen,

<u>weil</u>

Schwermetallionen für die Katalyse essentielle Sulfhydryl-Gruppen des Enzyms binden können.

300 Welche der Aussagen über Enzyme treffen zu?

Allosterisch hemmbare Enzyme

(1) binden einen Inhibitor reversibel
(2) können nur in *einer* Konformation vorliegen
(3) können durch Endprodukte einer Synthesekette inhibiert werden
(4) haben (mindestens) zwei Bindungsstellen für meist niedermolekulare Verbindungen

(A) nur 2
(B) nur 3
(C) nur 1 und 4
(D) nur 2 und 4
(E) nur 1, 3 und 4

301 Die Aktivität allosterisch hemmbarer Enzyme kann durch Effektor- oder Modulator-Moleküle reguliert werden,

<u>weil</u>

das aktive Zentrum allosterisch regulierbarer Enzyme die Fähigkeit besitzt, gleichzeitig sowohl Substrat als auch Effektor- bzw. Modulator-Moleküle zu binden.

302 Welche Aussage trifft auf folgende schematische Darstellung eines Enzyms zu?

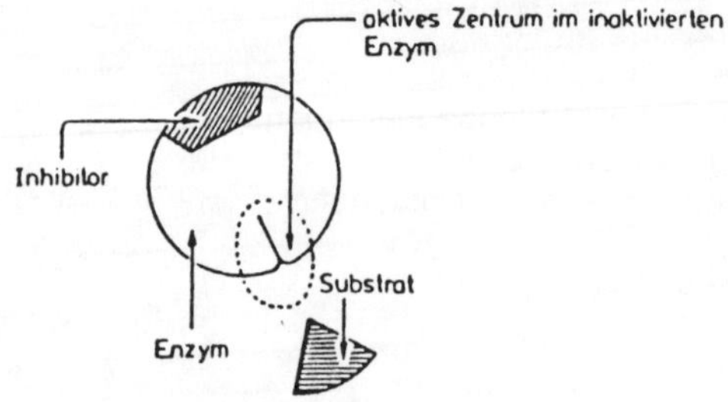

Die hier abgebildete Skizze beschreibt eine

(A) allosterische Hemmung
(B) kompetitive Hemmung
(C) Konkurrenzhemmung
(D) Substrathemmung
(E) Keine der Antworten trifft zu.

---

303 Substanzen, welche enzymatische Reaktionen hemmen, werden in der Regel in kompetitive und nicht-kompetitive Inhibitoren unterteilt,

weil

die nicht-kompetitive Hemmung von Enzymen irreversibel ist.

---

304 Substanzen, welche enzymatische Reaktionen hemmen, können in kompetitive und nicht-kompetitive Inhibitoren unterteilt werden,

weil

die nicht-kompetitive Hemmung von Enzymen durch Erhöhung der Substratkonzentration nicht aufgehoben werden kann.

---

305 Welche Aussagen über die kompetitive Hemmung von Enzymen treffen zu?

(1) Das Ausmaß einer kompetitiven Hemmung ist unabhängig von der Substratkonzentration.
(2) Eine kompetitive Hemmung besteht in der Bildung eines irreversiblen Enzym-Inhibitor-Komplexes.
(3) Eine kompetitive Hemmung kann durch eine Erhöhung der Substratkonzentration vermindert werden.
(4) Bei einer kompetitiven Hemmung reagiert der Inhibitor mit dem an das Enzym gebundenen Substrat.

(A) nur 3
(B) nur 4
(C) nur 1 und 2
(D) nur 1 und 4
(E) nur 3 und 4

---

306 Welche Antwort trifft zu?

Bei einer kompetitiven Hemmung einer Enzymreaktion wird die Michaelis-Konstante für das Substrat

(A) erhöht
(B) verdoppelt
(C) halbiert
(D) erniedrigt
(E) nicht beeinflußt

---

307 Die Aktivität eines kompetitiv hemmbaren Enzyms kann durch eine organische Verbindung beeinflußt werden, die dem Substrat strukturell ähnlich ist,

weil

das Substrat bzw. die ihm strukturell ähnliche organische Verbindung an jeweils verschiedenen Stellen des kompetitiv hemmbaren Enzyms gebunden werden.

308 Welche Aussagen treffen für die *nicht-kompetitive* Hemmung von Enzymen zu?

(1) Der Inhibitor lagert sich nur am aktiven Zentrum des Enzyms an.
(2) Der Inhibitor verhindert die Bindung des Substrates an das Enzym.
(3) Die nicht-kompetitive Hemmung kann durch Erhöhung der Substrat-Konzentration nicht aufgehoben werden.
(4) Nicht-kompetitive Inhibitoren lagern sich in der Regel an Bindungsstellen außerhalb des aktiven Zentrums des Enzyms an.

(A) nur 1 und 2
(B) nur 1 und 3
(C) nur 2 und 4
(D) nur 3 und 4
(E) nur 2, 3 und 4

3.6 Grundzüge des Kohlenhydratstoffwechsels

3.6.1 Mono-, Oligo- und Polysaccharide: Struktur und Funktion (s.a. Allg., anorg. und organ. Chemie)

Lehrbuch S. 38ff.

309 Welche Aussage trifft <u>nicht</u> zu?

Zu den Polysacchariden zählen folgende Verbindungen:

(A) Dextrine
(B) Fructosane
(C) Lignin
(D) Glykogen
(E) Chitin

Ordnen Sie bitte jedem der in Liste 1 genannten Zellwandbestandteile den entsprechenden, in Liste 2 aufgeführten chemischen Aufbau zu.

Liste 1

310 Cellulose

311 Pektin

Liste 2

(A) Makromoleküle aus α-glykosidisch verknüpften D-Glucosemolekülen
(B) Makromoleküle aus β-glykosidisch verknüpften D-Glucosemolekülen
(C) Makromoleküle, vorwiegend aus Galakturonsäure und deren Derivaten
(D) Makromoleküle aus Glucose, Mannose und Xylose
(E) Makromoleküle aus β-glykosidisch verknüpften Glucose- und Xylosemolekülen

312 Welche Aussage trifft zu?

Saccharose wird in der Pflanze gebildet aus

(A) UDP-Glucose und Fructose-6-phosphat
(B) Glucose-1-phosphat und Fructose
(C) Glucose-6-phosphat und Fructose
(D) UDP-Glucose und Glucose
(E) 2 Molekülen Glucose-6-phosphat

Die natürlich vorkommenden Zellpolymeren unterscheiden sich in den Grund-Bausteinen und deren Verknüpfung.

Ordnen Sie bitte den aufgeführten Polymeren (Liste 1) die jeweils zutreffende Kurzbeschreibung (Liste 2) zu.

Liste 1

313 Chitin

314 Glykogen

Liste 2

(A) Glucose in 1,4-α-glykosidischer Bindung
(B) Galakturonsäure in 1,4-α-glykosidischer Bindung
(C) N-Acetylglucosamin in 1,4-β-glykosidischer Bindung
(D) abwechselnd N-Acetylmuramin und Mannuronsäure in 1,4-β-glykosidischer Bindung
(E) Glucose in 1,4-α-glykosidischer Bindung mit Verzweigungen durch 1,6-α-glykosidische Bindungen

---

Die natürlich vorkommenden Zellpolymeren unterscheiden sich in den Grundbausteinen und deren Verknüpfung.

Ordnen Sie bitte den genannten Polymeren (Liste 1) die jeweils zutreffende Kurzbeschreibung (Liste 2) zu.

Liste 1

315 Amylose

316 Chitin

317 Pektin(e)

Liste 2

(A) Glucose in 1,4-α-glykosidischer Bindung
(B) Galakturonsäure in 1,4-α-glykosidischer Bindung
(C) N-Acetylglucosamin in 1,4-β-glykosidischer Bindung
(D) abwechselnd N-Acetylmuramin und Mannuronsäure in 1,4-β-glykosidischer Bindung
(E) Glucose in 1,4-α-glykosidischer Bindung, mit Verzweigungen durch 1,6-α-glykosidische Bindung

---

318 Auf welches der angegebenen Polysaccharide trifft die folgende Beschreibung zu?

– unverzweigtes Polysaccharid, das im wesentlichen aus β-1,6-verknüpften D-Glucose-Einheiten aufgebaut ist –

(A) Amylose
(B) Amylopektin
(C) Cellulose
(D) Glykogen
(E) Keine der Antworten trifft zu.

---

319 Welche der Aussagen zur Struktur von Glucanen sind richtig?

(1) Amylose ist ein unverzweigtes Makromolekül.
(2) Amylopektin ist verzweigtkettig.
(3) Aufgrund der α-1,4-glykosidischen Bindung ist die Kette der Amylose schraubig aufgewickelt.
(4) Beim Amylopektin sind α-1,6-glykosidisch gebundene Seitenketten angeheftet.
(5) Glykogen ist wie Amylopektin aufgebaut, aber weniger oft verzweigt.

(A) nur 1, 2 und 3
(B) nur 1, 4 und 5
(C) nur 2, 3 und 4
(D) nur 1, 2, 3 und 4
(E) 1 bis 5 (alle)

320 Welche Aussage trifft zu?

Inulin ist ein

(A) Glykosid (Heterosid)
(B) Monosaccharid
(C) Disaccharid
(D) Oligosaccharid
(E) Polysaccharid

321 Aus welchem Grundbaustein ist Inulin aufgebaut?

(A) D-Fructose
(B) D-Galaktose
(C) D-Glucose
(D) D-Mannose
(E) D-Saccharose

322 Bei welchen der hier genannten Verbindungen handelt es sich um ein Polysaccharid?

(1) Inulin
(2) Maltose
(3) Maltase
(4) Insulin
(5) Amylose

(A) nur 1
(B) nur 1 und 5
(C) nur 2 und 3
(D) nur 1, 2 und 4
(E) nur 2, 3 und 5

323 Welche der nachfolgenden Substanzen stellt einen Reservestoff bei eukaryotischen Pflanzenzellen dar?

(A) Lignin
(B) Chitin
(C) Gibberellin
(D) Inulin
(E) Murein

324 Welche Aussage über typische pflanzliche Reservestoffe trifft <u>nicht</u> zu?

Typische pflanzliche Reservestoffe

(A) können in Plastiden vorkommen
(B) können auch in Pilzen vorkommen
(C) sind in Zwiebelschuppen häufig vorhanden
(D) sind bevorzugt in der Testa von Samen anzutreffen
(E) können innerhalb der Zellen in Vakuolen vorkommen

325 Welche Antwort trifft zu?

D-Galakturonsäure ist beteiligt am Aufbau von:

(A) Cellulose
(B) Hemicellulosen
(C) Lignin
(D) Pektin
(E) Suberin

3.6.2 Biosynthese und Abbau wichtiger Mono-, Oligo- und Polysaccharide

Lehrbuch S. 261–264; 291–294

326 Durch welche Aussage wird die abgebildete Reaktion zutreffend beschrieben?

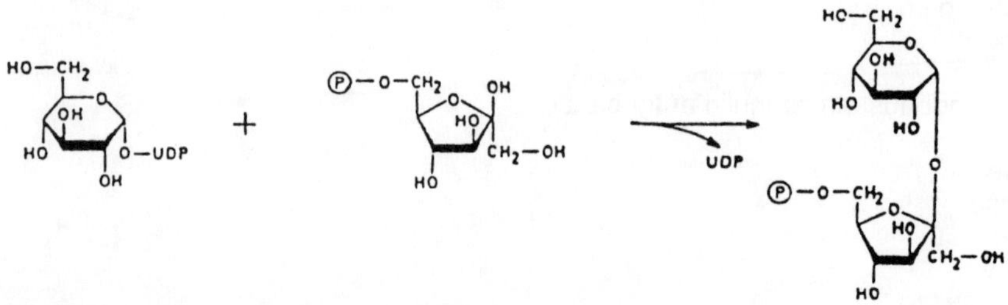

Die Reaktion ist ein Schritt bei der Biosynthese von

(A) Maltose
(B) Cellobiose
(C) Saccharose
(D) Lactose
(E) Keine der Aussagen trifft zu.

327 Welche Antworten zum Aufbau von Stärkekörnern und Stärke sind richtig?

(1) Stärke besteht aus Amylose und Amylopektin.
(2) Stärkekörner sind einfach oder zusammengesetzt.
(3) Stärkekörner weisen nicht selten einen Trockenriß auf.
(4) Stärke ist aus 100–300 Glucoseeinheiten aufgebaut, die β-glykosidisch verknüpft sind

(A) nur 1
(B) nur 2
(C) nur 2 und 3
(D) nur 1, 2 und 3
(E) nur 1, 2 und 4

328 Welche der Kombinationen aus folgenden Enzymen können Amylopektin bis zum Monosaccharid vollständig abbauen?

(1) α-Amylase
(2) β-Amylase
(3) Stärkephosphorylase
(4) R-Enzym
(5) Maltase

Die Kombination

(A) 1 und 3
(B) 2 und 3
(C) 2 und 5
(D) 2, 3 und 5
(E) 2, 4 und 5

329 Welches der folgenden Enzyme vermag Amylose vollständig zum Monosaccharid abzubauen?

(A) Stärkephosphorylase
(B) α-Amylase
(C) β-Amylase
(D) R-Enzym
(E) Maltase

330 Welche der Aussagen zum enzymatischen Abbau von Polysacchariden treffen zu?

Bei der Einwirkung von β-Amylase auf Amylopektin

(1) wird das Substrat von den nichtreduzierenden Enden her abgebaut
(2) entsteht Glucose als Endprodukt
(3) entstehen Dextrine
(4) werden die 1,6-Bindungen des Substrats gespalten

(A) nur 1 und 2
(B) nur 1 und 3
(C) nur 2 und 3
(D) nur 3 und 4
(E) nur 2, 3 und 4

331 Welche der Antworten treffen zu?

Bei der Einwirkung von α-Amylase auf Amylopektin

(1) erfolgt kein Abbau
(2) werden die α-1,6-Bindungen hydrolysiert
(3) erfolgt vollständiger Abbau zu Glucose und Maltose
(4) erfolgt nur in Anwesenheit von α-Amylo-1,6-glucosidase ein vollständiger Abbau zu Glucose und Maltose

(A) nur 1
(B) nur 2
(C) nur 4
(D) nur 2 und 3
(E) nur 2 und 4

332 Welche der Aussagen über Enzyme, die Kohlenhydrate abbauen, treffen zu?

(1) α-Amylase baut Amylose vom Ende des Moleküls her ab.
(2) β-Amylase greift im Inneren der Moleküle an.
(3) R-Enzym wirkt bei Amylose.
(4) Stärke-Phosphorylase wirkt auf Amylopektin.

(A) nur 1
(B) nur 4
(C) nur 1 und 2
(D) nur 3 und 4
(E) 1 bis 4 (alle)

333 Welche der Aussagen zum enzymatischen Abbau von Polysacchariden treffen zu?

Bei der Einwirkung von α-Amylase auf Amylopektin

(1) werden α-1,6-Bindungen gespalten
(2) werden α-1,4-Bindungen im Inneren des Amylopektinmoleküls gespalten
(3) wird, vom nichtreduzierenden Ende her fortschreitend, jede zweite 1,4-Bindung gespalten.

(A) nur 1
(B) nur 2
(C) nur 3
(D) nur 1 und 2
(E) nur 1 und 3

334 Welche der Aussagen zum enzymatischen Abbau von Reservekohlenhydraten treffen zu?

Bei der Einwirkung von R-Enzym (Iso-Amylase) auf Amylopektin

(1) werden α-1,6-Bindungen des Substrats hydrolytisch gespalten
(2) werden α-1,4-Bindungen im Innern des Amylopektinmoleküls hydrolytisch gespalten
(3) wird, vom nichtreduzierenden Ende her fortschreitend, jede zweite 1,4-α-glykosidische Bindung des Substrats hydrolytisch gespalten

(A) nur 1
(B) nur 2
(C) nur 3
(D) nur 1 und 2
(E) nur 1 und 3

335 Bei dem vollständigen Abbau von Stärke können verschiedene Enzyme beteiligt sein.

Welche der genannten Enzyme spalten in Pflanzen Glucose-Moleküle einzeln aus dem jeweiligen Substrat ab?

(1) α-Amylase
(2) β-Amylase
(3) Maltase
(4) Stärkephosphorylase

(A) nur 3
(B) nur 1 und 3
(C) nur 2 und 4
(D) nur 3 und 4
(E) 1 bis 4 (alle)

336 Welche Aussage trifft nicht zu?

(A) α-Amylase greift Amylose und Amylopektin im Inneren der Moleküle an.
(B) β-Amylase baut das Stärkemolekül vom Ende her ab.
(C) R-Enzym baut Amylose ab.
(D) Stärke-Phosphorylase baut Amylopektin nur teilweise ab.
(E) Maltase spaltet Maltose.

337 Welche Aussagen treffen zu?

Das Enzym α-Amylase

(1) wird durch Auxine induziert
(2) wird durch Gibberelline induziert
(3) wird bei der Keimung von Karyopsen gebildet
(4) entsteht in den Zellen der Aleuronschicht

(A) nur 1
(B) nur 2
(C) nur 3 und 4
(D) nur 2, 3 und 4
(E) Keine Aussage trifft zu.

338 Welche Aussage zur Wirkung von β-Amylase trifft zu?

Unter der Einwirkung von β-Amylase auf Amylopektin

(A) werden Grenzdextrine gebildet
(B) werden nur die 1,6-Verzweigungen abgebaut
(C) erfolgt der Abbau zu nicht-verzweigten Oligosacchariden
(D) wird eine vollständige Hydrolyse zu Maltose erreicht
(E) wird eine vollständige Hydrolyse zu Glucose erreicht

339 Welche der Aussagen zum enzymatischen Abbau von Reservekohlenhydraten treffen zu?

Folgende Enzyme bauen Amylopektin nur von den nichtreduzierenden Enden her ab:

(1) α-Amylase
(2) β-Amylase
(3) R-Enzym (Iso-Amylase)
(4) Stärke-Phosphorylase

(A) nur 2
(B) nur 3
(C) nur 1 und 3
(D) nur 2 und 3
(E) nur 2 und 4

340 Welche der Aussagen zum Stoffwechsel treffen zu?

Die Mehrzahl der Bakterien und die Mehrzahl der Höheren Pflanzen sind zu folgenden Stoffwechselleistungen befähigt:

(1) Dissimilation von Kohlenhydraten
(2) Synthese aller proteinogenen Aminosäuren
(3) Synthese von Phospholipiden
(4) Atmungskettenphosphorylierung

(A) nur 3
(B) nur 1 und 2
(C) nur 1, 2 und 3
(D) nur 2, 3 und 4
(E) 1 bis 4 (alle)

341 Welches Enzym bzw. welche Enzymkombination vermag Amylopektin vollständig zu Maltose abzubauen?

(A) α-Amylase
(B) β-Amylase
(C) α-Amylase + β-Amylase
(D) β-Amylase + R-Enzym
(E) R-Enzym + Stärkephosphorylase

342 Welche der folgenden Aussagen trifft zu?

(A) α-Amylase ist ein Exoenzym
(B) β-Amylase ist ein Endoenzym
(C) β-Amylase kann Amylose zu Maltose abbauen
(D) α-Amylase kann Amylopektin zu Glucose abbauen
(E) β-Amylase baut Amylopektin vollständig zu Maltose ab

343 Welche der aufgeführten Enzyme sind am Abbau der Reservestärke in Höheren Pflanzen beteiligt?

(1) β-Amylase
(2) α-Amylase
(3) R-Enzym

(A) nur 1
(B) nur 2
(C) nur 1 und 2
(D) nur 2 und 3
(E) 1 bis 3 (alle)

344 Welche der aufgeführten Enzyme können α-1,6-Bindungen im Amylopektin oder dessen Abbauprodukten spalten?

(1) R-Enzym
(2) α-Amylase
(3) β-Amylase

(A) nur 1
(B) nur 1 und 2
(C) nur 1 und 3
(D) nur 2 und 3
(E) 1 bis 3 (alle)

3.7 Grundzüge des Fettstoffwechsels

3.7.1 Fettsäuren und Fette: Struktur und Funktion (s.a. Allg., anorg. und organ. Chemie)

Lehrbuch S. 37

345 In Pflanzen kommen neben geradzahligen Fettsäuren auch solche mit einer ungeraden Zahl von C-Atomen vor,

weil

der pflanzliche Organismus Fettsäuren aus einem Molekül Malonyl-CoA (als Starter) und einer variablen Zahl von Acetyl-CoA-Molekülen aufbaut.

346 In der pflanzlichen Zelle können Fettsäuren in Kohlenhydrate umgewandelt werden,

weil

in der pflanzlichen Zelle die Synthese von Malonyl-CoA aus den Bausteinen Acetyl-CoA und CO_2 möglich ist.

347 Welche der genannten Verbindungen können in Triacylglycerolen als Baustein enthalten sein?

(1) Cholin
(2) Glycerin
(3) Phosphorsäure
(4) gesättigte Fettsäuren
(5) ungesättigte Fettsäuren

(A) nur 3 und 4
(B) nur 1, 2 und 5
(C) nur 2, 3 und 4
(D) nur 2, 4 und 5
(E) 1 bis 5 (alle)

3.7.2 Biosynthese und Abbau von Fetten und Fettsäuren

Lehrbuch S. 265; 294–300

348 Bei der Biosynthese von Fettsäuren dienen sowohl Acetyl-CoA als auch Malonyl-CoA als Baustein,

weil

Malonyl-CoA aus Acetyl-CoA durch Carboxylierung gebildet wird.

349 Biotin ist ein Bestandteil des Fettsäuresynthase-Komplexes,

weil

ohne Biotin kein Malonyl-CoA gebildet werden kann.

350 Welche Aussage zum Fettsäure-Stoffwechsel trifft zu?

(A) Der Fettsäureabbau verläuft über Malonyl-CoA.
(B) Die Fettsäuresynthese ist abhängig von Biotin und NADPH + H^+.
(C) Die Kondensation von zwei Molekülen Acetyl-CoA steht am Anfang der Fettsäuresynthese.
(D) Fettsäureaufbau und Fettsäureabbau sind im gleichen Zellkompartiment lokalisiert.
(E) Fettsäureaufbau und Fettsäureabbau laufen unter Beteiligung derselben Coenzyme ab.

351 Welche der Aussagen zum Fettsäure-Stoffwechsel treffen zu?

(1) Die de novo-Biosynthese von Fettsäuren findet in Mitochondrien statt.
(2) Die Bildung von Malonyl-Coenzym A aus Acetyl-Coenzym A und CO_2 erfordert den Aufwand von 1 ATP.
(3) Phosphatidsäuren sind Zwischenprodukte bei der Biosynthese von Neutralfetten und Phospholipiden.

(A) nur 1
(B) nur 2
(C) nur 1 und 3
(D) nur 2 und 3
(E) 1 bis 3 (alle)

352 Welche Aussagen treffen zu?

An der Biosynthese von Triacylglycerolen sind beteiligt:

(1) Glycerolphosphat, das durch Reduktion aus Dihydroxyacetonphosphat entstehen kann
(2) durch Coenzym A aktivierte Fettsäuren
(3) eine Acyltransferase

(A) nur 2
(B) nur 1 und 2
(C) nur 1 und 3
(D) nur 2 und 3
(E) 1 bis 3 (alle)

353 Welche der Aussagen treffen zu?

Bei der Biosynthese von Triacylglycerolen (Triglyceriden)

(1) tritt eine Phosphatidsäure als Zwischenprodukt auf
(2) werden zunächst 2 Fettsäurereste auf D-Glycerin-aldehyd übertragen
(3) wird von Diacylglycerolphosphat durch eine Phosphatase anorganisches Phosphat abgespalten

(A) nur 1
(B) nur 2
(C) nur 3
(D) nur 1 und 3
(E) 1 bis 3 (alle)

354 Welche der folgenden Reaktionen ist bei der Fettsäure-Synthese <u>nicht</u> beteiligt?

Verwendete Abkürzung: Ⓔ = Enzym

(A)

(B)

(C)

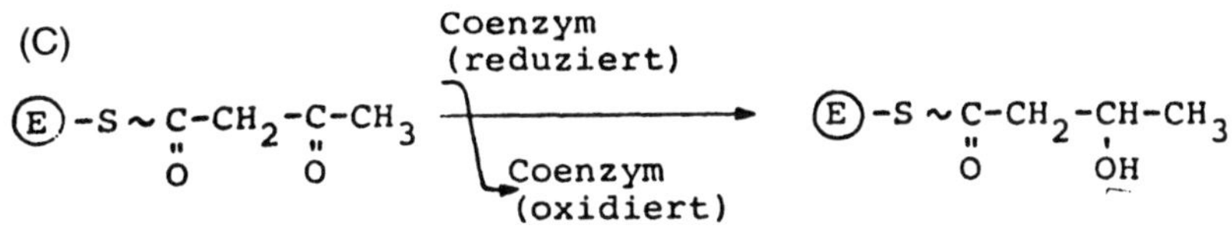

(D)

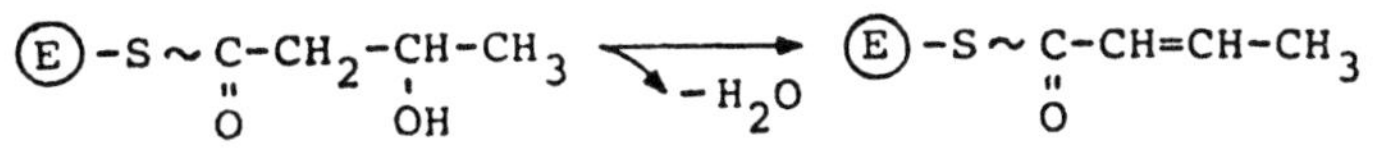

(E)

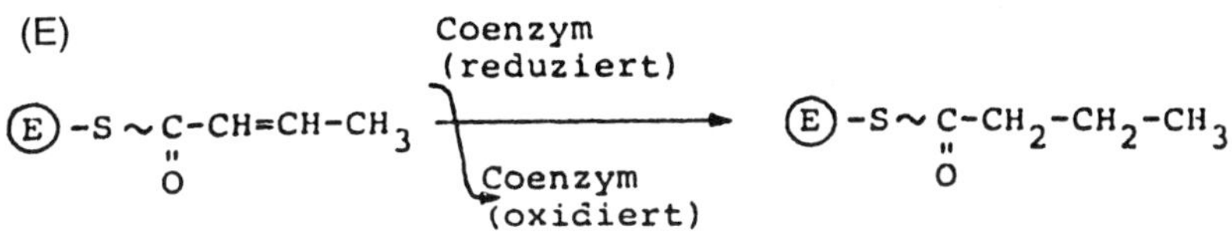

355 Welche Antwort trifft zu?

Glyko-Lipide können gebildet werden aus Glycerol und

(A) 1 Zucker, 2 Fettsäuren
(B) 1 Oligosaccharid, 1 Fettsäure
(C) 1 Polysaccharid, 2 Fettsäuren
(D) 1 Zucker, 1 Fettsäure, 1 Phosphorsäure
(E) 1 Zucker, 2 Fettsäuren, 1 Phosphorsäure

356 In der pflanzlichen Zelle können Fettsäuren in Kohlenhydrate umgewandelt werden,

<u>weil</u>

in der pflanzlichen Zelle die Synthese von Malonyl-CoA aus den Bausteinen Acetyl-CoA und CO_2 möglich ist.

357 Welche der genannten Zellkompartimente sind (u.a.) bei der Umwandlung von Reservefetten in Kohlenhydrate beteiligt?

(1) Cytosol
(2) Lysosomen
(3) Golgi-Vesikel

(A) nur 1
(B) nur 2
(C) nur 1 und 2
(D) nur 2 und 3
(E) 1 bis 3 (alle)

358 Für den Abbau der Fette sind Lipasen unbedingt notwendig,

weil

Fettsäuren zum Abbau durch β-Oxidation immer als Thioester an Coenzym A gebunden werden müssen.

359 Welche Aussagen treffen für den Fettsäureabbau durch b-Oxidation zu?

(1) Bei Spaltung einer β-Hydroxy-acyl-CoA-Verbindung entsteht Acetyl-CoA.
(2) Acetyl-CoA wird zwischen α- und β-C-Atom dehydriert.
(3) Eine α-β-ungesättigte Acyl-CoA-Verbindung wird durch Wasseranlagerung in eine β-Hydroxy-acyl-CoA-Verbindung überführt.
(4) Bei Oxidation einer β-Hydroxy-acyl-CoA-Verbindung wird unter NADH + H^+-Bildung eine β-Ketoacyl-CoA-Verbindung gebildet.

(A) nur 1 und 2
(B) nur 1 und 4
(C) nur 2 und 3
(D) nur 3 und 4
(E) 1 bis 4 (alle)

360 Welche der Aussagen zu β-Oxidation von Fettsäuren treffen zu?

Wenn 1 Mol Myristinsäure (C_{14}) durch β-Oxidation vollständig zu Acetyl-CoA abgebaut wird,

(1) ist für die Aktivierung von Myristinsäure zunächst ATP erforderlich
(2) sind insgesamt 7 Umläufe der β-Oxidation erforderlich, um schließlich 7 Mol Acetyl-CoA zu erhalten
(3) beträgt der Netto-Energiegewinn 7 Mol ATP
(4) entstehen 6 Mol $FADH_2$ und 6 Mol NADH + H^+

(A) nur 1 und 2
(B) nur 1 und 4
(C) nur 2 und 3
(D) nur 2 und 4
(E) nur 1, 2 und 4

361 Bei der β-Oxidation werden 7 ATP zum vollständigen Abbau der Myristinsäure (C_{14}) zu Acetyl-CoA verbraucht,

weil

bei der β-Oxidation die Myristinsäure und ihre um jeweils 2 C-Atome verkürzten Zwischenprodukte mit ATP zu den entsprechenden Acyl-Derivaten des Coenzym A aktiviert werden müssen.

362 Welche Aussage über den Fett- bzw. Fettsäureabbau trifft nicht zu?

(A) Der Fettabbau wird von einer hydrolytischen Spaltung eingeleitet.
(B) Fettsäuren können in Höheren Pflanzen durch β-Oxidation abgebaut werden.
(C) Pflanzen können Fettsäuren durch α-Oxidation abbauen.
(D) Der Fettsäureabbau beginnt mit einer Aktivierung der Fettsäuren unter Verbrauch von ATP.
(E) Die wasserstoffübertragenden Enzyme des Fettsäureaufbaus und Fettsäureabbaus sind identisch.

363 Welche Aussage über Fettsäuren und Lipide trifft nicht zu?

(A) Fettsäuren werden meist in Mitochondrien abgebaut.
(B) Mikroorganismen können Fettsäuren durch β-Oxidation abbauen.
(C) Synthese und Abbau der Fettsäuren werden von demselben Enzymsystem katalysiert.
(D) Lipide sind wesentliche Bausteine der Biomembranen.
(E) Fettsäuren können in Pflanzen über den Glyoxylsäure-Zyklus in Kohlenhydrate überführt werden.

364 Welcher Enzym-Typ ist am Abbau der Fettsäuren durch β-Oxidation bis zum Acetyl-CoA <u>nicht</u> beteiligt?

(A) Dehydrogenase
(B) Hydratase
(C) Kinase
(D) Thiolase
(E) Transaldolase

365 Welche der Antworten trifft <u>nicht</u> zu?

Beim Abbau der Fettsäuren durch β-Oxidation treten folgende Reaktionsschritte auf:

Abkürzung: R = Alkyl

(A)

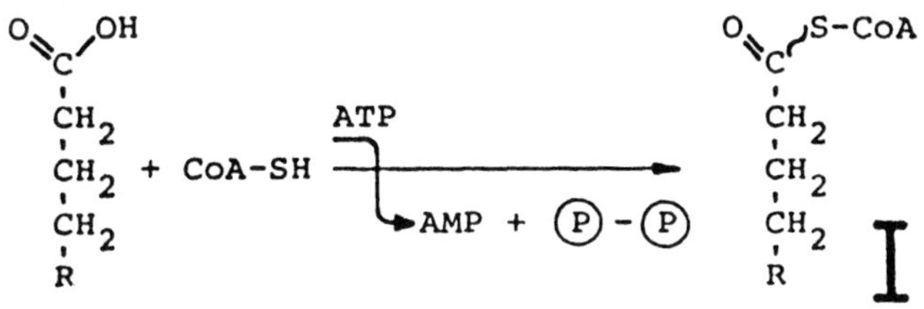

(B) $I + NADP^+ \longrightarrow II + NADPH{+}H^+$

(C)

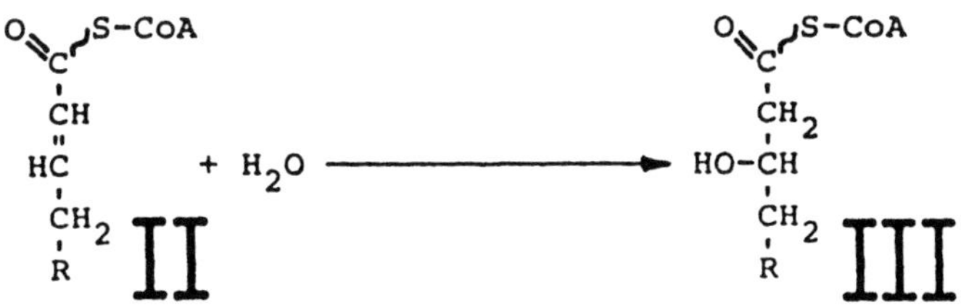

(D) $III + NAD^+ \longrightarrow IV + NADH{+}H^+$

(E)

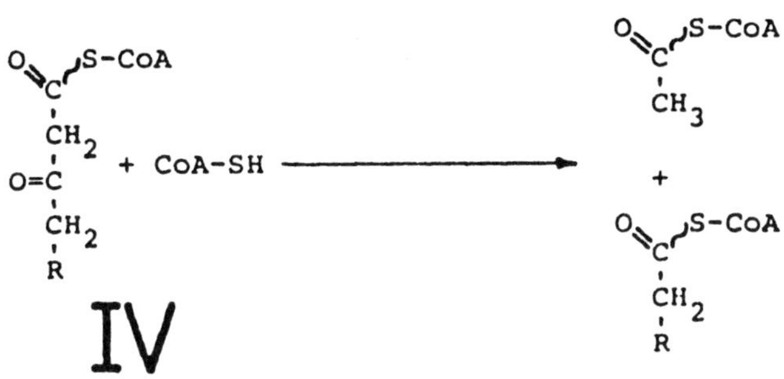

366 Welche Aussage trifft <u>nicht</u> zu?

(A) Der Fettsäureabbau kann in den Mitochondrien erfolgen.
(B) Fettsäuren können durch β-Oxidation abgebaut werden.
(C) Der Fettabbau wird mit einer hydrolytischen Spaltung von Triacylglycerolen eingeleitet.
(D) Beim Fettsäureabbau und Fettsäureaufbau sind die wasserstoffübertragenden Coenzyme identisch.
(E) Der Fettsäureabbau beginnt mit einer Aktivierung der Fettsäuren zu Acyl-CoA-Thioestern unter Verbrauch von ATP.

367 β-Oxidation von Fettsäuren und oxidative Decarboxylierung des Pyruvates sind Stoffwechselprozesse, die zu einem identischen Produkt führen,

weil

beide Prozesse anaplerotische Stoffwechselwege darstellen.

368 Welche Aussage trifft nicht zu?

Beim Fettsäureabbau durch β-Oxidation finden folgende Reaktionen statt:

Verwendete Abkürzung: R = n-Alkyl

(A) 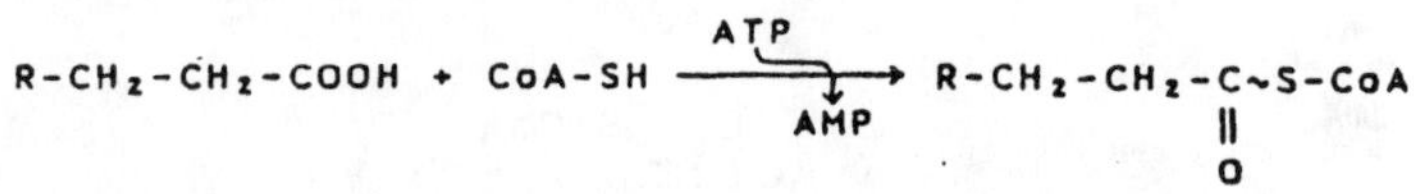

(B) 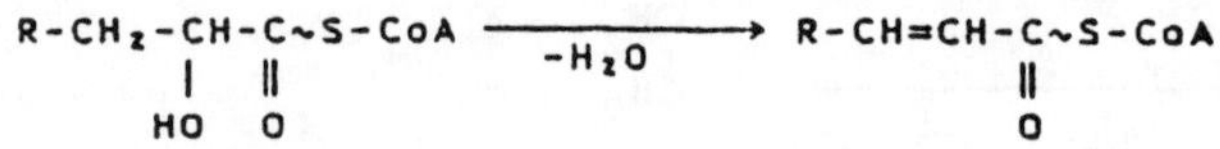

(C) 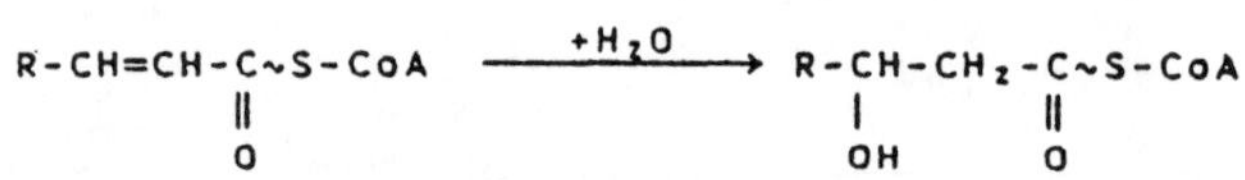

(D) 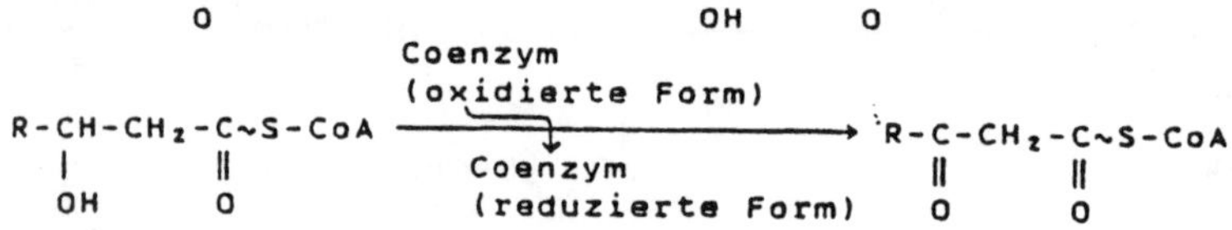

(E) 

369 Welche Antwort trifft nicht zu?

An der β-Oxidation der Fettsäuren sind beteiligt

(A) FAD
(B) NAD^+
(C) $NADPH + H^+$
(D) β-Ketothiolase
(E) Acyl-CoA-Dehydrogenase

370 Welche Antwort trifft zu?

Die Startreaktion im Rahmen der β-Oxidation der Fettsäuren ist eine

(A) thioklastische Spaltung einer C–C-Bindung
(B) Thioesterbildung
(C) Wasseranlagerung
(D) Dehydratisierung
(E) Dehydrierung

371 Welche der Aussagen zur Fettsäuresynthese trifft zu?

(A) Zur Biosynthese von Palmitinsäure (C_{16}-Säure) sind 1 Mol Malonyl-CoA und 7 Mol Acetyl-CoA notwendig.
(B) Der Fettsäuresynthetase-Komplex ist bei Höheren Pflanzen vornehmlich in den Mitochondrien lokalisiert.
(C) Acetyl-CoA, das in die Fettsäuresynthese eingeht, stammt vornehmlich aus dem Citrat-Zyklus.
(D) Bei der Bildung von Malonyl-CoA ist Biotin als Co-Substrat beteiligt.
(E) Ungesättigte Fettsäuren entstehen durch wiederholte Dehydrierungsschritte innerhalb des Fettsäuresynthetase-Komplexes.

372 Welche der Aussagen trifft nicht zu?

(A) Die Fettsäuresynthetase ist ein Polypeptidkomplex mit verschiedenen enzymatischen Aktivitäten.
(B) Die Zwischenprodukte der Fettsäuresynthese sind kovalent mit der Sulfhydrylgruppe eines Acyl-Carrier-Proteins (ACP) verknüpft.
(C) Für die Synthese von Fettsäuren muß Malonyl-CoA aus Acetyl-CoA gebildet werden.
(D) Die prosthetische Gruppe der Acetyl-CoA-Carboxylase ist Thiamin.
(E) Als Reduktionsmittel trifft in der Fettsäuresynthese NADPD+H^+ auf.

373 Linolsäure ist für den Menschen essentiell,

weil

am Fettsäuresynthetasekomplex nur gesättigte Fettsäuren gebildet werden.

374 Welche der Aussagen treffen zu?

Der Abbau von Triacylglycerolen zu CO_2 und H_2O verläuft in Höheren Pflanzen unter Beteiligung

(1) des Glyoxylatzyklus
(2) des Citratzyklus
(3) der β-Oxydation

(A) nur 2
(B) nur 3
(C) nur 1 und 2

Physiologie

3.8 Grundzüge des Energiestoffwechsels (s.a. 3.6.2 und 3.7.2)

3.8.1 Glykolyse, Gluconeogenese, Pyruvatdecarboxylierung, Citratzyklus, Glyoxylatzyklus, Endoxidation

Lehrbuch S. 267ff.; 276ff.; 279ff.; 290

375 Wie ist der Begriff Glykolyse definiert?

Glykolyse ist

(A) der Abbau des Glykogens in der Leber
(B) der Abbau von Glucose zu Pyruvat
(C) der Abbau von Stärke zu Glucose
(D) die Hydrolyse von Glucose-6-phosphat zu Glucose
(E) die Bildung von ADP aus ATP.

376 Welche der folgenden Funktionen hat die Glykolyse im Stoffwechsel der Pflanzen?

(1) Abbau von Stärke zu Glucose
(2) Synthese von ATP aus ADP und Ⓟ
(3) Abbau von Glucose zu Pyruvat

(A) nur 1
(B) nur 2
(C) nur 3
(D) nur 1 und 3
(E) nur 2 und 3

377 Welche Aussage zur Glykolyse trifft nicht zu?

Bei der Glykolyse wird

(A) NADH + H^+ aus NAD^+ gebildet
(B) ATP aus ADP gebildet
(C) $FADH_2$ aus FAD gebildet
(D) aus Glycerinsäure-2-phosphat Wasser abgespalten
(E) eine Kohlenstoff-Kohlenstoff-Bindung gespalten

378 Welche der folgenden Aussagen zur Glykolyse ist <u>nicht</u> zutreffend?

(A) Die Glykolyse läuft im Cytoplasma der Zelle ab.
(B) Die freiwerdende Energie wird in Form von ATP gespeichert.
(C) Der erste Reaktionsschritt der Glykolyse ist eine Phosphorylierung der Glucose in 6-Stellung.
(D) Aus 2-Phosphoglycerinsäure (Glycerinsäure-2-phosphat) entsteht ein Enolester.
(E) Die Phosphorylierung von Fructose-6-phosphat wird durch das Enzym Hexokinase katalysiert.

379 Welche der folgenden Aussagen zur Glykolyse treffen zu?

(1) Aus ADP entsteht ATP.
(2) Die Glykolyse läuft im glatten Endoplasmatischen Retikulum ab.
(3) Die Phosphorylierung der Glucose in 6-Stellung wird durch das Enzym Hexokinase katalysiert.

(A) nur 3
(B) nur 1 und 2
(C) nur 1 und 3
(D) nur 2 und 3
(E) 1 bis 3 (alle)

380 In welcher Reihenfolge treten die folgend genannten fünf Verbindungen im Verlauf der Glykolyse auf?

(1) Triose-Ⓟ
(2) Pyruvat
(3) Fructose-6-Ⓟ
(4) Fructose-1,6-bis Ⓟ
(5) Glucose-6-Ⓟ

(A) (1) → (2) → (3) → (5) → (4)
(B) (2) → (3) → (1) → (5) → (4)
(C) (5) → (3) → (4) → (2) → (1)
(D) (5) → (3) → (4) → (1) → (2)
(E) (5) → (4) → (3) → (1) → (2)

381 Welche Aussagen über den hier formulierten Reaktionsablauf treffen zu?

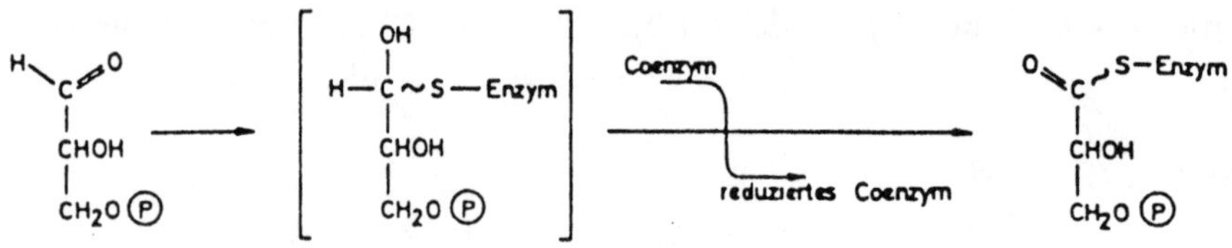

(1) Der Reaktionsablauf ist Teil des Citronensäure-Zyklus.
(2) Diese Reaktion ist am Abbau von Zuckern beteiligt.
(3) Dieser Reaktionsablauf geht der Substratkettenphosphorylierung voraus.

(A) nur 2
(B) nur 3
(C) nur 1 und 2
(D) nur 2 und 3
(E) 1 bis 3 (alle)

Ordnen Sie bitte den in Liste 1 genannten Enzymen die jeweils zutreffende Reaktion (Liste 2) zu.

<u>Liste 1</u>

382 Hexokinase

383 Phosphofruktokinase

<u>Liste 2</u>

(A) Fructose + ATP → Fructose-6-Ⓟ + ADP
(B) Fructose-6-Ⓟ + ATP → Fructose-1,6-bisphosphat + ADP
(C) Glucose-6-Ⓟ + H_2O → Glucose + Ⓟ
(D) Oxalacetat + GTP → Phosphoenolpyruvat + CO_2 + GDP
(E) Phosphoenolpyruvat + ADP → Pyruvat + ATP

384 Welche Aussagen treffen zu?

Im Rahmen der Glykolyse wird Fructose-6-phosphat zu Fructose-1,6-bisphosphat umgesetzt.

Die Reaktion wird katalysiert von einer

(1) Transferase
(2) Kinase
(3) Lyase
(4) Ligase

(A) nur 4
(B) nur 1 und 2
(C) nur 2 und 4
(D) nur 3 und 4
(E) nur 1, 2 und 4

---

385 Welche Aussage trifft zu?

Im Zuge der Glykolyse wird Fructose-1,6-bisphosphat in zwei C_3-Körper gespalten.

Es handelt sich dabei um

(A) 1,3-Diphosphoglycerinsäure und Dihydroxyaceton
(B) 2-Phosphoglycerinsäure und Phosphoenolbrenztraubensäure
(C) Dihydroxyacetonphosphat und Glycerinaldehyd-3-phosphat
(D) 2-Phosphoglycerinsäure und 3-Phosphoglycerinsäure
(E) Glycerinaldehyd-3-phosphat und 3-Phosphoglycerinsäure

Ordnen Sie bitte den in Liste 1 genannten Enzymen die jeweils zutreffende Reaktion (Liste 2) zu.

Liste 1	Liste 2
386 Pyruvatkinase	(A) Fructose + ATP → Fructose-6-Ⓟ + ADP
387 Hexokinase	(B) Fructose-6-Ⓟ + ATP → Fructose-1,6-bisphosphat + ADP
	(C) Glucose-6-Ⓟ + H_2O → Glucose + Ⓟ
	(D) Oxalacetat + GTP → Phosphoenolpyruvat + CO_2 + GDP
	(E) Phosphoenolpyruvat + ADP → Pyruvat + ATP

---

388 Nachfolgend ist ein Schema der Glykolyse bis zum erstmaligen Auftreten von C_3-Körpern wiedergegeben.

Welche Aussage über diesen Abschnitt des Glucoseabbaues trifft nicht zu?

GLUCOSE (1) → GLUCOSE-6-PHOSPHAT (2) → FRUCTOSE-6-PHOSPHAT (3) → FRUCTOSE-1,6-BISPHOSPHAT (4) → C_3-KÖRPER (5)

(A) (2) ist eine aktivierte Form von (1).
(B) (3) ist ein Isomeres von (2).
(C) Zwei der im Schema angegebenen Reaktionen verlaufen unter Verbrauch von ATP.
(D) Die Phosphorylierung von (3) wird durch das Enzym Phosphofructokinase katalysiert.
(E) Aus (4) entstehen D- und L-Glycerinaldehyd-3-phosphat.

389 Welche Aussage zum Glucoseabbau trifft <u>nicht</u> zu?

Ein Abschnitt des Glucoseabbaus ist die Umwandlung von Glycerinaldehyd-3-Ⓟ in Brenztraubensäure. Dabei

(A) wird die bei der Oxidation von Glycerinaldehyd-3-Ⓟ zu 3-Ⓟ-Glycerinsäure freiwerdende Energie als ATP konserviert
(B) wird NAD^+ zu $NADH + H^+$ reduziert
(C) entsteht aus 2-Ⓟ-Glycerinsäure ein Enolester
(D) werden 2 Moleküle ATP gewonnen
(E) wird 1-Ⓟ-Glycerinsäure zu 2-Ⓟ-Glycerinsäure umgelagert.

390 Welche Aussage über den Glucose-Abbau trifft zu?

Beim aeroben Abbau der Glucose fällt der Hauptenergiegewinn in Form von ATP an im Rahmen

(A) der Glykolyse
(B) der oxidativen Decarboxylierung von Oxalessigsäure
(C) der Decarboxylierung von Brenztraubensäure
(D) des Citronensäure-Zyklus
(E) der Atmungskette

391 Welche Aussage über den Glucose-Abbau trifft zu?

Beim anaeroben Abbau der Glucose durch Saccharomyces cerevisiae fällt der Hauptenergiegewinn an im Rahmen

(A) der Glykolyse
(B) der oxidativen Decarboxylierung von Oxalessigsäure
(C) der Decarboxylierung von Brenztraubensäure
(D) des Citratzyklus
(E) Keine der Aussagen trifft zu.

392 Welche der Aussagen über die oxidative Decarboxylierung des Pyruvats treffen zu?

(1) Das katalysierende Enzymsystem ist in den Mitochondrien lokalisiert.
(2) Neben CO_2 und $NADH + H^+$ entsteht Acetyl-CoA.
(3) An der Gesamtreaktion sind neben NAD^+ noch andere Coenzyme beteiligt.
(4) An der Decarboxylierung ist Biotin als Coenzym beteiligt.

(A) nur 1 und 4
(B) nur 2 und 3
(C) nur 3 und 4
(D) nur 1, 2 und 3
(E) nur 1, 2 und 4

393 Welche Aussagen über die oxidative Decarboxylierung des Pyruvats treffen zu?

(1) Neben CO_2 und $NADH + H^+$ entsteht Acetyl-CoA.
(2) Die Pyruvat-Dehydrogenase ist in den Mitochondrien lokalisiert.
(3) Der Reaktionsablauf wird von einem Multienzymkomplex katalysiert.
(4) Die Reaktion ist Teil des Citratzyklus.

(A) nur 3
(B) nur 2 und 3
(C) nur 2 und 4
(D) nur 1, 2 und 3
(E) nur 1, 2 und 4

394 Welche Aussagen über die oxidative Decarboxylierung des Pyruvats treffen zu?

(1) Neben CO_2 und $NADH + H^+$ entsteht Acetyl-CoA.
(2) Das Pyruvat-decarboxylierende Enzymsystem ist in den Mitochondrien lokalisiert.
(3) Der Reaktionsablauf wird von einem Multienzymkomplex katalysiert.

(A) nur 1
(B) nur 2
(C) nur 1 und 2
(D) nur 2 und 3
(E) 1 bis 3 (alle)

395 Die oxidative Decarboxylierung von Pyruvat zu Acetat beim Abbau der Glucose ist ein stark endergonischer Prozeß,

<u>weil</u>

Acetat an Coenzym A gebunden wird und die Thioesterbindung energiereich ist.

---

396 Phosphoenolpyruvat kann aus 2-Phosphoglycerinsäure gebildet werden, nicht aber direkt aus Pyruvat,

<u>weil</u>

Pyruvat im Vergleich zu Phosphoenolpyruvat sehr energiearm ist.

---

397 Bei der hier abgebildeten Struktur handelt es sich um

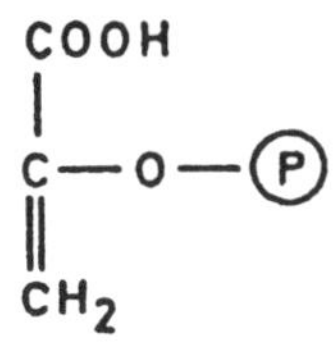

(A) 2-Phosphoglycerinsäure
(B) Glycerinaldehyd-2-phosphat
(C) Phosphoenolbrenztraubensäure
(D) α-Ketoglutarsäure
(E) Glycyrrhizinsäure

---

398 Bei der hier abgebildeten Struktur handelt es sich um

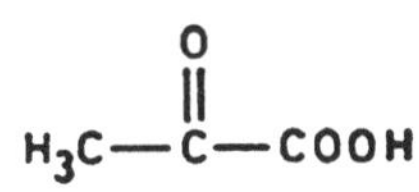

(A) α-Ketoglutarsäure
(B) Brenztraubensäure
(C) Oxalessigsäure
(D) Glycerinsäure
(E) Glycyrrhizinsäure

---

399 Welche Aussagen zur nebenstehenden Formel sind richtig?

Die Verbindung

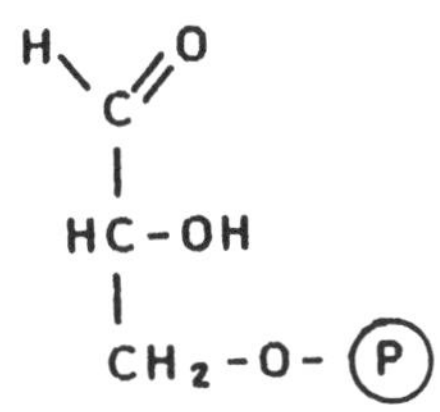

(1) entsteht im Rahmen der Glykolyse
(2) entsteht im Calvin-Zyklus
(3) steht mit Dihydroxyacetonphosphat im Gleichgewicht
(4) kann im Rahmen der Gluconeogenese aus Phosphoenolpyruvat gebildet werden

(A) nur 1 und 3
(B) nur 2 und 4
(C) nur 1, 2 und 4
(D) nur 2, 3 und 4
(E) 1 bis 4 (alle)

---

400 Welche Antwort trifft zu?

Die Umsetzung von Lactat zu Pyruvat wird katalysiert von einer

(A) Hydrolase
(B) Isomerase
(C) Ligase
(D) Oxidoreduktase
(E) Transferase

Ordnen Sie bitte den aufgeführten Reaktionen (Liste 1) das jeweils katalysierende Enzym (Liste 2) zu.

<u>Liste 1</u>

401 Pyruvat + NAD^+ + Coenzym A
➛ Acetyl-CoA + CO_2 + NADH + H^+

402 Pyruvat
➛ Acetaldehyd + CO_2

<u>Liste 2</u>

(A) Acetyl-CoA-dehydrogenase
(B) Pyruvat-decarboxylase
(C) Pyruvat-dehydrogenase
(D) Pyruvat-enolase
(E) Pyruvat-kinase

403 Die Reduktion von Pyruvat zu Lactat ist der erste Schritt der Gluconeogenese,

weil

Pyruvat durch die Phosphoenolpyruvatkinase nicht phosphoryliert werden kann.

404 Welche Aussage trifft zu?

Die Netto-Ausbeute der aeroben Glykolyse von 1 Mol Glucose zu 2 Mol Pyruvat beträgt (in Mol)

(A) 2 ATP
(B) 2 ATP + NADH + H^+
(C) 2 ATP + 2 NADH + 2 H^+
(D) 2 ATP + 4 NADH + 4 H^+
(E) 4 ATP + 2 NADH + 2 H^+

405 Welche Aussagen zum Stoffwechsel treffen zu?

In der pflanzlichen Zelle werden bei der Umwandlung von Fettsäuren in Kohlenhydrate folgende Stoffwechselprozesse durchlaufen:

(1) β-Oxidation
(2) Gluconeogenese
(3) Glyoxylsäure-Zyklus

(A) nur 1
(B) nur 2
(C) nur 3
(D) nur 2 und 3
(E) 1 bis 3 (alle)

406 Welche der abgebildeten Reaktionen ist an der Gluconeogenese (= Synthese von Kohlenhydraten aus Produkten des Intermediärstoffwechsels) nicht beteiligt?

(A)

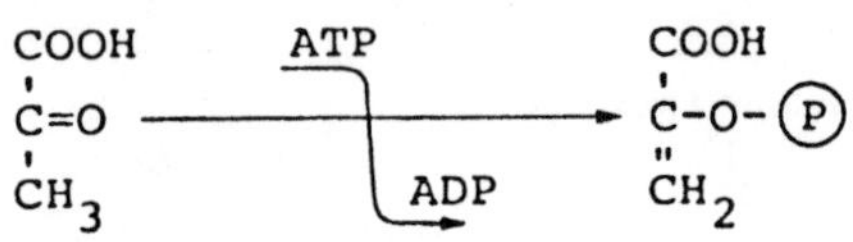

(B)

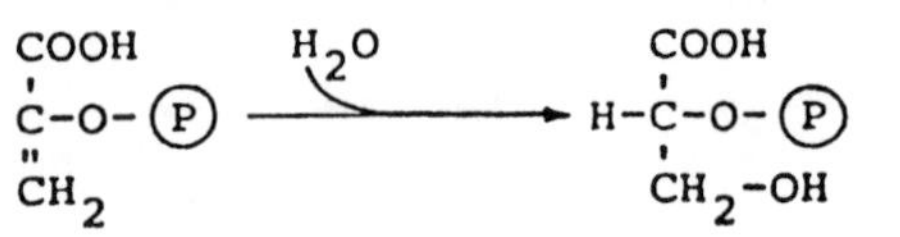

(C)

(D)

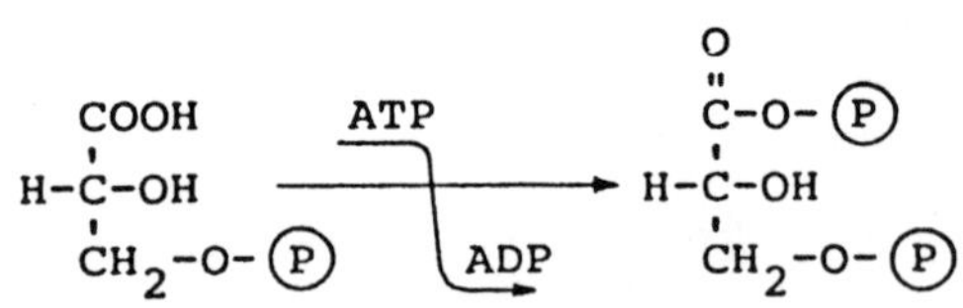

(E)

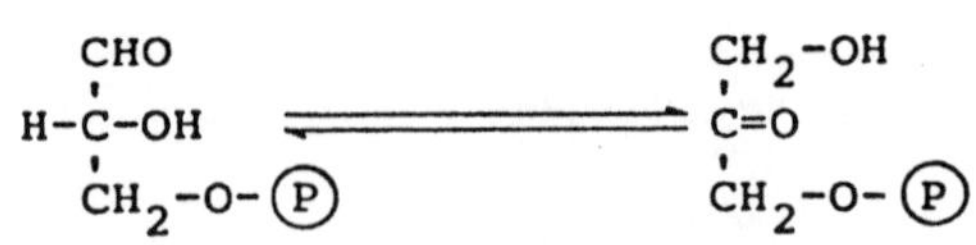

407 Die Glucose-Bildung durch Gluconeogenese beginnt mit der Decarboxylierung von Pyruvat,

weil

die Bildung von Pyruvat aus Phosphoenolpyruvat ein endergonischer Prozeß ist.

408 Milchsäure kann im Zuge der Gluconeogenese in Glykogen umgewandelt werden,

<u>weil</u>

Milchsäure mit Hilfe von NAD^+ zu Pyruvat umgesetzt werden kann.

---

409 Welche Aussage trifft zu?

(A) Als Cosubstrat der Milchsäuregärung dient NADPH + H^+.
(B) Ein essentielles Enzym der ethanolischen Gärung ist die Alkoholdehydrogenase.
(C) Das Ausgangssubstrat der ethanolischen Gärung ist Acetyl-CoA.
(D) Bei der ethanolischen Gärung ist Liponsäure das reduzierende Cosubstrat.
(E) Die ethanolische Gärung kann nur von bestimmten Prokaryoten durchgeführt werden.

---

410 Acetyl-CoA ist ein Metabolit, der verschiedene Stoffwechselprozesse verbindet,

<u>weil</u>

Acetyl-CoA Endprodukt der Glykolyse und des Citronensäure-Zyklus ist.

---

411 Welche der Aussagen über Acetyl-Coenzym A treffen zu?

(1) Acetyl-CoA dient als Ausgangsbaustein für die Biosynthese von Fettsäuren.
(2) Acetyl-CoA entsteht in Organismen bei der oxidativen Decarboxylierung von Brenztraubensäure.
(3) Acetyl-CoA ist in Pflanzen ein Zwischenprodukt bei der Umwandlung von Fetten in Zucker.
(4) Die Acetylgruppe von Acetyl-CoA kann in den Citratzyklus eingeschleust werden.

(A) nur 1 und 3
(B) nur 2 und 4
(C) nur 3 und 4
(D) nur 1, 2 und 4
(E) 1 bis 4 (alle)

---

412 Welche der Antworten treffen zu?

Acetyl-CoA liefert den Grundbaustein für die Biosynthese von

(1) Stearinsäure
(2) β-Hydroxybuttersäure
(3) Glucose
(4) Linolsäure

(A) nur 1 und 4
(B) nur 2 und 3
(C) nur 1, 2 und 4
(D) nur 2, 3 und 4
(E) 1 bis 4 (alle)

---

413 Welche der Antworten treffen zu?

Acetyl-CoA ist Ausgangsprodukt für die Biosynthese von

(1) Glucuronsäure
(2) β-Hydroxybuttersäure
(3) Linolensäure

(A) nur 1
(B) nur 3
(C) nur 1 und 3
(D) nur 2 und 3
(E) 1 bis 3 (alle)

---

414 Für welche der hier aufgeführten Enzyme und Enzymsysteme ist Acetyl-CoA Substrat?

(1) Citratsynthase
(2) Pyruvatdecarboxylase
(3) Fettsäuresynthetase
(4) Isocitratlyase

(A) nur 1
(B) nur 1 und 3
(C) nur 3 und 4
(D) nur 1, 2 und 3
(E) nur 1, 3 und 4

415 An welcher der folgenden Reaktionen ist Carboxybiotin beteiligt?

(A) Succinat → Malat
(B) Pyruvat → Acetyl-CoA
(C) Malonyl-CoA → Fettsäuren
(D) Acetyl-CoA → Malonyl-CoA
(E) Oxalsuccinat → α-Ketoglutarat

416 Welche der Aussagen über den Citratzyklus treffen zu?

(1) Die Reaktionsfolgen des Citratzyklus stellen einen Stoffwechselweg für anabole und katabole Vorgänge dar.
(2) Die Reaktionsfolgen des Citratzyklus ermöglichen einer Zelle die Bildung von NADH + H^+.
(3) Bei Verknüpfung der „aktivierten Essigsäure" mit Oxalessigsäure entsteht als erstes Reaktionsprodukt des Citratzyklus Iso-Citrat.
(4) Bei dem Abbau eines C_2-Körpers durch die Reaktionsfolgen des Citratzyklus werden 4 Wasserstoffatome auf FAD übertragen.

(A) nur 2
(B) nur 1 und 2
(C) nur 3 und 4
(D) nur 1, 2 und 3
(E) 1 bis 4 (alle)

417 Welche der Aussagen treffen zu?

Der Citratzyklus ist

(1) ein Teil der Endoxidation, in dem C_2-Körper direkt zu CO_2 und H_2O oxidiert werden
(2) der Hauptlieferant von Reduktionsäquivalenten für die Atmungskettenphosphorylierung
(3) Lieferant für das Kohlenstoff-Gerüst von Aminosäuren
(4) die Voraussetzung für den Ablauf der Glykolyse

(A) nur 1
(B) nur 1 und 3
(C) nur 2 und 3
(D) nur 2 und 4
(E) 1 bis 4 (alle)

418 Welche der Antworten sind richtig?

Im Citratzyklus erfolgt eine Decarboxylierung beim Übergang von

(1) Isocitrat zu Ketoglutarat
(2) Ketoglutarat zu Succinat
(3) Succinat zu Fumarat
(4) Fumarat zu Malat
(5) Malat zu Oxalacetat

(A) nur 2
(B) nur 1 und 2
(C) nur 2 und 5
(D) nur 1, 3 und 5
(E) nur 2, 4 und 5

419 Welche Aussage zum Citratzyklus trifft zu?

Im Krebs-Zyklus wird CO_2 abgespalten beim Übergang von

(A) Citrat zu Iso-Citrat
(B) Fumarat zu Malat
(C) Oxalsuccinat zu Aconitat
(D) Oxalsuccinat zu α-Ketoglutarat
(E) Succinat zu Fumarat

420 Welche Aussage trifft zu?

Im Citratzyklus wird CO_2 abgespalten beim Übergang von

(A) Zitronensäure zu cis-Aconitsäure
(B) Fumarsäure zu Äpfelsäure
(C) Oxalbernsteinsäure zu Citronensäure
(D) Oxalbernsteinsäure zu α-Ketoglutarsäure
(E) Bernsteinsäure zu Fumarsäure

421 Im Verlauf des Citratzyklus wird Wasserstoff auf FAD und NAD^+ übertragen,

<u>weil</u>

durch Oxidation von Wasserstoff in der Atmungskette Energie (als ATP) entsteht.

---

422 Welche der Antworten treffen zu?

$NADH + H^+$

(1) wird bei der Fettsäurebiosynthese als Reduktionsmittel benötigt
(2) wird bei der Bildung von Lactat aus Pyruvat durch die Lactat-dehydrogenase gebildet
(3) entsteht im Verlauf des Citratzyklus

(A) nur 3
(B) nur 1 und 2
(C) nur 1 und 3
(D) nur 2 und 3
(E) 1 bis 3 (alle)

---

423 Welche der folgenden Säuren ist im Citratzyklus <u>nicht</u> zu finden?

(A) α-Hydroxi-bernsteinsäure
(B) α-Hydroxi-glutarsäure
(C) α-Keto-bernsteinsäure
(D) α-Keto-glutarsäure
(E) Bernsteinsäure

Ordnen Sie bitte den aufgeführten Schritten aus dem Citronensäure-Zyklus (Liste 1) die jeweils entsprechende Beschreibung aus Liste 2 zu.

<u>Liste 1</u>

424

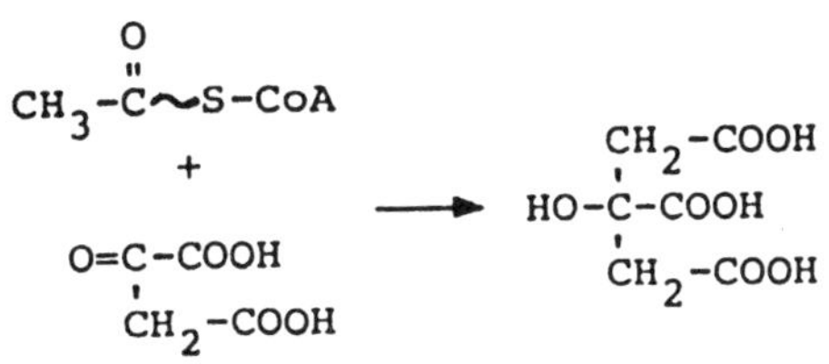

425

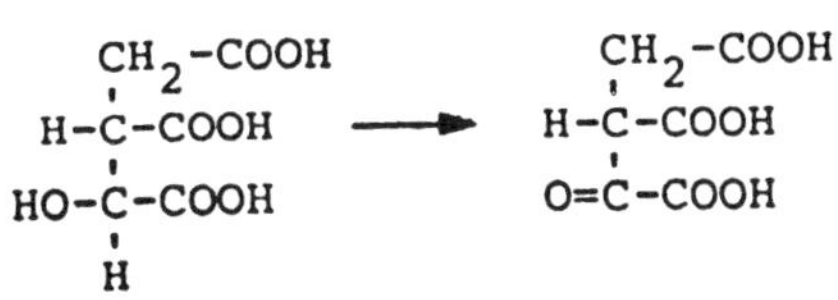

<u>Liste 2</u>

(A) Bildung von Citronensäure
(B) Dehydrierung von Citronensäure
(C) Umsetzung von Isocitronensäure zu Oxalbernsteinsäure
(D) Umsetzung von Citronensäure zu einer a-Ketosäure
(E) Kondensation von Acetyl-CoA und Oxalessigsäure zu Isocitronensäure

---

426 Welche Antwort zum Verlauf des Citronensäure-Zyklus trifft <u>nicht</u> zu?

An der α-Ketoglutarat-dehydrogenase-Reaktion sind folgende Coenzyme beteiligt:

(A) Biotin
(B) Coenzym A
(C) Liponsäure
(D) NAD^+
(E) Thiaminpyrophosphat

Ordnen Sie bitte jedem der in Liste 1 aufgeführten Reaktionsschritte das zutreffende Beispiel aus dem Citratzyklus (Liste 2) zu.

Liste 1

427 Anlagerung von Wasser

428 oxidative Decarboxylierung

Liste 2

(A) Oxalsuccinat → α-Ketoglutarat
(B) α-Ketoglutarat → Succinat
(C) Succinat → Fumarat
(D) Fumarat → Malat
(E) Malat → Oxalacetat

---

429 Welches Cosubstrat ist bei der Umsetzung von Succinat zu Fumarat im Citratzyklus beteiligt?

(A) FAD
(B) NAD
(C) NADPH
(D) GTP
(E) H_2O_2

---

430 Welcher Teilschritt des Citratzyklus stellt eine oxidative Decarboxylierung dar, die analog dem Abbau des Pyruvats erfolgt?

(A) Oxalsuccinat → α-Ketoglutarat
(B) α-Ketoglutarat → Succinat
(C) Succinat → Fumarat
(D) Fumarat → Malat
(E) Malat → Oxalacetat

---

431 An welchem Stoffwechselprozeß ist Succinyl-CoA beteiligt?

(A) Photophosphorylierung
(B) Atmungskette
(C) Pentosephosphatzyklus
(D) Citratzyklus
(E) Pyruvatdecarboxylierung

---

432 Welche der Aussagen treffen zu?

Die Bildung von

(1) Fumarat aus Succinat ist eine Reduktion
(2) Acetaldehyd aus Pyruvat ist eine oxidative Decarboxylierung
(3) β-Ketobutyrat aus β-Hydroxybutyrat ist eine Oxidation
(4) Malat aus Oxalacetat ist eine Oxidation

(A) nur 2
(B) nur 3
(C) nur 1 und 2
(D) nur 2 und 3
(E) nur 3 und 4

Ordnen Sie bitte den als Strukturformel dargestellten Gliedern des Citronensäure-Zyklus (Liste 1) den zutreffenden Namen (Liste 2) zu.

Liste 1

433 $HOOC-\overset{\overset{O}{\|}}{C}-CH_2-COOH$

434 $HOOC-CH_2-CH_2-COOH$

Liste 2

(A) Äpfelsäure
(B) Bernsteinsäure
(C) Fumarsäure
(D) α-Ketoglutarsäure
(E) Oxalessigsäure

435 Welche der Aussagen treffen zu?

Welche Gemeinsamkeiten haben Brenztraubensäure und α-Ketoglutarsäure?

(1) Beide Verbindungen sind α-Ketosäuren.
(2) Sie können im Zuge des Energiestoffwechsels oxidativ decarboxyliert werden.
(3) Sie werden im Zuge des Citronensäure-Zyklus zu einem Methylester metabolisiert.
(4) Sie können zu Aminosäuren umgesetzt werden.

(A) nur 1
(B) nur 1 und 2
(C) nur 2 und 3
(D) nur 1, 2 und 3
(E) nur 1, 2 und 4

436 Zu welcher Gruppe von Enzymen gehört dasjenige Protein des Citratzyklus, das die Anlagerung von Wasser an Fumarat katalysiert?

Zu der Gruppe der

(A) Lyasen
(B) Hydrolasen
(C) Transferasen
(D) Oxidoreduktasen
(E) Isomerasen

437 Welche der Antworten sind zutreffend?

Das abgebildete Raktionsprinzip

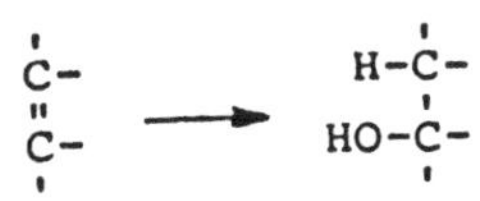

beschreibt

(1) die Umsetzung von Fumarat zu Malat
(2) einen Teilprozeß im Fettsäureabbau
(3) einen Teilprozeß der Substratkettenphosphorylierung

(A) nur 1
(B) nur 3
(C) nur 1 und 2
(D) nur 1 und 3
(E) 1 bis 3 (alle)

438 Malonat hemmt im Citratzyklus das Enzym Succinat-Dehydrogenase. Diese Hemmung wird durch Erhöhung der Substratkonzentration aufgehoben.

Welche der folgenden Antworten treffen zu?

Die Hemmung der Succinat-Dehydrogenase durch Malonat ist

(1) kompetitiv
(2) nicht kompetitiv
(3) reversibel
(4) irreversibel

(A) nur 2
(B) nur 3
(C) nur 4
(D) nur 1 und 3
(E) nur 2 und 3

439 Welche der nachfolgenden Verbindungen tritt <u>nicht</u> als Zwischenprodukt im Citratzyklus auf?

(A) Oxalsuccinat
(B) Isocitrat
(C) α-Ketoglutarat
(D) Malonat
(E) Fumarat

Physiologie

440 Welche Antwort trifft zu?

Der Stoffwechselschritt von Malat zum Oxalacetat im Citratzyklus ist eine

(A) Oxidation
(B) Wasserabspaltung
(C) Umlagerung
(D) Reduktion
(E) Decarboxylierung

441 Welche Aussagen zur Citrat-Synthase sind richtig?

(1) Das Enzym katalysiert die Kondensation von Acetyl-CoA und α-Ketoglutarat.
(2) Substrat des Enzyms ist Oxalacetat.
(3) Das Enzym hat zwei Substrate und zwei Produkte.
(4) Das Enzym ist am Endoplasmatischen Retikulum lokalisiert.

(A) nur 1 und 2
(B) nur 1 und 3
(C) nur 2 und 3
(D) nur 1, 2 und 3
(E) 1 bis 4 (alle)

442 Welche der folgenden Reaktionen stellt einen Stoffwechselschritt dar, der <u>nicht</u> zum Citratzyklus gehört?

(A)

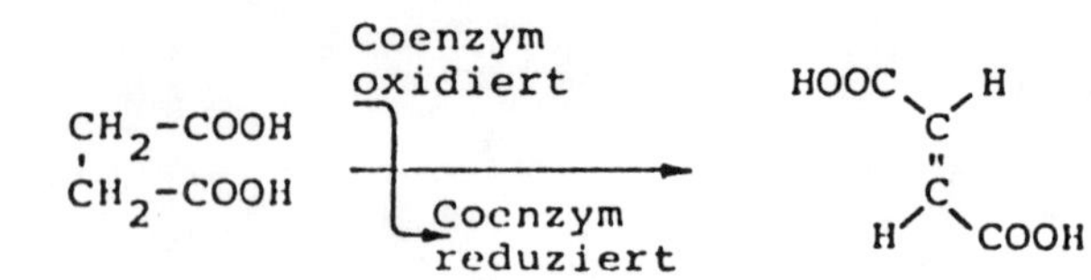

(B)

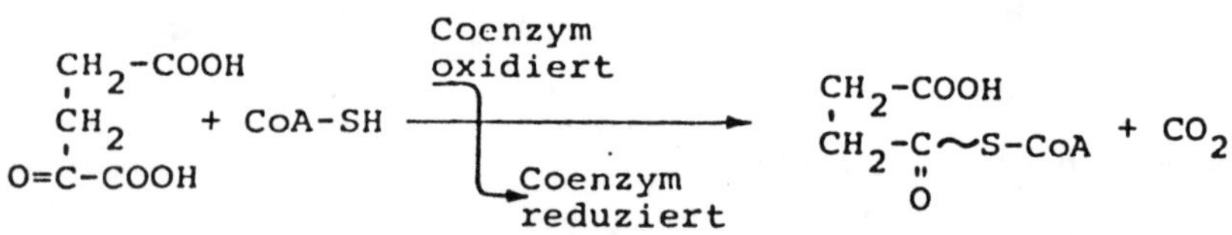

(C)

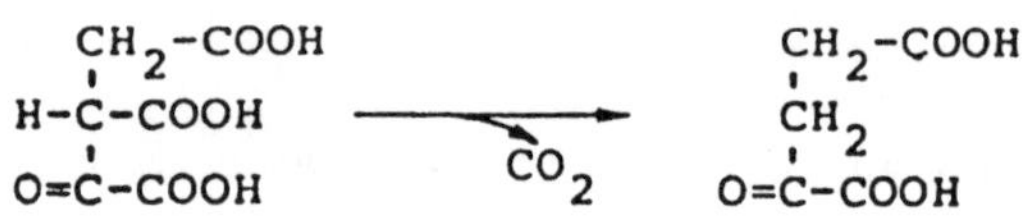

(D)

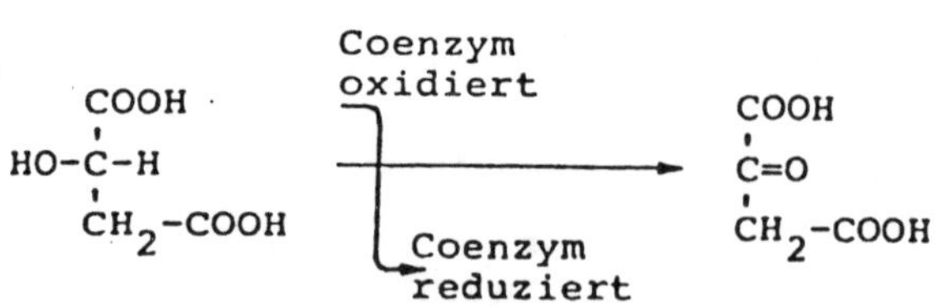

(E)

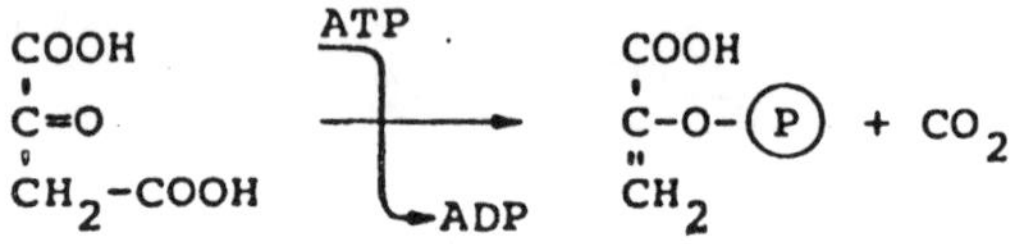

443 Mit der hier schematisch dargestellten Reaktion

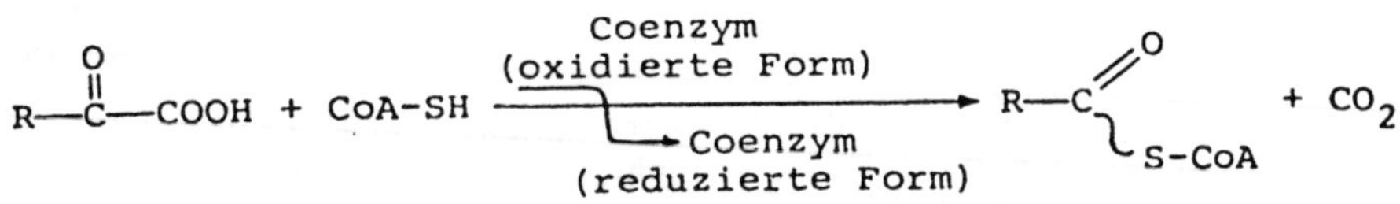

können folgende Stoffwechselschritte beschrieben werden:

(1) Decarboxylierung einer β-Ketosäure
(2) Decarboxylierung der α-Ketoglutarsäure
(3) Decarboxylierung der Brenztraubensäure
(4) Decarboxylierung der Oxalessigsäure im Citronensäure-Zyklus

(A) nur 1 und 4
(B) nur 2 und 3
(C) nur 2 und 4
(D) nur 1, 2 und 3
(E) nur 1, 3 und 4

444 Die Entstehung biologischer Reduktionsäquivalente ist ein Ergebnis des Citratzyklus,

weil

im Verlauf des Citratzyklus Wasserstoff auf FAD und NAD^+ als Wasserstoffakzeptoren übertragen wird.

445 Welche der Aussagen über die Atmungskettenphosphorylierung (oxidative Phosphorylierung) treffen zu?

(1) Die Bildung von ATP aus ADP und anorganischem Phosphat ist eine endergonische Reaktion.
(2) Voraussetzung für die Bildung von ATP ist ein gerichteter (vektorieller) Transport von Elektronen und Protonen an einer Biomembran.
(3) Bei der Oxidation von 1 Mol NADH + H^+ werden 2 Mol ATP gebildet.

(A) nur 1
(B) nur 2
(C) nur 1 und 2
(D) nur 2 und 3
(E) 1 bis 3 (alle)

446 Welche Aussagen über die Endoxidation treffen zu?

(1) Das NADH + H^+ wird durch ein eisenhaltiges Flavoprotein oxidiert.
(2) Die Vereinigung von Wasserstoff und Sauerstoff erfolgt durch Vermittlung der Atmungskette.
(3) Außer dem nichtzyklischen ist auch ein zyklischer Elektronentransport nachgewiesen worden.
(4) Durch die Elektronentransportkette werden sogenannte Reduktionsäquivalente in Form von NADPH + H^+ gebildet.

(A) nur 1 und 2
(B) nur 1 und 3
(C) nur 2 und 4
(D) nur 2, 3 und 4
(E) 1 bis 4 (alle)

447 Welche der Aussagen über die Endoxidation treffen zu?

(1) In der Atmungskette werden Elektronen von Redoxsystemen mit negativerem Potential auf Redoxsysteme mit positiverem Potential übertragen.
(2) Das Elektronentransportsystem der Atmungskette ist in der inneren Membran der Mitochondrien lokalisiert.
(3) Mit dem Elektronentransport in der Atmungskette ist bei einigen Schritten ein Transport von Protonen durch eine Biomembran gekoppelt.

(A) nur 1
(B) nur 2
(C) nur 1 und 2
(D) nur 2 und 3
(E) 1 bis 3 (alle)

Physiologie

448 Welche der folgenden Aussagen zur Endoxidation trifft nicht zu?

(A) Die Enzyme der Atmungskette sind an der inneren Membran der Mitochondrien lokalisiert.
(B) In der Atmungskette hat das jeweils folgende Redoxsystem ein stärker negatives Redoxpotential als das vorhergehende.
(C) Die Oxidation von NADH + H^+ kann nur ablaufen, wenn genügend ADP zur Verfügung steht.
(D) Die Übertragung von Wasserstoff auf Ubichinon erfolgt mit Hilfe von Flavoproteinen.
(E) Die Reoxidation des reduzierten Ubichinon erfolgt durch das Cytochromsystem.

Ordnen Sie bitte den Aussagen der Liste 1 den jeweiligen Vorgang der Liste 2 zu.

Liste 1

449 Elektronenfluß erfolgt vom positiven zum negativen Potential

450 Elektronenfluß erfolgt vom negativen zum positiven Potential

Liste 2

(A) Bildung von P_{730} (Phytochromsystem)
(B) Bildung von P_{660} (Phytochromsystem)
(C) Durchlaufen der Atmungskette
(D) CO_2-Fixierung (Photoassimilation)
(E) Durchlaufen des Photosystems I

451 Bei der Übertragung der Elektronen in der Atmungskette handelt es sich um Ein-Elektronenübergänge,

weil

die Wertigkeit des Zentralions im Porphyrin-Ringsystem der Cytochrome einen Zwei-Elektronenübergang nicht zuläßt.

452 Die Annahme, $FADH_2$ habe ein negativeres Redoxpotential als NADH + H^+, ist richtig,

weil

in der Atmungskette ein Mol NADH + H^+ 3 Mol ATP, ein Mol $FADH_2$ aber nur 2 Mol ATP liefert.

453 Wieviele Elektronen werden benötigt, um ein Molekül O_2 im Rahmen der Endoxidation zu reduzieren?

(A) eins
(B) zwei
(C) drei
(D) vier
(E) sechs

454 Durch Vermittlung der Redoxkatalysatoren der Atmungskette entstehen pro Mol NADH zwei Mol ATP,

weil

in der Atmungskette die Bildung von ATP aus ADP und Ⓟ an die (formale) Umsetzung von Reduktionsäquivalenten (z.B. NADH + H^+) mit O_2 gekoppelt ist.

455 Welche der aufgeführten Elemente sind als Ionen am Elektronentransport bei Höheren Pflanzen beteiligt?

(1) Eisen
(2) Kalium
(3) Kupfer
(4) Natrium
(5) Selen

(A) nur 1
(B) nur 1 und 2
(C) nur 1 und 3
(D) nur 1 und 5
(E) nur 3, 4 und 5

456 Welche Antwort trifft zu?

Wenn Ubichinon aufgrund des Elektronentransportes in der Atmungskette reduziert wird, entsteht als Primärprodukt ein

(A) Semichinon
(B) Alkohol
(C) Chroman
(D) Aldehyd
(E) Ether

457 Welche der Aussagen über Cytochrome treffen zu?

Cytochrome

(1) enthalten $Fe^{2+/3+}$-Porphyringruppen
(2) kommen nur im Pflanzenreich vor
(3) sind elektronenübertragende Enzyme
(4) katalysieren nur 1-Elektronen-Übertragungen

(A) nur 3
(B) nur 1 und 2
(C) nur 1 und 4
(D) nur 1, 3 und 4
(E) nur 2, 3 und 4

---

458 Welche der Aussagen über Cytochrome treffen zu?

Cytochrome

(1) sind Redoxkatalysatoren
(2) sind Proteine mit einem Porphyrin-Ringsystem
(3) katalysieren jeweils nur Ein-Elektronen-Übergänge
(4) fungieren als Lichtakzeptoren bei der Photosynthese
(5) sind an der Atmungskette beteiligt und kommen auch in Chloroplasten vor

(A) nur 2 und 4
(B) nur 1, 3 und 4
(C) nur 1, 4 und 5
(D) nur 2, 3 und 5
(E) nur 1, 2, 3 und 5

---

459 Cytochrome spielen sowohl bei der Photosynthese als auch bei der Atmung eine Rolle,

weil

Cytochrome elektronenübertragende Systeme darstellen.

---

460 Cytochrome spielen sowohl bei der Photosynthese als auch bei der Atmung eine Rolle,

weil

Cytochrome Protonen übertragen.

---

461 Durch Vermittlung der Redoxkatalysatoren der Atmungskette entstehen pro Mol NADH + H^+ zwei Mol ATP,

weil

in der Atmungskette die Bildung von ATP aus ADP und Ⓟ an die (formale) Umsetzung von Reduktionsäquivalenten (z.B. NADH + H^+) mit O_2 gekoppelt ist.

---

462 Im Enzymsystem der Endoxidation sind vertreten

(1) Oxidoreduktasen
(2) Peroxidasen
(3) Transferasen

(A) nur 1
(B) nur 2
(C) nur 1 und 2
(D) nur 1 und 3
(E) 1 bis 3 (alle)

---

463 Bei der Veratmung von Fett oder Eiweiß ist der Atmungsquotient kleiner als eins (<1),

weil

bei der Veratmung von Fett oder Eiweiß mehr Sauerstoff als Kohlendioxid gebildet wird.

Physiologie

464 Welche der folgenden Aussagen ist <u>nicht</u> zutreffend?

(A) Im Verlauf der Glykolyse werden Reduktionsäquivalente in Form von NADH + H^+ gebildet.
(B) Eine wichtige Reaktion der Glykolyse ist die Spaltung von Fructose-1,6-bisphosphat in 2 C_3-Körper.
(C) Die Bildung von 3-Phosphoglyceroylphosphat ist ein oxidativer Vorgang
(D) Das Endprodukt der Glykolyse ist Phosphoenolpyruvat.
(E) Glucose muß am Anfang der Glykolyse an C-6 phosphoryliert werden.

465 Bei der oxidativen Decarboxylierung des Pyruvats sind folgende Coenzyme beteiligt:

(1) Coenzym A
(2) FAD
(3) Liponsäure
(4) NAD^+
(5) Thiaminpyrophosphat

(A) nur 4
(B) nur 1, 2 und 5
(C) nur 1, 3 und 4
(D) nur 2, 3 und 5
(E) 1 bis 5 (alle)

466 Welche Antwort trifft <u>nicht</u> zu?

An der Bildung von Acetyl-Coenzym A aus Pyruvat sind folgende Reaktionsschritte beteiligt:

(A) Decarboxylierung
(B) Übertragung eines C_2-Körpers auf Liponsäure
(C) Übertragung des Acetylrestes auf CoA
(D) Reduktion von $NADP^+$
(E) Reduktion von NAD^+

467 Welche der Antworten treffen zu?

Acetyl-CoA ist Edukt für die Biosynthese von:

(1) Glucuronsäure
(2) β-Hydroxybuttersäure
(3) Linolensäure

(A) nur 1
(B) nur 3
(C) nur 1 und 3
(D) nur 2 und 3
(E) 1 bis 3 (alle)

468 Die cis-Aconitsäure ist eine der Carbonsäuren des Citrat-Zyklus.

In der hier dargestellten Strukturformel der cis-Aconitsäure ist der Rest R identisch mit

(A) – COOH
(B) – H
(C) – CH_3
(D) – OH
(E) – CHO

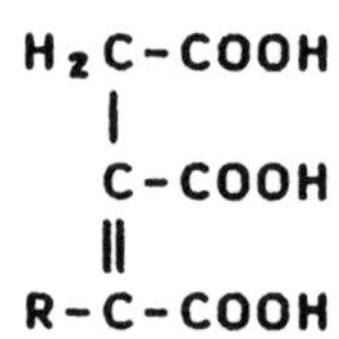

cis-Aconitsäure

469 Welche der Metabolite des Zitronensäure-Zyklus sind durch Transaminierung in Aminosäuren umwandelbar?

(1) Succinat
(2) Fumarat
(3) Oxalacetat

(A) nur 1
(B) nur 3
(C) nur 1 und 2
(D) nur 2 und 3
(E) 1 bis 3 (alle)

470 Bei der Veratmung von Polysacchariden und Triacylglycerolen tritt $FADH_2$ als wasserstoffübertragendes Cosubstrat auf

(1) beim Abbau der Fettsäuren durch β-Oxidation
(2) im Verlauf der Glykolyse
(3) im Verlauf des Citrat-Zyklus

(A) nur 1
(B) nur 2
(C) nur 1 und 2
(D) nur 1 und 3
(E) 1 bis 3 (alle)

471 Welche Aussagen über die nebenstehende Verbindung treffen zu?

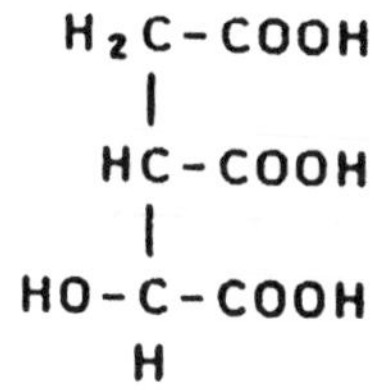

(1) Bei der Verbindung handelt es sich um ein Molekül des Calvin-Zyklus.
(2) Die Verbindung ist eine Komponente des Zitronensäure-Zyklus.
(3) Die Verbindung kann zu Oxalbernsteinsäure oxidiert werden.
(4) Die Verbindung wird auch als Aconitsäure bezeichnet.

(A) nur 1 und 2
(B) nur 2 und 3
(C) nur 3 und 4
(D) nur 1, 2 und 3
(E) nur 2, 3 und 4

---

472 Die Atmungskette ist während der alkoholischen Gärung aktiv,

<u>weil</u>

die Atmungskette ein Beispiel für die Kopplung endergoner (ATP-Bildung) und exergoner (NADH + H^+-Oxidation) Prozesse ist.

---

473 Im Zuge der Glykolyse wird Fructose-6-phosphat durch eine Aldolase in zwei C_3-Körper gespalten,

<u>weil</u>

beim Abbau von C_6-Zuckern im Zuge der Glykolyse zunächst abbaufähige C_3-Körper entstehen.

---

474 Welche der folgenden Reaktionen wird durch Hexokinase katalysiert?

(A) Fructose + ATP ⟶ Fructose-6-Ⓟ + ADP
(B) Fructose-6-Ⓟ + ATP ⟶ Fructose-1,6-bisphosphat + ADP
(C) Glucose-6-Ⓟ + H_2O ⟶ Glucose + Ⓟ
(D) Oxalacetat + GTP ⟶ Phosphoenolpyruvat + CO_2 + GDP
(E) Phosphoenolpyruvat + ADP ⟶ Pyruvat + ATP

---

475 In welchem der folgenden Kompartimente läuft die Glykolyse ab?

(A) Cytosol
(B) Endoplasmatisches Retikulum (ER)
(C) Lysosom
(D) Mitochondrium
(E) Peroxisom

---

476 Welche der folgenden Aussagen zur Glykolyse ist <u>nicht</u> zutreffend?

(A) Die Glykolyse läuft im Cytoplasma der Zelle ab.
(B) Die freiwerdende Energie wird in Form von ATP gespeichert.
(C) Der erste Reaktionsschritt der Glykolyse ist eine Phosphorylierung der Glucose in 6-Stellung.
(D) Aus 2-Phosphoglycerinsäure (Glycerinsäure-2-phosphat) entsteht ein Enolester.
(E) Die Phosphorylierung von Fructose-6-phosphat wird durch das Enzym Hexokinase katalysiert.

---

477 Welche Antwort trifft zu?

Fettsäuren sind von Pflanzen für die Gluconeogenese verwertbar.
Daran unmittelbar beteiligt ist folgender Prozeß:

(A) Glykolyse
(B) Glyoxylsäurezyklus
(C) reduktiver Pentosephosphatzyklus
(D) oxidativer Pentosephosphatzyklus
(E) Tricarbonsäurezyklus

478 Welche der Aussagen trifft nicht zu?

(A) Durch den Glyoxylat-Zyklus können Fette in Kohlenhydrate umgewandelt werden.
(B) Neben bestimmten Höheren Pflanzen verfügen auch manche Mikroorganismen über die Enzyme des Glyoxylat-Zyklus.
(C) Die Enzyme für den Glyoxylat-Zyklus sind bei Pflanzen in den Glyoxysomen lokalisiert.
(D) Eine wichtige Teilreaktion des Glyoxylat-Zyklus ist die Kondensation von Glyoxylat mit Acetyl-CoA.
(E) Ein spezielles Enzym der Glyoxysomen, die Oxalatdecarboxylase, bildet in diesen Organellen das Phophoenolpyruvat.

479 Welche Aussage trifft zu?

Die hier abgebildete Reaktion

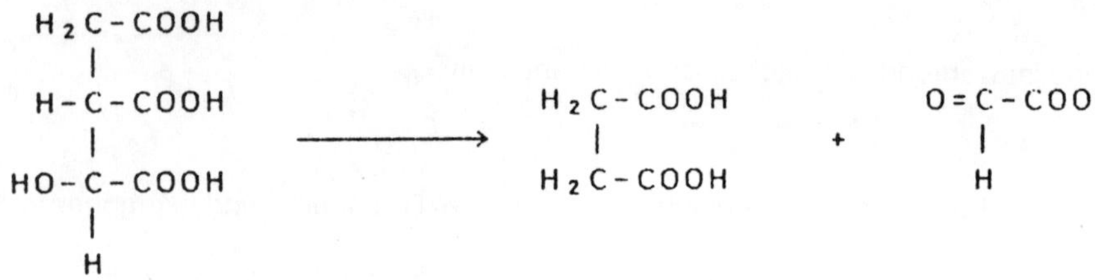

(A) ist Bestandteil des Citratzyklus
(B) ist Bestandteil des Tricarbonsäurezyklus
(C) ist Bestandteil des Glyoxylatzyklus
(D) ist Bestandteil des Calvin-Zyklus
(E) Keine der obigen Aussagen trifft zu.

480 Bei der hier abgebildeten Struktur handelt es sich um

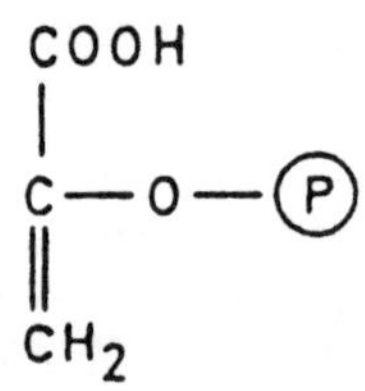

(A) α-Ketoglutarsäure
(B) Brenztraubensäure
(C) Phosphoenolbrenztraubensäure
(D) Glycerolsäure
(E) Glycyrrhizinsäure

481 Welche der Aussagen zur oxidativen Decarboxylierung von Pyruvat treffen zu?

(1) Neben CO_2 und NADH + H^+ entsteht Acetyl-CoA.
(2) Das Pyruvat decarboxylierende Enzymsystem ist in den Mitochondrien lokalisiert.
(3) Der Reaktionsablauf wird von einem Multienzymkomplex katalysiert.

(A) nur 2
(B) nur 3
(C) nur 1 und 2
(D) nur 2 und 3
(E) 1 bis 3 (alle)

482 Welche der Antworten trifft nicht zu?

An der Bildung von Acetyl-Coenzym A aus Pyruvat sind folgende Cosubstrate beteiligt:

(A) Liponsäure
(B) Thiaminpyrophosphat
(C) FAD
(D) $NADP^+$
(E) Coenzym A

483 Bei der folgenden Reaktion Acetyl-CoA + GDP + $P_i \longrightarrow 2\ CO_2$ + GTP + 8[H] + HSCoA handelt es sich um die Bilanz

(A) der Glykolyse
(B) des Glyoxylatzyklus
(C) des Calvin-Zyklus
(D) des Citratzyklus
(E) der Endoxidation

484 Bei dem nachstehend abgebildeten Substrat des Citrat-Zyklus

$$\begin{array}{c} \text{O} \\ \| \\ \text{HOOC}-\text{C}-\text{CH}_2-\text{COOH} \end{array}$$

handelt es sich um:

(A) Äpfelsäure
(B) Aconitsäure
(C) Oxalbernsteinsäure
(D) α-Ketoglutarsäure
(E) Oxalessigsäure

485 Welches Cosubstrat ist bei der Umsetzung von Succinat zu Fumarat im Citrat-Zyklus beteiligt?

(A) FAD
(B) NAD
(C) NADPH
(D) GTP
(E) Biotin

486 Welches Zwischenprodukt des Citratzyklus dient als Vorstufe für die Biosynthese von Asparaginsäure (bzw. Aspartat)?

(A) 2-Oxoglutarat
(B) Oxalacetat
(C) Isocitrat
(D) Citrat
(E) Succinat

3.8.2 Anaplerotische Reaktionen

Lehrbuch S. 278

487 Anaplerotische Reaktionen sind für den Citratzyklus unbedingt notwendig,

<u>weil</u>

Säuren des Citratzyklus als Vorstufen der Fettsäurebiosynthese dem Zyklus entzogen werden.

488 Die Zwischenprodukte des Citratzyklus müssen durch anaplerotische Reaktionen wie z.B. die Bildung von Oxalacetat aus Pyruvat nachgeliefert werden,

<u>weil</u>

das kontinuierliche Ausschleusen von Zwischenprodukten aus dem Citratzyklus, z.B. für die Biosynthese einiger Aminosäuren, zum Stillstand des Zyklus führen kann.

489 Anaplerotische Reaktionen sind für den Citratzyklus unbedingt notwendig,

<u>weil</u>

ständig Zwischenprodukte des Citratzyklus für anabole Synthesewege gebraucht werden.

490 Welche der genannten Aminosäuren entstehen durch Transaminierung aus Metaboliten des Citronensäure-Zyklus?

(1) Alanin
(2) Asparaginsäure
(3) Glutaminsäure
(4) Phenylalanin

(A) nur 1
(B) nur 1 und 3
(C) nur 2 und 3
(D) nur 2 und 4
(E) 1 bis 4 (alle)

491 Welche Beschreibung trifft auf den Begriff „anaplerotische Reaktion“ zu?

(A) Die Reaktion strebt auf das Gleichgewicht zu, erreicht es aber nicht.
(B) Die Reaktion führt zu einer vollständigen Produktbildung.
(C) Die Reaktion ist die Auffüllreaktion eines zyklischen Stoffwechselprozesses.
(D) Die Reaktion ist die enzymkatalysierte Rückreaktion.
(E) Keine dieser Beschreibungen trifft zu.

3.8.3 Atmung und Gärungen

Lehrbuch S. 279ff.; 286ff.

492 Welche Aussage trifft zu?

Beim anaeroben Abbau der Glucose durch Saccharomyces cerevisiae fällt der Energiegewinn an im Rahmen

(A) der Glykolyse
(B) der oxidativen Decarboxylierung von Oxalessigsäure
(C) der Decarboxylierung von Brenztraubensäure
(D) des Citratzyklus
(E) Keine der genannten Aussagen trifft zu.

493 Welche Aussage über Redoxvorgänge in der lebenden Zelle trifft zu?

(A) Unter der Bezeichnung „alkoholische Gärung“ wird der anaerobe Abbau von Ethylalkohol verstanden.
(B) Die alkoholische Gärung verläuft bei Hefen weitgehend parallel zur Glykolyse.
(C) Der Energiegewinn aus der alkoholischen Gärung entspricht etwa dem Energiegewinn aus der Veratmung von Glucose.
(D) Der beim Abbau von Glucose unter Oxidation des Substrates abgespaltene Wasserstoff wird unmittelbar auf Sauerstoff übertragen.
(E) Im Verlauf der Glucoseoxidation wird der entstehende Wasserstoff auf ATP übertragen.

494 Welche Aussage trifft zu?

Organismen, die zur alkoholischen Gärung befähigt sind,

(A) sind stets Prokaryoten
(B) werden als Aerobionten bezeichnet
(C) gehören zur Gruppe chemoautotropher Formen
(D) gewinnen pro Mol umgesetzter Glucose zwei Mol ATP
(E) gewinnen ATP bei den Prozessen der Gluconeogenese

495 Welche Aussage trifft zu?

Die alkoholische Gärung dient der Energiegewinnung. Hefen z.B. gewinnen dabei pro Mol Glucose

(A) 2 Mol ATP
(B) 6 Mol ATP
(C) 38 Mol ATP
(D) 2 Mol GTP
(E) 1 Mol ATP + 1 Mol GTP

496 Bei der ethanolischen Gärung entsteht neben Ethanol auch CO_2,

<u>weil</u>

die Pyruvatdecarboxylase Pyruvat in Acetaldehyd und CO_2 spaltet.

497 Welcher der genannten Vorgänge ist Bestandteil der alkoholischen Gärung?

(A) Calvin-Zyklus
(B) Glykolyse
(C) Glyoxylat-Zyklus
(D) Citratzyklus
(E) Endoxidation

498 Eines der Hauptendprodukte des *aeroben* Abbaus der Glucose durch Saccharomyces cerevisiae ist Ethanol,

weil

Saccharomyces cerevisiae NADH + H^+ zur Reduktion von Acetaldehyd zu Ethanol verwenden kann.

499 Die Alkoholdehydrogenase (ADH) katalysiert nicht nur die Umsetzung von Ethanol, sondern auch die von Methanol.

Aus diesem Befund kann man folgende Aussage ableiten:

(A) Die ADH wird allosterisch gehemmt.
(B) Die ADH hat eine geringe Wirkspezifität.
(C) Die ADH hat eine hohe Substratspezifität.
(D) Die Michaelis-Konstante für Ethanol kann experimentell nicht bestimmt werden.
(E) Keine der Aussagen trifft zu.

500 Die Alkoholdehydrogenase (ADH) katalysiert nicht nur die Umsetzung von Ethanol, sondern auch die von Methanol.

Aus diesem Befund kann man folgende Aussage ableiten:

(A) Die ADH wird allosterisch gehemmt.
(B) Die ADH hat ein breites pH-Optimum.
(C) Die ADH hat eine hohe Wirkspezifität.
(D) Die ADH hat eine geringe Substratspezifität.
(E) Ethanol und Methanol werden von ADH zu dem gleichen Produkt umgesetzt.

501 Welche Aussage über Gärungsprozesse trifft zu?

(A) Die alkoholische Gärung wird ausschließlich durch obligat anaerobe Hefen durchgeführt.
(B) Bei der Milchsäuregärung werden Kohlenhydrate unter anaeroben Bedingungen in Milchsäure umgewandelt.
(C) Bei der „Essigsäuregärung" bilden Essigsäurebakterien unter anaeroben Bedingungen Essigsäure.
(D) Bei der alkoholischen Gärung entstehen aus einem Molekül Glucose 3 Moleküle Ethylalkohol.
(E) Der Energiegewinn bei der alkoholischen Gärung entspricht etwa dem Energiegewinn bei der Zuckerveratmung.

502 Welche der folgenden Aussagen trifft nicht zu?

(A) Bei der alkoholischen Gärung wird Brenztraubensäure decarboxyliert.
(B) Bei der alkoholischen Gärung dient Acetaldehyd als Wasserstoffakzeptor.
(C) Bei der Milchsäuregärung dient Brenztraubensäure als Wasserstoffakzeptor.
(D) Der anaerobe Abbau der Glucose verläuft über die Reaktionsschritte der Glykolyse.
(E) Pro Mol umgesetzter Glucose werden sowohl bei der alkoholischen als auch bei der Milchsäuregärung 3 Mol ATP gewonnen.

503 Welche der folgenden Aussagen über Gärungen treffen zu?

(1) Bei der alkoholischen Gärung werden aus 1 Mol Glucose 2 Mol ATP gewonnen.
(2) Bei der Milchsäuregärung werden aus 1 Mol Glucose 2 Mol ATP gewonnen.
(3) Milchsäurebakterien sind obligate Gärer.
(4) Hefen sind fakultativ anaerob.

(A) nur 1
(B) nur 1 und 2
(C) nur 2 und 3
(D) nur 1, 2 und 3
(E) 1 bis 4 (alle)

504 Welche der folgenden Aussagen treffen zu?

(1) Bei der Milchsäuregärung dient Brenztraubensäure als Wasserstoffakzeptor.
(2) Bei der alkoholischen Gärung wird Brenztraubensäure decarboxyliert.
(3) Bei der alkoholischen Gärung dient Acetaldehyd als Wasserstoffakzeptor.

(A) nur 3
(B) nur 1 und 2
(C) nur 1 und 3
(D) nur 2 und 3
(E) 1 bis 3 (alle)

505 Welche Antwort trifft zu?

Brenztraubensäure wird reduziert bei der

(A) alkoholischen Gärung
(B) Essigsäuregärung
(C) Fettsäuregärung
(D) Milchsäuregärung
(E) Keine Antwort trifft zu.

506 Welche der Aussagen trifft <u>nicht</u> zu?

(A) Zur Milchsäuregärung sind nur Milchsäurebakterien befähigt.
(B) Die Milchsäuregärung ist ein anaerober Stoffwechselprozeß.
(C) Als Reduktionsäquivalent der Milchsäuregärung dient NADH + H^+.
(D) Als Substrat der Lactatdehydrogenase dient Pyruvat.
(E) Bei der Milchsäuregärung entstehen aus einem Molekül Glucose zwei Moleküle Milchsäure und 2 Moleküle ATP.

507 Welche Aussage triff zu?

Auch die Milchsäuregärung dient der Energiegewinnung. Es entstehen bei der Milchsäuregärung aus einem Molekül Glucose in der Bilanz

(A) 2 Mol ATP
(B) 3 Mol ATP
(C) 3 Mol NADH + H^+
(D) 1 Mol ATP + 2 Mol NADH + H^+
(E) 2 Mol GTP + 2 Mol NADH + H^+

508 Welche Aussage trifft zu?

Die hier abgebildete Reaktion läuft ab im Zuge der

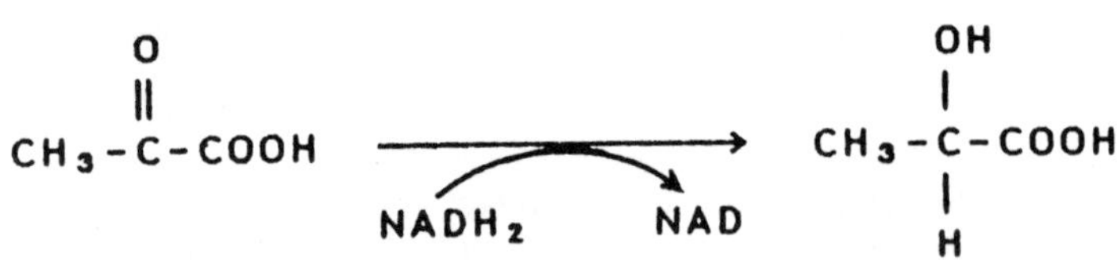

(A) alkoholischen Gärung
(B) Glykolyse
(C) Gluconeogenese
(D) Milchsäuregärung
(E) Atmungskettenphosphorylierung

509 Bei der Weitergabe der Elektronen in der Atmungskette handelt es sich um Übertragungen von jeweils einem Elektron,

<u>weil</u>

die Wertigkeit des Eisens im Porphyrinringsystem der Cytochrome Zweielektronenübertragungen nicht zuläßt.

510 Im Enzymsystem der Endoxidation sind vertreten

(1) Oxidoreduktasen
(2) Peroxidasen
(3) Lyasen

(A) nur 1
(B) nur 2
(C) nur 1 und 2
(D) nur 1 und 3
(E) 1 bis 3 (alle)

---

511 Welche der Aussagen zum oxidativen Abbau trifft nicht zu?

(A) Als Atmungsquotient wird das Verhältnis von abgegebenem CO_2 zu aufgenommenem O_2 bezeichnet.
(B) Da Fettsäuren sauerstoffärmer als Glucose sind, beträgt der Atmungsquotient beim Abbau mehr als 1.
(C) Beim aeroben Abbau von Fettsäuren wird mehr O_2 aufgenommen als CO_2 abgegeben wird.
(D) Bei der Veratmung von Glucose beträgt der Atmungskoeffizient = 1.
(E) Der Atmungsquotient läßt Rückschlüsse auf die Art des Stoffwechsels zu.

---

512 Welche Aussage trifft zu?

Beim aeroben Abbau der Glucose fällt die Hauptmenge an ATP an im Rahmen

(A) der Glykolyse
(B) der oxidativen Decarboxylierung von Oxalessigsäure
(C) der Decarboxylierung von Brenztraubensäure
(D) des Citratzyklus
(E) der Atmungskette

---

513 Gärungen sind energetisch ungünstiger als der aerobe oxidative Abbau,

weil

bei Gärungen ein vollständiger Abbau zu CO_2 und Wasser unterbleibt.

---

514 Welche Aussagen über Gärungen treffen zu?

(1) Bei der alkoholischen Gärung werden aus 1 Mol Glucose 2 Mol ATP gewonnen.
(2) Bei der Milchsäuregärung werden aus 1 Mol Glucose 2 Mol ATP gewonnen.
(3) Milchsäurebakterien sind obligate Gärer.
(4) Hefen sind fakultativ anaerob.

(A) nur 1
(B) nur 1 und 2
(C) nur 2 und 3
(D) nur 1, 2, und 3
(E) 1 bis 4 (alle)

---

515 Die ethanolische Gärung ist bei genauer Betrachtung keine echte Gärung,

weil

Saccharomyces-Arten nur unter anaeroben Bedingungen Ethanol bilden.

---

516 Milchsäure entsteht nur im Stoffwechsel von Bakterien und Pilzen,

weil

Bakterien und Pilze nicht über die Enzyme der Atmungskette verfügen.

---

517 Welche Aussage trifft zu?

(A) Als Cosubstrat der Milchsäuregärung dient $NADPH+H^+$.
(B) Ein essentielles Enzym der ethanolischen Gärung ist die Alkoholdehydrogenase.
(C) Das Ausgangssubstrat der ethanolischen Gärung ist Acetyl-CoA.
(D) Bei der ethanolischen Gärung ist Liponsäure das reduzierende Cosubstrat.
(E) Die ethanolische Gärung kann nur von bestimmten Prokaryoten durchgeführt werden.

3.9 Besonderheiten des pflanzlichen und bakteriellen Stoffwechsels

3.9.1 Photosynthese

Lehrbuch S. 248ff.

518 Welche Aussage über Chlorophyll trifft zu?

(A) Chlorophyll ist in der Matrix der Chloroplasten lokalisiert.
(B) Chlorophyll enthält komplex gebundenes zweiwertiges Eisen.
(C) Chlorophyll a ist bei Rotalgen durch Phycoerythrin ersetzt.
(D) Chlorophyll kann mit Carotinoiden vergesellschaftet sein.
(E) Chlorophyll a ist bei photoautotrophen Bakterien durch Chlorophyll b ersetzt.

519 Die Aussage
„Zur Photosynthese sind nur Chlorophyll-führende Organismen befähigt"
ist berechtigt,

weil

Höhere Pflanzen zur Photosynthese immer Chlorophyll a benötigen.

520 Welche Antwort trifft nicht zu?

Zu den akzessorischen Pigmenten gehören

(A) Anthocyanidine
(B) Carotinoide
(C) Chlorophyll b
(D) Phycobiline
(E) Xanthophylle

521 Bei Rotalgen trägt auch Grünlicht zur Photosynthese bei,

weil

akzessorische Pigmente der Rotalgen grünes Licht absorbieren können.

522 Welche Aussage trifft für Photosynthesepigmente nicht zu?

Akzessorische Pigmente

(A) kommen in Algen vor
(B) kommen in Plastiden vor
(C) übertragen die Lichtenergie auf Chlorophyll a
(D) vergrößern den Spektralbereich des photosynthetisch wirksamen Lichtes
(E) übertragen die Lichtenergie direkt auf Plastochinon unter Umgehung von Chlorophyll a

523 Welche(r) der folgenden Stoffe bzw. Stoffgruppe ist am Photosyntheseprozeß nicht beteiligt?

(A) Chlorophyll b
(B) Carotinoide
(C) Phycobiline
(D) Fucoxanthin
(E) Flavonoide

524 Bei der Photosynthese ist der Energietransfer von den „Antennenpigmenten" (akzessorische Pigmente) des Photosystems I auf das Pigment 700 (Chl a_I) reversibel,

weil

das Pigment 700 (Chl a_I) im Dunkeln die Elektronen auf die Moleküle der „Antennenpigmente" (Chlorophyll a, b; Carotinoide) zurück übertragen kann.

Ordnen Sie bitte den in Liste 1 genannten Stoffen die in Liste 2 angeführten Bereiche der lebenden pflanzlichen Zelle zu, in denen sie hauptsächlich vorkommen.

Liste 1

525 Chlorophyll a

526 Anthocyane

Liste 2

(A) Thylakoide
(B) Vakuole
(C) Plasmalemma
(D) Leukoplasten
(E) Cytoplasma

---

527 Welche der aufgeführten Verbindungen ist im Zellstoffwechsel an einem Prozeß der Elektronenübertragung beteiligt?

(A) Liponsäure
(B) Adenosyl-methionin
(C) Chlorophyll a
(D) Tetrahydrofolsäure
(E) B_{12}-Coenzym

---

528 Welche Aussage trifft nicht zu?

Chloroplasten

(A) sind befähigt zur ATP-Bildung
(B) sind befähigt zu Proteinsynthese
(C) verfügen über Elektronentransport-Systeme
(D) benötigen bei der Photosynthese Cytochrom a_3
(E) benötigen bei der Photosynthese Plastochinon

---

529 Welche Aussage zur Photosynthese trifft zu?

(A) In den Grana der Chloroplasten wird ADP umgesetzt.
(B) Im Stroma der Chloroplasten wird $NADP^+$ zu NADPH + H^+ reduziert.
(C) Die Enzyme des Calvin-Zyklus sind in den Grana-Thylakoiden der Chloroplasten lokalisiert.
(D) Das Stroma der Chloroplasten enthält Chlorophyll.
(E) Die Lichtreaktion kann unter Energieverlust auch im Dunkeln ablaufen.

---

530 Welche Aussagen treffen zu?

Bei der Photosynthese grüner Pflanzen spielen folgende Vorgänge eine wichtige Rolle:

(1) Durch die Absorption eines Lichtquants geht Chlorophyll a in einen angeregten Zustand über.
(2) Als Elektronendonator fungiert Wasser.
(3) Im Verlauf des zyklischen Elektronentransports wird $NADP^+$ zu NADPH + H^+ reduziert.
(4) Nach dem Einbau von CO_2 zerfällt das carboxylierte Akzeptormolekül sofort in zwei Moleküle 3-Phosphoglycerinsäure.
(5) Im Verlauf des sog. Calvin-Zyklus entstehen Triosen, Tetrosen, Pentosen, Hexosen und Heptosen.

(A) nur 2 und 5
(B) nur 1, 3 und 4
(C) nur 2, 3 und 5
(D) nur 1, 2, 4 und 5
(E) nur 1, 3, 4 und 5

---

531 Welche der folgenden Aussagen treffen zu?

(1) Bei allen photoautotrophen Organismen findet die Photosynthese in den Chloroplasten statt.
(2) Bei allen photoautotrophen Organismen dient Wasser zur Reduktion des Kohlendioxids.
(3) Akzessorische Pigmente sind auch in Algen und in bestimmten Bakterien anzutreffen.
(4) Grundkörper der Chlorophylle ist das Porphin.

(A) nur 2
(B) nur 1 und 2
(C) nur 3 und 4
(D) nur 1, 2 und 4
(E) nur 2, 3 und 4

532 Welche Aussagen treffen zu?

Bei der Photosynthese grüner Pflanzen ist

(1) Chlorophyll b nicht in allen Pflanzen beteiligt
(2) β-Carotin das eigentliche Assimilationspigment
(3) in den Chromoplasten die Enzymgarnitur für die Photolyse des Wassers enthalten
(4) die Wellenlänge des Lichtes ohne Bedeutung

(A) nur 1
(B) nur 2 und 4
(C) nur 1, 2 und 3
(D) nur 1, 3 und 4
(E) 1 bis 4 (alle)

533 Bei welchen der aufgeführten Taxa enthalten die Chloroplasten Chlorophyll b?

(1) Rhodophyta (Rotalgen)
(2) Heterokontophyta (z.B. Braunalgen)
(3) Chlorophyta (Grünalgen)
(4) Spermatophyta (Samenpflanzen)

(A) nur 1
(B) nur 2
(C) nur 3
(D) nur 3 und 4
(E) 1 bis 4 (alle)

534 Welche der Aussagen über die Photosynthese treffen zu?

(1) Grünes Licht ist photosynthetisch besonders wirksam.
(2) Durch Licht angeregtes Chlorophyll gibt Elektronen ab.
(3) Bei der Photolyse des Wassers entsteht O_2.

(A) nur 1
(B) nur 3
(C) nur 1 und 3
(D) nur 2 und 3
(E) 1 bis 3 (alle)

535 Welche der folgenden Aussagen zum lichtabhängigen Prozeß der Photosynthese sind richtig?

(1) Blaues Licht ist energiereicher als gelbes Licht.
(2) In den photoautotrophen Organismen kann CO_2 unmittelbar als Elektronen-akzeptor dienen.
(3) Pflanzen erscheinen grün, weil Chlorophyll grünes Licht absorbiert und für die Photosynthese nutzt.
(4) In der Photosynthese wird der Sauerstoff aus dem Wasser in Glucose eingebaut.
(5) Bei allen photoautotrophen Organismen findet die Photosynthese in speziellen Organellen, den Chloroplasten, statt.

(A) nur 1
(B) nur 5
(C) nur 1 und 5
(D) nur 2 und 4
(E) nur 2, 3 und 4

536 Welche Aussage über die Photosynthese trifft zu?

Bei der Photosynthese Höherer Pflanzen

(A) ist das Pigment P 730 im Photosystem I anzutreffen
(B) werden zwei Moleküle CO_2 an einen C_4-Körper gebunden
(C) wird CO_2 in der Lichtreaktion II fixiert
(D) findet die Photophosphorylierung im Calvin-Zyklus statt
(E) werden ATP und NADPH + H^+ in den lichtabhängigen Primärprozessen gebildet

537 Welche Aussage zum energiegewinnenden Primärprozeß der Photosynthese trifft zu?

Das Ergebnis des energiegewinnenden Primärprozesses der Photosynthese ist

(A) Reduktion von CO_2
(B) Bildung von Glucose
(C) Bildung von Assimilationsstärke
(D) Fixierung von CO_2 an ein Trägermolekül
(E) Bereitstellung von ATP und von Reduktionsäquivalenten (NADPH + H^+)

538 Photoautotrophe Pflanzen können ATP durch Atmungskettenphosphorylierung gewinnen,

weil

photoautotrophe Pflanzen nur einen Teil ihres NADPH + H^+-Bedarfes durch die Lichtreaktion I decken.

539 Photoautotrophe Pflanzen decken einen Teil ihres NADPH + H^+-Bedarfes durch die Lichtreaktionen,

weil

photoautotrophe Pflanzen ATP durch Atmungsketten-Phosphorylierung gewinnen können.

540 Welche Antwort trifft zu?

Die Bildung von 1 Molekül NADPH + H^+ im Verlauf der Photosynthese der Höheren Pflanzen benötigt Energie, die aufgenommen wird in Form von

(A) 2 Lichtquanten durch Photosystem I
(B) 2 Lichtquanten durch Photosystem II
(C) je 1 Lichtquant durch Photosystem I und II
(D) je 2 Lichtquanten durch Photosystem I und II
(E) je 4 Lichtquanten durch Photosystem I und II

541 Welche Aussage zur Photosynthese Höherer Pflanzen trifft zu?

An der sogenannten zyklischen Photophosphorylierung, einem Elektronentrans-port, der der Bereitstellung von ATP dient, sind beteiligt

(A) die Enzyme des Citronensäure-Zyklus
(B) das Pigmentsystem I der Photosynthese (beteiligt an der Lichtreaktion I)
(C) das Pigmentsystem II der Photosynthese (beteiligt an der Lichtreaktion II)
(D) das Phytochromsystem
(E) die Enzyme der Atmungskette

542 Welche Aussage zur Photosynthese trifft zu?

Die Photophosphorylierung

(A) hat die Synthese von zyklischem AMP zum Ziel
(B) ist das Ergebnis der Tätigkeit des Phytochromsystems
(C) führt zur Bereitstellung von ATP
(D) erfolgt an den äußeren Membranen der Mitochondrien
(E) Keine der Aussagen trifft zu.

543 Bei der zyklischen Photophosphorylierung kann Sauerstoff freigesetzt werden,

weil

die bei der zyklischen Photophosphorylierung gewonnene Energie (ATP) zur Wasserspaltung genutzt werden kann.

544 Welche der Aussagen zur Photosynthese Höherer Pflanzen treffen zu?

(1) Lichtenergie wird in der Photophosphorylierung zur Gewinnung chemischer Energie (ATP) genutzt.
(2) Es findet im Prinzip eine Elektronenübertragung von Wasser zu $NADP^+$ statt.
(3) Lichtenergie wird in biologische Reduktionsäquivalente (NADPH + H^+) überführt.
(4) Die Lichtreaktion und der Calvin-Zyklus sind Prozesse, die in den Chloroplasten unterschiedlich kompartimentiert sind.

(A) nur 1
(B) nur 1 und 3
(C) nur 2 und 4
(D) nur 1, 3 und 4
(E) 1 bis 4 (alle)

545 Welche der Aussagen trifft zu?

(A) Bei allen photoautotrophen Organismen findet die Photosynthese in den Chloroplasten statt.
(B) In der Photosynthese wird der Sauerstoff aus dem Wasser in Glucose eingebaut.
(C) In tieferen Wasserschichten hat das Licht eine andere spektrale Zusammensetzung als Tageslicht.
(D) Pflanzen erscheinen grün, weil Chlorophyll grünes Licht absorbiert und für die Photosynthese nutzt.
(E) In den photoautotrophen Organismen kann CO_2 unmittelbar als Elektronenakzeptor dienen.

546 Welche Aussagen über die Photosynthese treffen zu?

(1) In der Lichtreaktion II wird CO_2 reduziert.
(2) Die Pigmente der Lichtreaktion II erhalten Elektronen aus der Lichtreak-tion I.
(3) Die bei der Photosynthese gewonnene Energie wird ausschließlich zur Assimilation von CO_2 verwendet.
(4) Die bei der Photosynthese gewonnene Energie kann zur Reduktion von NO_3^- zu NH_4^+ dienen.

(A) nur 2
(B) nur 4
(C) nur 1 und 3
(D) nur 2 und 3
(E) nur 1, 2 und 4

547 Cytochrome sind elektronenübertragende Proteine.

Sie sind an folgenden Prozessen beteiligt:

(A) der Glykolyse
(B) der Pyruvatdecarboxylierung
(C) dem Citratzyklus
(D) der Photophosphorylierung
(E) Keine der Antworten trifft zu.

548 Welche Antwort trifft zu?

Photosystem II und Photosystem I sind unter anderem über folgende Elektronenüberträger miteinander verbunden:

(A) $NADH_2$
(B) Cytochrome
(C) Ubichinon
(D) ATP
(E) Vitamin K

549 Welche der Aussagen treffen zu?

Plastochinone und Ubichinone haben folgende Gemeinsamkeiten:
Sie sind

(1) in der Funktionsform membrangebunden
(2) an Elektronentransportketten beteiligt
(3) an der Photosynthese beteiligt

(A) nur 1
(B) nur 2
(C) nur 1 und 2
(D) nur 1 und 3
(E) 1 bis 3 (alle)

550 Welche Aussage über die Photosynthese trifft <u>nicht</u> zu?

(A) Chlorophylle sind bei allen photoautotrophen Organismen anzutreffen.
(B) Nicht Sauerstoff-produzierende photoautotrophe Organismen enthalten nur Photosystem II.
(C) Alle Sauerstoff-produzierenden photoautotrophen Organismen enthalten Photosystem I und II.
(D) Durch Anregung der photosensitiven Pigmente wird jeweils 1 Elektron geliefert, während bei biosynthetischen Reduktionen jeweils 2 Elektronen verbraucht werden.
(E) Photophosphorylierung und Photoreduktion sind zwei lichtabhängige Prozesse, die chemische Energie und Reduktionsäquivalente für die Reduktion von CO_2 liefern.

551 Bei der Photosynthese ist die Übertragung der Elektronen vom Photosystem II auf das Photosystem I für die Höheren Pflanzen physiologisch mit einem Energiegewinn verbunden,

weil

bei der Übertragung der Elektronen im Rahmen der Photosynthese ATP gebildet wird.

---

552 Welche Antwort trifft nicht zu?

Am Ablauf der nichtzyklischen Photophosphorylierung sind folgende Systeme oder Cosubstrate beteiligt

(A) Photosystem I
(B) Photosystem II
(C) Plastochinon
(D) NAD^+
(E) ADP

---

553 Der bei der Photosynthese freiwerdende Sauerstoff stammt aus dem CO_2,

weil

der Aufbau von Kohlenhydraten bei der Photosynthese durch reduktive Spaltung des CO_2 erfolgt.

---

554 Welche der Aussagen treffen zu?

Wichtige Schritte im Rahmen der Lichtreaktion der Photosynthese sind

(1) Elektronenübertragung von Wasser zu $NADP^+$
(2) Photolyse des Wassers
(3) Photophosphorylierung
(4) Freisetzung von O_2 aus Wasser

(A) nur 1 und 2
(B) nur 1 und 3
(C) nur 1, 2 und 3
(D) nur 2, 3 und 4
(E) 1 bis 4 (alle)

---

555 Welche Aussage zu Assimilationsstärke trifft zu?

Assimilationsstärke entsteht innerhalb der pflanzlichen Zelle

(A) in Dictyosomen
(B) in Amyloplasten
(C) in Chloroplasten
(D) in den Mitochondrien
(E) im Cytoplasma

---

556 Die Photosyntheserate Höherer Pflanzen wird unter anderem auch vom Öffnungszustand der Spaltöffnungen beeinflußt,

weil

der Eintritt des Kohlendioxids in die Blätter durch die Spaltöffnungen erfolgt.

---

557 Unter normalen Licht- und Temperaturverhältnissen (z.B. sonniger Sommertag, mittags) kann die Photosyntheserate einer Pflanze durch Erhöhung des CO_2-Partialdruckes gesteigert werden,

weil

der CO_2-Partialdruck für die Photosynthese unter diesen Bedingungen limitierend ist.

558 Welche der folgenden Aussagen treffen zu?

(1) Die gleichzeitige Erhöhung der Temperatur und der Lichtintensität führt stets zu optimalen Werten der Photosyntheseleistung.
(2) Schattenpflanzen haben einen niedrigeren Lichtkompensationspunkt als Sonnenpflanzen.
(3) Die Temperaturoptima der Photosynthese Höherer Pflanzen unserer Breiten liegen in der Regel zwischen 20°C und 30°C.

(A) nur 1
(B) nur 2
(C) nur 1 und 3
(D) nur 2 und 3
(E) 1 bis 3 (alle)

559 In welche zellulären Strukturen sind die Komponenten der photosynthetischen Lichtreaktion integriert?

(A) Thylakoide
(B) Stroma
(C) Tonoplast
(D) Kernmembran
(E) Mikrotubuli

560 Welche der Aussagen zur Photosynthese trifft nicht zu?

(A) Thylakoide treten bei autotrophen Pflanzen sowie bei photosynthetisierenden Bakterien auf.
(B) Die akzessorischen Pigmente dienen hauptsächlich der Absorption von Rotlicht.
(C) Phycobiline sind charakteristische akzessorische Pigmente der Rotalgen und Cyanobakterien.
(D) Carotinoide sind Bestandteile sowohl von Pigmentsystem I als auch von Pigmentsystem II.
(E) Der Energietransfer von den Antennenpigmenten zum Pigment 700 ist irreversibel.

561 Welche der Aussagen zur Photosynthese Höherer Pflanzen treffen zu?

(1) Lichtenergie wird in der Photophosphorylierung zur Gewinnung chemischer Energie (ATP) genutzt.
(2) Lichtenergie wird in biologische Reduktionsäquivalente (NADPH + H^+) überführt.
(3) Die Lichtreaktion und der Calvin-Zyklus sind Prozesse, die in den Chloroplasten unterschiedlich kompartimentiert sind.

(A) nur 1
(B) nur 2
(C) nur 1 und 2
(D) nur 1 und 3
(E) 1 bis 3 (alle)

562 Wann findet bei der Photosynthese eine NADP-Reduktion statt?

(1) Wenn das Konzentrationsverhältnis NADP/$NADPH_2$ gering ist.
(2) Wenn das Konzentrationsverhältnis NADP/$NADPH_2$ groß ist.
(3) Wenn die zyklische Photophosphorylierung abläuft.
(4) Wenn Ferredoxin Elektronen überträgt.

(A) nur 1
(B) nur 2
(C) nur 1 und 3
(D) nur 2 und 4
(E) nur 2, 3 und 4

563 Am Elektronentransportsystem zwischen Photosystem II (Lichtreaktion II) und Photosystem I (Lichtreaktion I) ist kein Cytochrom beteiligt,

weil

Cytochrome nur in der Atmungskette eine Rolle als Elektronenüberträger spielen.

564 Welche der folgenden Reaktionen ist nicht Teil der Lichtreaktion der Photosynthese?

(A) Freisetzung von Sauerstoff aus Wasser
(B) Einbau von CO_2 in einen C_5-Zucker
(C) Zyklische Phosphorylierung
(D) Bildung von NADPH + H^+
(E) Photolyse von Wasser

565 Welche der folgenden Aussagen zur Photosynthese eines Blattes treffen zu?

(1) Die Photosynthese steigt mit zunehmender Belichtung zunächst linear an und erreicht schließlich einen konstanten Wert (Lichtsättigung).
(2) Bei Lichtsättigung kann die Photosynthese auch durch zusätzliche CO_2-Zufuhr nicht weiter gesteigert werden.
(3) Der Lichtkompensationspunkt entspricht der Lichtintensität, bei der CO_2-Verbrauch durch Photosynthese und CO_2-Erzeugung durch Atmung gleich sind.
(4) Blätter von Schattenpflanzen haben einen niedrigeren Lichtkompensa-tionspunkt als solche von Sonnenpflanzen.

(A) nur 1 und 3
(B) nur 1 und 4
(C) nur 1, 2 und 3
(D) nur 1, 3 und 4
(E) nur 2, 3 und 4

---

566 Welche der folgenden Kompartimente enthalten Chlorophyll a?

(1) Thylakoide
(2) Vakuolen
(3) Leukoplasten
(4) Cytoplasma

(A) nur 1
(B) nur 3 und 4
(C) nur 1, 3 und 4
(D) nur 2, 3, und 4
(E) 1 bis 4 (alle)

---

567 Die Chlorophylle stellen wirksame Photorezeptoren dar,

weil

in den Chlorophyllmolekülen Eisen koordinativ gebunden ist.

---

568 Welche der Aussagen zur Photosynthese trifft nicht zu?

(A) Phycobiline sind charakteristische akzessorische Pigmente von Rotalgen und Cyanobakterien.
(B) Carotinoide kommen nur bei Spermatophyta vor.
(C) Die Lichtreaktion findet in den Thylakoiden statt.
(D) Das Reaktionszentrum der Lichtreaktion besteht aus einem Chlorophyll-a-Protein-Komplex.
(E) Die Dunkelreaktion läuft im Stroma der Chloroplasten ab.

---

569 Welche der Aussagen treffen zu?

Zu den akzessorischen Pigmenten der Photosynthese gehören:

(1) Carotinoide
(2) Flavonoide
(3) Fucoxanthin
(4) Phycobiliproteine
(5) Anthrachinone

(A) nur 1 und 3
(B) nur 1 und 4
(C) nur 2 und 5
(D) nur 1, 3 und 4
(E) nur 2, 3 und 4

---

570 Welche(r) der folgenden Stoffe bzw. Stoffgruppen ist am Photosyntheseprozeß nicht beteiligt?

(A) Chlorophyll b
(B) Carotinoide
(C) Phycobiline
(C) Fucoxanthin
(E) Flavonoide

Ordnen Sie bitte den in Liste 1 aufgeführten Begriffen das für sie zutreffende Chloroplasten-Kompartiment (Liste 2) zu!

Liste 1

571 Photosystem-II-Partikel

572 Ribulosebisphosphat-carboxylase-oxygenase

Liste 2

(A) Stroma
(B) Thylakoidmembran
(C) innere Membran
(D) äußere Membran
(E) 70S-Ribosomen

Physiologie

573 Cytochrome spielen sowohl bei der Photosynthese als auch bei der Atmung eine Rolle,

weil

Cytochrome Protonen übertragen.

574 Welche der aufgeführten Verbindungen ist im Zellstoffwechsel an einem Prozeß der Elektronen-Übertragung beteiligt?

(A) Liponsäure
(B) Adenosyl-methionin
(C) Chlorophyll a
(D) Tetrahydrofolsäure
(E) B_{12}-Coenzym

575 Verknüpfung von Elektronenfluß, Protonengradient und ATP-Synthese liegt vor bei der (dem)

(1) oxidativen Phosphorylierung
(2) Photophosphorylierung
(3) Glykolyse
(4) Citratzyklus

(A) nur 1 und 2
(B) nur 1 und 3
(C) nur 2 und 4
(D) nur 1, 2 und 3
(E) 1 bis 4 (alle)

576 Welche Aussage trifft zu?

Bei der Photosynthese Höherer Pflanzen

(A) ist das Pigment P 730 im Photosystem I anzutreffen
(B) werden zwei Moleküle CO_2 an einen C_4-Körper gebunden
(C) wird CO_2 in der Lichtreaktion II fixiert
(D) findet die Photophosphorylierung im Calvin-Zyklus statt
(E) werden ATP und NADPH + H^+ in den lichtabhängigen Primärprozessen gebildet

3.9.3 Calvin-Zyklus

Lehrbuch S. 255ff.

577 Akzeptor der an die Photosynthese (Lichtreaktion) angeschlossenen CO_2-Fixierung (Calvin-Zyklus) ist

(A) Glucose-1 Ⓟ
(B) Fructose-6 Ⓟ
(C) Pyruvat
(D) Ribulose-1,5- bis Ⓟ
(E) Keine der obigen Antworten trifft zu.

578 Welche der Aussagen treffen zu?

Wichtige Schritte im Rahmen der Dunkelreaktion der Photosynthese sind:

(1) Einbau von CO_2 in einen C_5-Zucker
(2) Regenerierung von Ribulose-1,5-diphosphat
(3) Reduktion von 3-Phosphoglycerat zu Triosephosphat
(4) Nutzung von NADPH + H^+ als Reduktionsmittel
(5) Nutzung von ATP als Energiequelle

(A) nur 2 und 4
(B) nur 1, 2 und 3
(C) nur 1, 3 und 4
(D) nur 1, 2, 3 und 5
(E) 1 bis 5 (alle)

579 Welche Aussage zur nachfolgenden Reaktion trifft zu?

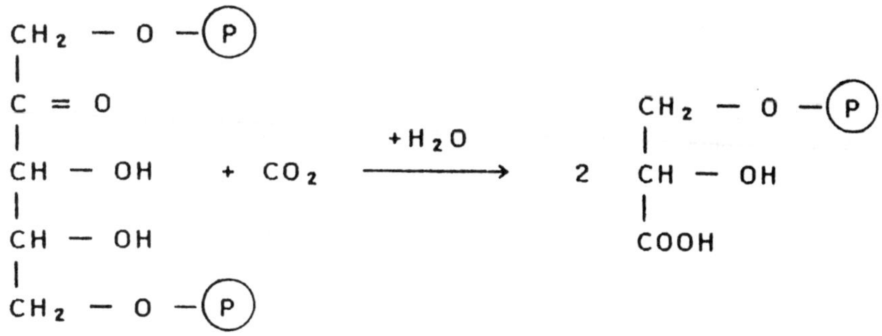

Sie ist

(A) ATP-abhängig
(B) Biotin-abhängig
(C) Bestandteil der Glykolyse
(D) Bestandteil der Gluconeogenese
(E) Bestandteil des Calvin-Zyklus

---

580 Welche Aussagen treffen zu?

3-Phosphoglycerinsäure

(1) ist das erste faßbare Produkt im Calvin-Zyklus.
(2) ist das Produkt der Substratkettenphosphorylierung.
(3) ist direkt an einer anaplerotischen Reaktion beteiligt.

(A) nur 1
(B) nur 2
(C) nur 3
(D) nur 1 und 2
(E) 1 bis 3 (alle)

---

581 Bei welchen der genannten Stoffwechselprozesse werden ATP oder GTP verbraucht?

(1) Proteinsynthese
(2) Atmungskette
(3) Photosynthese (Lichtreaktion)
(4) Calvin-Zyklus

(A) nur 1
(B) nur 4
(C) nur 1 und 4
(D) nur 1, 3, und 4
(E) 1 bis 4 (alle)

---

582 Welcher der genannten Vorgänge ist der Lichtreaktion der Photosynthese unmittelbar nachgeschaltet?

(A) Calvin-Zyklus
(B) Citratzyklus
(C) Glykolyse
(D) Glyoxylat-Zyklus
(E) Substratketten-Phosphorylierung

---

583 Welche der Aussagen treffen zu?

Die Reduktion von 3-Phosphoglycerat ist eine Teilreaktion

(1) des Calvin-Zyklus
(2) der Gluconeogenese
(3) der Glykolyse
(4) der Pyruvatdecarboxylierung

(A) nur 1
(B) nur 2
(C) nur 1und 2
(D) nur 3 und 4
(E) nur 1, 2 und 3

584 Welche der Aussagen trifft zu?

Die Reduktion von 3-Phosphoglycerat ist eine Teilreaktion

(A) des Calvin-Zyklus
(B) der Glykolyse
(C) des Citratzyklus
(D) des Glyoxylsäurezyklus
(E) der photosynthetischen Lichtreaktion

Ordnen Sie den Begriffen der Liste 1 die Begriffe der Liste 2 zu.

Liste 1

585 Photosynthese

586 alkoholische Gärung

Liste 2

(A) Anaerobiose
(B) Calvin-Zyklus
(C) Phototropismus
(D) Phytochromsystem
(E) Citronensäure-Zyklus

---

587 Welche Antwort trifft zu?

Die Tätigkeit des Calvin-Zyklus führt zu einem Syntheseprodukt, das im Stroma der Chloroplasten vorübergehend gespeichert wird als

(A) Monosaccharid
(B) Disaccharid
(C) Oligosaccharid
(D) Heterosid
(E) Polysaccharid

---

588 Glucose-6-Ⓟ dient als Ausgangsbaustein für die Bildung von Assimilationsstärke in Chloroplasten,

weil

im *ersten* Reaktionsschritt des Calvin-Zyklus CO_2 von einem Pentose-Akzeptormolekül unter Bildung von Glucose-6- Ⓟ aufgenommen wird.

---

589 Auf welches der Moleküle trifft folgende Aussage zu?

Bei der Primärreaktion der Photoassimilation wird CO_2 an das folgende Akzeptormolekül gebunden.

(A)
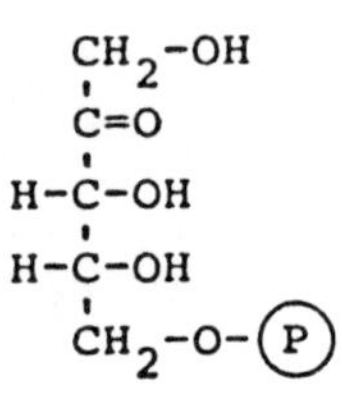

(B)
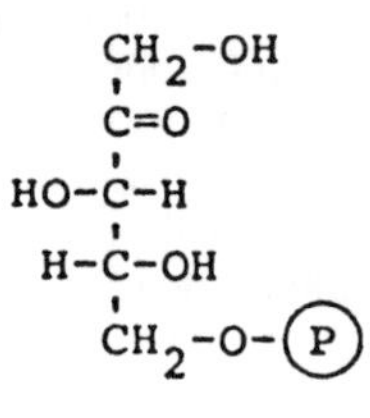

(C)
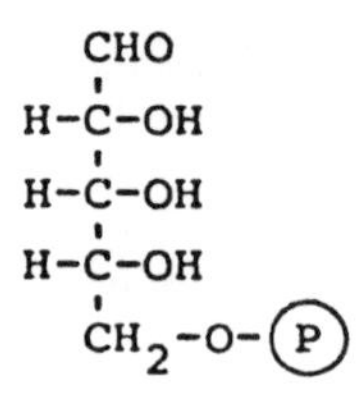

(D)
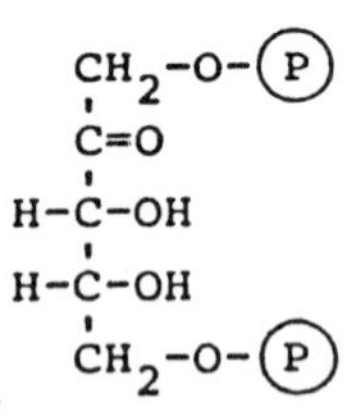

(E)
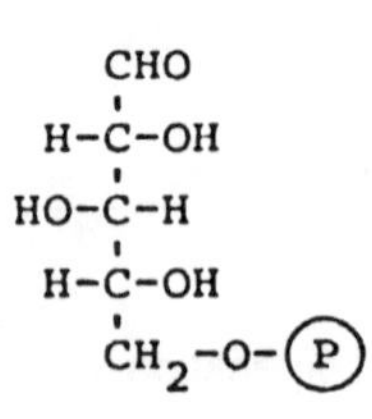

---

590 In welchem Kompartiment läuft der Calvin-Zyklus ab?

(A) In den Thylakoiden
(B) Im perinukleären Raum
(C) In der mitochondrialen Matrix
(D) In den Glyoxysomen
(E) Im Stroma der Chloroplasten

591 Im *ersten* Reaktionsschritt des Calvin-Zyklus wird CO_2 von einem Pentose-Akzeptormolekül unter Bildung von Glucose-6-Ⓟ aufgenommen,

weil

die Bildung der Assimilationsstärke in den Chloroplasten Glucose-6-Ⓟ als Baustein voraussetzt.

592 Welche der im folgenden genannten Verbindungen ist (bei C_3-Pflanzen) der Akzeptor für das photosynthetisch fixierte CO_2?

(A) Ribulose-1,5-diphosphat
(B) Pyruvat
(C) Phosphoenolpyruvat
(D) Glycerinsäurephosphat
(E) Malat

3.9.4 Wege von Stickstoff und Schwefel bis zum Einbau in Aminosäuren

Lehrbuch S. 27; 303ff.; 309ff.

593 $(NH_4)^+$-Salze sind im allgemeinen die Haupt-Stickstoffquelle für Pflanzen,

weil

im Boden Stickstoff hauptsächlich in Form von $(NH_4)^+$ vorkommt.

594 Nitrat ist die wichtigste Stickstoffquelle der Höheren Pflanzen,

weil

Höhere Pflanzen die Ammoniumsalze des Bodens praktisch nicht nutzen können.

595 Höhere Pflanzen nehmen aus dem Boden Stickstoff als Nitrat-Stickstoff (NO_3^-) auf,

weil

Nitrat-Stickstoff (NO_3^-) als pflanzliche Stickstoffquelle durch Ammonium-Stickstoff (NH_4^+) nicht ersetzt werden kann.

596 Welche der Aussagen über den Stickstoff-Kreislauf treffen zu?

(1) Einige Cyanophyceae sind zur Bindung des Luftstickstoffs befähigt.
(2) α-Ketoglutarsäure nimmt eine Schlüsselstellung bei der Stickstoffassimilation ein.
(3) Die erste Stufe der Nitratreduktion führt zum Nitrit.
(4) Die Transaminasen enthalten als prosthetische Gruppe Thiaminpyrophosphat.

(A) nur 1 und 4
(B) nur 2 und 3
(C) nur 1, 2 und 3
(D) nur 2, 3 und 4
(E) 1 bis 4 (alle)

597 Bakterien können nur in Symbiose mit Höheren Pflanzen molekularen Stickstoff (N_2) für den Aufbau organischer Verbindungen nutzen,

weil

nur die Höhere Pflanze über die Enzyme zur Reduktion von N_2 zu NH_4^+ verfügt.

598 Höhere Pflanzen vermögen den Stickstoff der Luft nicht direkt als N-Quelle zu nutzen,

weil

Höheren Pflanzen der Multienzymkomplex Nitrogenase fehlt.

599 Bei Anbau von Lupinen können dem Boden in einer Vegetationsperiode beträchtliche Mengen Stickstoff zugeführt werden,

weil

Lupinen mit N_2-bindenden Mikroorganismen in Symbiose leben.

600 In den Zellen Höherer Pflanzen wird das aufgenommene NO_3^--Ion zunächst in den Chloroplasten zu NO_2^- reduziert,

weil

der Stickstoff erst als NH_4^+-Ion über die Transaminierung zur Biosynthese von Aminosäuren genutzt werden kann.

601 Für die Stickstoffversorgung Höherer Pflanzen spielt der molekulare Luftstickstoff keine Rolle,

weil

die Höheren Pflanzen Luftstickstoff nicht direkt binden können.

602 Welche der folgenden Organismen sind zur Bindung von Luftstickstoff in Wurzelknöllchen befähigt?

(1) Bacillus subtilis
(2) einige Rhizobium-Arten
(3) einige Mykorrhiza-Pilze
(4) einige Actinomyceten

(A) nur 1 und 3
(B) nur 2 und 3
(C) nur 2 und 4
(D) nur 1, 2 und 3
(E) nur 1, 3 und 4

Ordnen Sie bitte den Reaktionen des Stickstoffkreislaufs (Liste 1) die entsprechende Bezeichnung aus Liste 2 zu.

Liste 1

603 $NO_3^- \rightarrow N_2$

604 $N_2 \rightarrow NH_3$

Liste 2

(A) Chemosynthese (bei Mikroorganismen)
(B) Denitrifikation
(C) Nitratreduktion (bei Höheren Pflanzen)
(D) Nitrifikation
(E) Stickstoff-Fixierung

605 Die assimilatorische Nitratreduktion kann mit der Photosynthese gekoppelt sein,

weil

das aus der Photosynthese stammende $NADPH + H^+$ bei der Nitratreduktion als Wasserstoffdonator dienen kann.

606 Bei photosynthetisch aktiven Organismen ist die Nitratreduktion bei Belichtung gesteigert,

weil

bei Belichtung der Calvin-Zyklus durch seine Reaktionsfolgen in größerer Menge reduzierte Coenzyme bereitstellt.

607 Nitrat ist die wichtigste Stickstoffquelle der Höheren Pflanzen,

weil

Höhere Pflanzen in den Chloroplasten Nitrogenase enthalten.

608 Die denitrifizierenden Bodenbakterien spielen eine Rolle im natürlichen Stickstoff-Kreislauf,

weil

denitrifizierende Bodenbakterien durch ihre Tätigkeit den Stickstoff für die Höheren Pflanzen verfügbar machen.

Ordnen Sie bitte den Organismen (Liste 1) die für sie typischen Stoffwechselreaktionen der Liste 2 zu.

Liste 1	Liste 2
609 Nitrosomonas	(A) $N_2 \rightarrow NH_3$
610 Nitrobacter	(B) $NH_3 \rightarrow NO_2^-$
	(C) $NO_2^- \rightarrow NO_3^-$
	(D) $NO_3^- \rightarrow NO_2^-$
	(E) $NO_2^- \rightarrow NH_3$

611 Welche Antwort trifft zu?

Bei der Transaminierung ist beteiligt:

(A) Biotin
(B) Liponsäure
(C) Pyridoxalphosphat
(D) Thiaminpyrophosphat
(E) FAD

612 Welche Aussage über den Stoffwechsel des Stickstoffs trifft nicht zu?

(A) Die erste Stufe der Nitratreduktion führt zum Nitrit.
(B) Zur Bindung von N_2 sind einige Cyanophyceae befähigt.
(C) α-Ketoglutarsäure nimmt eine Schlüsselstellung bei der Stickstoff-Assimilation ein.
(D) Die Transaminasen enthalten Thiaminpyrophosphat.
(E) Tiere können in der Regel nur einen Teil der benötigten Aminosäuren selbst synthetisieren.

613 In welchem der genannten Kompartimente verläuft die Nitritreduktion?

(A) Cytosol
(B) Chloroplasten
(C) Dictyosomen
(D) rauhes Endoplasmatisches Retikulum
(E) glattes Endoplasmatisches Retikulum

614 Die Reduktion von Sulfat zu Sulfid ist ein energieliefernder Prozeß, der für alle Organismen essentiell ist,

weil

bei der Reduktion von Sulfat zu Sulfid der Schwefel in eine für den Einbau in Coenzym A und Aminosäuren verwendbare Form überführt wird.

615 Die Reduktion des Luft-Stickstoffs zu Ammoniak vollzieht sich an dem Enzymkomplex Nitrogenase.

Dieser Enzymkomplex

(1) ist sauerstoffempfindlich
(2) enthält Molybdän oder Vanadium
(3) benötigt ATP
(4) enthält ein eisenhaltiges Protein

(A) nur 2
(B) nur 2 und 3
(C) nur 2 und 4
(D) nur 1, 3 und 4
(E) 1 bis 4 (alle)

616 Die Nitratreduktion ist bei photoautotrophen Organen einer Pflanze eng an die Photosynthese gekoppelt,

weil

der erste Schritt der assimilatorischen Nitratreduktion in den Chloroplasten lokalisiert ist.

617 Welche der Aussagen trifft nicht zu?

(A) Unter assimilatorischer Nitratreduktion versteht man die Bildung von Ammonium-Ionen aus Nitrat.
(B) Zur assimilatorischen Nitratreduktion sind nur photoautotrophe Organismen befähigt.
(C) Unter Stickstoff-Fixierung versteht man die bakterielle Umwandlung von Stickstoff zu Ammonium-Ionen.
(D) Unter Nitrifikation versteht man die bakterielle Bildung von Nitrat.
(E) Unter Denitrifikation versteht man die bakterielle Umwandlung von Nitrat zu Stickstoff.

618 Welche der Aussagen treffen zu?

Im Zuge der Ammoniumassimilation

(1) wird NH_4^+ in organisch gebundenen Stickstoff überführt
(2) wird Glutamin gebildet
(3) wird Glutaminsäure gebildet.

(A) nur 1
(B) nur 2
(C) nur 1 und 2
(D) nur 1 und 3
(E) 1 bis 3 (alle)

619 Welche der Aussagen trifft nicht zu?

(A) Amidbildung dient der Stickstoffspeicherung und findet nur im reifenden Samen statt.
(B) Die Bildung von Glutamin aus Glutamat ist eine Amidbildung.
(C) Glutamin ist ein häufiges Substrat bei Aminogruppenübertragungen.
(D) Die Bildung von Asparaginsäure aus Oxalacetat erfolgt durch reduktive Aminierung.
(E) Pyridoxalphosphat ist die prosthetische Gruppe der Transaminasen.

620 Die Reduktion des Luft-Stickstoffs zu Ammoniak vollzieht sich am Nitrogenase-Enzymkomplex. Welche der Aussagen zu diesem Vorgang trifft nicht zu?

Er benötigt

(A) Sauerstoff
(B) meist Molybdän
(C) Energie
(D) reduziertes Ferredoxin
(E) ATP

621 Welche der folgenden Aussagen trifft nicht zu?

Die Befähigung, molekularen Stickstoff (N_2) zu binden, ist an den Nitrogenase-Enzymkomplex gebunden.

Über Nitrogenase verfügen

(A) Rhizobiumarten
(B) Clostridiumarten
(C) Azotobacterarten
(D) viele Cyanobakterien
(E) viele Fabaceae

622 Höhere Pflanzen vermögen den Stickstoff der Luft nicht selbst zu assimilieren,

weil

Höheren Pflanzen der Multienzymkomplex Nitrogenase fehlt.

623 Welches Enzymsystem ist an der Reaktion $N_2 \longrightarrow NH_4^+$ beteiligt?

(A) Nitritreduktase
(B) Nitrogenase
(C) Glutaminsynthetase
(D) Ammoniumlyase
(E) Ammoniumsynthase

624 Welche der genannten Organismen vermögen (freilebend oder in Symbiose), N_2 zu fixieren?

(1) Rhizobiumarten
(2) Azotobacterarten
(3) Cyanobakterien

(A) nur 1
(B) nur 3
(C) nur 1 und 2
(D) nur 1 und 3
(E) 1 bis 3 (alle)

Physiologie

3.10 Heterotrophe Ernährung

3.10.1 Saprophyten, Parasiten, Symbiose

Lehrbuch S. 311ff.

625 Parasitismus und Saprophytismus sind synonyme Begriffe,

weil

sowohl Parasitismus als auch Saprophytismus bei Bakterien vorkommen.

626 Welche der Aussagen über Parasiten treffen zu?

(1) Pilze können Parasiten sein.
(2) Parasiten können aerob leben.
(3) Parasiten beziehen ihre organischen Nährstoffe aus toten Organismen.
(4) Parasiten kommen nur in der Gruppe der Mikroorganismen, aber nicht bei den Höheren Pflanzen vor.

(A) nur 1 und 2
(B) nur 2 und 4
(C) nur 1, 2 und 3
(D) nur 1, 3 und 4
(E) 1 bis 4 (alle)

627 Welche der Aussagen über den Saprophytismus treffen zu?

(1) Pilze können Saprophyten sein.
(2) Saprophyten können aerob leben.
(3) Saprophyten beziehen ihre organischen Nährstoffe aus toten Organismen.

(A) nur 1
(B) nur 3
(C) nur 1 und 2
(D) nur 1 und 3
(E) 1 bis 3 (alle)

628 Welche der folgenden Aussagen charakterisiert Saprophyten zutreffend?

(A) Heterotrophe Organismen, die toten organischen Substraten Nährstoffe entnehmen
(B) Organismen, die nur einige oder wenige organische Substanzen selbst synthetisieren können
(C) Organismen, die alle benötigten organischen Substanzen selbst synthetisieren können
(D) Organismen, die mit anderen Organismen zum beiderseitigen Nutzen eng zusammen leben
(E) Heterotrophe Organismen, die lebenden Organismen Assimilate entnehmen

629 Welche der folgenden Stoffe können von Saprophyten als Kohlenstoffquelle genutzt werden?

(1) Kohlenhydrate
(2) Eiweiße
(3) Fette
(4) Erdöl

(A) nur 1
(B) nur 2
(C) nur 1 und 2
(D) nur 1, 2 und 3
(E) 1 bis 4 (alle)

Ordnen Sie bitte den in Liste 1 aufgeführten Lebensformen die jeweils zutreffenden Organismen (Liste 2) zu.

Liste 1

630 Saprophytismus

631 Parasitismus

Liste 2

(A) Diphtheriebakterien
(B) Flechten
(C) Knöllchenbakterien
(D) Cyanobakterien
(E) Schimmelpilze

---

632 Carnivore Pflanzen wie beispielsweise Drosera rechnet man zu den obligat saprophytischen Pflanzen,

weil

Saprophyten dadurch charakterisiert sind, daß sie organisches Material, z.B. Teile toter Tiere und Pflanzen, in kleinere resorbierbare Moleküle überführen, die sie nach Aufnahme in die Zellen weiterverarbeiten.

---

633 Welche der Aussagen treffen zu?

Unter Mycorrhiza versteht man eine bestimmte Art von Symbiose.

Sie tritt auf zwischen

(1) Orchideen und Pilzen
(2) Algen und Pilzen
(3) Leguminosen und Bakterien
(4) Ericaceen und Pilzen
(5) Nadelbäumen und Pilzen

(A) nur 2
(B) nur 3
(C) nur 5
(D) nur 1 und 4
(E) nur 1, 4 und 5

---

634 Saprophytische Organismen sind chemoautotroph,

weil

saprophytische Organismen organische Kohlenstoff-Verbindungen toter Organismen als Kohlenstoff-Quelle verwerten können.

---

635 Chemoautotrophe Mikroorganismen sind als Saprophyten von ökologischer Bedeutung,

weil

einige chemoautotrophe Mikroorganismen NH_4^+ in NO_3^- umzuwandeln vermögen und damit die Stickstoffversorgung der Höheren Pflanzen begünstigen.

636 Zur Chemosynthese befähigte Mikroorganismen können die zum Aufbau organischer Substanzen benötigte Energie durch folgende Reaktionen gewinnen:

(1) $Fe^{2+} \rightarrow Fe^{3+} + e^-$

(2) $2\,H_2 + O_2 \rightarrow 2\,H_2O$

(3) $6\,CO_2 + 12\,H_2S \rightarrow C_6H_{12}O_6 + 12\,S + 6\,H_2O$

(4) $2\,H_2S + O_2 \rightarrow 2\,H_2O + 2\,S$

(A) nur 1 und 2
(B) nur 2 und 4
(C) nur 3 und 4
(D) nur 1, 2 und 3
(E) nur 1, 2 und 4

637 Welche Aussage zur Chemosynthese trifft zu?

Die chemosynthetische CO_2-Assimilation

(A) findet sich bei Gärprozessen von Saccharomyces-Arten
(B) ist bei heterotrophen Pilzen und Bakterien weit verbreitet
(C) ist nur bei obligat anaerob lebenden Mikroorganismen anzutreffen
(D) stellt eine bei bestimmten Mikroorganismen anzutreffende Form der Autotrophie dar
(E) Keine der Aussagen trifft zu.

638 Welche der Aussagen über die Photosynthese und die Chemosynthese sind richtig?

(1) Bei beiden Stoffwechselabläufen wird ATP gebildet.
(2) Die Energiegewinnung dient in beiden Fällen der Zuckersynthese im Rahmen des Calvin-Zyklus.
(3) Die Chemosynthese ist ein auf Bakterien beschränkter Prozeß, während die Photosynthese nicht auf Bakterien beschränkt ist.

(A) nur 1
(B) nur 1 und 2
(C) nur 1 und 3
(D) nur 2 und 3
(E) 1 bis 3 (alle)

639 Welche der folgenden Aussagen treffen zu?

(1) Bei den Flechten handelt es sich um die Symbiose eines heterotrophen mit einem autotrophen Organismus.
(2) In den Flechten bilden Hyphen bestimmter Pilzarten mit Vertretern der Mycobacteriaceae einen Verband.
(3) In den Flechten übernimmt der Pilz die Versorgung mit Wasser und Salzen.

(A) nur 1
(B) nur 2
(C) nur 1 und 2
(D) nur 1 und 3
(E) 1 bis 3 (alle)

640 Welche der folgenden Aussagen trifft <u>nicht</u> zu?

(A) Saprophyten entnehmen ihre organische Nahrung toten Substraten.
(B) Durch enzymatischen Abbau überführen Saprophyten organisches Material in resorbierbare Moleküle
(C) Kohlenstoffquelle für Saprophyten können auch Paraffine sein.
(D) Die Schädigung des Wirts durch Parasiten erfolgt durch den Entzug von Nährstoffen und/oder durch die Ausscheidung giftiger Stoffwechselprodukte.
(E) Viscum album lebt mit seinem Wirt in einer Symbiose.

641 Für welche Art ist hemiparasitische Lebensweise charakteristisch?

(A) Drosera rotundifolia
(B) Glechoma hederacea
(C) Claviceps purpurea
(D) Penicillium notatum
(E) Viscum album

Ordnen Sie bitte den Formen heterotropher Lebensweise (Liste 1) das zutreffende Beispiel der Liste 2 zu!

Liste 1	Liste 2
642 Halbschmarotzer	(A) Hedera
	(B) Viscum
643 Saprophyt	(C) Amanita
	(D) Cetraria
	(E) Aconitum

---

644 Welche der folgenden Stoffe können von Saprophyten als Kohlenstoffquelle genutzt werden?

(1) Kohlenhydrate
(2) Eiweiße
(3) Fette
(4) Erdöl

(A) nur 1
(B) nur 2
(C) nur 1 und 2
(D) nur 1, 2 und 3
(E) 1 bis 4 (alle)

---

645 Ein Mikroorganismus, dem ein essentieller Wachstumsfaktor zum Nährmedium zugefügt werden muß, wird bezeichnet als

(A) auxotroph
(B) autotroph
(C) photoautotroph
(D) heterotroph
(E) saprophytisch

3 Entwicklungs- und Stoffwechselphysiologie – Antworten

1	E	59	C	117	E	175	B
2	B	60	A	118	C	176	A
3	A	61	E	119	B	177	E
4	D	62	B	120	B	178	D
5	C	63	B	121	E	179	C
6	E	64	E	122	B	180	E
7	D	65	A	123	D	181	C
8	D	66	C	124	C	182	D
9	B	67	A	125	E	183	B
10	E	68	E	126	D	184	D
11	A	69	C	127	E	185	A
12	A	70	B	128	A	186	E
13	D	71	D	129	C	187	E
14	E	72	D	130	E	188	D
15	D	73	E	131	E	189	E
16	C	74	B	132	C	190	C
17	A	75	D	133	D	191	D
18	C	76	C	134	E	192	A
19	D	77	A	135	E	193	C
20	D	78	C	136	B	194	A
21	D	79	D	137	B	195	A
22	D	80	C	138	E	196	B
23	E	81	A	139	A	197	E
24	E	82	C	140	D	198	C
25	B	83	D	141	D	199	A
26	E	84	E	142	A	200	D
27	C	85	B	143	A	201	E
28	A	86	A	144	D	202	B
29	D	87	B	145	A	203	C
30	C	88	A	146	A	204	A
31	D	89	E	147	B	205	A
32	C	90	E	148	E	206	A
33	E	91	E	149	D	207	E
34	E	92	B	150	D	208	A
35	E	93	D	151	E	209	B
36	D	94	A	152	C	210	B
37	C	95	E	153	B	211	A
38	E	96	B	154	A	212	A
39	B	97	D	155	E	213	A
40	D	98	E	156	D	214	D
41	B	99	E	157	A	215	D
42	A	100	D	158	C	216	C
43	D	101	D	159	A	217	C
44	C	102	E	160	E	218	C
45	A	103	C	161	C	219	C
46	E	104	E	162	A	220	B
47	B	105	B	163	E	221	C
48	E	106	E	164	B	222	D
49	B	107	D	165	E	223	E
50	A	108	A	166	D	224	A
51	A	109	B	167	A	225	A
52	A	110	E	168	C	226	E
53	C	111	B	169	C	227	C
54	E	112	E	170	B	228	E
55	A	113	B	171	B	229	B
56	C	114	B	172	B	230	C
57	A	115	E	173	A	231	A
58	C	116	D	174	A	232	C

233	E	297	A	361	E	425	C
234	D	298	E	362	E	426	A
235	C	299	A	363	C	427	D
236	A	300	E	364	E	428	B
237	C	301	D	365	B	429	A
238	B	302	A	366	D	430	B
239	D	303	C	367	C	431	D
240	C	304	B	368	B	432	B
241	C	305	A	369	C	433	E
242	D	306	A	370	B	434	B
243	A	307	C	371	D	435	E
244	E	308	D	372	D	436	A
245	C	309	C	373	B	437	C
246	A	310	B	374	E	438	D
247	E	311	C	375	B	439	D
248	B	312	A	376	E	440	A
249	A	313	C	377	C	441	C
250	A	314	E	378	E	442	E
251	D	315	A	379	C	443	B
252	C	316	C	380	D	444	A
253	E	317	B	381	D	445	C
254	C	318	E	382	A	446	A
255	B	319	D	383	B	447	E
256	B	320	E	384	B	448	B
257	E	321	A	385	C	449	E
258	D	322	B	386	E	450	C
259	A	323	D	387	A	451	A
260	D	324	D	388	E	452	D
261	D	325	D	389	E	453	D
262	D	326	C	390	E	454	D
263	D	327	D	391	A	455	C
264	B	328	D	392	D	456	A
265	D	329	A	393	D	457	D
266	B	330	B	394	E	458	E
267	C	331	C	395	D	459	A
268	B	332	B	396	A	460	C
269	E	333	B	397	C	461	D
270	B	334	A	398	B	462	A
271	E	335	D	399	E	463	C
272	E	336	C	400	D	464	D
273	A	337	D	401	C	465	E
274	B	338	A	402	B	466	D
275	A	339	E	403	D	467	D
276	A	340	E	404	C	468	B
277	A	341	D	405	E	469	B
278	E	342	C	406	A	470	D
279	B	343	E	407	E	471	B
280	A	344	A	408	A	472	D
281	C	345	C	409	B	473	D
282	E	346	B	410	C	474	A
283	B	347	D	411	E	475	A
284	D	348	B	412	C	476	E
285	A	349	D	413	D	477	B
286	A	350	B	414	B	478	E
287	B	351	D	415	D	479	C
288	C	352	E	416	B	480	C
289	A	353	D	417	C	481	E
290	E	354	B	418	B	482	D
291	E	355	A	419	D	483	D
292	B	356	B	420	D	484	E
293	A	357	A	421	B	485	A
294	C	358	B	422	A	486	B
295	B	359	D	423	B	487	C
296	A	360	B	424	A	488	A

489	A
490	C
491	C
492	A
493	B
494	D
495	A
496	A
497	B
498	D
499	E
500	D
501	B
502	E
503	E
504	E
505	D
506	A
507	A
508	D
509	A
510	A
511	B
512	E
513	A
514	E
515	D
516	E
517	B
518	D
519	B
520	A
521	A
522	E
523	E
524	E
525	A
526	B
527	C
528	D
529	A
530	D
531	C
532	A
533	D
534	D
535	A
536	E
537	E
538	B
539	B
540	D
541	B
542	C
543	E
544	E
545	C
546	B
547	D
548	B
549	C
550	B
551	A
552	D
553	E
554	E
555	C
556	A
557	A
558	D
559	A
560	B
561	E
562	D
563	E
564	B
565	D
566	A
567	C
568	B
569	D
570	E
571	B
572	A
573	C
574	C
575	A
576	E
577	D
578	E
579	E
580	D
581	C
582	A
583	C
584	A
585	B
586	A
587	E
588	C
589	D
590	E
591	D
592	A
593	E
594	C
595	C
596	C
597	E
598	A
599	B
600	D
601	D
602	C
603	B
604	E
605	A
606	C
607	C
608	C
609	B
610	C
611	C
612	D
613	B
614	D
615	E
616	C
617	B
618	E
619	A
620	A
621	E
622	A
623	B
624	E
625	D
626	A
627	E
628	A
629	E
630	E
631	A
632	D
633	E
634	D
635	D
636	E
637	D
638	E
639	D
640	E
641	E
642	B
643	C
644	E
645	A

4 Grundlagen der Systematik und der Taxonomie

4.1 Definition und Nomenklatur taxonomischer Einheiten und deren Stellung in einem hierarchischen System

Lehrbuch S. 551ff.

1 Ein Taxon ist jede Sippe, die einen gültigen Namen erhalten hat,

weil

Sippen, unabhängig von der systematischen Rangstufe, Organismengruppen mit bestimmten, übereinstimmenden Merkmalen sind.

2 Welche Antwort trifft zu?

In der botanischen Systematik wird jede Sippe, die einen legitimen Namen erhalten hat, bezeichnet als

(A) Rasse
(B) Species
(C) Taxon
(D) Typus
(E) Varietät

3 Welcher der folgenden Kategorien ist das Taxon Magnoliatae zuzuordnen?

(A) Unterabteilung
(B) Klasse
(C) Unterklasse
(D) Überordnung
(E) Ordnung

4 Welche der Aussagen treffen zu?

Eine *Art* ist

(1) eine wichtige Grundrangstufe im System
(2) fast immer durch reproduktive Isolation von Nachbararten getrennt, d.h. mit ihnen nicht kreuzbar
(3) eine natürliche Fortpflanzungsgemeinschaft mit weitgehend konstanten erblichen Merkmalen
(4) in der Regel durch konstante, auffällige Merkmale von Nachbararten unterschieden

(A) nur 1
(B) nur 3
(C) nur 2 und 4
(D) nur 1, 2 und 3
(E) 1 bis 4 (alle)

5 Welcher der folgenden Kategorien ist das Taxon Magnoliales einzuordnen?

(A) Unterabteilung
(B) Klasse
(C) Unterklasse
(D) Überordnung
(E) Ordnung

6 Welcher der folgenden Kategorien ist das Taxon Saponaria zuzuordnen?

(A) Familie
(B) Ordnung
(C) Gattung
(D) Art
(E) Subtribus

7 Welcher der folgenden Kategorien ist das Taxon Magnoliophytina zuzuordnen?

(A) Unterabteilung
(B) Klasse
(C) Unterklasse
(D) Überordnung
(E) Ordnung

Ordnen Sie bitte den in Liste 1 aufgeführten Taxa ihre taxonomische Kategorie (Liste 2) zu.

Liste 1

8 Dilleniidae

9 Magnoliales

Liste 2

(A) Unterabteilung
(B) Klasse
(C) Unterklasse
(D) Überordnung
(E) Ordnung

10 Die Rangstufen in der Taxonomie der Pflanzen sind durch Endungen, die an den Namen angehängt sind, charakterisiert.

Welche Antwort trifft zu?

Die Papaver *oideae* sind eine

(A) Gattung
(B) Unterfamilie
(C) Familie
(D) Ordnung
(E) Überordnung

11 Welche der Antworten treffen zu?

Die abgebildete Arzneipflanze ist einzuordnen unter:

(1) Art: Primula veris
(2) Familie: Primulaceae
(3) Ordnung: Primulales
(4) Klasse: Magnoliatae

(A) nur 4
(B) nur 1 und 4
(C) nur 2 und 3
(D) nur 1, 2 und 3
(E) 1 bis 4 (alle)

12 Welche der folgenden Zuordnungen ist <u>nicht</u> zutreffend?

(A) Pinaceae – Unterfamilie
(B) Pinatae – Klasse
(C) Pinales – Ordnung
(D) Pinidae – Unterklasse
(E) Spermatophyta – Abteilung

13 Welche der folgenden Zuordnungen ist <u>nicht</u> zutreffend?

(A) Pinaceae – Familie
(B) Pinatae – Überordnung
(C) Pinales – Ordnung
(D) Pinidae – Unterklasse
(E) Coniferophytina – Unterabteilung

14 Die Asteridae sind eine Überordnung der Unterklasse der Asteranae,

<u>weil</u>

die Überordnung als Rangstufe in der Taxonomie der Unterklasse übergeordnet ist.

15 Welche der angegebenen Rangstufen von Taxa ist der Klasse übergeordnet?

(A) Ordnung
(B) Familie
(C) Gattung
(D) Abteilung
(E) Tribus

16 Welche der angegebenen Rangstufen von Taxa ist der Familie untergeordnet?

(1) Art
(2) Gattung
(3) Ordnung

(A) nur 1
(B) nur 1und 2
(C) nur 1 und 3
(D) nur 2 und 3
(E) 1 bis 3 (alle)

17 Welcher der folgenden Kategorien ist das Taxon Rosales zuzuordnen?

(A) Klasse
(B) Unterklasse
(C) Überordnung
(D) Ordnung
(E) Familie

18 Welche Merkmale sind für die Magnoliatae im Gegensatz zu den Liliatae typisch?

(1) oft pentamere Blüten
(2) keine Akkumulation von Polyterpenen
(3) Leitbündel der Wurzel radial oligarch
(4) allorrhizes Wurzelsystem

(A) nur 1 und 3
(B) nur 2 und 4
(C) nur 1, 2 und 3
(D) nur 1, 3 und 4
(E) nur 2, 3 und 4

19 Welche der folgenden Aussagen trifft zu?

Unter Progression versteht man in der Biologie

(A) den Entwicklungsgang eines Lebewesens
(B) die Weitergabe von Erbanlagen einer Generation zur nächsten
(C) die künstliche Herstellung polyploider Populationen
(D) die Veränderung von Merkmalsausprägungen, die einen höheren Grad von Anpassung an die Umwelt verleiht
(E) den mit stark unterschiedlicher Gestalt verbundenen Wechsel von diploiden und haploiden Generationen.

20 Welche taxonomische Einheit trägt die Endsilbe – *phytina*?

(A) Abteilung
(B) Unterabteilung
(C) Ordnung
(D) Klasse
(E) Unterklasse

21 Welche Antwort trifft zu?

In der botanischen Nomenklatur wird jede Sippe, die einen legitimen Namen erhalten hat, bezeichnet als

(A) Rasse
(B) Species
(C) Taxon
(D) Gattung
(E) Varietät

22 Welcher der folgenden Kategorien ist das Taxon Malva zuzuordnen?

(A) Art
(B) Gattung
(C) Tribus
(D) Unterfamilie
(E) Familie

Systematik und Taxonomie

23 Welche der folgenden Zuordnungen trifft nicht zu?

(A) Magnoliales — Ordnung
(B) Magnoliatae — Klasse
(C) Magnoliophytina — Unterabteilung
(D) Magnoliaceae — Familie
(E) Magnolia — Art

24 Welcher der folgenden Kategorien ist das Taxon Magnoliatae zuzuordnen?

(A) Unterabteilung
(B) Klasse
(C) Unterklasse
(D) Überordnung
(E) Ordnung

4.2 Morphologische, anatomische und chemische Merkmale höherer Taxa

4.2.1 Rotalgen, Braunalgen, Grünalgen, Farnpflanzen, Samenpflanzen

Lehrbuch S. 463ff.

25 Welche Aussage zum Begriff „Analogie“ trifft zu?

Analog sind Organe,

(A) die verschiedene Funktionen erfüllen und aus gleichen Grundorganen gebildet wurden
(B) die verschiedene Funktionen erfüllen und an derselben (einen) Pflanze vorkommen
(C) die gleiche Funktionen erfüllen und sich vom selben Grundorgan herleiten
(D) die gleiche Funktionen erfüllen, aber aus verschiedenen Grundorganen gebildet wurden
(E) Keine der Aussagen trifft zu.

26 Welche Aussage zum Begriff „Homologie“ trifft zu?

Homolog sind Organe unterschiedlichen Aussehens,

(A) die gleiche Funktionen erfüllen
(B) die ähnliche Funktionen erfüllen und sich phylogenetisch voneinander ableiten
(C) die sich vom selben Grundorgan herleiten, d.h. ursprungsgleich sind
(D) die unterschiedliche Funktionen erfüllen, aber bei Vertretern derselben (einer) Familie vorkommen
(E) die der gleichen Progressionsreihe entstammen

27 Welche Aussage trifft zu?

Organe werden als homolog bezeichnet, wenn sie

(A) äußerlich ähnlich gestaltet sind
(B) äußerlich ähnlich gestaltet sind, aber unterschiedliche Funktionen haben
(C) äußerlich verschieden gestaltet sind, aber die gleiche Funktion haben
(D) aus verschiedenen Grundorganen hervorgegangen sind, aber im Bauplan die gleiche Stellung einnehmen
(E) aus gemeinsamem Grundorgan hervorgegangen sind und daher im Bauplan die gleiche Stellung einnehmen

28 Welche der Aussagen treffen zu?

(1) Sproß- und Blattdornen stellen homologe Organe dar.
(2) Stengel und Rhizom stellen analoge Organe dar.
(3) Das Auftreten von Sukkulenten bei verschiedenen Familien ist ein Beispiel für Konvergenz.

(A) nur 1
(B) nur 3
(C) nur 1 und 2
(D) nur 2 und 3
(E) 1 bis 3 (alle)

29 Welche Aussage trifft für den Begriff „Konvergenz" zu?

„Konvergenz" ist

(A) den Begriffen „Homologie" und „Analogie" übergeordnet
(B) die im Verlauf der Evolution entstandene gleichartige Ausgestaltung von Organen bei nicht-verwandten Arten
(C) die im Verlauf der Evolution entstandene gleichartige Ausgestaltung der Vertreter einer Species
(D) das gleichzeitige Auftreten unterschiedlicher Organe auf demselben pflanzlichen Individuum
(E) das gleichzeitige Auftreten ähnlicher Formen an demselben pflanzlichen Individuum

30 Welche der folgenden Aussagen treffen zu?

(1) Das Auftreten von Sukkulenten bei verschiedenen Familien ist ein Beispiel für Konvergenz.
(2) Sproß- und Blattdorne stellen analoge Organe dar.
(3) Stengel und Rhizom stellen homologe Organe dar.

(A) nur 2
(B) nur 3
(C) nur 1 und 2
(D) nur 2 und 3
(E) 1 bis 3 (alle)

31 Welche der folgenden Aussagen trifft zu?

Unter Progression versteht man in der Biologie

(A) den Entwicklungsgang eines Lebewesens
(B) die Weitergabe von Erbanlagen einer Generation zur nächsten
(C) die künstliche Herstellung polyploider Populationen
(D) die Veränderung von Merkmalsausprägungen, die einen höheren Grad von Anpassung an die Umwelt verleiht
(E) den mit stark unterschiedlicher Gestalt verbundenen Wechsel von diploiden und haploiden Generationen

32 Welche der Aussagen treffen zu?

Eine bei der Evolution der Magnoliophytina auftretende gerichtete Merkmalsreihe (Progression) kann sein:

(1) radiäre Blüten — zygomorphe Blüten
(2) Blütenglieder:
schraubig angeordnet — wirtelig angeordnet
(3) primäre Polyandrie — Diplostemonie
(4) Chorikarpie (Apokarpie) — Coenokarpie
(5) Dominanz des Sporophyten — Dominanz des Gametophyten

(A) nur 3
(B) nur 1 und 2
(C) nur 2 und 4
(D) nur 1, 2, 3 und 4
(E) 1 bis 5 (alle)

33 Welche der nachstehend genannten Merkmale sind in der Regel Zeichen ursprünglichen Blütenbaues?

(1) Verwachsung der Basis eines Blattwirtels
(2) Schraubige Stellung der Blattorgane
(3) Unterständiger Fruchtknoten
(4) Chorikarpie (Apokarpie)

(A) nur 1 und 3
(B) nur 2 und 4
(C) nur 1, 2 und 3
(D) nur 2, 3 und 4
(E) 1 bis 4 (alle)

34 Nur bei Berücksichtigung der Kombination mehrerer Merkmale läßt sich eine Art eindeutig den Magnoliatae oder den Liliatae zuordnen.

Welche der Merkmalspaare können hierfür Verwendung finden?

(1) netznervige – parallelnervige Blätter
(2) offen-kollaterale – geschlossen-kollaterale Leitbündel
(3) oligarches – polyarches Leitbündel in der Wurzel
(4) fehlendes – vorhandenes sekundäres Dickenwachstum
(5) dreizähliger – sechszähliger Blütenbau

(A) nur 1 und 2
(B) nur 3, 4 und 5
(C) nur 1, 2, 3 und 4
(D) nur 2, 3, 4 und 5
(E) 1 bis 5 (alle)

Ordnen Sie bitte jeder der in Liste 1 aufgeführten Abteilungen die für sie zutreffende Aussage in Liste 2 zu.

Liste 1

35 Bakterien

36 Algen

37 Pilze

Liste 2

(A) in der Mehrzahl autotrophe Thallophyten
(B) in Kopf- und Schwanzteil gegliedert, mit Proteinhülle und DNA-Strang
(C) grundsätzlich heterotrophe Prokaryoten
(D) insgesamt Einzeller, Einzeller-Aggregate oder fädige Formen mit jeweils geringer Differenzierung
(E) parasitisch, saprophytisch oder symbiontisch lebende Eukaryoten

38 Bei welchen der aufgeführten Taxa enthalten die Chloroplasten Chlorophyll a?

(1) Rhodophyta (Rotalgen)
(2) Heterokontophyta (z.B. Braunalgen)
(3) Chlorophyta (Grünalgen)
(4) Spermatophyta (Samenpflanzen)

(A) nur 1
(B) nur 2
(C) nur 3
(D) nur 3 und 4
(E) 1 bis 4 (alle)

39 Welche Aussagen zur Chemotaxonomie treffen zu?

Das Vorkommen von Chlorophyll b ist ein charakteristisches Merkmal der

(1) Chlorophyta
(2) Rhodophyta
(3) Heterokontophyta
(4) Spermatophyta

(A) nur 2
(B) nur 3
(C) nur 4
(D) nur 1 und 4
(E) nur 3 und 4

40 Welche Antwort trifft nicht zu?

Pharmakologisch wirksame Inhaltsstoffe des als Formel dargestellten Typs

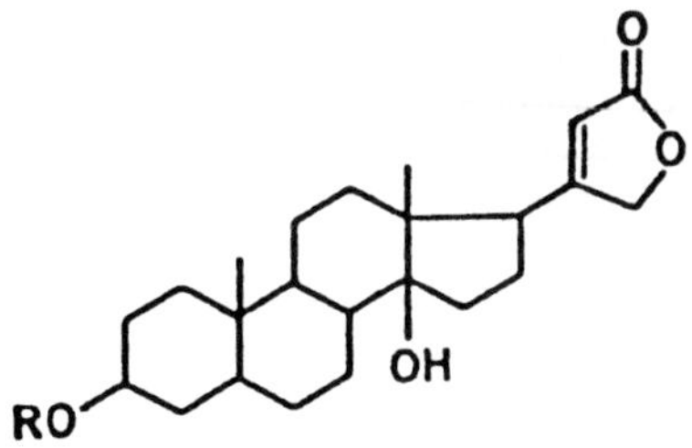

sind bekannt bei Vertretern der

(A) Apocynaceae
(B) Liliaceae
(C) Ranunculaceae
(D) Rosaceae
(E) Scrophulariaceae

---

41 In welchen der folgenden Apocynaceae-Gattungen treten – soweit bekannt – Arten auf, die herzwirksame Glykoside enthalten?

(1) Catharanthus
(2) Nerium
(3) Rauvolfia
(4) Strophanthus

(A) nur 1
(B) nur 4
(C) nur 1 und 3
(D) nur 2 und 3
(E) nur 2 und 4

---

42 Bei welcher der nachfolgend genannten Familien treten – soweit bekannt – Herzglykoside nicht auf?

(A) Apocynaceae
(B) Liliaceae
(C) Primulaceae
(D) Ranunculaceae
(E) Scrophulariaceae

---

43 Das Vorkommen von Cardenoliden hat geringe chemotaxonomische Aussagekraft,

weil

Cardenolide in Taxa synthetisiert werden, die im natürlichen System weit voneinander entfernt stehen.

---

44 Cardenolide finden sich in Strophanthus-Arten und in Digitalis-Arten,

weil

beide Gattungen zur selben Pflanzenfamilie gehören.

---

45 Strophanthus gratus und Nerium oleander enthalten Cardenolide,

weil

beide Arzneipflanzen zu der Familie der Scrophulariaceae gehören.

Ordnen Sie bitte den in Liste 1 aufgeführten Drogen die Gattungen der Liste 2 zu, in die ihre Stammpflanzen einzuordnen sind.

Liste 1	Liste 2
46 Samendroge mit Cardenoliden	(A) Urginea
47 Wurzeldroge mit Alkaloiden	(B) Strophanthus
	(C) Nerium
	(D) Verbascum
	(E) Rauwolfia

48 Welche der folgenden Apocynaceae-Gattungen enthalten – soweit bekannt – Alkaloid-führende Arten?

(1) Catharanthus
(2) Nerium
(3) Rauvolfia
(4) Strophanthus

(A) nur 3
(B) nur 4
(C) nur 1 und 3
(D) nur 2 und 3
(E) nur 1, 2 und 4

49 Welche Antwort trifft nicht zu?

Alkaloide als Hauptwirkstoff finden sich bei

(A) Adonis vernalis
(B) Claviceps purpurea
(C) Cephaelis ipecacuanha
(D) Datura stramonium
(E) Veratrum album

50 Welche Aussagen treffen zu?

Vinblastin und Vincristin sind

(1) die Wirkstoffe von Vinca minor
(2) die Wirkstoffe von Catharanthus roseus
(3) Indolalkaloide

(A) nur 1
(B) nur 2
(C) nur 3
(D) nur 1 und 3
(E) nur 2 und 3

51 In welcher der folgenden Pflanzenfamilien kommen bevorzugt Alkaloide vor?

(A) Primulaceae
(B) Rubiaceae
(C) Malvaceae
(D) Asteraceae
(E) Polygonaceae

52 Bei welchen der folgenden Pflanzen beruht die Giftigkeit vor allem auf dem hohen Alkaloidgehalt?

(1) Conium
(2) Cicuta
(3) Physostigma
(4) Digitalis

(A) nur 1
(B) nur 2
(C) nur 1 und 3
(D) nur 2 und 4
(E) nur 2, 3 und 4

53 Welche Angabe zum Vorkommen von Alkaloiden trifft nicht zu?

Alkaloid-führende Pflanzen sind:

(A) Veratrum album
(B) Colchicum autumnale
(C) Adonis vernalis
(D) Aconitum napellus
(E) Papaver somniferum

54 Welche der Aussagen zur Verbreitung von Alkaloiden treffen zu?

Aus Tryptophan aufgebaute Alkaloide (Indol-Alkaloide) kommen vor in

(1) Apocynaceae
(2) Papaveraceae
(3) Ranunculaceae

(A) nur 1
(B) nur 2
(C) nur 3
(D) nur 1 und 2
(E) nur 2 und 3

55 Welche Antwort trifft <u>nicht</u> zu?

Anthraglykoside finden sich in der Familie der

(A) Rhamnaceae
(B) Caesalpiniaceae
(C) Liliaceae
(D) Polygonaceae
(E) Brassicaceae

56 In welcher der nachstehenden Familien kommen Anthraglykoside <u>nicht</u> in nennenswerten Mengen vor?

(A) Polygonaceae
(B) Rosaceae
(C) Rhamnaceae
(D) Liliaceae
(E) Caesalpiniaceae

57 Welche Antworten treffen zu?

Pharmakologisch wirksame Inhaltsstoffe mit dem als Formel abgebildeten Grundgerüst finden sich häufig bei Vertretern der

(1) Brassicaceae
(2) Caesalpiniaceae
(3) Liliaceae
(4) Polygonaceae

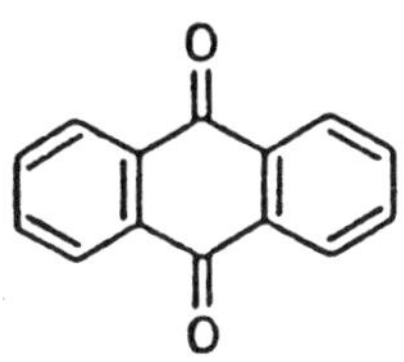

(A) nur 2
(B) nur 3
(C) nur 1 und 4
(D) nur 2, 3 und 4
(E) 1 bis 4 (alle)

58 Bei welcher der genannten Stoffgruppen stellt die hier abgebildete Strukturformel das Grundgerüst dar?

(A) Ätherische Öle
(B) Cumarine
(C) α-Ketosäuren
(D) Terpene
(E) Gerbstoffe

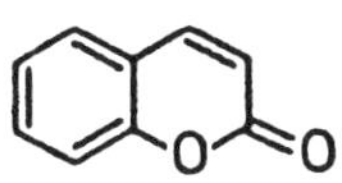

59 Welche der Antworten treffen zu?

Ätherisches Öl kommt in folgenden Pflanzenfamilien vor:

(1) Polygonaceae
(2) Rubiaceae
(3) Rutaceae
(4) Zingiberaceae

(A) nur 4
(B) nur 2 und 3
(C) nur 3 und 4
(D) nur 2, 3 und 4
(E) 1 bis 4 (alle)

Systematik und Taxonomie

60 In welchen der genannten Pflanzenfamilien kommen gehäuft Arten mit ätherischem Öl vor?

(1) Apocynaceae
(2) Asteraceae
(3) Gentianaceae
(4) Apiaceae
(5) Lamiaceae

(A) nur 1 und 5
(B) nur 2 und 4
(C) nur 1, 3 und 5
(D) nur 2, 3 und 5
(E) nur 2, 4 und 5

61 Die pflanzliche Naturstoffgruppe der Senfölglykoside

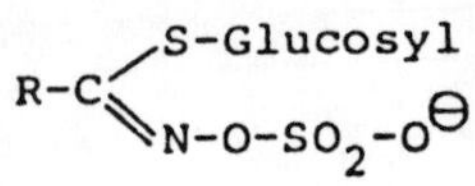

kommt vor bei den

(A) Brassicaceae
(B) Liliatae
(C) Coniferophytina
(D) Chlorophyceae
(E) Mycorrhizapilzen

62 In welcher der folgenden Familien kommen Steroid-Saponine vor?

(A) Caryophyllaceae
(B) Malvaceae
(C) Liliaceae
(D) Apiaceae
(E) Rosaceae

63 Saponine sind bei Höheren Pflanzen weit verbreitete Inhaltsstoffe, die pharmazeutische und taxonomische Bedeutung besitzen.

In welcher der folgenden Familien kommen Triterpen-Saponine vor?

(1) Caryophyllaceae
(2) Malvaceae
(3) Liliaceae
(4) Zingiberaceae

(A) nur in 1
(B) nur in 1 und 2
(C) nur in 3 und 4
(D) nur in 1, 3 und 4
(E) in 1 bis 4 (allen)

64 In welcher der folgenden Familien kommen – soweit bisher bekannt – Saponine <u>nicht</u> vor?

(A) Caryophyllaceae
(B) Liliaceae
(C) Malvaceae
(D) Primulaceae
(E) Rosaceae

65 Welche der Aussagen treffen auf die Gruppe der Saponine zu?

Saponine

(1) sind Schaumbildner
(2) wirken in der Regel hämolytisch
(3) emulgieren Öl in Wasser

(A) nur 1
(B) nur 2
(C) nur 1 und 2
(D) nur 1 und 3
(E) 1 bis 3 (alle)

66 Welche der Inhaltsstoffe sind kennzeichnend für die Caryophyllaceae?

(1) Anthrachinone
(2) Arbutin
(3) Saponine
(4) Triterpen-Alkaloide

(A) nur 3
(B) nur 1 und 4
(C) nur 1, 2 und 3
(D) nur 2, 3 und 4
(E) 1 bis 4 (alle)

67 Welche der Angaben zur Abbildung Nr. 1 treffen zu?

Die abgebildete Art

(1) gehört zu den Solanaceae
(2) enthält Triterpen-Saponine
(3) enthält Steroid-Alkaloide

(A) nur 1
(B) nur 2
(C) nur 3
(D) nur 1 und 2
(E) nur 1 und 3

68 Welche der aufgeführten Drogen enthält als Reservestoff Inulin?

(A) Taraxaci radix
(B) Gentianae radix
(C) Sinapis semen
(D) Saponariae radix
(E) Ipecacuanhae radix

69 Welche Aussage trifft zu?

Die Speicherung von Inulin ist charakteristisch für

(A) Fabaceae
(B) Lamiaceae
(C) Scrophulariaceae
(D) Valerianaceae
(E) Asteraceae

70 Inulin als Reservestoff ist zu finden in

(A) Fabaceae
(B) Lamiaceae
(C) Apiaceae
(D) Asteraceae
(E) Rubiaceae

Ordnen Sie bitte den in Liste 1 aufgeführten Giften das Taxon aus Liste 2 zu, in dem diese Gifte vorkommen.

Liste 1

71 Toxalbumine (Lectine)

72 Phalloidine

Liste 2

(A) Agaricales
(B) Ascomycetes
(C) Fabales
(D) Ranunculales
(E) Solanaceae

Ordnen Sie bitte den in Liste 1 aufgeführten sekundären Pflanzenstoffen Arzneipflanzen der Liste 2 zu.

Liste 1

73 Cardenolide

74 Indol-Alkaloide

Liste 2

(A) Rauvolfia serpentina
(B) Colchicum autumnale
(C) Strophanthus kombe
(D) Papaver somniferum
(E) Urginea maritima

Ordnen Sie bitte den in Liste 1 aufgeführten sekundären Pflanzenstoffen die entsprechenden Arzneipflanzen der Liste 2 zu.

Liste 1

75 Tropan-Alkaloide

76 Steroid-Alkaloide

Liste 2

(A) Nicotiana tabacum
(B) Solanum tuberosum
(C) Capsicum frutescens
(D) Orthosiphon aristatus
(E) Hyoscyamus niger

Ordnen Sie bitte den chemischen Merkmalen der Liste 1 die zutreffende Pflanzenfamilie (Liste 2) zu.

Liste 1

77 Schleime

78 Anthraglykoside

79 Alkaloide

Liste 2

(A) Malvaceae
(B) Papaveraceae
(C) Primulaceae
(D) Polygonaceae
(E) Caryophyllaceae

Ordnen Sie bitte den in Liste 1 genannten Pflanzeninhaltsstoffen die Pflanzenfamilie (Liste 2) zu, in der die betreffende Stoffgruppe häufig vorkommt.

Liste 1

80 Anthraglykoside

81 Saponine

Liste 2

(A) Caryophyllaceae
(B) Cichoriaceae
(C) Polygonaceae
(D) Brassicaceae
(E) Ranunculaceae

---

82 Bei welcher der nachfolgend genannten Familien treten – soweit bekannt – Herzglykoside nicht auf?

(A) Apocynaceae
(B) Brassicaceae
(C) Primulaceae
(D) Ranunculaceae
(E) Scrophulariaceae

---

83 Welche der Antworten treffen zu?

Mit Hilfe von Destillationsverfahren läßt sich eine Aussage über die Menge der enthaltenen wirksamen Inhaltsstoffe machen bei den Drogen

(1) Matricaria flos
(2) Uvae-ursi folium
(3) Rhei radix
(4) Taraxaci radix cum herba

(A) nur 1
(B) nur 1 und 2
(C) nur 3 und 4
(D) nur 1, 2 und 3
(E) 1 bis 4 (alle)

Ordnen Sie bitte jedem Formeltyp aus Liste 1 die entsprechende Stoffgruppe (Liste 2) zu.

Liste 1

84

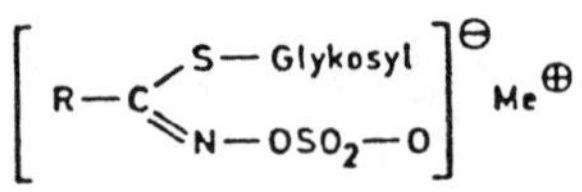

85

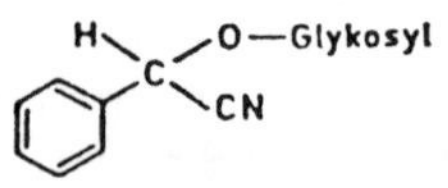

Liste 2

(A) Bitterstoffglykoside
(B) Cumarin-Vorstufen
(C) Cyanogene Glykoside
(D) Saponine
(E) Senfölglykoside

---

86 Welche Antwort trifft zu?

Die formelmäßig dargestellte Struktur kommt vor bei:

(A) Ätherischen Ölen
(B) Alkaloiden
(C) Flavonoiden
(D) Schleimen
(E) Senfölglykosiden

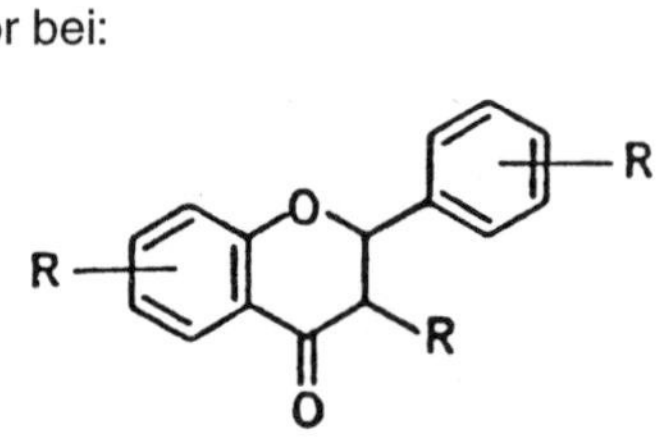

Ordnen Sie bitte den chemischen Grundkörpern (Liste 1) die Stoffgruppe (Liste 2) zu, in der sie jeweils anzutreffen sind.

Liste 1

87 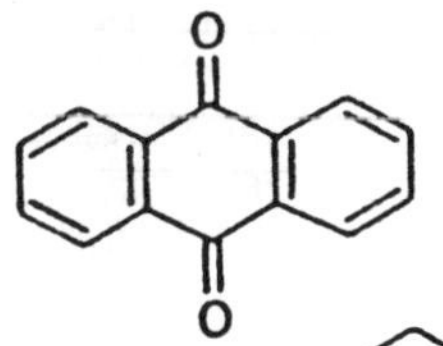

88 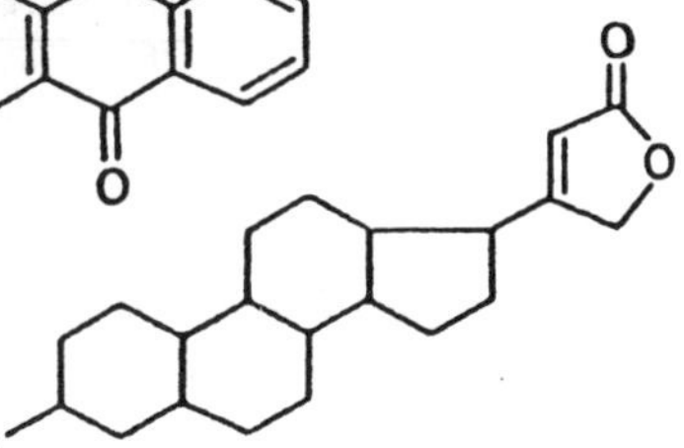

Liste 2

(A) Anthraglykoside
(B) Anthocyane
(C) Bitterstoffglykoside
(D) Cardenolide
(E) Glucosinolate

Ordnen Sie bitte den Pflanzeninhaltsstoffen der Liste 1 die Familie der Liste 2 zu, in welchen sie auftreten.

Liste 1

89 Polyine

90 Sesquiterpenlactone

Liste 2

(A) Asteraceae
(B) Fabaceae
(C) Rosaceae
(D) Polygonaceae
(E) Ranunculaceae

---

91 Welche Aussage trifft zu?

Bufadienolide sind die Wirkstoffe von

(A) Adonis vernalis
(B) Digitalis lanata
(C) Convallaria majalis
(D) Urginea maritima
(E) Strophanthus kombe

---

92 Welche Antwort zu Abbildung Nr. 2 trifft zu?

Die abgebildete Pflanze enthält

(A) Ätherisches Öl
(B) Gerbstoffe
(C) Indol-Alkaloide
(D) Steroid-Alkaloide
(E) Triterpensaponine

---

93 Nur bei Berücksichtigung der Kombination mehrerer Merkmale läßt sich eine Art eindeutig den Magnoliatae oder den Liliatae zuordnen.

Welche der Merkmalspaare können hierfür nicht Verwendung finden?

(A) netznervige – parallelnervige Blätter
(B) dreizähliger – sechszähliger Blütenbau
(C) offen kollaterale – geschlossen kollaterale Leitbündel
(D) oligarches – polyarches Leitbündel in der Wurzel
(E) fehlendes – vorhandenes sekundäres Dickenwachstum

---

94 Bei bestimmten Taxa der Magnoliophytina ist im Samen vornehmlich diploides Perisperm zu finden,

weil

bestimmte Taxa der Magnoliophytina anatrope Samenanlagen besitzen.

95 In der folgenden Tabelle sind Merkmale der Mono- und der Dicotyledoneae gegenübergestellt.

Welche Gegenüberstellung ist nicht richtig?

		(Monocotyle (Liliatae)	Dicotyle (Magnoliatae)
(A)	Blüten meist	trimer	pentamer
(B)	Wurzelsystem meist	homorrhiz	allorrhiz
(C)	Blätter meist	ohne Blattstiel	mit Blattstiel
(D)	Gerbstoffe	selten	verbreitet
(E)	Calciumoxalat meist	als Drusen	als Raphiden

96 Zum Erkennen natürlicher Verwandtschaftsverhältnisse und zur Aufstellung eines Systems der Pflanzen spielt der Vergleich ursprünglicher und abgewandelter Merkmale eine wichtige Rolle. Bei welchen Merkmalspaaren trifft die Gegenüberstellung

ursprünglich – abgeleitet zu?

(1) spiralige – wirtelige Anordnung der Staubblätter
(2) oberständiger – unterständiger Fruchtknoten
(3) Einzelblüten – Pseudanthien

(A) nur bei 1
(B) nur bei 3
(C) nur bei 1 und 3
(D) nur bei 2 und 3
(E) bei 1 bis 3 (allen)

4 Grundlagen der Systematik und der Taxonomie – Antworten

1	B	25	D	49	A	73	C
2	C	26	C	50	E	74	A
3	B	27	E	51	B	75	E
4	E	28	B	52	C	76	B
5	E	29	B	53	C	77	A
6	C	30	E	54	A	78	D
7	A	31	D	55	E	79	B
8	C	32	D	56	B	80	C
9	E	33	B	57	D	81	A
10	B	34	C	58	B	82	C
11	E	35	D	59	C	83	A
12	A	36	A	60	E	84	E
13	B	37	E	61	A	85	C
14	E	38	E	62	C	86	C
15	D	39	D	63	A	87	A
16	B	40	D	64	C	88	D
17	D	41	E	65	E	89	A
18	D	42	C	66	A	90	A
19	D	43	A	67	B	91	D
20	B	44	C	68	A	92	B
21	C	45	C	69	E	93	B
22	B	46	B	70	D	94	B
23	E	47	E	71	C	95	E
24	B	48	C	72	A	96	E

5 Viren

5.1 Charakteristische Merkmale folgender Taxa

5.1.1 Herpetoviridae, Picornaviridae, Retroviridae, Orthomyxoviridae, Paramyxoviridae

Lehrbuch S. 374ff.

1 Welche der Beschreibungen trifft für Herpesviren zu?

(A) RNA-Viren, segmentierte RNA
(B) RNA-Viren, doppelsträngige RNA
(C) RNA-Viren, Kapsid nicht von Lipidhülle umgeben
(D) DNA-Viren, einsträngige DNA
(E) DNA-Viren, Kapsid von Lipidhülle umgeben

2 Welche Aussagen über Viren treffen zu?

Zu den DNA-Viren gehören:

(1) Herpesviren
(2) HTLV-Viren
(3) Polioviren

(A) nur 1
(B) nur 2
(C) nur 3
(D) nur 1 und 3
(E) nur 2 und 3

3 Welche Aussagen über Viren treffen zu?

Zu den RNA-haltigen Viren gehören:

(1) Herpesviren
(2) HTLV-Viren
(3) Polioviren

(A) nur 1
(B) nur 2
(C) nur 3
(D) nur 1 und 3
(E) nur 2 und 3

4 Welche Aussage trifft <u>nicht</u> zu?

(A) Viren können sich nur in lebenden Zellen vermehren.
(B) Die Größe von Virionen schwankt und liegt unter 300 nm.
(C) Die Adsorption von Viren an die Zelloberfläche ist zellspezifisch.
(D) Die Penetration des Virus in die Zelle ist ein aktiver Transport unter Energieverbrauch der Zelle.
(E) Viren, die sowohl DNA als auch RNA enthalten, werden als Retroviren bezeichnet.

5 Welche der Aussagen zum Mumps-Virus treffen zu?

Das Mumps-Virus

(1) ist ein RNA-Virus
(2) besitzt eine Lipidhülle
(3) vermehrt sich im Protoplasma der Wirtszelle

(A) nur 1
(B) nur 1 und 2
(C) nur 1 und 3
(D) nur 2 und 3
(E) 1 bis 3 (alle)

6 Viren werden den lebenden Organismen zugeordnet,

<u>weil</u>

Viren Nucleinsäuren besitzen.

7 Welche der Aussagen zu Viren trifft <u>nicht</u> zu?

(A) Ein Virus kann aus Nucleinsäure und Proteinen bestehen.
(B) Ein Virus enthält entweder DNA oder RNA als Nucleinsäure.
(C) Die DNA der humanpathogenen Viren ist in der Regel doppelsträngig.
(D) Pflanzliche Viren sind in aller Regel auch humanpathogen.
(E) Die RNA bestimmter Viren kann in DNA transkribiert werden.

8 Welche Aussage zu Viren trifft <u>nicht</u> zu?

(A) Die Größe von Viren liegt im Nanometerbereich (< 300 nm).
(B) Viren vermehren sich in lebenden Zellen durch Teilung.
(C) Herpesviren gehören zu den DNA-Viren und besitzen eine Lipidhülle.
(D) Influenzaviren gehören zu den RNA-Viren.
(E) Polioviren gehören zu den RNA-Viren und sind kubisch gebaut.

9 Welche Aussage trifft <u>nicht</u> zu?

(A) Viren benötigen zur Vermehrung lebende Zellen.
(B) Viren enthalten ihre genetische Information entweder als DNA oder als RNA.
(C) Phagen benötigen zur Vermehrung Bakterien als Wirtszellen.
(D) Plasmide können den Bakterienstoffwechsel beeinflussen.
(E) Zellen vererben ihr mitochondriales Genom nach Mendelschen Regeln.

10 Capsomere sind Strukturelemente von Viren.

Aus welchem Material bestehen Capsomere?

(A) Protein
(B) Lipid
(C) Nucleinsäuren
(D) Polysaccharide
(E) Keine der obigen Aussagen trifft zu.

Ordnen Sie bitte den Viren der Liste 1 die entsprechende Virusgruppe (Liste 2) zu!

	<u>Liste 1</u>	<u>Liste 2</u>
11	Poliovirus	(A) Herpetoviridae
12	Influenzavirus	(B) Picornaviridae
		(C) Retroviridae
		(D) Orthomyxoviridae
		(E) Paramyxoviridae

13 Welche der Aussagen trifft <u>nicht</u> zu?

(A) Herpesviren sind DNA-Viren mit Lipidhülle.
(B) Retroviren sind DNA-Viren mit Lipidhülle.
(C) Polioviren sind Viren mit einsträngiger RNA.
(D) Influenzaviren sind Viren mit segmentierter RNA.
(E) Die kleinsten Viren sind die Picorna-Viren.

14 Welche Aussagen zu den Herpetoviridae treffen zu?

(1) Sie gehören zu den DNA-Viren.
(2) Sie sind kubisch gebaut.
(3) Sie sind etherempfindlich.

(A) nur 1
(B) nur 2
(C) nur 1 und 3
(D) nur 2 und 3
(E) 1 bis 3 (alle)

15 Welche Aussage zu Orthomyxoviridae trifft <u>nicht</u> zu?

(A) Sie sind helical gebaut.
(B) Sie besitzen eine Lipidhülle.
(C) Sie gehören zu den DNA-Viren.
(D) Ihre Nucelinsäure ist segmentiert.
(E) Zu ihnen gehören Influenzaviren.

16 Welche Aussage zu Retroviren trifft <u>nicht</u> zu?

(A) Sie sind kubisch gebaute RNA-Viren.
(B) Ihre einsträngige RNA ist segmentiert.
(C) Ihre einsträngige RNA wird durch viruseigene Reverse Transkriptase zunächst in doppelsträngige RNA überführt.
(D) Sie besitzen eine Lipidhülle.
(E) Zu den Retroviren gehören die Erreger von AIDS.

17 Welche Aussagen zu Orthomyxoviridae trifft <u>nicht</u> zu?

(A) Sie sind kubisch gebaut.
(B) Sie gehören zu den RNA-Viren.
(C) Ihre Nucelinsäure ist segmentiert.
(D) In ihrer Lipidhülle sind virusspezifische Glykoproteine eingebaut.
(E) Durch Antigenshift kommt es zu Subtypenänderungen.

18 Welche Aussagen zu Orthomyxoviridae treffen zu?

(1) Sie besitzen eine Lipidhülle.
(2) Sie gehören zu den RNA-Viren.
(3) Ihre Nucleinsäure ist segmentiert.

(A) nur 1
(B) nur 3
(C) nur 1 und 2
(D) nur 1 und 3
(E) 2 bis 3 (alle)

19 Interferone besitzen ein breites Wirkungsspektrum gegen Viren,

<u>weil</u>

Interferone das Capsid vieler Viren zerstören.

Viren

5.2 Vermehrung von Viren

5.2.1 Entwicklungszyklus von Bakteriophagen

Lehrbuch S. 139ff.

20 Welche Aussagen über Phagen treffen zu?

(1) Phagen sind Viren, die sich in lebenden Zellen von Prokaryoten vermehren können.
(2) Phagen sind auf bestimmte Bakterien spezialisiert und bewegen sich mit Hilfe ihrer Schwanzfäden aktiv auf diese Bakterien zu.
(3) Phagen injizieren ihre DNA stückweise in die Bakterienzelle.
(4) Phagen bestehen in der Regel aus DNA und Protein.

(A) nur 1
(B) nur 1 und 4
(C) nur 2 und 3
(D) nur 3 und 4
(E) nur 2, 3 und 4

21 Welche Aussagen treffen zu?

(1) Phagen sind Viren, die sich nur in Bakterienzellen vermehren können.
(2) Lysigen (= lysogen) wird ein Bakterium dann genannt, wenn in dem Bakteriengenom ein Prophage integriert ist.
(3) Die DNA eines Prophagen wird zusammen mit der DNA des Trägerbakteriums repliziert.
(4) Ein Prophage kann bei dem Trägerbakterium das Auftreten zusätzlicher Eigenschaften, z.B. die Bildung von weiteren Antigenen, bewirken.

(A) nur 3
(B) nur 4
(C) nur 1 und 2
(D) nur 2 und 3
(E) 1 bis 4 (alle)

22 Welche Aussage zu Phagen trifft zu?

Phagen können Erbeigenschaften eines Bakteriums in ein anderes übertragen. Man bezeichnet diesen Vorgang als

(A) Translation
(B) Transduktion
(C) Transkription
(D) Translokation
(E) Transformation

23 Eine Phageninfektion kann als Beweis für die Rolle der Nukleinsäuren als Träger der Erbinformation gelten,

weil

bei der Phageninfektion der Phage in die Wirtszelle aufgenommen wird.

24 Welche Aussage trifft zu?

Unter dem Begriff „Konversion durch Phagen" versteht man

(A) die Umsteuerung des Stoffwechsels des Bakteriums durch die DNA *virulenter* Phagen
(B) die Auflösung der Bakterienzelle durch Phagen
(C) den Erwerb genetischer Eigenschaften, die aus der Aufnahme des Genoms eines *temperenten* Phagen in das Bakteriengenom resultieren
(D) die Übertragung von Erbeigenschaften eines Bakteriums auf ein anderes Bakterium
(E) die Auslösung von Mutationen durch Phagen

5.2.2 Entwicklungszyklus von Polioviren und Retroviren

Lehrbuch S. 367ff.

25 Welche der Aussagen über biologische Entwicklungsstufen treffen zu?

(1) Es gibt DNA-Viren und RNA-Viren.
(2) Viren sind die kleinsten Organismen.
(3) Actinomycetales besitzen keinen Zellkern.
(4) Eubacteriales besitzen einen Zellkern.

(A) nur 4
(B) nur 1 und 3
(C) nur 2 und 4
(D) nur 1, 2 und 3
(E) 1 bis 4 (alle)

26 Welche Aussage über Viren trifft zu?

Viren

(A) sind auf leblosem Substrat züchtbar
(B) verfügen über einen Proteinmantel sowie RNA *oder* DNA
(C) verfügen über jeweils RNA *und* DNA
(D) stellen einfache prokaryotische Organismen dar
(E) Keine der Antworten trifft zu.

27 Welche Aussagen über Viren treffen zu?

(1) Viren bilden unter ungünstigen Bedingungen Sporen aus.
(2) Die Synthese der Virus-Proteinhülle wird durch die DNA der Wirtszelle codiert.
(3) Die Vakuole der Viren enthält gelöste Salze.
(4) Für bestimmte Viren ist RNA Träger der Erbinformation.

(A) nur 1
(B) nur 4
(C) nur 1 und 3
(D) nur 3 und 4
(E) nur 1, 2 und 4

28 Welche Aussage zu Viren trifft zu?

Die Viren

(A) sind „nicht kompartimentierte" prokaryotische Zellen
(B) enthalten einsträngige oder doppelsträngige Nukleinsäuren
(C) sind auf anorganischen Nährböden züchtbar
(D) enthalten gleichzeitig RNA und DNA
(E) enthalten infektiöses Cytoplasma

29 Welche der Aussagen über Viren treffen zu?

(1) Beim Virion ist die Nukleinsäure von einer Proteinhülle umgeben.
(2) Viren sind obligat intrazelluläre Parasiten.
(3) Die Eingliederung des Virusgenoms in das Wirtsgenom führt zur Transformation der Wirtszelle.

(A) nur 2
(B) nur 3
(C) nur 1 und 2
(D) nur 1 und 3
(E) 1 bis 3 (alle)

30 Welche der Aussagen zu Polioviren treffen zu?

(1) Sie gehören zu den RNA-Viren.
(2) Sie besitzen eine Lipidhülle.
(3) Sie gehören zu den kleinsten Viren.

(A) nur 1
(B) nur 3
(C) nur 1 und 2
(D) nur 1 und 3
(E) 1 bis 3 (alle)

31 Welche der Aussagen zu Herpesviren treffen zu?

Sie

(1) sind polyedrisch gebaut
(2) gehören zu den DNA-Viren
(3) besitzen eine Lipidhülle

(A) nur 2
(B) nur 1 und 2
(C) nur 1 und 3
(D) nur 2 und 3
(E) 1 bis 3 (alle)

Ordnen Sie bitte den Viren der Liste 1 die zutreffende Charakterisierung der Liste 2 zu.

Liste 1	Liste 2
32 Poliomyelitis-Viren	(A) DNA-Viren mit Lipidmembran
	(B) DNA-Viren ohne Lipidmembran
33 Herpesviren	(C) RNA-Viren mit Lipidmembran
	(D) RNA-Viren ohne Lipidmembran
	(E) segmentierte RNA

34 Die Anheftung eines Virus an die Wirtszelle verlangt eine intakte Außenstruktur des Virion,

weil

die Anheftung an die Wirtszelle durch spezifische Bindung eines Virus an einen Rezeptor der Zellmembran zustandekommt.

35 Welche der Beschreibungen trifft für Polioviren zu?

(A) RNA-Viren, segmentierte RNA
(B) RNA-Viren, doppelsträngige RNA
(C) RNA-Viren, Kapsid nicht von Lipidhülle umgeben
(D) DNA-Viren, einsträngige DNA
(E) DNA-Viren, Kapsid von Lipidhülle umgeben

36 Welche der Beschreibungen trifft für Influenzaviren zu?

(A) RNA-Viren, segmentierte RNA
(B) RNA-Viren, doppelsträngige RNA
(C) RNA-Viren, Kapsid nicht von Lipidhülle umgeben
(D) DNA-Viren, einsträngige DNA
(E) DNA-Viren, Kapsid von Lipidhülle umgeben

37 Welche der Aussagen zu „Interferon" treffen zu?

(1) Interferone gehören zu den Glykoproteinen.
(2) Interferone wirken artspezifisch.
(3) Interferonbildung kann durch Viren induziert werden.

(A) nur 2
(B) nur 1 und 2
(C) nur 1 und 3
(D) nur 2 und 3
(E) 1 bis 3 (alle)

38 Welche der Aussagen zum Interferon treffen zu?

(1) Interferonmoleküle sind Glykoproteine.
(2) Interferon wirkt nur streng artspezifisch.
(3) Interferon verändert das Kapsid der Viren und hemmt hierdurch deren Vermehrung.
(4) Interferon schützt die Zelle, in der sich ein Virus vermehrt, vor dem Zelltod.
(5) Aus menschlichen Zellkulturen können unterschiedliche Interferone gewonnen werden.

(A) nur 1, 2 und 3
(B) nur 1, 2 und 4
(C) nur 1, 2 und 5
(D) nur 2, 3 und 5
(E) nur 3, 4 und 5

39 Zur Behandlung von Viruserkrankungen des Menschen können nur Interferone des Menschen dienen,

weil

Interferone artspezifisch sind.

40 Interferon wird nur als Gegenreaktion bei viralen Infektionen von den infizierten Zellen gebildet,

weil

allein Viren die Interferongene dereprimieren können.

41 Die Interferonbildung in einer Zelle kann nur durch Viren ausgelöst werden,

weil

nur Viren über die zur Interferonbildung erforderlichen Rezeptoren verfügen.

42 Viren vermehren sich nur im Zellkern der Wirtszelle,

weil

im Zellkern DNA-Polymerasen vorkommen.

43 Polioviren können den Magen des Menschen unzerstört passieren,

weil

Polioviren eine schützende Lipidhülle besitzen.

5.3 Einordnung und Pathogenität medizinisch bedeutsamer Arten der unter 5.1.1 aufgeführten Taxa

Lehrbuch S. 374ff.

44 Welche der Aussagen zu „Interferon" treffen zu?

(1) Interferone sind Proteine oder Glykoproteine.
(2) Interferone sind artspezifisch und wirken gegen unterschiedliche Viren.
(3) Interferonbildung kann durch Viren induziert werden.

(A) nur 2
(B) nur 1 und 2
(C) nur 1 und 3
(D) nur 2 und 3
(E) 1 bis 3 (alle)

5 Viren – Antworten

1	E	12	D	23	C	34	A
2	A	13	B	24	C	35	C
3	E	14	E	25	B	36	A
4	E	15	C	26	B	37	E
5	E	16	C	27	B	38	C
6	D	17	A	28	B	39	A
7	D	18	E	29	E	40	E
8	B	19	C	30	D	41	E
9	E	20	B	31	E	42	D
10	A	21	E	32	D	43	C
11	B	22	B	33	A	44	E

6 Bakterien (Prokaryotae)

6.1 Morphologie und Cytologie der Eubakterien

6.1.1 Bau der Bakterienzellen (s.a. 1.1, 1.2.1, 1.3.1 und 6.3)

Lehrbuch S. 394ff.
(Siehe auch Fragen unter: Cytologie – Bau der Bakterienzellwand, S. 10 ff.)

---

1 Bestimmte Bakterien-Arten verfügen über ein stark ausgeprägtes rauhes ER (Endoplasmatisches Retikulum),

weil

bestimmte Bakterien-Arten eine dicke extrazelluläre Kapsel (Gelschicht) ausbilden.

---

2 Manche Bakterien sind zur Photosynthese befähigt,

weil

manche Bakterien wie die Höheren Pflanzen über Chloroplasten verfügen.

---

3 Welche der Aussagen über die Eigenschaften von Bakterien treffen zu?

Bakterien

(1) können sich in Kultur exponentiell vermehren
(2) besitzen keinen abgegrenzten Zellkern
(3) können durch Mutation Antibiotika-resistente Stämme bilden
(4) können ihre Resistenzfaktoren an andere Bakterien weitergeben

(A) nur 1 und 3
(B) nur 1 und 4
(C) nur 1, 3 und 4
(D) nur 2, 3 und 4
(E) 1 bis 4 (alle)

Ordnen Sie bitte den in Liste 1 dargestellten bakteriellen Zellformen die jeweils zutreffende Bezeichnung (Liste 2) zu.

Liste 1

4 

5 

Liste 2

(A) Bacillen
(B) Spirillen
(C) Staphylokokken
(D) Streptokokken
(E) Vibrionen

Ordnen Sie bitte den in Liste 1 dargestellten bakteriellen Begeißelungstypen die jeweils zutreffende Bezeichnung (Liste 2) zu.

Liste 1

6 

7 

Liste 2

(A) monopolar-polytrich
(B) bipolar
(C) polar-monotrich
(D) peritrich
(E) polar-peritrich

8 Welche der Aussagen trifft zu?

Die Abbildung Nr. 3 der Bildbeilage zeigt

(A) einen von Phagen befallenen Vertreter der Gattung Bacillus
(B) ein polytrich begeißeltes Bakterium
(C) ein peritrich begeißeltes Bakterium
(D) ein polar polytrich begeißeltes Bakterium
(E) Keine der Aussagen trifft zu.

9 Welche Aussage über Bakterien trifft nicht zu?

Streptococcus-Arten

(A) sind begeißelt
(B) sind grampositiv
(C) bilden kugelige bis ovale Zellen
(D) gehören zur Familie der Lactobacteriaceae
(E) bilden (z.T.) menschenpathogene Exotoxine

10 Welche der Aussagen trifft zu?

Als bakterielle Endosporen bezeichnet man

(A) Produkte der sexuellen Vermehrung
(B) Bakterienzellen ohne Kernäquivalent
(C) zellwandfreie Formen
(D) Empfängerzellen beim DNA-Transfer
(E) Dauerformen der Bakterienzelle

11 Welche der Aussagen zu Salmonella trifft nicht zu?

(A) peritrich begeißelt
(B) besitzen H-Antigene
(C) besitzen O-Antigene
(D) sind typische Exotoxinausscheider
(E) sind gramnegativ

12 Welche der Aussagen treffen zu?

Streptococcus-Arten

(1) sind unbegeißelt
(2) sind gramnegativ
(3) können Milchsäure bilden

(A) nur 3
(B) nur 1 und 2
(C) nur 1 und 3
(D) nur 2 und 3
(E) 1 bis 3 (alle)

13 Welche Aussage zu Exotoxinen und Exotoxin-bildenden Bakterien trifft nicht zu?

(A) Alle Exotoxine von Bakterien sind Proteine.
(B) Zu den Exotoxinen gehören z.B. Tetanus-, Diphtherie-, Botulinum- und Gasbrand-Toxin.
(C) Exotoxine können mit Formaldehyd entgiftet werden.
(D) Exotoxine können durch entsprechende Immunseren neutralisiert werden.
(E) Infektionen mit Tetanusbakterien können am besten mit Antibiotika behandelt werden.

14 Welche der Aussagen treffen zu?

Bakterielle Endotoxine

(1) sind hitzestabil und werden beim Sterilisieren nicht zerstört
(2) sind Zellwandbestandteile gramnegativer Bakterien
(3) gehören chemisch zur Gruppe der Mucopolysaccharide
(4) lösen im Säugetierorganismus Fieber aus

(A) nur 1 und 2
(B) nur 1 und 3
(C) nur 3 und 4
(D) nur 1, 2 und 4
(E) 1 bis 4 (alle)

15 Welche Aussagen über Bakterientoxine treffen zu?

(1) Exotoxine werden nur bei der Lyse des Bakteriums freigesetzt.
(2) Exotoxine, welche auf die Darmschleimhaut wirken, werden Enterotoxine genannt.
(3) Endotoxine sind in der Regel niedermolekulare Proteine.
(4) Endotoxine besitzen pyrogene Wirkung.

(A) nur 1 und 3
(B) nur 2 und 3
(C) nur 2 und 4
(D) nur 1, 2 und 4
(E) nur 2, 3 und 4

16 Welche Aussagen über Bakterien treffen zu?

Gastroenteritis („Nahrungsmittelvergiftung") hervorrufende Salmonella-Arten

(1) sind stäbchenförmig
(2) sind unbegeißelt
(3) bilden Endotoxine

(A) nur 1
(B) nur 3
(C) nur 1 und 2
(D) nur 1 und 3
(E) nur 2 und 3

17 Welche der Aussagen trifft nicht zu?

(A) Endotoxine sind Bestandteile der Bakterienzellwand.
(B) Endotoxine sind vornehmlich bei gramnegativen Bakterien zu finden.
(C) Endotoxine sind hitzestabile Lipopolysaccharidkomplexe.
(D) Die biologische Wirkung der Endotoxine ist eine pyrogene Wirkung.
(E) Die Endotoxine von Enterobacteriaceae wie z.B. Escherichia coli werden als Enterotoxine bezeichnet.

18 Die Zellen bestimmter Bakterien-Arten werden außerhalb der Zellwand noch von einer wasserreichen Gelschicht (= Kapsel) umgeben,

weil

bei bestimmten Bakterien-Arten das rauhe ER (Endoplasmatisches Reticulum) als Bildungsort für die Kapsel verstärkt ausgeprägt ist.

19 Auf welche der angegebenen Gattungen von Mikroorganismen trifft die folgende Kurzcharakteristik zu?

Zellen in der Regel begeißelt, gramnegativ.

(1) Salmonella
(2) Bacillus
(3) Clostridium

(A) nur 1
(B) nur 2
(C) nur 3
(D) nur 1 und 3
(E) 1 bis 3 (alle)

20 Welche der Aussagen trifft <u>nicht</u> zu?

(A) Für das Verhalten in der Gram-Färbung ist der Aufbau der Zellwand verantwortlich.
(B) Die primäre Wirkung der Penicilline ist die Hemmung der Endotoxinbildung.
(C) Bei begeißelten Bakterien kann zwischen O- und H-Antigenen unterschieden werden.
(D) Endotoxine zeigen in aller Regel eine pyrogene Wirkung.
(E) Clostridien (z.B. Cl. tetani) sind pathogen durch die Bildung von Exotoxinen.

21 Auf welche der angegebenen Gattungen von Mikroorganismen trifft die folgende Kurzcharakteristik zu?

Einzeller: Zellen in der Regel begeißelt, grampositiv.

(1) Escherichia
(2) Salmonella
(3) Clostridium

(A) nur 1
(B) nur 3
(C) nur 1 und 2
(D) nur 2 und 3
(E) 1 bis 3 (alle)

22 Welche der Aussagen trifft <u>nicht</u> zu?

Bakterielle Endotoxine

(A) sind Zellwandbestandteile gramnegativer Bakterien
(B) gehören zur Gruppe der Mucopolysaccharide
(C) sind hitzestabil und werden beim Sterilisieren nicht zerstört
(D) lösen im Säugetierorganismus Fieber aus
(E) können als Antigene wirken.

23 Bakterielle Endotoxine sind hitzelabil,

<u>weil</u>

bakterielle Endotoxine Proteine sind.

24 Rifamycine sind bei wachsenden Bakterienkulturen besonders gut wirksam,

<u>weil</u>

in wachsenden Bakterienkulturen nur Translation, aber keine Transkription stattfindet.

25 Die Behauptung, Penicilline wirkten nur in der Wachstumsphase von Bakterien, ist richtig,

<u>weil</u>

vornehmlich in der Wachstumsphase der Mureinsacculus neu aufgebaut und erweitert wird.

26 Welche der Aussagen zu nebenstehender Skizze treffen zu?

(1) Es kann sich um Vibrio handeln.
(2) Es kann sich um den Erreger der Cholera handeln.
(3) Es handelt sich um ein Bakterium mit monopolarer Begeißelung.
(4) Es handelt sich um ein peritrich begeißeltes Bakterium.

(A) nur 1 und 2
(B) nur 1 und 3
(C) nur 2 und 4
(D) nur 1, 2 und 3
(E) nur 1, 2 und 4

27 Welche der Aussagen über die Eigenschaften von Bakterien treffen zu?

Bakterien

(1) besitzen keinen abgegrenzten Zellkern
(2) können durch Mutation antibiotikaresistente Stämme bilden
(3) können ihre Resistenzfaktoren an andere Bakterien weitergeben

(A) nur 1
(B) nur 2
(C) nur 1 und 3
(D) nur 2 und 3
(E) 1 bis 3 (alle)

6.1.2 Gramfärbung

Lehrbuch S. 391

28 Welche Aussage über die Gramfärbung trifft zu?

(A) Bei den grampositiven Bakterien kann der Iod-Farbstoffkomplex mit Ethanol nicht extrahiert werden.
(B) Bei grampositiven Bakterien müssen die Zellen nach Behandlung mit wäßriger Iodlösung gegengefärbt werden.
(C) Bei den grampositiven Bakterien gibt es bei der Behandlung mit basischen Farbstoffen wie Kristallviolett keine Anfärbung.
(D) Bei den gramnegativen Bakterien gibt es bei der Behandlung mit basischen Farbstoffen wie Kristallviolett keine Anfärbung.
(E) Bei gramnegativen Bakterien wird der basische Farbstoff Kristallviolett durch Zusatz von wäßriger Iodlösung entfärbt.

29 Welche der folgenden Antworten trifft <u>nicht</u> zu?

Zu den grampositiven Bakterien zählen

(A) Bacillus spec.
(B) Salmonella spec.
(C) Corynebacterium spec.
(D) Lactobacillus spec.
(E) Clostridium spec.

30 Welche der Aussagen trifft zu?

(A) Grampositive Bakterien erscheinen in der Färbung nach Gram rot.
(B) Das unterschiedliche Verhalten in der Färbung nach Gram ist auf die Antigenstrukturen der plastischen Schicht zurückzuführen.
(C) Die Enterobakterien Escherichia coli und Salmonella spec. gehören zu den gramnegativen Bakterien.
(D) Grampositive Bakterien werden von Penicillinen in ihrem Wachstum kaum beeinflußt.
(E) Gramnegative Bakterien können die Einwirkung von Antibiotika durch Sporenbildung überdauern.

31 Ein Bakterienstamm wächst in Kultur nur in sauerstoffhaltiger Atmosphäre.

Unter dem Mikroskop sieht man nach Gramfärbung in Haufen liegende, kugelrunde, dunkelblaue Bakterien.

Welche Aussagen lassen sich daraus ableiten?

(1) Die Bakterien sind aerob.
(2) Die Bakterien sind anaerob.
(3) Es sind Kokken.
(4) Es sind Vibrionen.
(5) Die Bakterien sind gramnegativ.
(6) Die Bakterien sind grampositiv.

(A) nur 1, 3 und 5
(B) nur 1, 3 und 6
(C) nur 1, 4 und 6
(D) nur 2, 3 und 5
(E) nur 2, 3 und 6

32 Aus einem Furunkel werden Erreger isoliert, die sich nach Gramfärbung unter dem Mikroskop als blauviolette, in Haufen liegende runde Bakterien darstellen und auf Nähragar in Normalatmosphäre kultiviert werden können.

Welche Aussagen treffen zu?

(1) Es sind grampositive Bakterien.
(2) Es sind Streptokokken.
(3) Es sind anaerobe Bakterien.

(A) nur 1
(B) nur 1 und 2
(C) nur 1 und 3
(D) nur 2 und 3
(E) 1 bis 3 (alle)

33 Für die taxonomische Klassifizierung der Bakterien sind von Bedeutung:

(1) Typ der Nucleinsäure (DNA oder RNA) des Bakterienchromosoms
(2) Type der Begeißelung
(3) Verhalten gegenüber Sauerstoff
(4) Verhalten bei der Gramfärbung

(A) nur 1 und 3
(B) nur 1 und 4
(C) nur 1, 2 und 4
(D) nur 2, 3 und 4
(E) 1 bis 4 (alle)

6.2 Wachstum und Entwicklung der Eubakterien

6.2.1 Wachstumsphasen

Lehrbuch S. 411ff.

34 In der nachstehenden Abbildung ist die Wachstumskurve einer Bakterienkultur (statische Kultur) wiedergegeben. Welche Aussage über die mit (1) bis (4) gekennzeichneten Kurvenabschnitte trifft nicht zu?

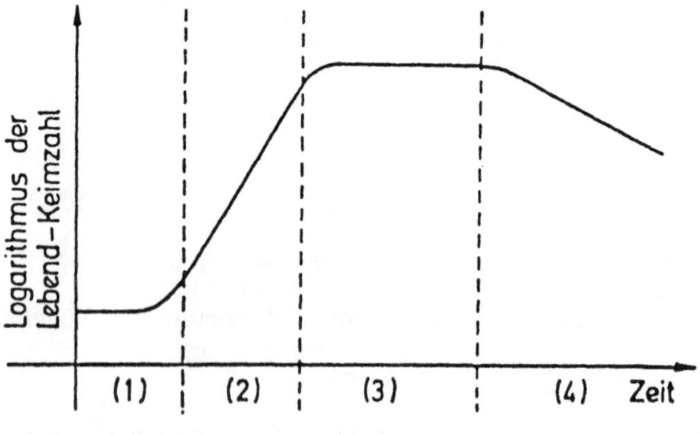

(A) Im Abschnitt (1) kann die Synthese induzierbarer Enzyme erfolgen.
(B) Der Abschnitt (2) umfaßt den Zeitraum des exponentiellen Wachstums der Bakterienpopulation.
(C) Die Steigung des in (2) dargestellten Kurvenabschnitts ist für jeden Organismus abhängig von der Art des verwendeten Nährmediums.
(D) Im Abschnitt (3) wird die maximal mögliche Zellteilungsrate erreicht.
(E) Das Absinken der Zellzahl in Abschnitt (4) kann durch Autolyse bedingt sein.

35 Welche der Aussagen trifft zu?

Obligat anaerobe Bakterien zeigen hinsichtlich ihrer Wachstumserfordernisse folgendes Verhalten:

(A) Luftsauerstoff fördert das Wachstum, ist aber entbehrlich.
(B) Luftsauerstoff ist unentbehrlich.
(C) Atmosphärischer Stickstoff ist unentbehrlich.
(D) Wachstum erfolgt nur bei Zugabe organischer Stickstoffverbindungen.
(E) Luftsauerstoff behindert das Wachstum.

---

36 Obligat anaerobe Bakterien müssen unter Luftabschluß gezüchtet werden,

weil

obligat anaerobe Bakterien durch den Luftstickstoff in ihrem Wachstum behindert werden.

---

37 Welche der Aussagen treffen zu?

Man versteht unter Bakteriostase

(1) eine Hemmung des Wachstums und Unterdrückung der Vermehrung einer Bakterienkultur z.B. durch Zugabe chemischer Agentien.
(2) das Verharren einer Bakterienkultur in der Wachstumsphase trotz Zugabe von Antibiotika.
(3) die Verlangsamung des Wachstums einer Bakterienkultur durch niedrige Temperatur.
(4) das Absterben einer Bakterienkultur durch die Anhäufung von Stoffwechselprodukten.

(A) nur 1
(B) nur 2
(C) nur 1 und 3
(D) nur 3 und 4
(E) nur 1, 3 und 4

6.2.2 Ernährungstypen

Lehrbuch S. 411

---

38 Welche Aussage trifft nicht zu?

Obligat anaerobe Bakterien

(A) wachsen nur ohne Sauerstoff
(B) benötigen anorganische Verbindungen als Kohlenstoffquelle
(C) können Energie durch Gärung gewinnen
(D) können organische Verbindungen im Boden und in Gewässern abbauen
(E) finden sich bei der Gattung Clostridium

---

39 Ein Bakterienstamm wächst in Kultur nur in sauerstoffhaltiger Atmosphäre.

Unter dem Mikroskop sieht man nach Gramfärbung in Haufen liegende, kugelrunde, dunkelblaue Bakterien.

Welche Aussagen sind richtig?

(1) Die Bakterien sind anaerob.
(2) Die Bakterien sind aerob.
(3) Es sind Kokken.
(4) Es sind Vibrionen.
(5) Die Bakterien sind gramnegativ.
(6) Die Bakterien sind grampositiv.

(A) nur 1, 3 und 5
(B) nur 1, 3 und 6
(C) nur 2, 3 und 5
(D) nur 2, 3 und 6
(E) nur 2, 4 und 6

40 Ein Bakterium wächst optimal in sauerstofffreier Atmosphäre (bei + 37°C), benötigt Glucose und eine Eiweißverbindung im Nährmedium, zeigt nach der Gramfärbung eine rotgelbe Farbe und bewegt sich mit Hilfe von über den ganzen Zellkörper verteilten Geißeln.

Welche Beschreibung trifft auf dieses Bakterium <u>nicht</u> zu?

(A) anaerob
(B) heterotroph
(C) grampositiv
(D) peritrich begeißelt
(E) mesophil

6.2.3 Asexuelle Fortpflanzung und parasexuelle Prozesse (s.a. 2.3.7)

Lehrbuch S. 139ff.
Fragen unter 2.3.7

41 Sporenbildung dient bei Bacillus-Arten nicht der Vermehrung,

<u>weil</u>

sich bei Bacillus-Arten aus einer Bakterienzelle nur eine Spore bilden kann.

6.3 Systematische Einordnung, pharmazeutische und medizinische Bedeutung von Arten der aufgeführten Taxa

Lehrbuch S. 415ff.

6.3.1 Gramnegative Eubakterien: Acetobacter, Pseudomonas, Vibrio, Escherichia, Salmonella

42 Welcher der folgenden Organismen wird zur Essigsäurebildung verwendet?

(A) Acetobacter xylinum
(B) Bacillus subtilis
(C) Leuconostoc mesenteroides
(D) Azotobacterarten
(E) Pseudomonas aeruginosa

Ordnen Sie bitte den in Liste dargestellten bakteriellen Zellformen die jeweils zutreffende Bezeichnung (Liste 2) zu.

<u>Liste 1</u>

43

44

<u>Liste 2</u>

(A) Bacillen
(B) Spirillen
(C) Staphylokokken
(D) Streptokokken
(E) Vibrionen

45 Welche Aussagen treffen zu?

Pathogene Stämme von Vibrio cholerae

(1) sind kugelförmige Bakterien
(2) sind grampositiv
(3) bilden ein Toxin

(A) nur 1
(B) nur 2
(C) nur 3
(D) nur 1 und 2
(E) nur 1 und 3

46 Welche Antwort zur taxonomischen Einordnung von Escherichia coli trifft zu?

Escherichia coli ist folgendem Taxon zuzuordnen:

(A) Actinomycetales
(B) Actinomycetes
(C) Eubacteriales
(D) Mucoraceae
(E) Plectascales

47 Welche der folgenden Gattungen gehören zur Familie der Enterobacteriaceae?

(1) Salmonella
(2) Pseudomonas
(3) Escherichia

(A) nur 1
(B) nur 3
(C) nur 1 und 3
(D) nur 2 und 3
(E) 1 bis 3 (alle)

48 Zu welcher Familie gehört die Gattung Escherichia?

(A) Bacillaceae
(B) Enterobacteriaceae
(C) Lactobacteriaceae
(D) Spirillaceae
(E) Streptomycetaceae

49 Zu welcher Familie gehört die Gattung Salmonella?

(A) Bacillaceae
(B) Enterobacteriaceae
(C) Lactobacteriaceae
(D) Spirillaceae
(E) Streptomycetaceae

50 Welche der Aussagen treffen zu?

(1) Vibrio cholerae ist gramnegativ.
(2) Vibrio cholerae ist monopolar monotrich begeißelt.
(3) Die toxische Wirkung von Vibrio cholerae ist auf ein Enterotoxin zurückzuführen, das beim Zerfall des Bakteriums frei wird.

(A) nur 1
(B) nur 2
(C) nur 1 und 2
(D) nur 2 und 3
(E) 1 bis 3 (alle)

51 Welche der folgenden Arten gehören nicht zu den Enterobacteriaceae?

(A) Shigella spec.
(B) Klebsiella spec.
(C) Vibrio cholerae
(D) Escherichia coli
(E) Salmonella typhi

52 Welches der folgenden Merkmale trifft für Vibrio cholerae nicht zu?

(A) monopolare Begeißelung
(B) monotriche Begeißelung
(C) Gramfärbung positiv
(D) pathogen durch Enterotoxine
(E) pathogen durch Exotoxine

53 Welche der nachfolgend aufgeführten Arten gehören zu den Enterobacteriaceae?

(1) Escherichia coli
(2) Corynebacterium diphtheriae
(3) Salmonella typhi
(4) Vibrio cholerae
(5) Klebsiella pneumoniae

(A) nur 1 und 3
(B) nur 1, 3 und 5
(C) nur 1, 4 und 5
(D) nur 2, 3 und 4
(E) nur 2, 4 und 5

54 Welche Aussagen treffen zu?

Salmonella typhi

(1) ist stäbchenförmig
(2) ist gramnegativ
(3) bildet Exotoxine

(A) nur 1
(B) nur 2
(C) nur 3
(D) nur 1 und 2
(E) nur 2 und 3

55 Welche Aussagen treffen zu?

Acetobacter-Arten

(1) sind gramnegativ
(2) sind begeißelt
(3) oxidieren Alkohole zu Carbonsäuren oder Ketonen

(A) nur 2
(B) nur 1 und 2
(C) nur 1 und 3
(D) nur 2 und 3
(E) 1 bis 3 (alle)

56 Welche Aussage zu Pseudomonas aeruginosa trifft nicht zu?

Pseudomonas aeruginosa

(A) ist für den Menschen obligat pathogen
(B) befällt vorwiegend Personen mit geschwächter Immunabwehr
(C) ist an Wundinfektionen beteiligt
(D) ist in der Umwelt ubiquitär verbreitet
(E) ist resistent gegen viele Antibiotika

57 Welchem Taxon kann die dargestellte bakterielle Zellform zugeordnet werden?

(A) Bacillus
(B) Clostridium
(C) Vibrio
(D) Streptococcus
(E) Staphylococcus

58 Welche Aussagen treffen zu?

Vibrio-Arten

(1) bilden kugelförmige Zellen (Kokken)
(2) sind unbegeißelt
(3) sind gramnegativ

(A) nur 1
(B) nur 2
(C) nur 3
(D) nur 1 und 2
(E) nur 2 und 3

59 Welche der Aussagen über Escherichia coli trifft <u>nicht</u> zu?

(A) Es handelt sich um grampositive Stäbchen.
(B) Die Zellen sind fakultativ anaerob.
(C) In Zellen von Escherichia coli läßt sich Humaninsulin produzieren.
(D) Escherichia coli ist ein Bestandteil der physiologischen Darmflora des Menschen.
(E) Manche Escherichia coli-Stämme bilden ein Toxin, das Diarrhoe verursacht.

60 Welche Aussagen über Escherichia coli treffen zu?

(1) Es handelt sich um gramnegative Stäbchen.
(2) Die Zellen sind fakultativ anaerob.
(3) In Zellen von Escherichia coli läßt sich Humaninsulin produzieren.
(4) Escherichia coli ist ein Bestandteil der physiologischen Darmflora des Menschen.
(5) Manche Escherichia coli-Stämme bilden ein Toxin, das Diarrhoe verursacht.

(A) nur 1 und 5
(B) nur 2 und 4
(C) nur 1, 3 und 4
(D) nur 3, 4 und 5
(E) 1 bis 5 (alle)

61 Welche Aussage trifft <u>nicht</u> zu?

Salmonella typhi ist

(A) ein Stäbchen
(B) ein Vertreter der Bacillaceae
(C) gramnegativ
(D) peritrich begeißelt
(E) fakultativ anaerob

6.3.2 Grampositive Eubakterien: Bacillus, Clostridium, Staphylococcus, Lactobacillus, Streptococcus, Corynebacterium, Mycobacterium, Streptomyces

Lehrbuch S. 418ff.

62 Welche Aussage über Bakterien trifft <u>nicht</u> zu?

Bacillus-Arten

(A) sind gramnegativ
(B) sind stäbchenförmig
(C) sind meist peritrich begeißelt
(D) bilden (z.T.) Peptid-Antibiotika
(E) können thermoresistente Endosporen bilden

63 Welche der Aussagen über Bakterien treffen zu?

Bacillus-Arten

(1) sind stäbchenförmig
(2) sind grampositiv
(3) bilden (z.T.) Peptid-Antibiotika

(A) nur 1
(B) nur 3
(C) nur 1 und 2
(D) nur 2 und 3
(E) 1 bis 3 (alle)

64 Zu welcher Familie gehört die Gattung Clostridium?

(A) Bacillaceae
(B) Corynebacteriaceae
(C) Mycobacteriaceae
(D) Pseudomonadaceae
(E) Spirillaceae

65 Clostridium tetani ist als ubiquitär vorkommender Keim bei Verletzungen gefährlich,

weil

bei dem Zerfall seiner Zellwand Endotoxine frei werden.

66 Welche Aussage über Bakterien trifft nicht zu?

Clostridium-Arten

(A) sind grampositiv
(B) gehören zu den Bacillaceae
(C) sind meist peritrich begeißelt
(D) bilden (z.T.) menschenpathogene Endotoxine
(E) können thermoresistente Endosporen bilden

67 Welche Aussage trifft zu?

Clostridium botulinum

(A) wächst aerob
(B) ist gramnegativ
(C) ist kugelförmig
(D) ist nicht begeißelt
(E) bildet thermoresistente Sporen aus

Ordnen Sie bitte den in Liste 1 genannten Krankheitserregern die in Liste 2 aufgeführte Gattung zu.

Liste 1

68 Tetanuserreger

69 Diphtherieerreger

Liste 2

(A) Shigella
(B) Clostridium
(C) Streptococcus
(D) Mycobacterium
(E) Corynebacterium

70 Welche der Aussagen trifft zu?

Der Erreger der Diphtherie gehört zur Gattung

(A) Vibrio
(B) Bacillus
(C) Mycobacterium
(D) Corynebacterium
(E) Streptomyces

71 Durch welche Aussagen werden Actinomycetales zutreffend charakterisiert?

Actinomycetales-Arten

(1) können zwar Mycelien bilden, gehören aber nicht zu den Mycophyta
(2) bilden Antibiotika
(3) sind zur Sporenbildung befähigt
(4) leben meist im Boden

(A) nur 1
(B) nur 2 und 3
(C) nur 1, 3 und 4
(D) nur 2, 3 und 4
(E) 1 bis 4 (alle)

72 Welche Aussage über Actinomycetales trifft nicht zu?

Actinomycetales

(A) werden auch Strahlenpilze genannt
(B) gehören zur Gruppe der Mycophyta
(C) bilden verzweigte Zellformen
(D) bilden Antibiotika
(E) sind heterotroph

73 Welcher der aufgeführten Gattungen ist der Erreger der Tuberkulose zuzuordnen?

(A) Shigella
(B) Clostridium
(C) Streptococcus
(D) Mycobacterium
(E) Corynebacterium

74 Welche der Aussagen trifft zu?

Tetracycline werden gebildet von Vertretern der Gattung

(A) Bacillus
(B) Aspergillus
(C) Streptomyces
(D) Penicillium
(E) Cephalosporium

75 Welche Aussagen treffen zu?

Mycobacterium tuberculosis

(1) wächst in tierischem Gewebe stäbchenförmig
(2) ist begeißelt
(3) bildet Toxine

(A) nur 1
(B) nur 3
(C) nur 1 und 2
(D) nur 1 und 3
(E) nur 2 und 3

76 Welche der aufgeführten Gattungen ist der Familie der Bacillaceae zuzuordnen?

(A) Vibrio
(B) Shigella
(C) Clostridium
(D) Streptococcus
(E) Acetobacter

Ordnen Sie bitte den in Liste 1 aufgeführten Mikroorganismen das von ihnen produzierte Stoffwechselprodukt (Liste 2) zu!

Liste 1

77 Bacillus

78 Corynebacterium diphtheriae

Liste 2

(A) Exotoxine
(B) Endotoxine
(C) Milchsäure
(D) Tetracycline
(E) Peptid-Antibiotika

79 Welche Aussagen treffen zu?

Corynebacteriaceae

(1) sind grampositiv
(2) bilden als Arzneimittel genutzte Peptidantibiotika
(3) vergären Kohlenhydrate zu Milchsäure

(A) nur 1
(B) nur 1 und 2
(C) nur 1 und 3
(D) nur 2 und 3
(E) 1 bis 3 (alle)

80 Welche Aussage trifft nicht zu?

(A) Clostridium-Arten gehören zu den sporenbildenden Bakterien.
(B) Sporen von Bacillus-Arten sind das Ergebnis einer inäqualen Zellteilung.
(C) Sporen von Bacillus-Arten entstehen im Inneren der Bakterienzelle.
(D) Sporen von Bacillus-Arten sind in aller Regel empfindlich gegen übliche Desinfektionsmittel in gebräuchlichen Konzentrationen.
(E) Sporen von Bacillus-Arten sind Überdauerungsformen ohne erkennbare Stoffwechselaktivität.

81 Welche der Aussagen zu Streptokokken treffen zu?

Streptokokken

(1) bilden Toxine
(2) sind peritrich begeißelte Kokken
(3) sind gramnegativ
(4) sind im Mikroskop in traubenförmiger Anordnung sichtbar.

(A) nur 1
(B) nur 3
(C) nur 2 und 3
(D) nur 3 und 4
(E) nur 1, 2 und 3

Ordnen Sie bitte den in Liste 1 genannten Krankheitserregern die in Liste 2 aufgeführte Gattung zu!

Liste 1

82 Choleraerreger

83 Diphtherieerreger

Liste 2

(A) Corynebacterium
(B) Streptococcus
(C) Vibrio
(D) Shigella
(E) Mycobacterium

84 Auf welche der angegebenen Gattungen von Mikroorganismen trifft die folgende Kurzcharakteristik zu?

Einzeller; Zellen grampositiv, stäbchenförmig und in der Regel begeißelt. Einige Arten werden zur Gewinnung von Antibiotika verwendet.

(1) Streptomyces
(2) Bacillus
(3) Penicillium

(A) nur 1
(B) nur 2
(C) nur 1 und 2
(D) nur 2 und 3
(E) 1 bis 3 (alle)

85 Welche Aussage über Bakterien trifft nicht zu?

Bacillus-Arten

(A) sind gramnegativ
(B) sind stäbchenförmig
(C) sind meist peritrich begeißelt
(D) bilden (z.T.) Peptid-Antibiotika
(E) können thermoresistente Endosporen bilden

86 Welche Aussage trifft nicht zu?

Bacillus anthracis

(A) verursacht den Milzbrand
(B) wird von Tieren auf den Menschen übertragen
(C) ist ein bodenbewohnendes Bakterium
(D) gehört zu den gramnegativen Bakterien
(E) bildet hitzeresistente Sporen

87 Bei runden, kettenförmig liegenden Bakterien ohne Kapsel und Begeißelung kann es sich handeln um

(A) Staphylococcus
(B) Streptococcus
(C) Streptomyces
(D) Vibrio
(E) Salmonella

---

88 Welche Aussagen treffen zu?

Arten der Gattung Corynebacterium

(1) bilden Exotoxine
(2) gehören zu den grampositiven Eubakterien
(3) bilden stäbchenförmige Zellen

(A) nur 1
(B) nur 1 und 2
(C) nur 1 und 3
(D) nur 2 und 3
(E) 1 bis 3 (alle)

---

89 Welche Aussagen treffen zu?

Mycobacterium-Arten

(1) besitzen kugelige Zellen
(2) sind unbegeißelt
(3) gehören zu den gramnegativen Eubakterien

(A) nur 1
(B) nur 2
(C) nur 3
(D) nur 1 und 2
(E) nur 2 und 3

Ordnen Sie bitte den in Liste 1 aufgeführten Gattungen die für sie zutreffende Krankheit (Liste 2) zu, die von Arten dieser Gattung verursacht werden kann!

Liste 1

90 Mycobacterium

91 Clostridium

Liste 2

(A) Diphtherie
(B) Lepra
(C) Wundstarrkrampf
(D) Scharlach
(E) Typhus

Ordnen Sie bitte den in Liste 1 genannten Krankheitserregern die in Liste 2 aufgeführte Gattung zu!

Liste 1

92 Tetanuserreger

93 Diphtherieerreger

Liste 2

(A) Shigella
(B) Clostridium
(C) Streptococcus
(D) Mycobacterium
(E) Corynebacterium

Ordnen Sie bitte den in Liste 1 aufgeführten Antibiotika die sie produzierenden Organismen (Liste 2) zu!

Liste 1

94 Tetracycline

Liste 2

(A) Aspergillus
(B) Bacillus
(C) Cephalosporium
(D) Claviceps
(E) Streptomyces

6 Bakterien (Prokaryotae) – Antworten

1	D	25	A	49	B	73	D
2	C	26	D	50	C	74	C
3	E	27	E	51	C	75	A
4	D	28	A	52	C	76	C
5	C	29	B	53	B	77	E
6	C	30	C	54	D	78	A
7	A	31	B	55	E	79	A
8	C	32	A	56	A	80	D
9	A	33	D	57	C	81	A
10	E	34	D	58	C	82	C
11	D	35	E	59	A	83	A
12	C	36	C	60	E	84	B
13	E	37	A	61	B	85	A
14	D	38	B	62	A	86	D
15	C	39	D	63	E	87	B
16	D	40	C	64	A	88	E
17	E	41	A	65	C	89	B
18	C	42	A	66	D	90	B
19	A	43	E	67	E	91	C
20	B	44	B	68	B	92	B
21	B	45	C	69	E	93	E
22	B	46	C	70	D	94	E
23	E	47	C	71	E		
24	C	48	B	72	B		

7 Pilze (Mycota)

7.1 Morphologie und Cytologie der Zygomycetes, Endomycetes, Ascomycetes und Basidiomycetes

Lehrbuch S. 439ff.

7.1.1 Bau vegetativer Pilzzellen und Pilzthalli (s.a. 1.1, 1.2.2 und 7.3)

Ordnen Sie bitte den in Liste 1 aufgeführten Begriffen die für sie zutreffende Aussage der Liste 2 zu!

Liste 1

1 Mycel

2 Plektenchym

Liste 2

(A) flaschenförmiger Fruchtkörper
(B) Dauerorgane von Pilzen
(C) gewebeartige Verdichtung von Hyphen
(D) fädige, verzweigte Vegetationsorgane
(E) Gesamtheit aller Hyphen eines Pilzes

Ordnen Sie bitte den in Liste 1 aufgeführten Begriffen die für sie zutreffende Aussage der Liste 2 zu!

Liste 1

3 Plektenchym

4 Sklerotien

Liste 2

(A) Dauerorgane von Pilzen
(B) flaschenförmiger Fruchtkörper
(C) gewebeartige Verdichtung von Hyphen
(D) fädige, verzweigte Vegetationsorgane
(E) Sporangium mit meist 8 Meiosporen

---

5 Welche der Aussagen treffen zu?

Pilze

(1) sind prokaryotische Organismen
(2) bilden ein aus Hyphen bestehendes Mycel
(3) leben ausschließlich heterotroph
(4) leben saprophytisch, parasitisch oder symbiontisch
(5) können sich durch Sporenbildung vermehren

(A) nur 1 und 3
(B) nur 1, 2 und 3
(C) nur 2, 3 und 4
(D) nur 2, 4 und 5
(E) nur 2, 3, 4 und 5

---

6 Welche Aussage trifft nicht zu?

Pilze

(A) sind heterotrophe Eukaryoten
(B) enthalten Leukoplasten
(C) sind Saprophyten oder Parasiten
(D) können asexuell entstehende Sporen bilden
(E) können sexuell entstehende Sporen bilden

7.1.2 Bau und Funktion von Organen asexueller und sexueller Fruktifikationen (s.a. 7.2 und 7.3)

Lehrbuch S. 437ff.

7

Welche Aussagen treffen zu?

Bestandteile reifer Fruchtkörper von Basidiomycetes sind:

(1) Basidien
(2) Konidien
(3) haploide Hyphen
(4) dikaryotische Hyphen

(A) nur 1
(B) nur 1 und 3
(C) nur 1 und 4
(D) nur 2 und 4
(E) nur 3 und 4

8

Welche Aussagen zur Fortpflanzung und Vermehrung von Pilzen treffen zu?

In der Basidie erfolgt

(1) Karyogamie
(2) Meiose
(3) Bildung diploider Sporen

(A) nur 1
(B) nur 2
(C) nur 3
(D) nur 1 und 2
(E) nur 1 und 3

7.2 Wachstum und Entwicklung von Zygomycetes, Endomycetes, Ascomycetes und Basidiomycetes

Lehrbuch S. 437ff.

7.2.1 Ernährungstypen

7.2.2 Asexuelle Fruktifikationen (Anamorphe) und sexuelle Fruktifikationen (Teleomorphe) und deren Stellung im Entwicklungszyklus (s.a. 2)

9

Die Pilze werden in mehrere systematische Gruppen unterteilt.

Welche der folgenden Gruppen gehört <u>nicht</u> zu den Pilzen?

(A) Actinomycetes
(B) Ascomycetes
(C) Basidiomycetes
(D) Deuteromycetes
(E) Zygomycetes

10

Welche der Antworten zu Wachstum und Entwicklung von Pilzen treffen zu?

(1) Die Fruchtkörper der Basidiomyceten bestehen aus dikaryotischen Hyphen.
(2) Die Karyogamie mit anschließender Meiose erfolgt in der Basidie.
(3) Eine Basidie ist ein Sporenständer, der 4 Sporen abschnürt.
(4) Die Basidiosporen keimen zu einem haploiden Mycel.

(A) nur 4
(B) nur 1 und 3
(C) nur 2 und 4
(D) nur 1, 2 und 3
(E) 1 bis 4 (alle)

11 Welche der folgenden Aussagen zur Fortpflanzung von Pilzen treffen zu?

(1) Unter Plasmogamie versteht man die Vereinigung zweier Protoplasten.
(2) Zur sexuellen Fortpflanzung von Pilzen gehört die Karyogamie.
(3) Bei der Somatogamie verschmelzen zwei Körperzellen miteinander.
(4) In der Regel folgt die Plasmogamie unmittelbar auf die Karyogamie.

(A) nur 1 und 3
(B) nur 2 und 4
(C) nur 1, 2 und 3
(D) nur 1, 3 und 4
(E) 1 bis 4 (alle)

12 Welcher der angegebenen Begriffe bezeichnet ein Pilz-Sporangium?

(1) Ascus
(2) Konidie
(3) Basidie

(A) nur 1
(B) nur 2
(C) nur 3
(D) nur 1 und 3
(E) nur 2 und 3

13 Welcher der angegebenen Begriffe bezeichnet einen Pilz-Fruchtkörper?

(1) Ascus
(2) Basidie
(3) Perithecium

(A) nur 1
(B) nur 2
(C) nur 3
(D) nur 1 und 2
(E) nur 2 und 3

14 Welche Aussagen zu Abbildung Nr. 4 treffen zu?

(1) Der abgebildete Pilz gehört zu den Ascomycetes.
(2) Der abgebildete Teil des Pilzes ist ein Fruchtkörper.
(3) Der abgebildete Pilz enthält Mycotoxine.

(A) nur 1
(B) nur 2
(C) nur 3
(D) nur 1 und 2
(E) nur 2 und 3

15 Welche Aussage zu Basidien trifft zu?

Eine Basidie ist

(A) ein „Sporen-Ständer", der meist 4 Meiosporen durch Sprossung abschnürt
(B) ein „Sporen-Ständer", der viele Mitosporen (Konidien) abschnürt
(C) ein Pilz-Fruchtkörper
(D) ein Meio-Sporangium, in dem in der Regel 8 Meiosporen gebildet werden
(E) Keine der Aussagen trifft zu.

Ordnen Sie bitte den Begriffen der Liste 1 die zutreffende Charakterisierung der Liste 2 zu.

Liste 1

16 Basidie

17 Konidie

Liste 2

(A) flaschenförmiger Fruchtkörper
(B) Sporangium mit meist 8 endogenen Meiosporen
(C) Sporangium mit meist 4 exogenen Meiosporen
(D) diploides Sproßmycel
(E) dient der asexuellen Vermehrung bei Pilzen

18 Welche Antwort trifft zu?

Das abgebildete Organ eines Pilzes (siehe Abbildung Nr. 5 der Bildbeilage) ist ein

(A) Sporangium
(B) Fruchtkörper
(C) Konidienträger
(D) Ascus
(E) Sklerotium

19 Welche der Aussagen über morphologische Merkmale bestimmter Pilze treffen zu?

Ein Sklerotium

(1) stellt eine Dauerform dar
(2) vermehrt sich durch Konidien
(3) entsteht aus dem Gametophyten durch Somatogamie

(A) nur 1
(B) nur 1 und 2
(C) nur 1 und 3
(D) nur 2 und 3
(E) 1 bis 3 (alle)

20 Pilze können sich nicht autotroph ernähren,

<u>weil</u>

die Zellen von Pilzen keine Plastiden enthalten.

21 Welcher Inhaltsstoff findet sich <u>nicht</u> bei einer Agaricales-Art?

(A) Aflatoxin(e)
(B) α-Amanitin
(C) Ibotensäure
(D) Phalloidin
(E) Psilocybin

22 Welche der Aussagen treffen zu?

Aflatoxine

(1) gehören zur Naturstoffgruppe der Alkaloide
(2) wirken cancerogen
(3) werden überwiegend von bestimmten Penicillium-Arten gebildet

(A) nur 2
(B) nur 3
(C) nur 1 und 2
(D) nur 2 und 3
(E) 1 bis 3 (alle)

Verschiedene Pilze produzieren für sie charakteristische Inhaltsstoffe.

Ordnen Sie bitte den in Liste 1 aufgeführten Pilzen den jeweils produzierten Stoff (Liste 2) zu.

<u>Liste 1</u>

23 grüner Knollenblätterpilz

24 Schimmelpilze, z.B. bestimmte Aspergillus-Arten

<u>Liste 2</u>

(A) Aflatoxin(e)
(B) Cephalosporin(e)
(C) a-Amanitin
(D) Psilocybin
(E) Ergotoxin

25 Welche der Aussagen trifft zu?

Die Giftstoffe von Amanita phalloides sind

(A) Ibotensäure
(B) Zyklische Oligopeptide
(C) Cumarin-Derivate
(D) Indol-Alkaloide
(E) Glykoproteide

26 Bestimmte Pilze und Bakterien spielen eine Schlüsselrolle bei der Partialsynthese von Steroidhormonen,

weil

bestimmte Pilze und Bakterien Enzyme besitzen, die am Steroidmolekül selektive Hydroxylierungen katalysieren können.

Ordnen Sie bitte den in Liste 1 genannten Gattungen jeweils das pharmazeutisch wichtige Produktionsziel der Liste 2 zu.

Liste 1

27 Aspergillus

28 Rhizopus

Liste 2

(A) Citronensäure-Gewinnung
(B) Essigsäuregärung
(C) Ibotensäure-Gewinnung
(D) Peptid-Antibiotika-Gewinnung
(E) Steroidhormon-Partialsynthese

---

29 Welche Aussagen treffen zu?

Rhizopus-Arten

(1) gehören zu den Ascomycetes
(2) können zur spezifischen Einführung funktioneller Gruppen bei der Partialsynthese von Steroidhormonen verwendet werden
(3) werden zur industriellen Erzeugung von Citronensäure verwendet

(A) nur 1
(B) nur 2
(C) nur 3
(D) nur 1 und 2
(E) nur 2 und 3

---

30 Zu welchen der genannten Ordnungen gehören viele Antibiotika-produzierende Organismen?

(1) Actinomycetales
(2) Agaricales
(3) Eubacteriales
(4) Laminariales

(A) nur 1
(B) nur 3
(C) nur 1 und 2
(D) nur 1 und 3
(E) 1 bis 4 (alle)

---

31 Welche der Aussagen treffen zu?

Cephalosporine werden gebildet von

(1) Actinomycetales
(2) Basidiomycetes
(3) Ascomycetes
(4) Eurotiales

(A) nur 1
(B) nur 4
(C) nur 1 und 2
(D) nur 3 und 4
(E) nur 1, 2 und 3

---

32 Welcher der folgenden Mikroorganismen kann zur Citronensäureerzeugung verwendet werden?

(A) Aspergillus flavus
(B) Aspergillus niger
(C) Bacillus brevis
(D) Bacillus polymyxa
(E) Acetobacter xylinum

---

33 Welche der Mikroorganismen können zur Partialsynthese von Steroidhormonen verwendet werden?

(1) Rhizopus-Arten
(2) Aspergillus flavus
(3) Cunninghamella blakesleeana

(A) nur 1
(B) nur 3
(C) nur 1 und 3
(D) nur 2 und 3
(E) 1 bis 3 (alle)

Die Abbildung (Liste 2) zeigt den Entwicklungsgang von Claviceps purpurea (Ascomycetes).

Ordnen Sie bitte den Begriffen der Liste 1 das zutreffende Entwicklungsstadium aus Liste 2 zu!

Liste 1

34 Ascus

35 gekeimtes Sklerotium mit Fruchtkörpern

Liste 2

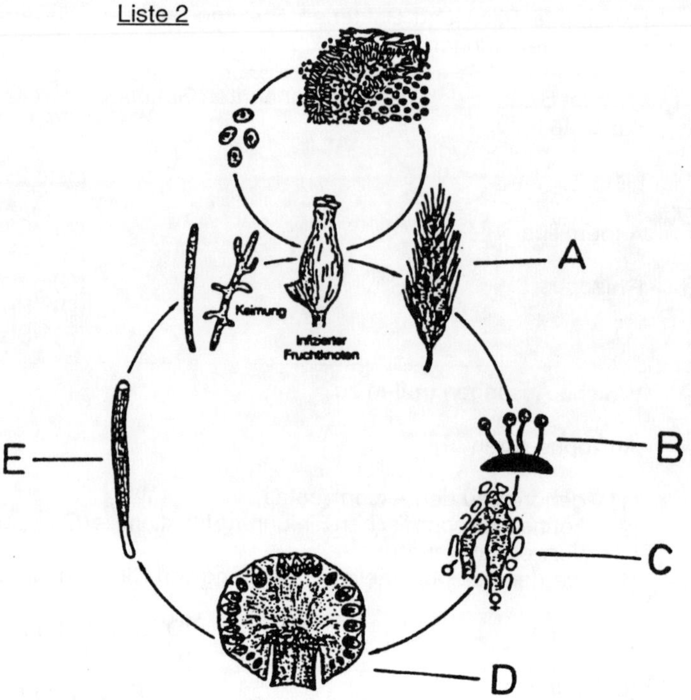

36 Welche der Aussagen zum Entwicklungsgang von Claviceps purpurea treffen zu?

(1) Die Ascosporen keimen am Boden.
(2) Das sich auf dem Fruchtknoten entwickelnde Pilzmycel wird zum Sklerotium.
(3) Auf Sklerotien entstehen Konidien mit 8 Konidiosporen.
(4) In den Perithecien entstehen zahlreiche Asci.

(A) nur 1 und 4
(B) nur 2 und 4
(C) nur 1, 2 und 3
(D) nur 2, 3 und 4
(E) 1 bis 4 (alle)

7.3 Systematische Einordnung, pharmazeutische und medizinische Bedeutung von Arten der aufgeführten Taxa

7.3.1 Zygomycetes: Mucoraceae, Cunninghamellaceae

7.3.2 Endomycetes: Saccharomycetaceae

Lehrbuch S. 441; 447ff.

37 Welche Aussage zur Stoffwechselleistung von Saccharomyces-Arten trifft zu?

Einige Arten der Gattung Saccharomyces produzieren unter aeroben Bedingungen

(A) Polyine
(B) Saponine
(C) Ethanol
(D) Ätherisches Öl
(E) Keine der Antworten trifft zu.

38 Welche Antwort zur Stoffwechselleistung von Saccharomyces-Arten trifft zu?

Arten der Gattung Saccharomyces produzieren unter aeroben Bedingungen als Hauptprodukt

(A) CO_2
(B) Glycerin
(C) Acetaldehyd
(D) Essigsäure
(E) Ethanol

39 Welche der Angaben treffen zu?

Saccharomyces cerevisiae

(1) gehört zur den Endomycetes
(2) bildet Mycotoxine
(3) wird bei der Partialsynthese von Steroidhormonen verwendet

(A) nur 1
(B) nur 2
(C) nur 3
(D) nur 1 und 2
(E) nur 1 und 3

7.3.3 Ascomycetes: Trichocomaceae (= Eurotiaceae), Gymnoascaceae, Pseudeurotiaceae, Clavicipitaceae

Lehrbuch S. 442; 447ff.

40 Die Pilzgattung Claviceps wird in folgendes Taxon gestellt:

(A) Actinomycetales
(B) Ascomycetes
(C) Basidiomycetes
(D) Deuteromycetes
(E) Zygomycetes

41 Welche Antwort zu Pilzinhaltsstoffen trifft zu?

Der Pilz Claviceps purpurea produziert physiologisch stark wirkende Alkaloide, die folgendem Strukturtyp zuzuordnen sind:

(A) Indol-Alkaloide
(B) Isochinolin-Alkaloide
(C) Piperidin-Alkaloide
(D) Steroid-Alkaloide
(E) Terpen-Alkaloide

42 Aus Mikroorganismen werden pharmazeutisch wichtige Stoffwechselprodukte gewonnen.

Claviceps-Arten bilden

(A) Griseofulvin
(B) Lysergsäure-Alkaloide
(C) Peptid-Antibiotika
(D) Streptomycin
(E) Tetracyclin

43 Auf welchen Pflanzen parasitieren Claviceps-Arten?

(1) Apocynaceae
(2) Rubiaceae
(3) Poaceae

(A) nur 1
(B) nur 3
(C) nur 1 und 2
(D) nur 1 und 3
(E) nur 2 und 3

44 In welchem Entwicklungsstadium von Claviceps tritt Alkaloidbildung auf?

(A) Ascosporen
(B) Perithecienbildung
(C) Ascus
(D) Konidiosporen
(E) Sklerotium

45 Welche Aussage über Aspergillus-Arten trifft zu?

(A) Vertreter der genannten Gattung bilden cancerogene Inhaltsstoffe.
(B) Vertreter der genannten Gattung bilden Cytostatica.
(C) Die genannte Gattung gehört zur Klasse der Phycomycetes.
(D) Vertreter der genannten Gattung bilden das Antibiotikum Cephalosporin C.
(E) Keine der Aussagen trifft zu.

46 Welche der genannten Gattungen ist der Pilzklasse Ascomycetes zuzuordnen?

(A) Amanita
(B) Candida
(C) Rhizopus
(D) Pscilocybe
(E) Cunninghammella

47 Penicilline werden gebildet von

(A) Ascomycetes
(B) Zygomycetes
(C) Basidiomycetes
(D) Actinomycetales
(E) Streptomycetaceae

48 Welche der Aussagen treffen zu?

Penicilline werden gebildet von

(1) Eurotiales
(2) Ascomycetes
(3) Basidiomycetes
(4) Actinomycetales

(A) nur 1
(B) nur 1 und 2
(C) nur 1 und 4
(D) nur 2 und 3
(E) nur 2, 3 und 4

49 Welche der folgenden Gattungen sind der Klasse der Ascomycetes zuzuordnen?

(1) Amanita
(2) Rhizopus
(3) Claviceps

(A) nur 3
(B) nur 1 und 2
(C) nur 1 und 3
(D) nur 2 und 3
(E) 1 bis 3 (alle)

50 Welche Antwort trifft zu?

Das abgebildete Entwicklungsstadium eines Pilzes auf einer Roggenähre (siehe Abbildung Nr. 5 der Bildbeilage) ist ein

(A) Sporangium
(B) Fruchtkörper
(C) Konidienträger
(D) Ascus
(E) Sklerotium

51 Welches von Claviceps purpurea ausgebildete Stadium wird als „Mutterkorn" bezeichnet?

(A) Sklerotium
(B) Perithecium
(C) Ascus
(D) Konidie
(E) Stroma

Die Abbildung (Liste 2) zeigt den Entwicklungsgang von Claviceps purpurea (Ascomycetes).

Ordnen Sie bitte den Begriffen der Liste 1 das zutreffende Entwicklungsstadium aus Liste 2 zu!

<u>Liste 1</u>

52 Ascospore

53 Stroma mit Perithezien

<u>Liste 2</u>

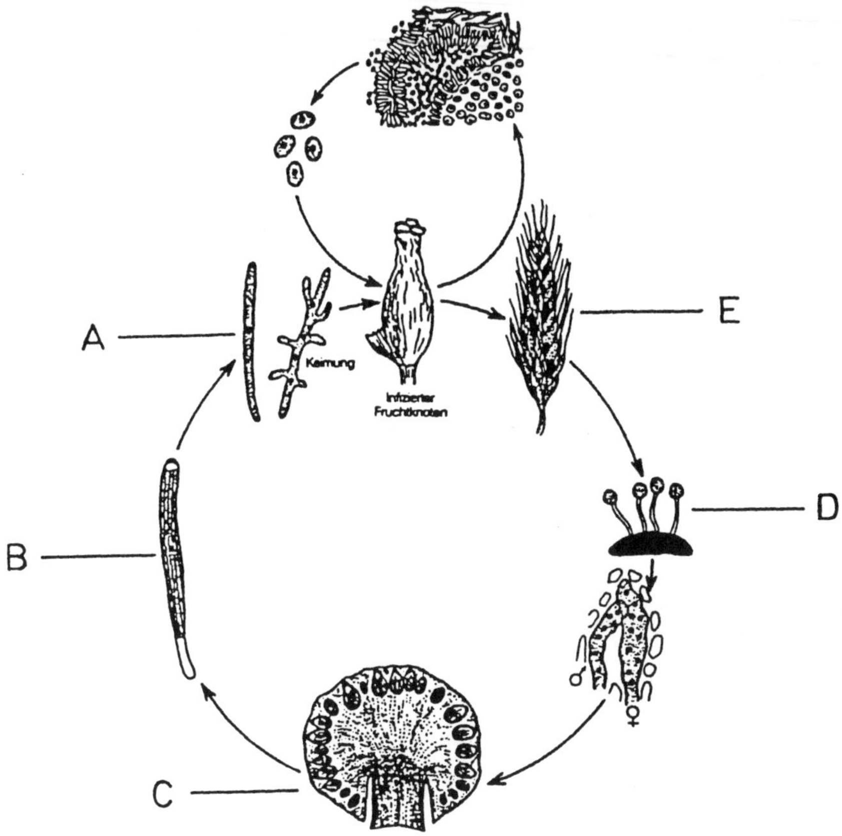

54 Welche Aussagen zu Abbildung Nr. 4 treffen zu?

(1) Der abgebildete Pilz gehört zu den Ascomycetes.
(2) Der abgebildete Teil des Pilzes ist ein Fruchtkörper.
(3) Der abgebildete Pilz enthält Mycotoxine.

(A) nur 1
(B) nur 2
(C) nur 3
(D) nur 1 und 2
(E) nur 2 und 3

7.3.4 Basidiomycetes: Amanitaceae

Lehrbuch S. 445; 447ff.

55 Welches Stoffwechselprodukt stammt von einem Vertreter der Gattung Amanita?

(A) Aflatoxine
(B) Lysergsäure
(C) Psilocybin
(D) Phalloidin
(E) Keine der Antworten trifft zu.

Ordnen Sie bitte den in Liste 1 genannten Vorgängen den in Liste 2 genannten Organismus zu!

Liste 1	Liste 2
56 Akkumulation von Amatoxinen	(A) Claviceps purpurea
57 Akkumulation von Lysergsäure-Alkaloiden	(B) Aspergillus flavus
	(C) Amanita muscaria
	(D) Amanita phalloides
	(E) Psilocybe mexicana

58 Welche der folgenden Stoffe werden von Basidiomycetes gebildet?

(1) Aflatoxine
(2) α-Amanitin
(3) Psilocybin

(A) nur 1
(B) nur 1 und 2
(C) nur 1 und 3
(D) nur 2 und 3
(E) 1 bis 3 (alle)

7.3.5 Deuteromycetes: Candida, Trichophyton, Epidermophyton, Microsporon, Aspergillus, Penicillium

Lehrbuch S. 445; 447ff.

59 Die Gattung Aspergillus gehört zu den

(A) Agaricales
(B) Mucorales
(C) Eurotiales
(D) Actinomycetales
(E) Saccharomycetales

60 Welche der Aussagen treffen zu?

Zur Bildung von Indol-Alkaloiden sind folgende Pilze befähigt:

(1) Claviceps purpurea
(2) Amanita muscaria
(3) Amanita phalloides

(A) nur 1
(B) nur 2
(C) nur 3
(D) nur 2 und 3
(E) 1 bis 3 (alle)

61 Welcher der folgenden Stoffe wird <u>nicht</u> durch Pilze produziert?

(A) Penicillin
(B) Tetracyclin
(C) Aflatoxin
(D) α-Amanitin
(E) Ergotamin

62 Welche der aufgeführten Antibiotika werden aus Ascomyceten oder Deuteromyceten gewonnen?

(1) Cephalosporine
(2) Griseofulvin
(3) Tetracycline

(A) nur 1
(B) nur 1 und 2
(C) nur 1 und 3
(D) nur 2 und 3
(E) 1 bis 3 (alle)

7 Pilze (Mycota) – Antworten

1	E	17	E	33	C	49	C
2	C	18	E	34	E	50	E
3	C	19	A	35	B	51	A
4	A	20	A	36	B	52	A
5	E	21	A	37	E	53	C
6	B	22	A	38	A	54	E
7	C	23	C	39	A	55	D
8	D	24	A	40	B	56	D
9	A	25	B	41	A	57	A
10	E	26	A	42	B	58	D
11	C	27	A	43	B	59	C
12	D	28	E	44	E	60	A
13	C	29	B	45	A	61	B
14	E	30	D	46	B	62	B
15	A	31	D	47	A		
16	C	32	B	48	B		

8 Algen

Lehrbuch S. 463ff.

8.1 Morphologie und Entwicklung der Braunalgen (Phaeophyceae)

8.1.1 Bau der Algenthalli

1 Welche der folgenden Organisationsstufen kommen bei Algen vor?

(1) Einzeller, begeißelt
(2) Zellfäden, verzweigt
(3) Gewebethallus
(4) Cormus

(A) nur 1 und 3
(B) nur 2 und 4
(C) nur 1, 2 und 3
(D) nur 2, 3 und 4
(E) 1 bis 4 (alle)

2 Welche Aussage trifft zu?

Gewebethalli kommen vor bei den

(A) Pilzen
(B) Braunalgen
(C) Grünalgen
(D) Rotalgen
(E) Keine der Antworten trifft zu.

8.1.2 Entwicklungszyklus von Laminariaceae und Fucaceae

Lehrbuch S. 466ff.

3 Welche der Aussagen zum Lebenszyklus von Braunalgen treffen zu?

Bei Fucus-Arten

(1) tritt im Lebenszyklus nur eine Generation auf
(2) werden Gameten von einer diploiden Generation gebildet
(3) werden Sporen durch Meiose gebildet

(A) nur 1
(B) nur 2
(C) nur 3
(D) nur 1 und 2
(E) nur 2 und 3

4 Welche der Aussagen zum Lebenszyklus der Braunalgen treffen zu?

Bei Fucus-Arten

(1) treten im Lebenszyklus zwei verschiedene Generationen auf, die sich auf unterschiedliche Weise fortpflanzen
(2) treten im Lebenszyklus zwei verschiedene Generationen auf, die sich in ihrer Kernphase unterscheiden
(3) erfolgt die Reifeteilung (Meiose) bei der Bildung der Gameten

(A) nur 1
(B) nur 3
(C) nur 1 und 2
(D) nur 2 und 3
(E) 1 bis 3 (alle)

5 Welche der Aussagen zum Lebenszyklus von Braunalgen treffen zu?

Bei Laminaria-Arten

(1) ist der Sporophyt diploid
(2) ist der Gametophyt wesentlich größer und stärker differenziert als der Sporophyt
(3) entstehen die Gameten durch Meiose

(A) nur 1
(B) nur 2
(C) nur 3
(D) nur 1 und 2
(E) nur 2 und 3

6 Welche der Angaben über den Lebenszyklus von Laminaria treffen zu?

Der Lebenszyklus der Laminaria ist

(1) haplontisch
(2) diplontisch
(3) diplohaplontisch
(4) heteromorph
(5) isomorph

(A) nur 1
(B) nur 2
(C) nur 3
(D) nur 3 und 4
(E) nur 3 und 5

7 Welche Aussage trifft nicht zu?

Die Pflanze in Abb. Nr. 75

(A) gehört zu den Fucaceae
(B) stellt die haploide Generation dar
(C) liefert Alginsäure
(D) enthält Fucoxanthin
(E) enthält die Chlorophylle a und c

8 Welche Aussagen treffen zu?

Die Pflanze in Abbildung Nr. 75

(1) ist an Meeresküsten anzutreffen
(2) akumuliert Iod
(3) liefert Alginsäure
(4) stellt die diploide Generation dar
(5) besitzt eine gleichgestaltete (isomorphe) gametophytische Generation

(A) nur 1 und 3
(B) nur 2, 4 und 5
(C) nur 1, 2, 3 und 4
(D) nur 1, 2, 4 und 5
(E) 1 bis 5 (alle)

8.2 Systematische Einordnung, chemische Merkmale und pharmazeutische Bedeutung der Taxa

8.2.1 Phaeophyceae: Laminariaceae, Fucaceae

Lehrbuch S. 463ff.

9 Welche der angegebenen Polysaccharide sind wesentliche Bestandteile der Zellwand von Laminaria-Arten?

(1) Alginate (Mannurono-Galakturonane)
(2) Agar/Carrageen (Galaktansulfate)
(3) Pektine (Rhamno-Galakturonane)

(A) nur 1
(B) nur 2
(C) nur 3
(D) nur 1 und 3
(E) nur 2 und 3

10 Welche der angegebenen Polysaccharide kommen in den Zellwänden der Braunalgen vor?

(1) Cellulose
(2) Alginate
(3) Galaktane

(A) nur 1
(B) nur 2
(C) nur 3
(D) nur 1 und 2
(E) nur 1 und 3

11 Welche Aussagen treffen zu?

Die Alge der Abbildung Nr. 6

(1) gehört zu den Heterokontophyta
(2) ist diploid
(3) kann zur Gewinnung von Carrageen verwendet werden

(A) nur 1
(B) nur 1 und 2
(C) nur 1 und 3
(D) nur 2 und 3
(E) 1 bis 3 (alle)

12 Welche Aussagen treffen zu?

Fucus-Arten

(1) gehören zu den Heterokontophyta (Braunalgen)
(2) enthalten Carrageen
(3) enthalten Agar

(A) nur 1
(B) nur 2
(C) nur 3
(D) nur 1 und 2
(E) nur 1 und 3

13 Welche Aussagen treffen zu?

Laminaria-Arten

(1) gehören zu den Heterokontophyta (Braunalgen)
(2) sind Diplohaplonten
(3) enthalten Galaktane

(A) nur 1
(B) nur 1 und 2
(C) nur 1 und 3
(D) nur 2 und 3
(E) 1 bis 3 (alle)

14 Welche der Aussagen treffen zu?

Sporophyten der Laminariaceae

(1) werden z.T. zur Gewinnung von Agar verwendet
(2) sind in Rhizoid, Cauloid und Phylloid gegliedert
(3) werden z.T. zur Gewinnung von Alginsäure verwendet

(A) nur 1
(B) nur 2
(C) nur 3
(D) nur 1 und 2
(E) nur 2 und 3

15 Welche der genannten Drogen stammt nicht von einer Magnoliatae-Pflanze?

(A) Amylum Solani
(B) Aurantii pericarpium
(C) Centaurii herba
(D) Fucus vesiculosus
(E) Rhei radix

16 Welche der angegebenen Pigmente kommen in den Chromatophoren von Braunalgen vor?

(1) Chlorophyll a
(2) Chlorophyll b
(3) Fucoxanthin

(A) nur 1
(B) nur 1 und 2
(C) nur 1 und 3
(D) nur 2 und 3
(E) 1 bis 3 (alle)

17 Welche der Aussagen trifft zu?

Zu den akzessorischen Pigmenten bei Braunalgen (Phaeophyceae) zählen

(A) Chlorophyll b
(B) Fucoxanthin
(C) Phycocyan
(D) Phycoerythrin
(E) Phycobiliproteine

18 Welche Aussagen treffen zu?

Zur Gewinnung von Alginsäure können Arten aus folgenden Familien verwendet werden:

(1) Laminariaceae
(2) Gigartinaceae
(3) Fucaceae

(A) nur 1
(B) nur 2
(C) nur 3
(D) nur 1 und 3
(E) 1 bis 3 (alle)

19 Welche Aussagen treffen zu?

Zur Gewinnung von Alginsäure können Arten aus folgenden Gattungen verwendet werden:

(1) Laminaria
(2) Gigartina
(3) Ascophyllum

(A) nur 1
(B) nur 2
(C) nur 3
(D) nur 1 und 3
(E) 1 bis 3 (alle)

8.2.2 Rhodophyceae: Gelidiaceae, Gracilariaceae, Gigartinaceae

Lehrbuch S. 463ff.

20 Für welche der aufgeführten Taxa ist das Vorkommen von Phycobiliproteinen charakteristisch?

(1) Rhodophyta (Rotalgen)
(2) Heterokontophyta (z.B. Braunalgen)
(3) Chlorophyta (Grünalgen)

(A) nur 1
(B) nur 2
(C) nur 3
(D) nur 1 und 2
(E) nur 1 und 3

21 Die Algen (Phycophyta) sind ein- bis vielzellige, verschieden gefärbte, autotrophe Wasserpflanzen. Nach ihren Plastidenfarbstoffen kann man die einzelnen Algengruppen unterscheiden.

Welche der Aussagen sind demnach richtig?

(1) Chlorophyta (Grünalgen) enthalten Chlorophyll a und b.
(2) Heterokontophyta (z.B. Braunalgen) enthalten Chlorophyll a.
(3) Rhodophyta enthalten Chlorophyll a und Phycobiline.

(A) nur 2
(B) nur 1 und 2
(C) nur 1 und 3
(D) nur 2 und 3
(E) 1 bis 3 (alle)

22 Welche Aussage trifft <u>nicht</u> zu?

Rhodophyceae

(A) werden zur Gewinnung von Agar verwendet
(B) besitzen meist Wurzeln
(C) enthalten wirtschaftlich nutzbare schleim- oder gelbildende Polysaccharide
(D) besitzen einen Thallus
(E) werden zur Gewinnung von Carrageen verwendet

---

23 Welche Aussagen über Algen treffen zu?

Gelidium amansii

(1) gehört zu den Rhodophyta
(2) wird zur Gewinnung von Agar verwendet
(3) wird zur Gewinnung von Carrageen verwendet

(A) nur 1
(B) nur 2
(C) nur 3
(D) nur 1 und 2
(E) nur 1 und 3

---

24 Welche Aussagen treffen zu?

Zur technischen Gewinnung von Agar werden Arten aus folgenden Familien verwendet:

(1) Gelidiaceae
(2) Gigartinaceae
(3) Fucaceae

(A) nur 1
(B) nur 2
(C) nur 1 und 2
(D) nur 1 und 3
(E) 1 bis 3 (alle)

---

25 Welche der angegebenen Pigmente kommen in den Chromatophoren von Rhodophyta vor?

(1) Chlorophyll a
(2) Chlorophyll b
(3) Fucoxanthin

(A) nur 1
(B) nur 2
(C) nur 3
(D) nur 1 und 2
(E) nur 1 und 3

---

26 Welche der Aussagen über Algen treffen zu?

Gelidium amansii

(1) gehört zu den Heterokontophyta
(2) wird zur Gewinnung von Carrageen verwendet
(3) wird zur Gewinnung von Agar verwendet

(A) nur 1
(B) nur 2
(C) nur 3
(D) nur 1 und 2
(E) nur 1 und 3

27 Die Zellwände der Rotalgen (Rhodophyta) enthalten saure Schleime, die z.T. industriell genutzt werden.

Welche der Aussagen treffen zu?

(1) Agar ist ein gelbindendes Galactan, das z.T. mit Schwefelsäure verestert ist.
(2) Agar wird vor allem aus Gelidium- und Gracilaria-Arten gewonnen.
(3) Carrageen ist eine Schleimdroge, die aus getrockneten Thalli von Chondrus- und Gigartina-Arten besteht.
(4) Alginsäure wird aus Rotalgen der Gattungen Laminaria und Macrocystis gewonnen.

(A) nur 1 und 4
(B) nur 2 und 3
(C) nur 2 und 4
(D) nur 1, 2 und 3
(E) 1 bis 4 (alle)

28 Welche Aussagen treffen zu?

Zur Gewinnung von Carrageen können Arten aus folgenden Gattungen verwendet werden:

(1) Gelidium
(2) Gigartina
(3) Ascophyllum

(A) nur 1
(B) nur 2
(C) nur 3
(D) nur 1 und 3
(E) 1 bis 3 (alle)

29 Welche der angegebenen Polysaccharide sind wesentliche Bestandteile der Zellwand von Rhodophyta?

(1) Alginate (Mannurono-Guluronane)
(2) Agar-Carrageen (Galaktansulfate)
(3) Pektine (Rhamno-Galakturonane)

(A) nur 1
(B) nur 2
(C) nur 3
(D) nur 1 und 2
(E) nur 2 und 3

30 Welche der Aussagen trifft nicht zu?

Zu den akzessorischen Pigmenten bei Rotalgen (Rhodophyceae) zählen

(A) Chlorophyll b
(B) Carotinoide
(C) Phycobiliproteine
(D) Phycoerythrin
(E) Phycocyan

Sonstige Fragen

31 Welche Antwort trifft zu?

Algen der Ordnung Diatomales werden verwendet zur Herstellung von

(A) Agar
(B) Alginaten
(C) Carrageen
(D) Filtrierhilfsmitteln
(E) Dextranen

32 Welcher Stoff bzw. welches Produkt ist <u>nicht</u> Bestandteil von Algen?

(A) Agar
(B) Gelatine
(C) Carrageen
(D) Phycobilin
(E) Fucoxanthin

8 Algen – Antworten

1	C	9	A	17	B	25	A
2	B	10	D	18	D	26	C
3	D	11	B	19	D	27	D
4	B	12	A	20	A	28	B
5	A	13	B	21	E	29	B
6	D	14	E	22	B	30	A
7	B	15	D	23	D	31	D
8	C	16	C	24	A	32	B

9 Morphologie, Histologie und Anatomie des Kormus

9.1 Histologie

Lehrbuch S. 473ff.

9.1.1 Zellen, Form- und Struktureigentümlichkeiten; Histochemie

1 Welche Aussage trifft zu?

Als Aggregationsverband bezeichnet man

(A) die Form eines Exkretionsgewebes Höherer Pflanzen
(B) ein epidermales Abschlußgewebe mancher Xerophyten
(C) eine Zusammenlagerung physiologisch weitgehend unabhängiger Einzelzellen
(D) den Thallus von Flechten
(E) ein häufig vorkommendes Scheingewebe Höherer Pilze

2 Welche Aussage zu Zellen trifft zu?

Bei ausdifferenzierten lebenden Eukaryotenzellen ohne Zellkern kann es sich handeln um

(A) Kollenchymzellen
(B) Phellemzellen
(C) Siebröhren
(D) Sklerenchymfasern
(E) Tracheiden

3 Welche der Aussagen zu Zellen treffen zu?

Ausdifferenzierte, lebende Eukaryotenzellen mit Zellkern sind

(1) Kollenchymzellen
(2) Phellodermzellen
(3) Siebröhren
(4) Tracheen
(5) Tracheiden

(A) nur 1
(B) nur 3
(C) nur 1 und 2
(D) nur 3, 4 und 5
(E) nur 1, 2, 3 und 4

4 Welche Aussage trifft zu?

Die Abbildung Nr. 7 zeigt

(A) die Aufsicht auf ein Endothecium
(B) die Aufsicht auf die typischen Verdickungen cutinisierter Peridermzellen
(C) einen Ausschnitt aus dem Aerenchym einer Sumpfpflanze (Rhizom)
(D) die typisch verdickten Zellen aus dem Endosperm von Apiaceae-Samen
(E) die Sternhaare der Epidermis von Malvaceae-Blättern

5 Welche der Aussagen über Eigenschaften von ausdifferenzierten lebenden Pflanzenzellen treffen zu?

(1) Sie stehen in keiner Wechselwirkung mit den jeweiligen Nachbarzellen.
(2) Sie sind in der Regel auf *eine* Funktion festgelegt.
(3) Sie sind nicht mehr totipotent.
(4) Sie können, z.B. im Zuge des sekundären Dickenwachstums, wieder Teilungsfähigkeit erlangen.

(A) nur 3
(B) nur 2 und 3
(C) nur 2 und 4
(D) nur 1, 2 und 3
(E) 1 bis 4 (alle)

Ordnen Sie bitte den in Liste 1 genannten Zelltypen die jeweils zutreffende Beschreibung aus Liste 2 zu.

Liste 1

6 Faser

7 Parenchymzelle

Liste 2

(A) ± isodiametrisch, dünnwandig
(B) ± isodiametrisch, dickwandig
(C) langgestreckt, zugespitzt, dickwandig
(D) langgestreckt, zugespitzt, dünnwandig
(E) Zellkette mit aufgelösten Querwänden, partielle zentripetale Wandverdickungen

---

Ordnen Sie bitte den in Liste 1 angeführten Organisationsformen das jeweils zutreffende Objekt (Liste 2) zu.

Liste 1

8 haploide Zellen

9 polyenergide Zellen

10 triploide Zellen

Liste 2

(A) Embryosack der Pinaceae
(B) Embryosackmutterzelle der Ranunculaceae
(C) Endosperm der Poaceae
(D) Milchröhren der Euphorbiaceae
(E) Perisperm der Piperaceae

---

11 Welche Aussage trifft zu?

Unter dem Kormus versteht man

(A) den Vegetationskörper der Rhodophyta
(B) den in die Grundorgane gegliederten Sporophyten Höherer Pflanzen
(C) den in Cauloid, Rhizoid und Phylloid gegliederten Vegetationskörper bestimmter Braunalgen
(D) den in Sproßachse, Blatt und Wurzel gegliederten Gametophyten Höherer Pflanzen
(E) die Gesamtheit aller oberirdischen Pflanzenteile (Sproßachse, Blätter)

---

12 Welche der Antworten treffen zu?

Die Gliederung des typischen Kormus der Höheren Pflanzen kann folgendermaßen beschrieben werden:

(1) Wurzel und Sproß
(2) Sproß und Früchte
(3) Sproßachse und Blätter
(4) Sproßachse, Blätter und Blüten
(5) Wurzel, Sproßachse und Blätter

(A) nur 4
(B) nur 5
(C) nur 1 und 2
(D) nur 1 und 5
(E) nur 2 und 3

---

13 Welche der folgenden Aussagen sind richtig?

(1) Der Kormus besteht aus Wurzel, Sproßachse und Blättern.
(2) Ein Kormus kommt im Pflanzenreich erstmals bei den großen Braunalgen, den Tangen, vor.
(3) Der Kormus ist strukturell arbeitsteilig aufgebaut, z.B. mit Leitungsbahnen für Wasser, Leitungsbahnen für Assimilate und mit besonderen Festigungsgeweben.
(4) Ein Kormus geht von einer einzelnen Scheitelzelle oder von einem ganzen Scheitelmeristem aus.

(A) nur 2 und 3
(B) nur 1, 2 und 4
(C) nur 1, 3 und 4
(D) nur 2, 3 und 4
(E) 1 bis 4 (alle)

---

14 Welche der Aussagen treffen zu?

Ein Kormus findet sich bei folgenden Taxa:

(1) Coniferophytina
(2) Rhodophyta
(3) Liliatae
(4) Pteridophyta

(A) nur 1
(B) nur 1 und 2
(C) nur 1, 3 und 4
(D) nur 2, 3 und 4
(E) 1 bis 4 (alle)

15 Welche Aussage trifft zu?

Bei Abbildung Nr. 8 kann es sich handeln um

(A) den radialen Längsschnitt durch ein Lignum
(B) den tangentialen Längsschnitt durch ein Lignum
(C) den radialen Längsschnitt durch ein Rhizom
(D) den tangentialen Längsschnitt durch eine Cortex
(E) den radialen Längsschnitt durch eine Cortex

16 In einem Drogen-Präparat, das Calciumoxalat-Kristalle enthält, lassen sich diese nach dem Erhitzen mit Chloralhydratlösung nicht mehr erkennen,

weil

Chloralhydrat Calciumoxalat-Kristalle in der Siedehitze auflöst.

17 In welchen Pflanzenorganen (bzw. Drogen) sind Aleuronkörner histochemisch nachweisbar?

In

(1) Blättern
(2) Wurzeln
(3) Rhizomen
(4) Samen

(A) nur 3
(B) nur 4
(C) nur 2 und 3
(D) nur 2, 3 und 4
(E) 1 bis 4 (alle)

Ordnen Sie bitte den in Liste 1 aufgeführten Pflanzenstoffen das jeweils entsprechende Reagens (Liste 2) zu, mit dem der Pflanzenstoff histochemisch nachgewiesen werden kann.

Liste 1

18 Inulin

19 Suberin

Liste 2

(A) I/KI
(B) 1-Naphthol-Schwefelsäure
(C) Phloroglucin-Salzsäure
(D) Sudan-III-Glycerin
(E) Thionin

20 Welchen Inhaltsstoff läßt das DAB 8 mit 1-Naphthol-Schwefelsäure nachweisen?

(A) Aleuron
(B) Suberin
(C) Gerbstoff
(D) Inulin
(E) Keine der Antworten trifft zu.

21 Der histochemische Nachweis von Inulin mit 1-Naphthol-Schwefelsäure ist unspezifisch,

weil

1-Naphthol-Schwefelsäure ein Reagens zum Nachweis von Kohlenhydraten ist.

22 Sudan-III ist ein Farbstoff, der zum Nachweis folgender Stoffe im Drogenmaterial verwendet werden kann:

(1) Cutin
(2) Suberin
(3) Inulin
(4) Aleuron
(5) Ätherisches Öl

(A) nur 1
(B) nur 2 und 3
(C) nur 1, 2 und 5
(D) nur 2, 3 und 4
(E) nur 1, 2, 3 und 5

23 Mit welchem Reagens läßt sich Cutin histochemisch nachweisen?

(A) Iod-Glycerol
(B) Sudan-III-Glycerol
(C) Vanillin-Salzsäure
(D) Phloroglucin-Salzsäure
(E) 1-Naphthol-Schwefelsäure

24 Mit welchen der folgenden Reagenzien kann Suberin histochemisch nachgewiesen werden?

(A) Vanillin-Salzsäure
(B) 1-Naphthol-Schwefelsäure
(C) Phloroglucin-Salzsäure
(D) Sudan-III-Glycerol
(E) Thionin-Lösung

25 Welche Zellen bzw. Zellinhalte lassen sich durch Sudan-III-Glycerol histochemisch nicht nachweisen?

(A) Fettvakuolen
(B) Amyloplasten
(C) Ölzellen
(D) Korklamellen
(E) Cuticula

26 Welche Aussage trifft zu?

Phloroglucin-Salzsäure ist ein Reagens zum Nachweis von

(A) Cellulose
(B) Hemicellulose
(C) Pektin
(D) Suberin
(E) Keine der Aussagen trifft zu.

27 Der Lignin-Nachweis wird durch Reaktion mit Vanillin-Salzsäure geführt,

weil

im salzsauren Medium die Aldehyd-Gruppe von Vanillin mit einer phenolischen Gruppe von Lignin zu einer rotgefärbten Verbindung kondensiert.

28 Mit welchen der folgenden Reagenzien kann Lignin histochemisch nachgewiesen werden?

(1) Anilinsulfat
(2) Vanillin-Salzsäure
(3) Phloroglucin-Salzsäure
(4) Zinkchlorid-Iod-Lösung
(5) Sudan-III-Glycerol

(A) nur 1 und 2
(B) nur 1 und 3
(C) nur 3 und 4
(D) nur 2, 3 und 4
(E) nur 2, 4 und 5

29 Welche Aussage zu histochemischen Farbreaktionen trifft zu?

Die nachstehend abgebildete farbige Verbindung

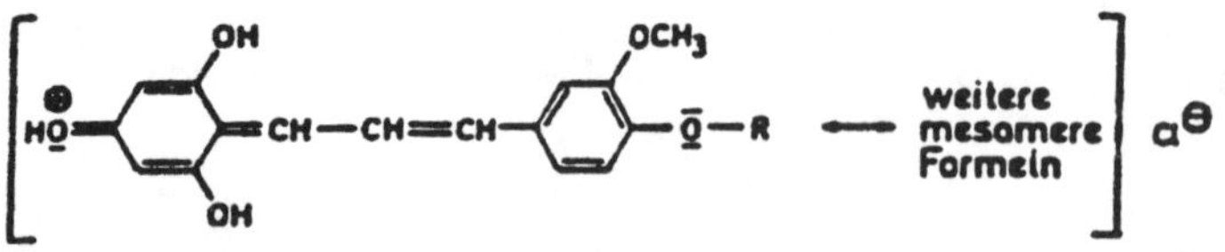

entsteht beim histochemischen Nachweis von

(A) Kallose
(B) Schleimen
(C) Flavonoiden
(D) Lignin
(E) Kohlenhydraten

30 Welche Aussage zu Reagenzien des Arzneibuchs trifft zu?

Anilinsulfat-Lösung (DAB 8) ist ein Reagens zum Nachweis von

(A) Alkaloiden
(B) Anthrachinonen
(C) Inulin
(D) Lignin
(E) Gerbstoffen

31 Mit welchem der aufgeführten Reagenzien färben sich verholzte Bastfasern rot an?

(A) Anilinsulfat-Lösung
(B) Vanillin-Salzsäure
(C) 1-Naphthol-Schwefelsäure
(D) Kalilauge
(E) Keine der Antworten trifft zu.

32 Der Gerbstoffnachweis kann durch Reaktion mit Vanillin-Salzsäure geführt werden,

weil

in salzsaurem Medium die Aldehyd-Gruppe von Vanillin mit einer phenolischen Gruppe eines Gerbstoffs zu einer gefärbten Verbindung reagiert.

33 Welche Aussagen zum Nachweis von Gerbstoffen treffen zu?

Gerbstoffe werden nach DAB 8 mit folgenden Reagenzien nachgewiesen:

(1) Eisen (III)-chlorid
(2) 1-Naphthol-Schwefelsäure
(3) Vanillin-Salzsäure
(4) Phloroglucin-Salzsäure

(A) nur mit 1 und 3
(B) nur mit 1 und 4
(C) nur mit 2 und 4
(D) nur mit 3 und 4
(E) nur mit 1, 2 und 3

34 Welche Aussage zu Reagenzien des Arzneibuchs trifft zu?

Das Europäische Arzneibuch läßt mit wäßriger Alkalihydroxid-Lösung einen histochemischen Nachweis führen auf

(A) Gerbstoffe
(B) Schleimstoffe
(C) Anthrachinone
(D) Anthocyane
(E) Inulin

35 Welche Angabe zur Drogen-Analytik trifft zu?

Anthrachinone lassen sich histochemisch nachweisen mit

(A) Thioninlösung
(B) Methylenblaulösung
(C) Phloroglucin/HCl
(D) Kalilauge
(E) I/KI-Lösung

36 Welche Aussage trifft zu?

Stärke läßt sich mit I/KI-Reagens durch Blaufärbung nachweisen.

Für die Blaufärbung ist verantwortlich

(A) der Amylopektin-Anteil
(B) die 1,6-Verknüpfung der Glucose-Einheiten
(C) die L-Konfiguration der Glucose
(D) die β-glykosidische Bindung der Glucose-Einheiten
(E) der Amylose-Anteil

37 Welche Antwort trifft zu?

Histochemisch wird mit I/KI-Reagens durch Blaufärbung nachgewiesen:

(A) Inulin
(B) Lignin
(C) Aleuron
(D) Gerbstoffe
(E) Keine der Antworten trifft zu.

38 Welche Aussage trifft nicht zu?

Bei der mikroskopischen Identitäts- und Reinheitsprüfung von Drogen wird der Schnitt oder das Pulver in Chloralhydratlösung erhitzt.

Bei sachgerechter Durchführung

(A) wird das Präparat aufgehellt
(B) wird Stärke in dem Gewebe aufgelöst
(C) wird Lignin in dem Gewebe aufgelöst
(D) werden Luftblasen aus dem Präparat entfernt
(E) tritt die Zellwandstruktur deutlicher hervor

Ordnen Sie bitte jedem der in Liste 1 aufgeführten Pflanzenbestandteile das Reagens aus Liste 2 zu, mit dem eine Anfärbung histochemisch möglich ist.

Liste 1

39 Cuticula

40 verholzte Zellen

Liste 2

(A) Chlor/Zink/Iod-Lösung
(B) Phloroglucin-Salzsäure
(C) Vanillin-Salzsäure
(D) Sudan-III-Glycerol
(E) Toluidinblau-Lösung

---

41 Welche der Angaben treffen zu?

Die abgebildete Art (siehe Abbildung Nr. 9 der Bildbeilage)

(1) führt Oxalat
(2) enthält Inhaltsstoffe, die mit KOH eine charakteristische Färbung ergeben
(3) gehört zu den Rosaceae

(A) nur 2
(B) nur 3
(C) nur 1 und 2
(D) nur 2 und 3
(E) 1 bis 3 (alle)

Ordnen Sie bitte den in Liste 1 genannten Formen von Oxalatkristallen die jeweils dadurch zu charakterisierende Droge (Liste 2) zu.

Liste 1

42 Drusen

43 Einzelkristalle

Liste 2

(A) Hyoscyami folium
(B) Ipecacuanhae radix
(C) Belladonnae folium
(D) Quillajae cortex
(E) Rhei rhizoma

---

44 Die jeweilige Form, Größe und Häufigkeit der Kristallbildung ist Art-typisch und kann deshalb diagnostisch verwendet werden.

Welche Antwort trifft zu?

Zellen mit Calciumoxalat entsprechend der nebenstehenden Abbildung sind charakteristisch für

(A) Althaeae radix
(B) Matricariae flos
(C) Quercus cortex
(D) Rhei radix
(E) Stramonii folium

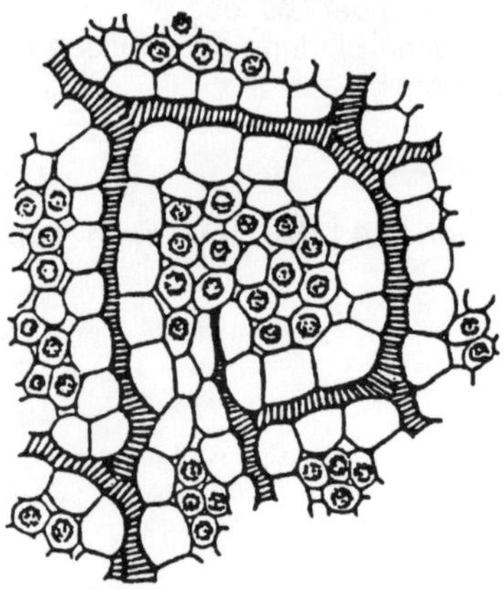

45 Die Abbildung Nr. 10 zeigt das Chloralhydratpräparat einer Droge mit charakteristischen Zellinhalten.

Es handelt sich erkennbar um

(A) Belladonnae folium (Kristallsand)
(B) Cardamomi fructus (Stärkekörner)
(C) Citri pericarpium (Ölräume)
(D) Malvae folium (Schleimzellen)
(E) Sennae fructus (Aleuronkörner)

46 Welche Antwort trifft zu?

Die Abbildung Nr. 11 der Bildbeilage zeigt ein durch Chloralhydrat aufgehelltes Drogenpräparat von

(A) Belladonnae folium
(B) Convallariae folium
(C) Hyoscyami folium
(D) Stramonii folium
(E) Veratri rhizoma

47 Welche Aussage zu Abbildung Nr. 10 der Bildbeilage trifft zu?

Zellen mit Calciumoxalat entsprechend der Abbildung sind charakteristisch für

(A) Atropa belladonna
(B) Digitalis purpurea
(C) Quercus robur
(D) Rhamnus frangula
(E) Rheum palmatum

48 Welche Aussage über die Droge „Amylum Solani" trifft nicht zu?

Amylum Solani

(A) ist konzentrisch geschichtet
(B) kann mit I/KI angefärbt werden
(C) besteht hauptsächlich aus einzelnen, nicht-zusammengesetzten Körnern
(D) zeigt im polarisierten Licht ein „Polarisationskreuz"
(E) ist als Monographie im Europäischen Arzneibuch (= Ph. Eur.) beschrieben

49 Welche der nachstehenden Drogen entstammt einer Pflanze, die den Magnoliatae angehört?

(A) Amylum maydis
(B) Amylum oryzae
(C) Amylum solani
(D) Amylum tritici
(E) Keine der genannten Drogen stammt von einer Magnoliate.

50 Die Abbildung Nr. 12 der Bildbeilage zeigt das mikroskopische Präparat eines Zellinhalts.

(A) Calciumoxalat-Kristalle aus Hyoscyamus niger
(B) Schleimidioblasten aus Phaseolus vulgaris
(C) Stärkekörner aus Triticum aestivum
(D) Stärkekörner aus Zea mays
(E) Keine der Antworten trifft zu.

51 Welche Antwort trifft zu?

Die Abbildung Nr. 13 der Bildbeilage zeigt das mikroskopische Bild eines Stärkepräparates aus

(A) Elettaria cardamomum
(B) Oryza sativa
(C) Solanum tuberosum
(D) Triticum aestivum
(E) Zea mays

Ordnen Sie bitte den in Liste 1 aufgeführten Pflanzen die jeweils anzutreffende Stärkeform (Abbildungen der Liste 2) zu.

Liste 1

52 Kartoffel

53 Mais

Liste 2

(A)

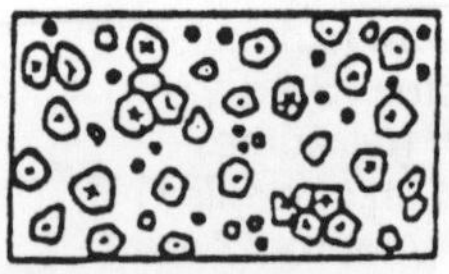

(B)

(C)

(D)

(E)

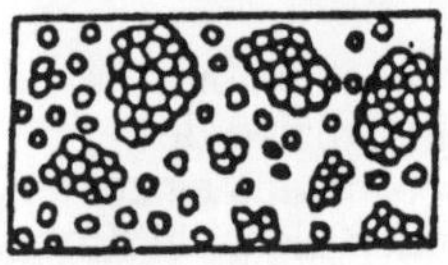

54 Die Abbildung Nr. 14 zeigt das mikroskopische Präparat einer Droge.

Welche der folgenden Annahmen können anhand der Abbildung begründet werden?

(1) Färbemethode: I/KI Lösung
(2) Aufhellung des Präparates: Chloralhydrat-Lösung
(3) Chemische Zusammensetzung: Polysaccharid

(A) nur 1
(B) nur 1 und 2
(C) nur 1 und 3
(D) nur 2 und 3
(E) 1 bis 3 (alle)

Ordnen Sie bitte den in Liste 1 aufgeführten Pflanzen die jeweils anzutreffende Stärkeform (Abbildungen der Liste 2) zu!

Liste 1

55 Kartoffel

56 Mais

Liste 2

(A)

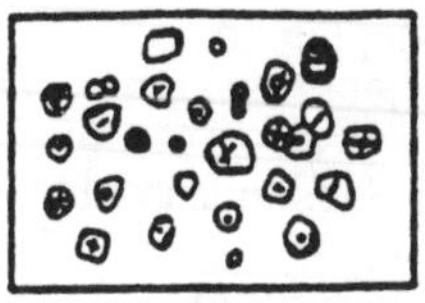

(B)

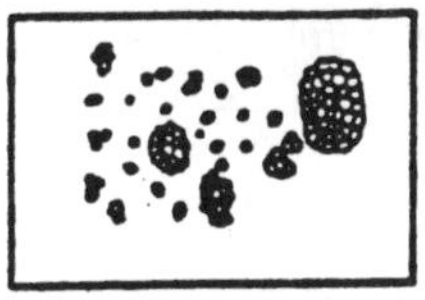

(C)

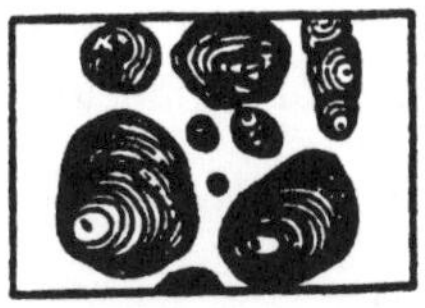

(D)

(E)

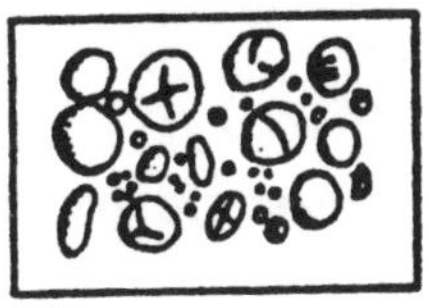

57 Zur Charakterisierung von pflanzlichen Drogen können Form und Zusammensetzung kristalliner Einschlüsse dienen.

Welche der folgenden Aussagen treffen zu?

(1) Aleuronkörner mit Eiweißkristalloiden findet man nur in Samen-Drogen.
(2) Kristallzellreihen sind ein diagnostisches Hilfsmittel bei Sennae folium.
(3) Einzelkristalle oder Drusen in pflanzlichen Drogen bestehen meist aus Calciumoxalat.
(4) Ipecacuanhae radix darf nach Arzneibuch nur Oxalat-Raphiden aufweisen.

(A) nur 1 und 4
(B) nur 2 und 3
(C) nur 1, 2 und 4
(D) nur 2, 3 und 4
(E) 1 bis 4 (alle)

58 Welche der Aussagen treffen zu?

(1) Aleuronkörner treten im Samen auf.
(2) Aleuronkörner enthalten hauptsächlich Globuline.
(3) Aleuronkörner färben sich mit Iod (in Alkohol oder Glycerol gelöst) kräftig gelbbraun.
(4) Aleuronkörner sind eine Speicherform von Proteinen.
(5) Aleuronkörner können Globoide aus Phytin enthalten.

(A) nur 1
(B) nur 1, 4 und 5
(C) nur 2, 3 und 4
(D) nur 1, 3, 4 und 5
(E) 1 bis 5 (alle)

59 Welche Aussage trifft zu?

Farbstoffe Höherer Pflanzen können vorkommen

(A) nur in Plastiden
(B) nur gelöst im Cytoplasma
(C) nur an Proteine gebunden
(D) nur in Vakuolen
(E) in allen Organen

60 Mit welchem Reagens lassen sich Schleime histochemisch nachweisen?

(A) 1-Naphthol-Schwefelsäure
(B) Tusche-Aufschwemmung
(C) Sudan-III-Glycerol
(D) Lugolsche Lösung
(E) Jod-Glycerol

61 Welche der Antworten treffen zu?

Die Abbildung Nr. 27 zeigt einen Drogenquerschnitt.

Aus der Abbildung kann auf Behandlung mit folgenden Reagenzien geschlossen werden:

(1) 1-Naphthol-Schwefelwäure
(2) Phloroglucin-Salzsäure
(3) Sudan-III-Glycerol
(4) Thionin-Lösung

(A) nur 2
(B) nur 3
(C) nur 1 und 3
(D) nur 2 und 4
(E) nur 1, 3 und 4

62 Mit welchem Reagens lassen sich Schleime histochemisch nachweisen?

(A) Iod-Glycerol
(B) Lugolsche Lösung
(C) Sudan III-Glycerol
(D) Vanillin-Salzsäure
(E) Methylenblau-Lösung

63 Mit welchem Reagens lassen sich Aleuronkörner histochemisch nachweisen?

(A) I_2/KI-Lösung
(B) Sudan III-Glycerol
(C) Iod-Glycerol
(D) 1-Naphthol-Schwefelsäure
(E) Vanillin-Salzsäure

64 Mit welchem Reagens lassen sich Fette und Fette Öle histochemisch nachweisen?

(A) 1-Naphthol-Schwefelsäure
(B) Phloroglucin-Salzsäure
(C) Sudan-III-Glycerol
(D) Vanillin-Salzsäure
(E) Iod-Glycerol

65 Histochemisch lassen sich in Arzneidrogen bestimmte Inhaltsstoffe durch typische Reaktionen leicht nachweisen.

Welche der folgenden Aussagen treffen zu?

(1) In Sudan-III-Glycerol färben sich Lipidtropfen rot.
(2) Stärke färbt sich mit geringen Mengen von Iod tiefblau bis schwarz.
(3) Gerbstoffe bilden bei Zugabe von Fe(III)-Lösungen grünblaue bis schwarzblaue Niederschläge.
(4) Oxalatkristalle lösen sich in Chloralhydrat auf.

(A) nur 1 und 4
(B) nur 2 und 4
(C) nur 1, 2 und 3
(D) nur 1, 3 und 4
(E) nur 2, 3 und 4

9.1.2 Bildungsgewebe

66 Welche Aussage trifft zu?

Bildungsgewebe (Meristeme)

(A) sind polyenergid
(B) bestehen aus plasmareichen Dauerzellen
(C) lassen bei mikroskopischer Betrachtung mitotische Kernteilungen erkennen
(D) können aus Phellodermzellen entstehen und werden dann als Folgemeristeme bezeichnet
(E) treten bei Höheren Pflanzen mit sekundärem Dickenwachstum nur als Folgemeristeme auf

67 Welche Aussage trifft zu?

Bildungsgewebe (Meristeme)

(A) bestehen aus polyenergiden Zellen
(B) kommen bei Höheren Pflanzen nur am Sproß- und Wurzelscheitel vor
(C) weisen deutlich sichtbare meiotische Kernteilungen auf
(D) können z.B. aus Phellemzellen entstehen und werden dann als Folgemeristeme bezeichnet
(E) bestehen aus plasmareichen, teilungsfähigen Zellen

68 Welche Aussage zu Meristemen trifft zu?

Meristematische Zellen

(A) besitzen eine besonders große Zentralvakuole
(B) finden sich nur in Sproß- und Wurzelspitzen
(C) besitzen verdickte und teilweise lignifizierte Zellwände
(D) besitzen zwei Zellkerne
(E) Keine der Aussagen trifft zu.

69 Welche Aussagen sind richtig?

(1) Die vom Kambium nach innen abgegebenen Tochterzellen differenzieren sich zu Xylem aus.
(2) Verholzung von Zellwänden erfolgt nur bei Zellen innerhalb des Kambiumzylinders.
(3) In der Peripherie des Marks von Solanaceen und Gentianaceen treten Phloemgruppen auf.
(4) In gemäßigten Klimaten ist das Kambium nicht ganzjährig aktiv.

(A) nur 1
(B) nur 4
(C) nur 1 und 4
(D) nur 1, 3 und 4
(E) nur 2, 3 und 4

70 Welche der folgenden Aussagen treffen zu?

(1) Ein Kambiumzylinder ermöglicht sekundäres Dickenwachstum.
(2) Im Sproß können am sekundären Dickenwachstum auch Folgemeristeme beteiligt sein.
(3) Die sekundären Markstrahlen werden durch ein Folgemeristem gebildet.
(4) Kambial bedingtes sekundäres Dickenwachstum ist beschränkt auf die Magnoliatae.

(A) nur 1
(B) nur 1 und 2
(C) nur 2 und 3
(D) nur 1, 3 und 4

71 Welche Aussage trifft zu?

Das Meristem, welches zur Bildung des Periderms führt, ist ein

(A) Urmeristem
(B) Apikalmeristem
(C) Folgemeristem
(D) Meristemoid
(E) Restmeristem

72 Primäres Meristem ist nur im Embryonalstadium anzutreffen,

weil

primäres Meristem aus Zellen besteht, die die Teilungsfähigkeit nicht verloren haben.

73 Welche der Aussagen treffen zu?

(1) Das Kambium ist bipolar tätig.
(2) Vom Kambium nach außen abgegebene Tochterzellen differenzieren sich zu Phloem aus.
(3) In gemäßigten Klimaten ist das Kambium nicht ganzjährig aktiv.

(A) nur 2
(B) nur 1 und 2
(C) nur 1 und 3
(D) nur 2 und 3
(E) 1 bis 3 (alle)

74 Welche Aussage trifft nicht zu?

Kambien

(A) können primären oder sekundären Ursprungs sein
(B) können nur in Sprossen auftreten
(C) sind mechanisch leicht zerstörbare Gewebe
(D) zeichnen sich durch dünnwandige embryonale Zellen aus
(E) gliedern meist beidseitig (in zentrifugaler und zentripetaler Richtung) Zellen ab

75 Welche der folgenden Gewebe gehören zu den sekundären Meristemen?

(1) Apikalmeristem
(2) Phellogen
(3) faszikuläres Kambium

(A) nur 2
(B) nur 3
(C) nur 1 und 2
(D) nur 1 und 3
(E) nur 2 und 3

76 Welche der aufgeführten Bildungsgewebe sind sekundäre Meristeme?

(1) Phellogen
(2) faszikuläres Kambium
(3) Vegetationskegel der Wurzel
(4) Vegetationskegel des Sprosses

(A) nur 1
(B) nur 1 und 2
(C) nur 1 und 3
(D) nur 3 und 4
(E) nur 2, 3 und 4

77 Die faszikulären Kambien werden zu den sekundären Meristemen gerechnet,

weil

sekundäre Meristeme stets aus Dauerzellen entstehen.

78 Welche der folgenden Aussagen ist nicht zutreffend?

(A) Das Kambium ist bipolar tätig.
(B) Die vom Kambium nach außen abgegebenen Tochterzellen differenzieren sich zu Phloem aus.
(C) Die vom Kambium nach innen abgegebenen Tochterzellen differenzieren sich zu Xylem aus.
(D) In der Peripherie des Marks von Solanaceen und Gentianaceen treten Phloemgruppen auf.
(E) Verholzung von Zellwänden erfolgt nur bei Zellen innerhalb des Kambiumzylinders.

79 In den meristematischen Geweben der Pflanzen lassen sich bevorzugt meiotische Kernteilungen nachweisen,

<u>weil</u>

in den teilungsaktiven Zellen meristematischer Gewebe die Trennung der parallel konjugierten homologen Chromosomen besonders gut sichtbar ist.

80 Welche Aussage trifft zu?

Primäre meristematische Pflanzenzellen

(A) sind stets prosenchymatisch
(B) besitzen nur einen dünnen cytoplasmatischen Wandbelag
(C) weisen keine Zentralvakuole auf
(D) besitzen keine Zellwand
(E) sind maximal 200 nm groß

81 Welche Aussage trifft zu?

Primäre meristematische Pflanzenzellen

(A) sind stets prosenchymatisch
(B) sind in Sproßachsen stets radiär angeordnet
(C) kommen nur in oberirdischen Organen vor
(D) weisen keine Zentralvakuole auf
(E) besitzen nur einen dünnen cytoplasmatischen Wandbelag

82 Bei den meisten Liliatae findet kein sekundäres Dickenwachstum statt,

<u>weil</u>

Liliatae keine Meristeme ausbilden können.

83 Das Phellogen (Korkkambium) eines Magnoliatensprosses ist in der Regel ein

(A) Urmeristem
(B) Apikalmeristem
(C) Folgemeristem
(D) Restmeristem
(E) Meristemoid

9.1.3 Grundgewebe

84 Bei welchen der folgenden Zelltypen handelt es sich im ausdifferenzierten Zustand um lebende Zellen mit Zellkernen?

(A) Holzfasern
(B) Bastfasern
(C) Holzparenchym
(D) Tracheiden
(E) Siebröhren

85 Welche der Aussagen trifft <u>nicht</u> zu?

Sklerenchymzellen

(A) zeigen allseitige Verdickung der Zellwand durch Sekundärwandauflagerung
(B) werden erst beim sekundären Dickenwachstum zur zusätzlichen Festigung gebildet
(C) können isodiametrische oder prosenchymatische Zellen sein
(D) sind sowohl im Bast als auch im Holz zu finden
(E) zeigen eine deutlich ausgeprägte Tüpfelung

86 Welche der folgenden Gewebe rechnet man zum Grundgewebe?

(1) Kollenchym
(2) Aerenchym
(3) Assimilationsparenchym
(4) Speicherparenchym
(5) Kambium

(A) nur 1, 2 und 5
(B) nur 2, 3 und 4
(C) nur 3, 4 und 5
(D) nur 1, 3, 4 und 5
(E) 1 bis 5 (alle)

---

87 Welche der Aussagen über Parenchyme treffen zu?

(1) Die Parenchyme sind frei von Interzellularen.
(2) Assimilationsparenchyme sind überwiegend in Blättern lokalisiert.
(3) Parenchyme mit Speicherfunktion können in allen Grundorganen der Höheren Pflanzen vorkommen.
(4) Beim sekundären Dickenwachstum der Magnoliatae wird im Xylem kein Parenchym gebildet.

(A) nur 2
(B) nur 1 und 4
(C) nur 2 und 3
(D) nur 1, 2 und 4
(E) 1 bis 4 (alle)

---

88 Das pflanzliche Interzellularsystem ist stets wassererfüllt,

weil

die einzelnen Pflanzenzellen durch das pflanzliche Interzellularsystem mit Wasser und den gelösten Mineralstoffen versorgt werden.

---

89 Welche Aussage über das Grundgewebe Höherer Pflanzen trifft zu?

Grundgewebe

(A) ist frei von Interzellularen
(B) wird vom Phellogen nach außen abgegeben
(C) ist stets im Zentrum einer Wurzel ursprünglich vorhanden
(D) dominiert anteilmäßig im Bereich der primären Rinde
(E) kommt bei Höheren Pflanzen nur in Sproßachsen und Wurzeln vor

---

90 Welche Aussage trifft zu?

Parenchym

(A) besteht häufig aus prosenchymatischen Zellen, die eine maximale Länge von 0,5 m erreichen
(B) ist stets frei von lufterfüllten Interzellularräumen
(C) trägt im turgeszenten Zustand zur Festigung des Pflanzenkörpers bei
(D) kann definitionsgemäß außer Leukoplasten keine weiteren Plastiden enthalten
(E) enthält definitionsgemäß keine Chloroplasten

Ordnen Sie die in Liste 1 aufgeführten Speicherorgane den in Liste 2 aufgeführten Gattungen zu.

Liste 1

91 Zwiebel

92 Rhizom

Liste 2

(A) Aloe
(B) Allium
(C) Colchicum
(D) Convallaria
(E) Veratrum

93 Welche der folgenden Speichergewebe sind diploid?

(1) Perisperm
(2) primäres Endosperm
(3) sekundäres Endosperm
(4) Speichergewebe in Kotyledonen

(A) nur 1 und 2
(B) nur 1 und 4
(C) nur 2 und 3
(D) nur 2 und 4
(E) 1 bis 4 (alle)

94 Welche Aussage trifft <u>nicht</u> zu?

Pflanzliche Speichergewebe

(A) können in Plastiden Stärke enthalten
(B) enthalten als Reservestoff nur Kohlenhydrate oder Fette
(C) können in allen Grundorganen des Kormus angetroffen werden
(D) können Proteine enthalten
(E) können Reservestoffe in Zellwänden, Zellorganellen und Vakuolen speichern

9.1.3 Abschlußgewebe, Absorptionsgewebe

95 Welche der angegebenen Gewebe Höherer Pflanzen zählen zu den Abschlußgeweben?

(1) Epidermis
(2) Exodermis
(3) Kork
(4) Periderm

(A) nur 1
(B) nur 1 und 2
(C) nur 2 und 4
(D) nur 3 und 4
(E) 1 bis 4 (alle)

96 Welche Aussage beschreibt zutreffend die Funktion der Endodermis?

Die Endodermis

(A) kann im Kormus als physiologische Scheide wirken
(B) dient als inneres Festigungsgewebe
(C) dient als Nährgewebe
(D) bildet die Trennschicht zwischen Fruchtwand und Samenschale
(E) bildet beim Embryo das Abschlußgewebe der Keimwurzel (Radicula)

97 Welche Aussage ist zutreffend?

Die Endodermis

(A) ist nur bei einkeimblättrigen Pflanzen vorhanden
(B) bildet die äußerste Schicht des Zentralzylinders
(C) kontrolliert den Wasser- und Stofftransport in der Wurzel
(D) ist Ursprung der Seitenwurzel
(E) bildet im Wachstumsverlauf das Tiefenperiderm

98 Welche Aussage trifft zu?

Die Endodermis liegt bei Liliatae-Wurzeln

(A) zwischen Xylem und Phloem
(B) zwischen Zentralzylinder und Perizykel
(C) zwischen Perizykel und Rindenparenchym
(D) zwischen primärer und sekundärer Rinde
(E) Wurzeln der Liliatae haben keine Endodermis.

99 Welche Aussage trifft zu?

Dem Caspary-Streifen wird zugeschrieben:

(A) Unterbrechung des Ionentransportes in den Protoplasten der Epidermiszellen
(B) Unterbrechung des Wassertransportes in den Protoplasten der Endodermiszellen
(C) Unterbrechung unkontrollierter Diffusion gelöster Stoffe durch die Zellwand der Endodermiszellen
(D) Unterbrechung des aktiven Stofftransportes aus der Wurzelrinde in den Zentralzylinder
(E) Unterbrechung des gesamten Stofftransportes aus der Wurzelrinde in den Zentralzylinder

---

100 Das Periderm besteht nur aus Korkzellen,

weil

die sekundären Meristeme des Pflanzenkörpers bei Abschlußgeweben nur Korkzellen produzieren.

---

101 Das Periderm ist eine Form des sekundären Abschlußgewebes, welches sich an der Sproßachse ausbilden kann,

weil

das Periderm nach Zerstörung primärer Abschlußgewebe aus primären Meristemen der sekundären Rinde gebildet wird.

---

102 Welche Aussage trifft nicht zu?

Das Periderm

(A) kann Lentizellen enthalten
(B) ist ein sekundäres Abschlußgewebe
(C) besteht aus mehreren Zellschichten
(D) entsteht aus einem sekundären Meristem
(E) kommt nur bei Sprossen der Magnoliatae vor

---

103 Welche Aussage trifft nicht zu?

Das Periderm

(A) kann die Exodermis ersetzen
(B) besteht aus Phellem, Phellogen und Phelloderm
(C) ist ein mehrschichtiges sekundäres Abschlußgewebe
(D) wird von einem primären Meristem gebildet
(E) beschränkt den Gasaustausch pflanzlicher Organe mit der Atmosphäre auf die Lentizellen

---

Ordnen Sie bitte den in Liste 1 aufgeführten Gewebearten das jeweils zutreffende Beispiel (Liste 2) zu.

	Liste 1	Liste 2
104	primäres Abschlußgewebe	(A) Borke
105	sekundäres Bildungsgewebe	(B) Epidermis
		(C) faszikuläres Kambium
		(D) Periderm
		(E) Phellogen

---

106 Bei welchen der genannten Gewebearten handelt es sich um ein sekundäres Abschlußgewebe?

(A) Epidermis
(B) faszikuläres Kambium
(C) Endodermis
(D) Periderm
(E) Phellogen

Ordnen Sie bitte den in Liste 1 aufgeführten Gewebetypen das jeweils zutreffende Beispiel aus Liste 2 zu.

Liste 1

107 Abschlußgewebe

108 Festigungsgewebe

Liste 2

(A) Kollenchym
(B) Perizykel
(C) Phloem
(D) Mesophyll
(E) Exodermis

---

109 Welche der folgenden Zuordnungen treffen zu?

(1) Bildungsgewebe — Phellogen
(2) Abschlußgewebe — Periderm
(3) Festigungsgewebe — Kollenchym
(4) Leitgewebe — Milchröhren

(A) nur 2
(B) nur 1 und 3
(C) nur 2 und 3
(D) nur 1, 2 und 3
(E) 1 bis 4 (alle)

---

110 Welche Aussage über das Abschlußgewebe Höherer Pflanzen trifft zu?

Ein Abschlußgewebe

(A) ist stets einschichtig
(B) enthält stets Suberinlamellen
(C) weist als Charakteristikum verholzte Zellwände auf
(D) kann nach Absterben der Epidermis vom Phelloderm neu gebildet werden
(E) kann Stomata aufweisen

---

111 Welches der nachfolgenden Gewebe kann nicht zu den Abschlußgeweben gerechnet werden?

(A) Rindenparenchym
(B) Periderm
(C) Exodermis
(D) Endodermis
(E) Rhizodermis

Ordnen Sie bitte den in Liste 1 genannten Objekten die jeweils zutreffende Angabe (Liste 2) zu.

Liste 1

112 Emergenz

113 Trichom

Liste 2

(A) oft aus Peridermschichten entstehend
(B) nur aus epidermalem Gewebe entstehend
(C) nur aus subepidermalen Schichten entstehend
(D) aus epidermalem und subepidermalem Gewebe aufgebaut
(E) an Blättern meist aus Leitbündelscheiden hervorgehend

---

114 Welche Antwort trifft nicht zu?

Sekundäre Rinde kann folgende Zell- bzw. Gewebetypen enthalten:

(A) Markstrahlparenchym
(B) Sklerenchymfasern
(C) Gefäße
(D) Sklereiden
(E) Bastparenchym

115 Welche der Aussagen trifft <u>nicht</u> zu?

Das Phellogen

(A) stellt ein sekundäres Bildungsgewebe dar
(B) wird in der Magnoliatenwurzel in der Regel aus der Hypodermis gebildet
(C) ist das Bildungsgewebe für das Periderm
(D) kann beim Sproß der Magnoliatae aus der Epidermis entstehen
(E) bildet nach außen Phellem

116 Welche der Aussagen treffen zu?

Die Endodermis

(1) zeigt im primären Zustand die Caspary'schen Streifen
(2) ist das innere Abschlußgewebe der primären Wurzelrinde
(3) kann sich bei den Liliatae zu einer U-Endodermis entwickeln
(4) kann sich bei den Liliatae zu einer O-Endodermis entwickeln

(A) nur 1
(B) nur 1 und 2
(C) nur 2 und 3
(D) nur 1, 2 und 4
(E) 1 bis 4 (alle)

117 Auf welche der genannten Gewebe trifft die folgende Beschreibung zu?

Einschichtig, kurze Lebensdauer, Fehlen von Cuticula und von Spaltöffnungen.

(A) Phellem
(B) Exodermis
(C) Rhizodermis
(D) Endodermis
(E) Epidermis

118 Welchem Gewebe ist die Endodermis zuzordnen?

(A) Eliminationsgewebe
(B) Abschlußgewebe
(C) Grundgewebe
(D) Absorptionsgewebe
(E) Leitgewebe

Ordnen Sie bitte den gekennzeichneten Bereichen der Zeichnung eines Sproßquerschnittes (Liste 1) die jeweils zutreffende Bezeichnung aus Liste 2 zu.

<u>Liste 1</u>

119
120

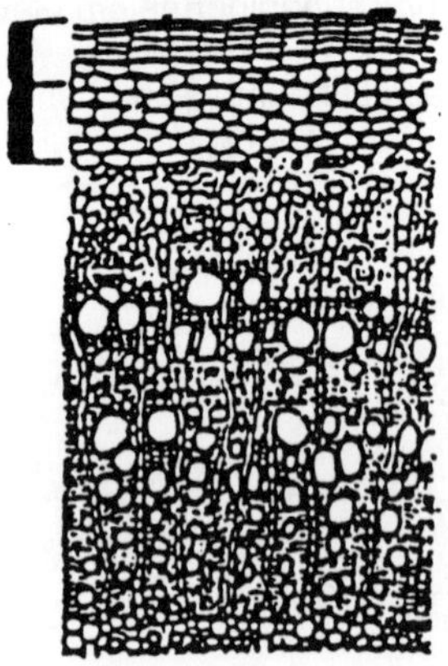

<u>Liste 2</u>

(A) Periderm
(B) sekundäres Phloem
(C) primäres Rindenparenchym
(D) sekundäres Xylem
(E) Endodermis

Ordnen Sie bitte den gekennzeichneten Bereichen der Zeichnung eines Sproßquerschnittes (Liste 1) die jeweils zutreffende Bezeichnung aus Liste 2 zu.

Liste 1

121

122

Liste 2

(A) primäres Phloem
(B) Bast
(C) primäres Xylem
(D) Holz
(E) Mark

123 Welche Aussagen zu Abschlußgeweben treffen zu?

(1) Epidermen haben mehr oder weniger verdickte Außenwände.
(2) Epidermiszellen besitzen keine Zellsaftvakuole. Der Protoplast erfüllt den gesamten Innenraum der Zelle.
(3) Zwischen die Celluloseschichten der äußeren Wand von Epidermiszellen können Suberinschichten eingelagert sein.
(4) In die Zellwände von Epidermen können Kalk oder Kieselsäure eingelagert sein.

(A) nur 1 und 3
(B) nur 1 und 4
(C) nur 2 und 4
(D) nur 3 und 4
(E) nur 1, 2 und 4

124 Welche Antwort trifft für die Rhizodermis zu?

Folgende Merkmale sind bei einer Rhizodermis meist anzutreffen:

(A) Cuticula
(B) Caspary'scher Streifen
(C) Drüsenschuppen
(D) Spaltöffnungsapparate
(E) Keine der Antworten trifft zu.

Ordnen Sie bitte den in Liste 1 aufgeführten Abschlußgeweben die zutreffende Aussage (Liste 2) zu.

Liste 1

125 Rhizodermis

126 Endodermis

Liste 2

(A) ist als inneres Abschlußgewebe regelmäßig bei jungen Wurzeln zu finden
(B) ist das primäre Abschlußgewebe des Sprosses
(C) ist der äußere Teil des sekundären Abschlußgewebes einer Wurzel
(D) ist ein Gewebekomplex, der durch mehrfache Phellogenbildung entstanden ist
(E) ist das primäre Abschlußgewebe der jungen Wurzel

127 Auf welche der genannten Gewebe trifft die folgende Beschreibung zu?

Einschichtig, kurze Lebensdauer, Fehlen von Cuticula und von Spaltöffnungen.

(A) Phellem
(B) Exodermis
(C) Rhizodermis
(D) Endodermis
(E) Epidermis

9.1.5 Leitgewebe, Leitbündel

128 Von einem Drogenstück wird ein Querschnitt angefertigt. Im Mikroskop sieht man nebenstehendes Bild.

Welche Aussage trifft nicht zu?

(A) Das Gewebe weist Gefäße auf.
(B) Ein Teil der Kambiumregion ist in dem Schnitt getroffen.
(C) Die Parenchymzellen sind in radialen Reihen angeordnet.
(D) Gruppen von Siebröhren kommen an mehreren Stellen des Schnittes vor.
(E) Die Droge stammt von einer Liliate.

129 Die Abbildung (siehe Abbildung Nr. 15 der Bildbeilage) zeigt einen Querschnitt mit einem konzentrischen Leitbündel.

Der abgebildete Leitbündeltyp ist charakteristich für:

(1) Wurzel der Magnoliatae
(2) Sproß der Magnoliatae
(3) Wurzel der Liliatae
(4) Rhizom der Liliatae

(A) nur 1
(B) nur 4
(C) nur 1 und 3
(D) nur 2 und 4
(E) nur 1, 3 und 4

130 Welche Aussage zu Leitbündeln trifft nicht zu?

Bikollaterale Leitbündel sind ein anatomisches Familienmerkmal der

(A) Gentianaceae
(B) Apocynaceae
(C) Scrophulariaceae
(D) Loganiaceae
(E) Solanaceae

131 Welche der folgenden Aussagen treffen zu?

Die Abbildung Nr. 76 zeigt

(1) Tracheen
(2) ein radiales Leitbündel
(3) ein polyarches Leitbündel
(4) Xylem
(5) Pholem

(A) nur 1 und 2
(B) nur 3 und 4
(C) nur 3 und 5
(D) nur 1, 4 und 5
(E) nur 2, 4 und 5

---

132 Die Abbildung Nr. 16 des Bildteils zeigt ein geschlossen-kollaterales Leitbündel des Zentralzylinders,

<u>weil</u>

auf der Abbildung Nr. 16 deutlich eine Endodermis und das Fehlen eines Kambiums zwischen Xylem und Phloem zu erkennen sind.

---

133 Welche Aussage zu Leitbündeln trifft zu?

In einem offen-kollateralen Leitbündel

(A) sind Elemente des Xylems im abgestorbenen Zustand funktionsfähig
(B) sind alle Phloem- und Xylemanteile lignifiziert
(C) sind keine lebenden Zellen vorhanden
(D) liegt zwischen Phloem- und Xylemgewebe interzellularenreiches Parenchym
(E) grenzen Phloem und Xylem direkt aneinander

---

134 Welche Aussagen zum Leitbündelbau und -vorkommen sind richtig?

(1) Geschlossen-kollaterale Leitbündel treten im Sproß von Convallaria majalis auf.
(2) Ein radiär oligarches Leitbündel verläuft im Zentrum der Wurzel von Primula veris.
(3) Einige offen-kollaterale Leitbündel liegen ringförmig im Sproß von Adonis.

(A) nur 1
(B) nur 3
(C) nur 1 und 2
(D) nur 2 und 3
(E) 1 bis 3 (alle)

Ordnen Sie bitte den in Liste 1 genannten Leitbündeltypen das jeweils zutreffende Beispiel (Liste 2) zu.

<u>Liste 1</u>

135 geschlossen-kollaterales Leitbündel

136 radiales oligarches Leitbündel

<u>Liste 2</u>

(A) Liliatae-Sproß
(B) Liliatae-Wurzel
(C) Magnoliatae-Sproß
(D) Magnoliatae-Rhizom
(E) Magnoliatae-Wurzel

Ordnen Sie bitte dem in Liste 1 aufgeführten Leitbündeltyp das jeweils zutreffende Objekt (Liste 2) zu.

<u>Liste 1</u>

137 radiales Leitbündel

138 offen-kollaterales Leitbündel

<u>Liste 2</u>

(A) Wurzel der Liliatae
(B) Sproß der Magnoliatae
(C) Rhizom einiger Liliatae
(D) Blätter der Liliatae
(E) Rhizom der Pteridophyta

139 Welche Aussage trifft zu?

Die pflanzlichen Leitgewebe

(A) bestehen aus polyenergiden leitenden Elementen
(B) sind meist reich an Interzellularen
(C) enthalten Tracheen und/oder Tracheiden
(D) zeigen stets kollenchymatische Verfestigung der Leitelemente
(E) Keine der Aussagen trifft zu.

140 Welche Antwort trifft <u>nicht</u> zu?

Sekundäres Phloem kann folgende Zell- bzw. Gewebetypen enthalten:

(A) Strahlparenchym
(B) Sklerenchymfasern
(C) Phloemparenchym
(D) Sklereiden
(E) Gefäß

141 Welcher Leitbündeltyp ist für eine Liliatae-Wurzel charakteristisch?

(A) radiales Leitbündel
(B) bikollaterales Leitbündel
(C) konzentrisches Leitbündel
(D) offen-kollaterales Leitbündel
(D) geschlossen-kollaterales Leitbündel

142 Abbildung Nr. 17 des Bildteils (Ausschnitt) zeigt das mikroskopische Bild eines Drogenquerschnitts.

Die Droge kann eingeordnet werden als:

(A) Cortex; Taxon: Magnoliatae
(B) Lignum; Taxon: Liliatae
(C) Lignum; Taxon: Magnoliatae
(D) Lignum; Taxon: Coniferophytina
(E) Radix; Taxon: Magnoliatae

143 Die Abbildung Nr. 17 (Ausschnitt) zeigt das mikroskopische Bild eines Drogenquerschnitts.

Welche der Antworten treffen zu?

In der Abbildung sind zu erkennen:

(1) Bastfasern
(2) Markstrahlen
(3) Kambien
(4) Jahresgrenze
(5) Tracheiden

(A) nur 1 und 2
(B) nur 3 und 4
(C) nur 1, 2 und 5
(D) nur 2, 4 und 5
(E) nur 3, 4 und 5

144 Welche Aussagen treffen zu?

(1) Das Holz der Pinaceae enthält Tracheiden.
(2) In den Nadeln der Pinaceae befinden sich Exkretgänge.
(3) Die Nadeln der Pinaceae enthalten Terpentin.

(A) nur 1
(B) nur 2
(C) nur 3
(D) nur 1 und 2
(E) nur 2 und 3

145 Welche der genannten Bauelemente der Pflanze sind tote Zellen mit oftmals verholzten sekundären Zellwänden?

(1) Holzfasern
(2) Bastfasern
(3) Plattenkollenchym-Zellen
(4) Sklereiden

(A) nur 4
(B) nur 1 und 4
(C) nur 1, 2 und 3
(D) nur 1, 2 und 4
(E) 1 bis 4 (alle)

146 Welche Aussage trifft nicht zu?

Holz kann folgende Zellelemente enthalten:

(A) Tracheen
(B) Tracheiden
(C) Bastfasern
(D) Holzparenchym
(E) Markstrahlparenchym

147 In der Abbildung ist der Ausschnitt aus dem Querschnitt eines Laubholzastes wiedergegeben.

Welche der genannten Angaben treffen als Beschriftung der numerierten Abschnitte zu?

(1) Bast
(2) Kambium
(3) Frühholz
(4) Spätholz
(5) Jahresgrenze
(6) Mark

(A) nur 1, 2, 4 und 5
(B) nur 1, 2, 5 und 6
(C) nur 1, 3, 4 und 6
(D) nur 2, 3, 4 und 6
(E) nur 2, 4, 5 und 6

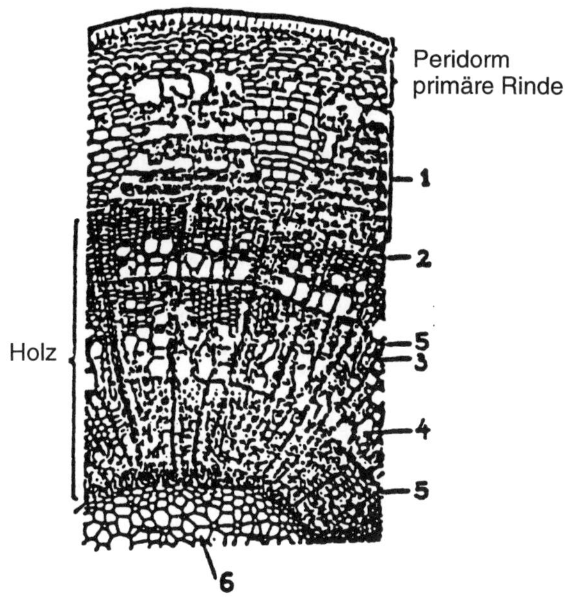

148 Welche Aussage trifft zu?

Leitbündel der Liliatae (Monocotyledoneae)

(A) sind reich an Interzellularen
(B) enthalten Siebzellen und Tracheiden
(C) enthalten Siebröhren und Tracheen
(D) enthalten teilungsaktive, meristematische Zellen
(E) besitzen keine verholzten Elemente

9.1.6 Festigungsgewebe

149 Welche Aussage zu Zellen trifft zu?

Bei ausdifferenzierten, lebenden eukaryotischen Zellen mit Zellkern kann es sich handeln um

(A) Kollenchymzellen
(B) Phellemzellen
(C) Siebröhren
(D) Sklerenchymfasern
(E) Tracheiden

Ordnen Sie bitte den in Liste 1 genannten Begriffen das entsprechende Gewebe der Liste 2 zu.

Liste 1

150 Markstrahl

151 Periderm

Liste 2

(A) Leitgewebe
(B) Festigungsgewebe
(C) Abschlußgewebe
(D) Absorptionsgewebe
(E) Eliminationsgewebe

---

152 Das Kollenchym besteht aus toten Zellen,

weil

bei der Wandverdickung durch Cellulose bei Kollenchymzellen keine Tüpfelkanäle freibleiben.

---

153 Das Sklerenchym besteht aus lebenden Zellen,

weil

bei der Wandverdickung von Sklerenchymzellen Tüpfelkanäle freibleiben.

---

154 Bei einem Drogenpulver wird das unten abgebildete Fragment gefunden.

Welche Aussage trifft zu?

Das abgebildete Fragment ist Teil aus

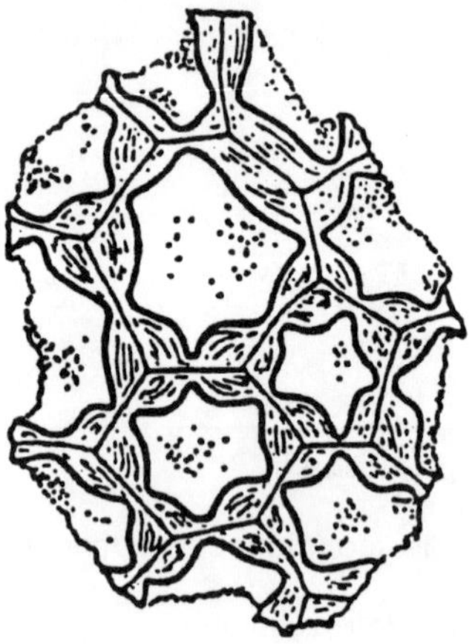

(A) dem Mark einer Holzdroge mit Plattenkollenchym
(B) dem Kork einer Rindendroge mit Eckenkollenchym
(C) dem Perikarp einer Fruchtdroge mit Plattenkollenchym
(D) dem Blattstiel einer Blattdroge mit Kanten- (Ecken-) kollenchym
(E) dem Mark einer Rindendroge mit Kanten- (Ecken-) kollenchym

---

155 Welche Aussage zu Zellen trifft zu?

Bei ausdifferenzierten, lebenden eukaryotischen Zellen mit Zellkern kann es sich handeln um

(A) Kollenchymzellen
(B) Phellemzellen
(C) Siebröhren
(D) Sklerenchymfasern
(E) Tracheiden

156 Abbildung 18 des Bildteils zeigt das mikroskopische Bild eines Querschnitts durch ein pflanzliches Organ.

Welche der Antworten treffen zu?

In der Abbildung sind folgende Zellelemente zu erkennen:

(1) Bastfasern
(2) Epidermiszellen
(3) Kollenchymzellen
(4) Korkzellen
(5) Rhizodermiszellen

(A) nur 1 und 4
(B) nur 2 und 3
(C) nur 3 und 5
(D) nur 1, 3 und 4
(E) nur 1, 3 und 5

---

157 Welche der Aussagen über Kollenchym treffen zu?

(1) Es ist ein lebendes Festigungsgewebe.
(2) Die Zellwände sind nur teilweise verdickt.
(3) Es kann Chloroplasten enthalten.
(4) Die Wandverdickungen bestehen aus Cellulose und Pektin-Stoffen.

(A) nur 1
(B) nur 2
(C) nur 1 und 3
(D) nur 2 und 4
(E) 1 bis 4 (alle)

---

158 Welche der genannten Bauelemente der Pflanze sind tote Zellen?

(1) Holzfasern
(2) Bastfasern
(3) Plattenkollenchym-Zellen
(4) Sklereiden

(A) nur 4
(B) nur 1 und 4
(C) nur 1, 2 und 3
(D) nur 1, 2 und 4
(E) 1 bis 4 (alle)

---

159 Die Abbildung (siehe Abbildung Nr. 19 der Bildbeilage) zeigt das mikroskopische Bild eines Drogenquerschnitts.

Welche der Antworten treffen zu?

In der Abbildung sind folgende Zellelemente zu erkennen:

(1) Bastfasern
(2) Holzfasern
(3) Kambiumzellen
(4) Steinzellen

(A) nur 2
(B) nur 1 und 4
(C) nur 2 und 3
(D) nur 1, 2 und 3
(E) 1 bis 4 (alle)

Ordnen Sie bitte den in Liste 1 genannten Zelltypen die jeweils zutreffende Beschreibung aus Liste 2 zu.

Liste 1

160 Trachee

161 Faser

Liste 2

(A) ± isodiametrisch, dünnwandig
(B) ± isodiametrisch, dickwandig
(C) langgestreckt, zugespitzt, dünnwandig
(D) langgestreckt, zugespitzt, dickwandig
(E) Zellkette mit aufgelösten Querwänden, partielle zentripetale Wandverdickungen

162 Die Abbildung Nr. 20 des Bildteils zeigt das mikroskopische Präparat einer zerkleinerten Droge.

Welche der folgenden Aussagen können zur Abbildung gemacht werden?

(1) Die primäre Zellwand ist deutlich geschichtet.
(2) Die Zellwand ist von Tüpfeln durchbrochen.
(3) Das Zell-Lumen ist stark verengt.
(4) Das Präparat wurde mit Vanillin-Salzsäure behandelt.
(5) Die Zelle stammt aus einem Kollenchymgewebe.

(A) nur 1 und 4
(B) nur 2 und 3
(C) nur 1, 3 und 4
(D) nur 2, 4 und 5
(E) 1 bis 5 (alle)

163 Die Abbildung Nr. 21 zeigt das mikroskopische Bild einer Droge (Querschnitt).

Welche Antwort trifft für die in der seitlichen Skizze herausgehobenen Zellen zu?

Es handelt sich um den typischen Fall von

(A) einem Aerenchym
(B) einem Kanten-Kollenchym
(C) Sklerenchymfasergruppen
(D) Steinzellen
(E) einem Sternendothezium

164 In einem Drogenpulver werden bei der mikroskopischen Untersuchung die nebenstehend abgebildeten Fragmente gefunden.

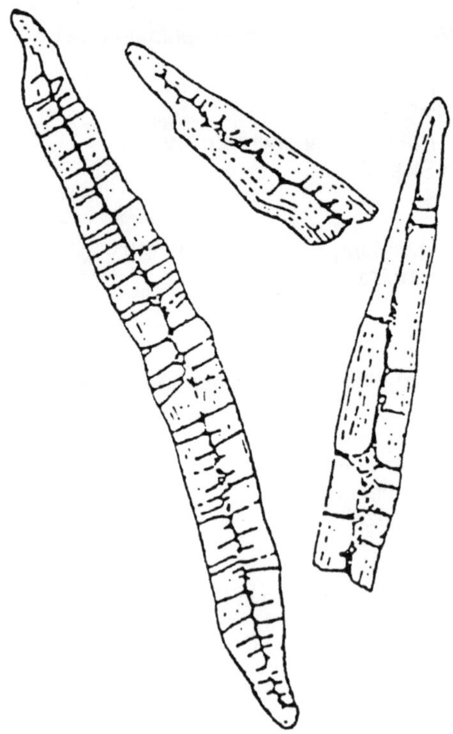

Welche Antwort trifft zu?

Die abgebildeten Fragmente können sein:

(A) Fasern einer Rindendroge
(B) Kollenchymzellen einer Wurzelexodermis
(C) Tracheiden aus dem Holz einer Gymnospermae-Droge
(D) Tracheen aus dem Holz einer Magnoliatae-Droge
(E) Tracheen aus dem Holz einer Liliatae-Droge

165 Welche der Aussagen treffen zu?

(1) Kollenchym findet sich in noch wachsenden Pflanzenorganen.
(2) Kollenchymzellen sind lebend.
(3) Sklerenchym findet sich nur in Holzgewächsen.
(4) Sklerenchym enthält immer Lignin-Inkrusten.

(A) nur 1 und 2
(B) nur 1 und 3
(C) nur 1, 2 und 4
(D) nur 2, 3 und 4
(E) 1 bis 4 (alle)

166 Welche der Aussagen trifft <u>nicht</u> zu?

Kollenchyme

(A) können als Plattenkollenchym ausgebildet sein
(B) können als Kanten(Ecken)kollenchym ausgebildet sein
(C) sind Festigungselemente sich noch entwickelnder Pflanzenorgane
(D) sind lebende Gewebe mit Zellkern und z.T. Chloroplasten
(E) zeigen bedingt durch sukzessive Auflagerung von Sekundärwandschichten starke Tüpfelung

167 Welcher der folgenden Begriffe kann einer Cortex-Droge <u>nicht</u> zugeordnet werden?

(A) Periderm
(B) Kollenchym
(C) Parenchym
(D) Plektenchym
(E) Sklerenchym

9.1.7 Exkretionsgewebe/Exkretzellen, taxonspezifische Typen (s.a. 10.3)

Ordnen Sie bitte den in Liste 1 aufgeführten Exkretionsgeweben die jeweils zutreffende Angabe aus Liste 2 zu.

Liste 1

168 Lysigene Exkretbehälter

169 Schizogene Exkretbehälter

Liste 2

(A) entstehen durch Auseinanderweichen intakt bleibender Zellen
(B) produzieren die ätherischen Öle der Labiatenblätter
(C) entstehen durch Auflösungsprozesse benachbarter Zellen
(D) sind als Idioblasten zu bezeichnen
(E) kommen intrazellulär vor

170 Welche Antwort trifft zu?

Drüsenschuppen sind ein anatomisches Familienmerkmal der

(A) Piperaceae
(B) Rutaceae
(C) Lamiaceae
(D) Lauraceae
(E) Euphorbiaceae

Ordnen Sie bitte den anatomischen Merkmalen (Liste 1) die jeweils zutreffende Pflanzenfamilie der Liste 2 zu.

Liste 1

171 Ölzellen

172 Ölgänge

Liste 2

(A) Primulaceae
(B) Lamiaceae
(C) Rosaceae
(D) Piperaceae
(E) Apiaceae

173 In welchen der genannten Pflanzenteile kommen Terpen-Verbindungen des hier abgebildeten Typs vor?

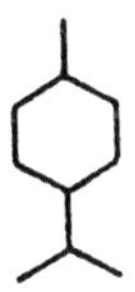

(A) Chromoplasten
(B) Drüsenhaare
(C) Kambium
(D) Schließzellen
(E) Wurzelhaare

Morphologie, Histologie und Anatomie des Kormus

174 Welche Aussage trifft nicht zu?

Exkretzellen sind zu finden bei der Gattung

(A) Curcuma
(B) Zingiber
(C) Laurus
(D) Cinnamomum
(E) Foeniculum

175 Welche der Pflanzenfamilien sind durch Drüsenzellen charakterisiert, die Exkrete in den Raum zwischen Zellwand und Cuticula sezernieren?

(1) Apiaceae
(2) Asteraceae
(3) Lamiaceae
(4) Pinaceae

(A) nur 1 und 2
(B) nur 2 und 3
(C) nur 2 und 4
(D) nur 3 und 4
(E) nur 1, 3 und 4

176 Bei welchen der Familien ist ätherisches Öl in schizogenen oder lysigenen Exkreträumen lokalisiert?

(1) Apiaceae
(2) Pinaceae
(3) Rutaceae
(4) Zingiberaceae

(A) nur 4
(B) nur 1 und 3
(C) nur 2 und 4
(D) nur 1, 2 und 3
(E) 1 bis 4 (alle)

Ordnen Sie bitte den anatomischen Merkmalen (Liste 1) die jeweils zutreffende Pflanzenfamilie der Liste 2 zu.

Liste 1

177 Ölzellen

178 Drüsenschuppen

Liste 2

(A) Apiaceae
(B) Lamiaceae
(C) Pinaceae
(D) Ranunculaceae
(e) Zingiberaceae

179 Welche Aussage trifft nicht zu?

Exkrete werden durch die Zellwand der sie produzierenden Zelle sezerniert bei

(A) Thymian
(B) Arnika
(C) Ingwer
(D) Kümmel
(E) Wermut

180 Welche der Antworten treffen zu?

Drüsenhaare und/oder Drüsenschuppen mit ätherischem Öl finden sich bei Vertretern folgender Pflanzenfamilien:

(1) Apiaceae
(2) Asteraceae
(3) Lamiaceae
(4) Liliaceae

(A) nur 1
(B) nur 2
(C) nur 1 und 4
(D) nur 2 und 3
(E) nur 1, 3 und 4

Ordnen Sie bitte jedem der in Liste 1 aufgeführten Beispiele für Exkretbehälter die Familie der Liste 2 zu, in der sie häufig auftreten.

Liste 1

181

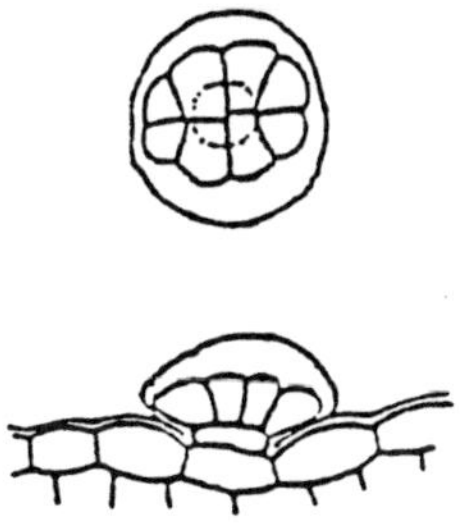

Aufsicht

Seitenansicht

182

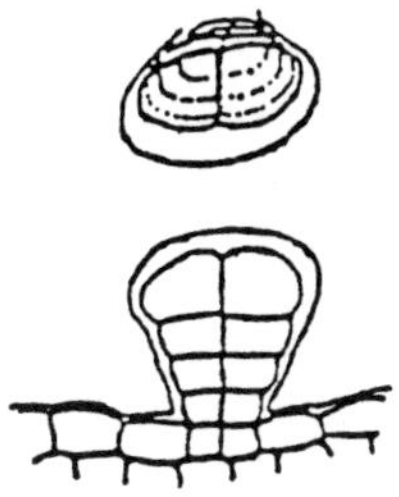

Aufsicht, seitlich geneigt

Seitenansicht

Liste 2

(A) Asteraceae
(B) Brassicaceae
(C) Lamiaceae
(D) Scrophulariaceae
(E) Solanaceae

---

183 Bei welchen Pflanzenfamilien finden sich charakteristischerweise Exkret-Idioblasten?

(1) Lamiaceae
(2) Papaveraceae
(3) Piperaceae
(4) Apiaceae

(A) nur 1
(B) nur 4
(C) nur 2 und 3
(D) nur 3 und 4
(E) nur 1, 2 und 4

---

184 Bei welchen der folgenden Familien treten schizogene Exkretbehälter auf?

(1) Pinaceae
(2) Apiaceae
(3) Zingiberaceae

(A) nur 1
(B) nur 3
(C) nur 1 und 2
(D) nur 2 und 3
(E) 1 bis 3 (alle)

---

185 Welche der folgenden Pflanzengattungen führen Milchröhren?

(1) Strophanthus
(2) Datura
(3) Verbascum
(4) Cichorium

(A) nur 1 und 3
(B) nur 1 und 4
(C) nur 1, 2 und 4
(D) nur 2, 3 und 4
(E) 1 bis 4 (alle)

---

186 Welche der Aussagen treffen zu?

Milchröhren sind ein anatomisches Merkmal der

(1) Cichoriaceae
(2) Apocynaceae
(3) Ranunculaceae
(4) Papaveraceae

(A) nur 4
(B) nur 1 und 4
(C) nur 1, 2 und 3
(D) nur 1, 2 und 4
(E) nur 2, 3 und 4

187 Welche Aussage zum Vorkommen von Milchröhren trifft <u>nicht</u> zu?

Milchröhren sind charakteristisch für folgende Pflanzenfamilien:

(A) Papaveraceae
(B) Apocynaceae
(C) Euphorbiaceae
(D) Rubiaceae
(E) Cichoriaceae

188 Welcher der folgenden Exkretbehälter besteht aus <u>einer</u> Zelle?

(1) lysigene Exkreträume
(2) schizogene Exkreträume
(3) ungegliederte Milchröhren
(4) Idioblasten

(A) nur 3
(B) nur 4
(C) nur 1 und 4
(D) nur 2 und 3
(E) nur 3 und 4

9.2 Wurzel

Lehrbuch S. 503ff.

9.2.1 Bewurzelungstypen

189 Welche Antwort trifft zu?

Ein allorrhizer Bewurzelungstyp liegt vor bei

(A) Liliatae
(B) Magnoliatae
(C) Phycophyta
(D) Pteridophyta
(E) Keine der Antworten trifft zu.

190 Welche Merkmale sind für die Liliatae im Gegensatz zu den Magnoliatae kennzeichnend?

(1) Leitbündel der Wurzel oligarch und radial
(2) Wurzelsystem homorrhiz angelegt
(3) Blütenbau meist trimer
(4) Leitbündel ohne Kambium

(A) nur 2
(B) nur 1 und 4
(C) nur 2 und 3
(D) nur 2, 3 und 4
(E) 1 bis 4 (alle)

191 Welche Antwort trifft für den Wurzelaufbau zu?

Der Perizykel ist Teil

(A) des sekundären Phloems
(B) des sekundären Xylems
(C) der Wurzelrinde
(D) des Zentralzylinders der Wurzel
(E) Keine der Antworten trifft zu.

9.2.2 Anatomischer Bau vor und nach sekundärem Dickenwachstum

192 Welche Aussage trifft nicht zu?

Die Primärwurzel unterscheidet sich vom Sproß u.a. durch

(A) das Fehlen von Spaltöffnungen
(B) das Fehlen von Blattanlagen
(C) den Leitbündelbau
(D) den Bau des primären Abschlußgewebes
(E) das Fehlen von Plastiden

193 Welche Aussage trifft zu?

Die Bildung einer Seitenwurzel geht aus

(A) vom Perizykel
(B) von der Endodermis
(C) von primärem Kambium
(D) von sekundärem Kambium
(E) von Sekundärmeristemen der Rinde

194 Welche der Aussagen über Wurzeln treffen zu?

(1) In der primären Magnoliatae-Wurzel bilden die meristematischen Zellen einen Kambium-Zylinder.
(2) Die Liliatae-Wurzel entspricht in ihrem Aufbau dem Liliatae-Rhizom.
(3) Liliatae- und Magnoliatae-Wurzel zeigen beide eine radiale Anordnung von Xylem und Phloem-Teilen.
(4) Im Phloem der Wurzel von Gymnospermae-Vertretern können Tracheiden und Bastfasern nebeneinander auftreten.

(A) nur 1
(B) nur 3
(C) nur 2 und 4
(D) nur 1, 2 und 4
(E) nur 1, 3 und 4

195 Welche Aussagen treffen zu?

Die Rhizodermis hat bestimmte Eigenschaften und Funktionen.

(1) Sie dient der Absorption von Wasser und Nährsalzen.
(2) Sie besitzt in der Regel keine Cuticula.
(3) Ihre Zellen leben in aktiven Wurzeln nur einige Tage.
(4) Sie vermag Seitenwurzeln zu bilden.

(A) nur 1 und 4
(B) nur 2 und 3
(C) nur 1, 2 und 3
(D) nur 1, 3 und 4
(E) 1 bis 4 (alle)

196 Welche der folgenden Beschreibungen trifft in der Regel nicht auf die Rhizodermis zu?

(A) einschichtig
(B) von Durchlaßzellen unterbrochen
(C) kurze Lebensdauer (wenige Tage)
(D) geringe Dicke der Außenwände
(E) Fehlen einer Cuticula

197 Welche der folgenden Aussagen treffen zu?

Das Periderm der Wurzel

(1) ist ein sekundäres Abschlußgewebe
(2) ist ein mehrschichtiges Abschlußgewebe
(3) entsteht unmittelbar unter der Exodermis
(4) umfaßt lebende Phelloderm- und tote Phellemzellen
(5) grenzt die primäre Rinde gegen das Leitgewebe ab.

(A) nur 1 und 2
(B) nur 2 und 4
(C) nur 1, 2 und 4
(D) nur 1, 4 und 5
(E) 1 bis 5 (alle)

198 Welches der im folgenden genannten Leitbündel ist im Taxon Magnoliophytina nicht zu finden?

(A) Oligarch radiales Leitbündel in der primären Wurzel
(B) Polyarch radiales Leitbündel in der primären Wurzel
(C) Offen kollaterales Leitbündel im Wurzelstock
(D) Geschlossen kollaterales Leitbündel im Wurzelstock
(E) Konzentrisches Leitbündel mit Innenxylem im Wurzelstock

199 Welche der Aussagen trifft zu?

Die Abbildung Nr. 77 der Bildbeilage zeigt einen Querschnitt durch

(A) ein Rhizom
(B) eine primäre Sproßachse
(C) eine Primärwurzel mit polyarchem Leitbündel
(D) eine sekundär in die Dicke gewachsene Wurzel
(E) eine Apiaceenfrucht mit zahlreichen Exkretgängen.

200 Welche der folgenden Zuordnungen trifft nicht zu?

(A) Wurzel von Zingiber:	konzentrische Leitbündel
(B) Rhizom von Hydrastis:	offen-kollaterale Leitbündel ringförmig angeordnet
(C) Sproß von Veratrum:	geschlossen-kollaterale Leitbündel über den Querschnitt verstreut
(D) Sproß von Atropa:	bikollaterale Leitbündel ringförmig angeordnet
(E) Sproß von Gentiana:	bikollaterale Leitbündel

201 Welche Aussagen zur Rhizodermis sind richtig?

Die Rhizodermis

(1) ist ein Absorptionsgewebe
(2) bildet Wurzelhaare
(3) kommt nicht an sekundär verdickten Wurzeln vor
(4) weist Interzellularen auf

(A) nur 2
(B) nur 1 und 2
(C) nur 1, 2 und 3
(D) nur 1, 3 und 4
(E) nur 2, 3 und 4

202 Ältere Wurzeln mit sekundärem Dickenwachstum sehen Rhizomen in der Regel sehr ähnlich. Trotzdem kann man sie von Rhizomen meist sicher unterscheiden.

Welche der Aussagen treffen zu?

Als diagnostisches Merkmal für eine Wurzel kann prinzipiell dienen:

(1) Fehlen eines Periderms
(2) Fehlen von Niederblättern oder Blattnarben
(3) Anordnung des primären Xylems

(A) nur 1
(B) nur 2
(C) nur 1 und 2
(D) nur 2 und 3
(E) 1 bis 3 (alle)

---

203 Welche der Aussagen treffen zu?

Nach sekundärem Dickenwachstum unterscheidet sich die Magnoliatae-Wurzel vom Magnoliatae-Rhizom durch

(1) das oligarche Leitbündel
(2) die Anzahl der Xylemteile
(3) die Anzahl der Tracheen
(4) das Fehlen von Mark

(A) nur 4
(B) nur 1 und 2
(C) nur 1 und 4
(D) nur 2 und 3
(E) nur 3 und 4

---

204 Der Perizykel stellt das innere Abschlußgewebe der Wurzelrinde dar,

weil

der Perizykel zur Bildung der Seitenwurzeln befähigt ist.

---

205 Sekundäres Dickenwachstum einer Wurzel ist in der Regel an das Vorhandensein offen-kollateraler Leitbündel gebunden,

weil

offen-kollaterale Leitbündel zwischen Xylem und Phloem ein Meristem enthalten.

---

206 Im Verlauf des sekundären Dickenwachstums kann bei Wurzeln folgendes primäre Gewebe erhalten bleiben:

(A) Endodermis
(B) Exodermis
(C) Rhizodermis
(D) Wurzelrinde
(E) Xylem

Ordnen Sie bitte jedem der in Liste 1 aufgeführten *Leitbündeltypen* das entsprechende Pflanzenorgan im *Primärzustand* (Liste 2) zu.

Liste 1

207 oligarches, radiales Leitbündel

208 polyarches, radiales Leitbündel

Liste 2

(A) Magnoliatae-Wurzel
(B) Magnoliatae-Sproß
(C) Liliatae-Wurzel
(D) Liliatae-Sproß
(E) Pteridophyta-Rhizom

Ordnen Sie bitte den in Liste 1 aufgeführten Leitbündeltypen das jeweils charakteristische Beispiel aus Liste 2 zu.

Liste 1		Liste 2
209	offen-kollateral	(A) Liliatae-Sproßachse
210	radiär, polyarch	(B) Magnoliatae-Sproßachse
		(C) Liliatae-Wurzel
		(D) primäre Magnoliatae-Wurzel
		(E) Pteridophyten-Rhizom

211 Welche Aussage zur Anordnung von Leitbündeln trifft zu?

Die nebenstehende Querschnitt-Skizze zeigt

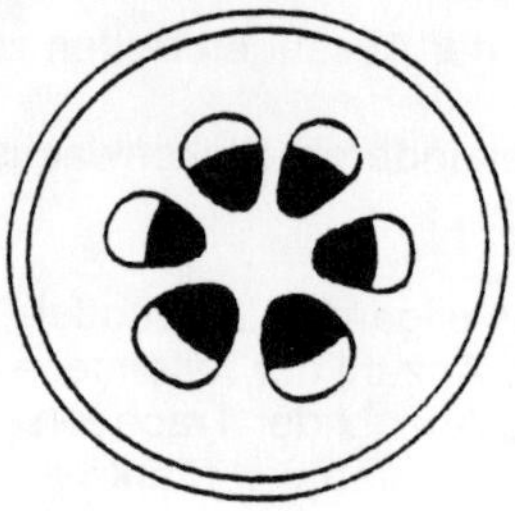

(A) eine Liliatae-Wurzel im primären Zustand
(B) eine Liliatae-Sproßachse
(C) eine Magnoliatae-Wurzel im sekundären Zustand
(D) eine Magnoliatae-Sproßachse im primären Zustand
(E) eine Magnoliatae-Sproßachse im sekundären Zustand

212 Welche Aussage trifft zu?

Bei dem halbschematisch dargestellten Querschnitt (siehe Abbildung) handelt es sich um

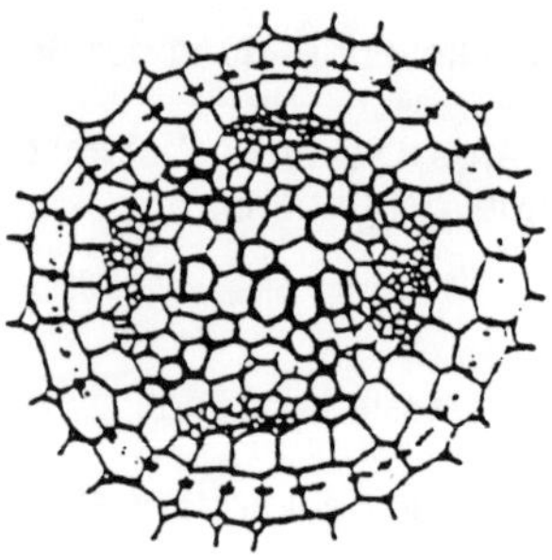

(A) die Wurzel einer dikotylen Pflanze
(B) den Sproß einer dikotylen Pflanze
(C) den Sproß einer monokotylen Pflanze
(D) die Wurzel einer monokotylen Pflanze
(E) das Rhizom einer monokotylen Pflanze.

213 Welches Pflanzenorgan weist in der Regel einen anatomischen Bau auf, der im Querschnittsbild der nebenstehenden Skizze entspricht?

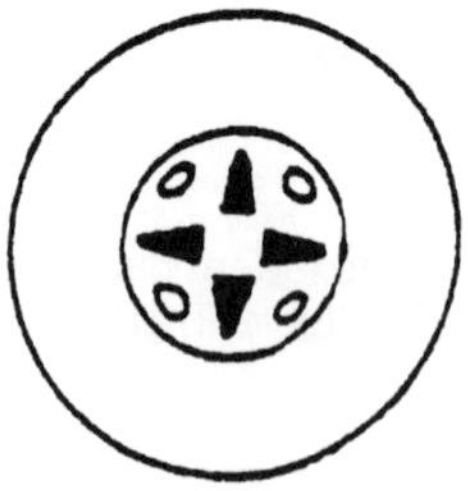

(A) Magnoliatae-Wurzel im primären Zustand
(B) Liliatae-Wurzel
(C) sekundär verdickte Magnoliatae-Wurzel
(D) Liliatae-Sproßachse
(E) Magnoliatae-Sproßachse

214 Welches Pflanzenorgan weist in der Regel einen anatomischen Bau auf, der im Querschnittsbild der nebenstehenden Skizze entspricht?

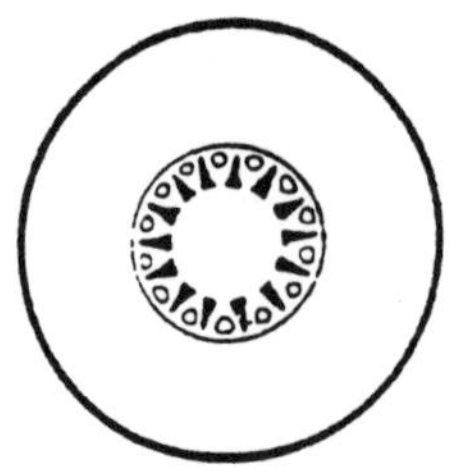

(A) Magnoliatae-Wurzel im primären Zustand
(B) Liliatae-Wurzel
(C) sekundär verdickte Magnoliatae-Wurzel nach Einsetzen des sekundären Dickenwachstums
(D) Liliatae-Sproßachse
(E) Magnoliatae-Sproßachse

215 Die Abbildung Nr. 22 zeigt das mikroskopische Bild eines Pflanzenquerschnitts.

In der Abbildung sind folgende Strukturen bzw. Zellelemente zu erkennen:

(1) Endodermis
(2) Perizykel
(3) Tracheen
(4) Zentralzylinder
(5) radiales Leitbündel

(A) nur 1, 3 und 4
(B) nur 2, 3 und 5
(C) nur 3, 4 und 5
(D) nur 1, 2, 4 und 5
(E) 1 bis 5 (alle)

216 Welche Aussage zu Abbildung Nr. 23 trifft zu?

Die Abbildung zeigt den Querschnitt durch

(A) eine Magnoliatae-Wurzel
(B) einen Magnoliatae-Sproß
(C) eine Liliatae-Wurzel
(D) ein Liliatae-Rhizom
(E) einen Liliatae-Sproß

217 Die Abbildung zeigt einen Querschnitt durch die Wurzel von Acorus calamus.

Welche Aussagen hierzu sind zutreffend?

(1) Es handelt sich um ein radiäres Leitbündelsystem.
(2) Wie bei allen Wurzeln der Monocotylen ist das Leitbündel oligarch gebaut.
(3) Der Perizykel ist einschichtig.
(4) Die Endodermis ist dünnwandiger als der Perizykel.
(5) Das Rindengewebe enthält Interzellularen.

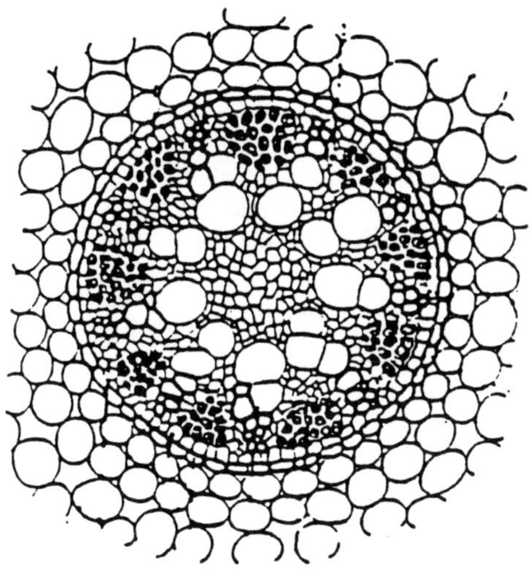

(A) nur 1
(B) nur 2 und 3
(C) nur 4 und 5
(D) nur 1, 3 und 5
(E) 1 bis 5 (alle)

218 Welche der Aussagen trifft zu?

Die Wurzel der Monocotyledoneae (Liliatae)

(A) enthält geschlossen kollaterale Leitbündel
(B) zeigt kein sekundäres Dickenwachstum
(C) ist frei von Wurzelhaaren
(D) trägt schuppenförmige Niederblätter
(E) besitzt als Leitelement des Xylems nur Tracheiden

219 Die Anordnung der Leitgewebe in der Primärwurzel der Magnoliatae wird bezeichnet als

(A) oligarch radiär
(B) polyarch radiär
(C) offen kollateral
(D) geschlossen kollateral
(E) konzentrisch

220 Die Anordnung der Leitgewebe in der Wurzel der Liliatae wird bezeichnet als

(A) oligarch radiär
(B) polyarch radiär
(C) offen kollateral
(D) geschlossen kollateral
(E) konzentrisch

221 Welche Aussage trifft zu?

Die Endodermis liegt bei Liliatae-Wurzeln

(A) zwischen Xylem und Phloem
(B) zwischen Zentralzylinder und Perizykel
(C) zwischen Perizykel und Rindenparenchym
(D) zwischen primärem und sekundärem Phloem
(E) Wurzeln der Liliatae haben keine Endodermis.

222 Rhizome sind zumeist fleischig verdickte unterirdische Speichersprosse,

weil

Rhizome nur bei Vertretern der Liliatae (Monocotyledoneae) auftreten können.

223 Welche Aussagen treffen zu?

Die Wurzel der Monocotyledoneae (Liliatae)

(1) enthält ein polyarch-radiales Leitbündel
(2) weist eine parenchymatische Rinde auf
(3) zeigt sekundäres Dickenwachstum

(A) nur 1
(B) nur 1 und 2
(C) nur 1 und 3
(D) nur 2 und 3
(E) 1 bis 3 (alle)

224 Welche der Aussagen treffen zu?

(1) Wurzeln im primären Zustand haben ein radiales Leitbündel.
(2) Liliatae können im Rhizom konzentrische Leitbündel haben.
(3) Liliatae können im Rhizom geschlossen kollaterale Leitbündel haben.
(4) Leitbündel können auf dem Sproßachsenquerschnitt ringförmig angeordnet sein.
(5) Leitbündel können auf dem Sproßachsenquerschnitt verstreut angeordnet sein.

(A) nur 2 und 4
(B) nur 1, 2 und 3
(C) nur 3, 4 und 5
(D) nur 1, 3, 4 und 5
(E) 1 bis 5 (alle)

225 Welche der Aussagen treffen zu?

(1) Bei primären Wurzeln ist Kork stets einschichtig ausgebildet.
(2) Bei sekundären Wurzeln ist Kork stets mehrschichtig ausgebildet.
(3) Korkgewebe entstehen durch Einlagerung von Suberin in die Mittellamellen der Zellen.
(4) Kork findet sich auch als Abschlußgewebe bei Knollen, Früchten und Knospenschuppen.

(A) nur 3
(B) nur 1 und 2
(C) nur 2 und 3
(D) nur 2 und 4
(E) nur 1, 3 und 4

9.2.3 Definition von „Radix"-Drogen

226 Welche der Antworten treffen zu?

Für den in der Abbildung Nr. 23 des Bildteils abgebildeten Querschnitt gilt:

(1) Taxon: Liliatae
(2) Leitbündel: konzentrisch
(3) Drogenart: Radix
(4) Gewebselemente (u.a.): Siebröhren, Tracheen, Parenchymzellen

(A) nur 4
(B) nur 1 und 4
(C) nur 2 und 3
(D) nur 1, 3 und 4
(E) 1 bis 4 (alle)

227 Die Abbildung zeigt einen Querschnitt durch die Wurzel von Acorus calamus.

Welcher der Begriffe ist zu den Ziffern der Bezugspfeile richtig zugeordnet?

(1) Phloem
(2) Xylem
(3) Endodermis
(4) Perizykel
(5) Kambium

(A) nur 1 und 2
(B) nur 3 und 4
(C) nur 1, 2, 3 und 4
(D) nur 1, 2, 3 und 5
(E) nur 1, 3, 4 und 5

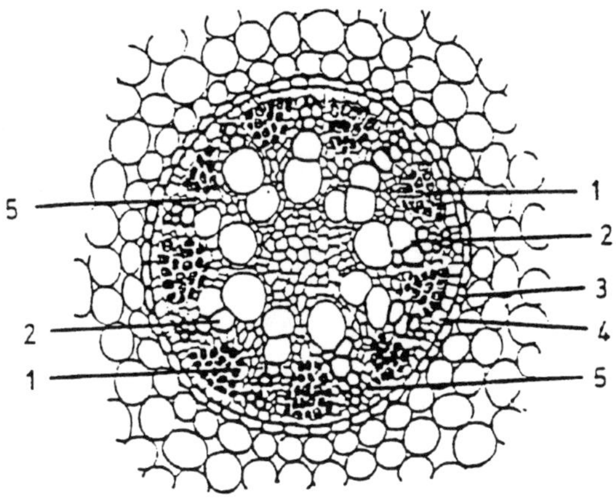

9.3 Sproßachse

Lehrbuch S. 509ff.

9.3.1 Verzweigungstypen

228 Welche der Aussagen zum Kormophyten-Sproß treffen zu?

Die Sproßachse der Kormophyten

(1) verzweigt sich immer unter bevorzugtem Wachstum der Hauptachse
(2) weist im zentralen Bereich parenchymatisches Markgewebe auf
(3) ist ebenso wie die Wurzel in Nodien und Internodien gegliedert
(4) wird durch die Teilungen des Apikalmeristems endgültig determiniert (Organogenese)

(A) nur 2
(B) nur 3
(C) nur 1 und 3
(D) nur 1 und 4
(E) nur 1, 2 und 3

229 Welche Antwort trifft zu?

Bleiben bei der Sproßverzweigung die Seitenzweige in ihrer Entwicklung hinter der Hauptachse zurück, so handelt es sich um ein

(A) Sympodium
(B) Monopodium
(C) Dichasium
(D) Monochasium
(E) Pleiochasium

230 Welche Aussage trifft zu?

Das Hypokotyl ist

(A) eine Wurzelknolle
(B) der obere Abschnitt der Primärwurzel
(C) der Abschnitt zwischen den Keimblättern und den nächsten darauf folgenden Blättern
(D) der Sproßabschnitt unterhalb des Kotyledonarknotens
(E) Keine der Aussagen trifft zu.

Ordnen Sie bitte den in Liste 1 aufgeführten Begriffen den zutreffenden Teil der Abbildung (Liste 2) zu!

Liste 1

231 Hypokotyl

232 Epikotyl

Liste 2

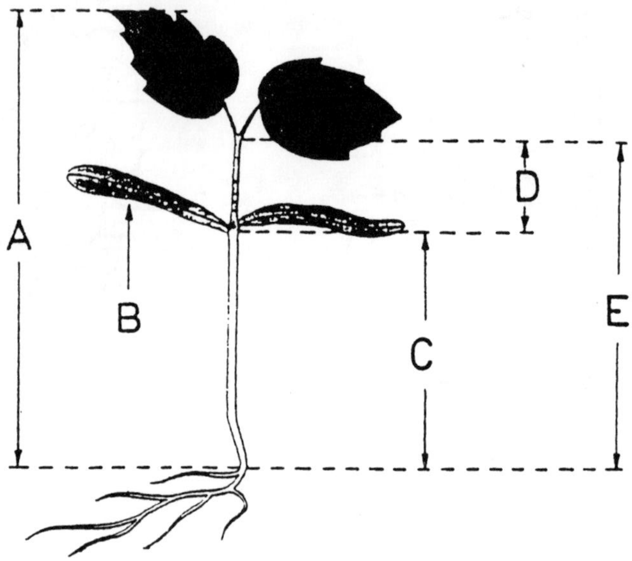

233 Sympetalie findet sich häufig bei den

(1) Ericaceae
(2) Apocynaceae
(3) Caesalpiniaceae

(A) nur 1
(B) nur 2
(C) nur 3
(D) nur 1 und 2
(E) nur 2 und 3

234 Pflanzen haben im Laufe der Evolution aus verschiedenen Grundorganen sehr angepaßte Organe gleicher Funktion ausgebildet. Beispiele für Speicherorgane: Rüben, Rhizome, Sproßknollen, Wurzelknollen, Zwiebeln, sukkulente Wasserspeicherblätter.

Man bezeichnet diese Organe als

(A) homolog
(B) analog
(C) divergent
(D) epigenetisch
(E) synonym

9.3.2 Anatomischer Bau vor und nach sekundärem Dickenwachstum

Ordnen Sie bitte den Pflanzenorganen (Liste 1) den jeweils zutreffenden der abgebildeten schematischen Querschnitte (Liste 2) zu.

Liste 1

235 Liliatae-Wurzel

236 Magnoliatae-Sproß

Liste 2

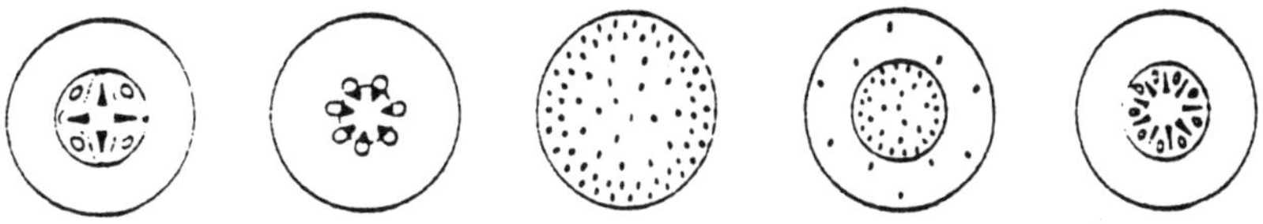

(A) (B) (C) (D) (E)

237 Welche Aussage über die Anordnung der Leitbündel trifft zu?

Der nebenstehenden Querschnitt-Skizze entspricht die Anordnung der Leitbündel bei

(A) der Magnoliatae-Sproßache nach Einsetzen des sekundären Dickenwachstums
(B) der Magnoliatae-Sproßachse im primären Zustand
(C) der Liliatae-Sproßachse
(D) einer Wurzel im primären Zustand
(E) der Magnoliatae-Wurzel nach Einsetzen des sekundären Dickenwachstums

238 Welche der folgenden Aussagen treffen zu?

(1) Ein Kambiumzylinder ermöglicht sekundäres Dickenwachstum.
(2) Im Sproß können am sekundären Dickenwachstum auch Folgemeristeme beteiligt sein.
(3) Die sekundären Markstrahlen werden durch ein Folgemeristem gebildet.
(4) Kambial bedingtes sekundäres Dickenwachstum ist beschränkt auf die Magnoliatae.

(A) nur 1
(B) nur 1 und 2
(C) nur 2 und 3
(D) nur 1, 3 und 4
(E) nur 2, 3 und 4

239 Welche Aussage trifft zu?

Die Sproßachse der Magnoliatae (Dicotyledoneae)

(A) hat kein primäres Dickenwachstum.
(B) kann durch aktive Phellogene sekundäres Dickenwachstum aufweisen.
(C) kann faszikuläres und interfaszikuläres Kambium enthalten.
(D) weist im Zentrum ein oligarch-radiales Leitbündel auf.
(E) enthält nur phloematisches Leitgewebe in der primären Rinde.

240 Welche Aussage trifft zu?

Sekundäres Dickenwachstum

(A) findet nur statt bei Vorhandensein mehrerer Phellogene
(B) ist gebunden an das Vorhandensein geschlossen-kollateraler Leitbündel
(C) führt zur Abgliederung von Borke durch das Ringkambium der Sproßachse
(D) kann bei den Magnoliatae in Sproßachse und Wurzel auftreten
(E) ist gebunden an das Vorkommen konzentrischer Leitbündel

241 Welche Aussage zum Dickenwachstum trifft zu?

Sekundäres Dickenwachstum

(A) geht zurück auf die verstärkte Tätigkeit zahlreicher Phellogene
(B) ist in Sproßachsen und Wurzeln von Coniferophytina und Magnoliatae anzutreffen
(C) ist beschränkt auf den Sproß- und Wurzelvegetationspunkt
(D) ist eine besondere Form des Dilatationswachstums
(E) ist bei Rhizomen nicht anzutreffen

242 Sekundäres Dickenwachstum einer Sproßachse ist in der Regel an das Vorhandensein geschlossen-kollateraler Leitbündel gebunden,

weil

geschlossen-kollaterale Leitbündel zwischen Xylem und Phloem ein Meristem enthalten.

243 Welche Aussage trifft nicht zu?

Sekundäres Dickenwachstum

(A) tritt bei Wurzel und Sproß dikotyler Pflanzen auf
(B) ist gebunden an das Vorhandensein eines Kambiums
(C) tritt bei den Liliatae nie auf
(D) führt zur Sproßverdickung in älteren Sproßabschnitten
(E) ist auch bei Gymnospermen anzutreffen

244 Welche Antwort trifft nicht zu?

Eine Sproßachse im Primärzustand kann folgende Zellelemente bzw. Gewebe enthalten:

(A) Bastfasern
(B) Rindenparenchym
(C) Markparenchym
(D) Tracheen
(E) Tracheiden

245 Welche der Aussagen trifft nicht zu?

(A) Geschlossen kollaterale Leitbündel kommen beim Taxon Liliaceae vor.
(B) Offen kollaterale Leitbündel sind beim Taxon Pinaceae zu finden.
(C) Bikollaterale Leitbündel sind auf bestimmte Taxa der Magnoliatae beschränkt.
(D) Die Entwicklung von Leitbündeln ist auf das Taxon Spermatophyta beschränkt.
(E) Konzentrische Leitbündel mit Außenxylem sind bei bestimmten Taxa der Liliatae zu finden.

Ordnen Sie bitte den in der Abbildung gekennzeichneten Strukturen (Liste 1) die für sie zutreffende Aussage (Liste 2) zu (siehe auch farbige Abb. Nr. 78 der Bildbeilage)!

Liste 1

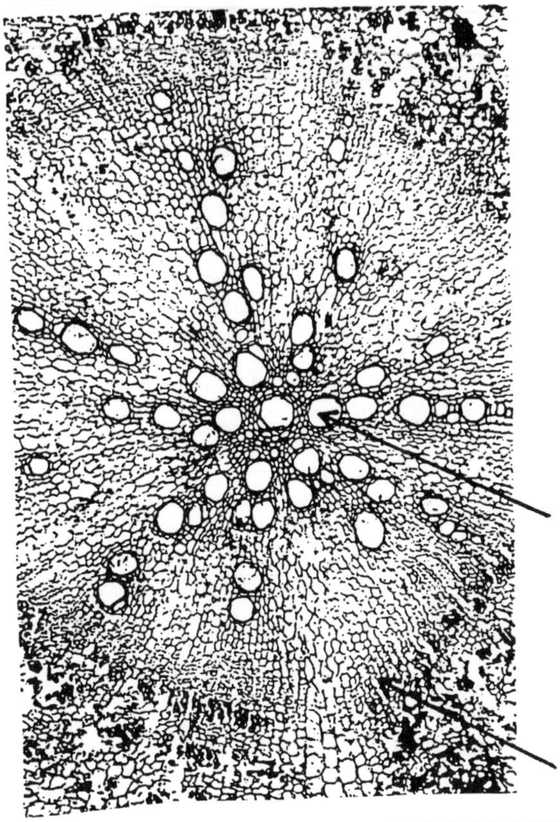

246

247

Liste 2

(A) Markstrahl
(B) Bastfaser
(C) Trachee
(D) Kambium
(E) Siebröhre

248 Welche Aussagen zum Leitbündelbau und zum Vorkommen von Leitbündeln sind richtig?

(1) Beim Sproß von Veratrum liegen über dem Querschnitt vertreut zahlreiche geschlossen kollaterale Leitbündel.
(2) Im Sproß von Atropa liegen ringförmig angeordnet mehrere bikollaterale Leitbündel.
(3) In der Wurzel von Zingiber liegen zahlreiche konzentrische Leitbündel.

(A) nur 2
(B) nur 1 und 2
(C) nur 1 und 3
(D) nur 2 und 3
(E) 1 bis 3 (alle)

249 Die Abbildung Nr. 24 ist als Querschnitt durch einen Cortex einzuordnen,

weil

in dem abgebildeten Schnitt deutlich sklerenchymatische Zellen zu erkennen sind (mit Phloroglucin-Salzsäure behandelt).

250 Die Abbildung in Nr. 8 ist als tangentialer Längsschnitt durch eine primäre Rinde einzuordnen,

weil

in dem abgebildeten Schnitt deutlich Markstrahlen zu erkennen sind.

251 Die Abbildung zeigt einen Querschnitt durch die Faulbaumrinde (Frangulae cortex).

Welcher der Begriffe ist zu den Ziffern der Bezugspfeile richtig zugeordnet?

(1) Periderm
(2) Phelloderm
(3) Sekundäre Rinde (Bast)
(4) Kambium
(5) Bastfaserbündel

(A) nur 2 und 5
(B) nur 1, 3 und 4
(C) nur 2, 3 und 4
(D) nur 1, 2, 4 und 5
(E) 1 bis 5 (alle)

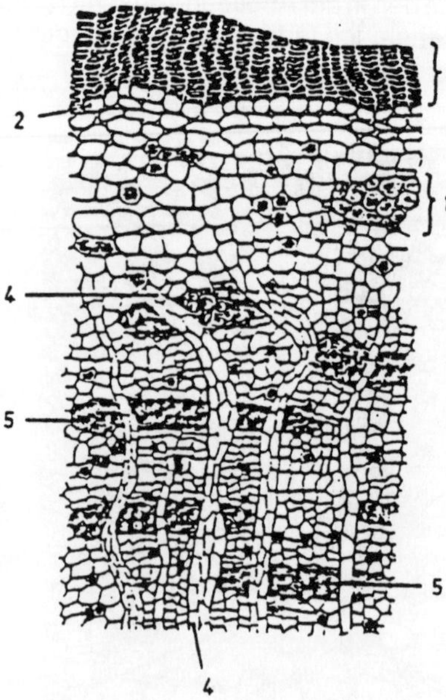

Ordnen Sie bitte den gekennzeichneten Bereichen der Zeichnung eines Sproßquerschnittes (Liste 1) die jeweils zutreffende Bezeichnung aus Liste 2 zu!

Liste 1

252

253

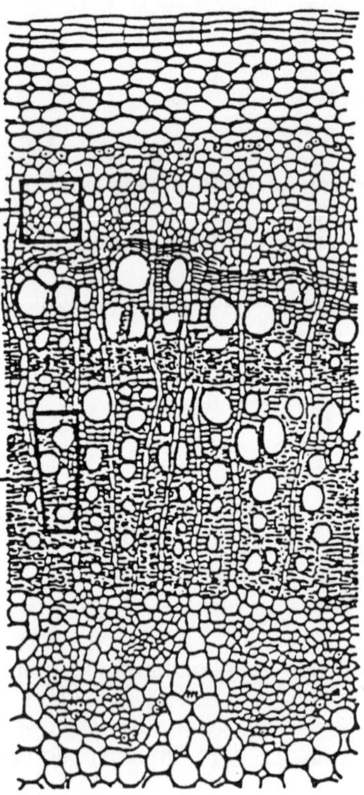

Liste 2

(A) primäres Phloem
(B) sekundäres Phloem
(C) primäres Xylem
(D) sekundäres Xylem
(E) Mark

254 Welche der Aussagen trifft nicht zu?

Sekundäres Dickenwachstum

(A) zeigt sich in der Ausbildung einer tertiären Endodermis
(B) ist an das Vorhandensein offen kollateraler Leitbündel gebunden
(C) führt zu einem Ersatz des primären Abschlußgewebes
(D) führt zur Ausbildung von sekundären Markstrahlen
(E) ist in aller Regel auf die Tätigkeit eines Urmeristems und eines Folgemeristems zurückzuführen.

255 Welche Aussage trifft zu?

Sekundäres Dickenwachstum der Sproßachse

(A) geht von einem ringförmigen Phellogen aus
(B) führt zur Bildung von Bast (= sekundäre Rinde) und Holz
(C) führt zu einer Vermehrung des primären Rindengewebes
(D) ist erkenntlich an der Vermehrung primärer Markstrahlen
(E) ist besonders in Rhizomen der Liliatae (Monocotyledoneae) anzutreffen

9.3.3 Definition von „Herba"-, „Rhizoma"-, „Cortex"- und „Lignum"-Drogen

256 Ein Rhizom ist ein unterirdischer Abschnitt der Sproßachse, der nur primäres Dickenwachstum zeigen kann,

weil

nur Liliatae Rhizome ausbilden.

257 Welche Aussage trifft zu?

Ein Rhizom ist

(A) ein Speicherorgan aus Hypokotyl und Hauptwurzel
(B) eine unterirdische Sproßachse
(C) eine als Dauerorgan ausgebildete Wurzelmetamorphose
(D) ein Speicherorgan aus Sproßachse und sukkulenten Niederblättern
(E) eine zum Speicherorgan umgebildete Wurzel

258 Welcher der nachfolgend aufgeführten Zelltypen läßt sich charakteristischerweise nicht in reinen Rindendrogen finden?

(A) Bastfasern
(B) Steinzellen
(C) Korkzellen
(D) Kollenchymzellen
(E) Tracheiden

259 Die Abbildung Nr. 24 des Bildteils zeigt einen Schnitt mit rot angefärbten Sklerenchymfaserbündeln und Markstrahl.

Es kann sich dabei handeln um einen

(1) Querschnitt durch eine Cortex eines Sprosses
(2) Querschnitt durch eine Cortex einer Wurzel
(3) radialen Längsschnitt durch eine Cortex eines Sprosses
(4) tangentialen Längsschnitt durch eine Cortex einer Wurzel

(A) nur 1
(B) nur 3
(C) nur 4
(D) nur 1 und 2
(E) nur 3 und 4

260 Die Abbildung Nr. 24 des Bildteils ist als Querschnitt (Ausschnitt) durch eine Rinde einzuordnen,

<u>weil</u>

in dem abgebildeten Schnitt deutlich sklerenchymatische Zellen zu erkennen sind, die mit Phloroglucin-Salzsäure behandelt worden sind.

261 Welche der Aussagen trifft <u>nicht</u> zu?

(A) Lignumdrogen können von Vertretern der Coniferophytina gewonnen werden.
(B) Lignumdrogen können von Vertretern der Magnoliophytina gewonnen werden.
(C) Cortexdrogen können von Vertretern der Liliatae gewonnen werden.
(D) Cortexdrogen können von Vertretern der Magnoliatae gewonnen werden.
(E) Cortexdrogen können von Vertretern der Magnoliophytina gewonnen werden.

262 Welche Aussage trifft zu?

Die offizinellen Cortex-Drogen

(A) sind frei von Leitgewebe
(B) sind frei von Phloemparenchym
(C) enthalten häufig Tracheiden
(D) weisen an der Peripherie oft Periderm auf
(E) werden von Vertretern sowohl der Magnoliatae als auch der Liliatae gewonnen

263 In einem Drogenpulver werden bei der mikroskopischen Untersuchung die nebenstehend abgebildeten Fragmente gefunden.

Welche Antwort trifft zu?

Die abgebildeten Fragmente können sein:

(A) verholzte Fasern einer Rindendroge
(B) Kollenchymzellen einer Wurzelexodermis
(C) Steinzellen aus dem Bast einer Rindendroge
(D) Korkzellen aus dem Periderm einer Rindendroge
(E) Endodermiszellen einer Liliatae-Wurzeldroge

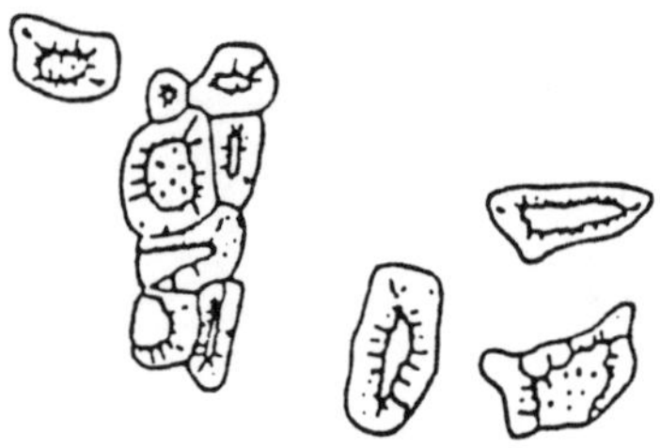

264 Die Abbildung Nr. 8 des Bildteils zeigt das mikroskopische Bild einer Arzneibuch-Droge (tangentialer Längsschnitt).

Welche Antwort trifft für die in der hier abgebildeten Skizze herausgehobenen Zellen zu?

Es handelt sich um

(A) Lentizellen (aus dem Periderm)
(B) Leitelemente (aus dem sekundären Phloem)
(C) Parenchymzellen (aus einem quer getroffenen Markstrahl)
(D) Sklerenchymfaserbündel (aus dem sekundären Xylem)
(E) sog. Steinzellnester (aus dem Perizykel-Bereich)

265 Welche Aussage trifft zu?

Die Abbildung Nr. 8 des Bildteils kann sein:

(A) der radiale Längsschnitt durch ein Pinaceae-Holz
(B) der tangentiale Längsschnitt durch ein Pinaceae-Holz
(C) der radiale Längsschnitt durch ein Magnoliatae-Rhizom
(D) der tangentiale Längsschnitt durch eine Rinde
(E) der radiale Längsschnitt durch eine Rinde

266 Welche Aussage trifft <u>nicht</u> zu?

Cortex-Drogen

(A) werden von sekundär verdickten Sproßachsen gewonnen
(B) können sekundäre und primäre Rinde enthalten
(C) weisen Markstrahlen nur in der primären Rinde auf
(D) können Kollenchym und Sklerenchym führen
(E) weisen oft sekundäres Abschlußgewebe auf

267 Welche Antwort trifft zu?

Die Abbildung Nr. 30 des Bildteils zeigt die Aufsicht auf eine Blattepidermis.

Der Spaltöffnungstyp kann eingeordnet werden als

(A) anisocytisch
(B) anomocytisch
(C) diacytisch
(D) paracytisch
(E) Die Abbildung läßt keine charakteristische Anordnung der Nebenzellen erkennen.

268 Welche Aussage trifft zu?

Aus dem abgebildeten Querschnitt läßt sich folgern, daß es sich handeln kann um

(A) Sennesblätter
(B) Oleanderblätter
(C) Rosmarinblätter
(D) Fingerhutblätter
(E) Maiglöckchenkraut

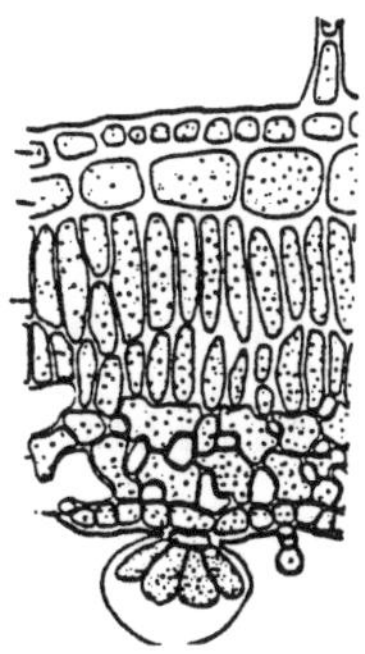

269 Welche der folgenden Blattdrogen stellt auch als Ganzdroge nur den Teil eines Blattes dar?

(A) Sennae folium
(B) Menthae piperitae folium
(C) Orthosiphonis folium
(D) Farfarae folium
(E) Uvae ursi folium

270 Welche Antwort trifft zu?

Die nebenstehend skizzierte Anordnung der Nebenzellen bei Spaltöffnungen bezeichnet man als

(A) paracytisch
(B) heterocytisch
(C) diacytisch
(D) anisocytisch
(E) Keine der Aussagen trifft zu.

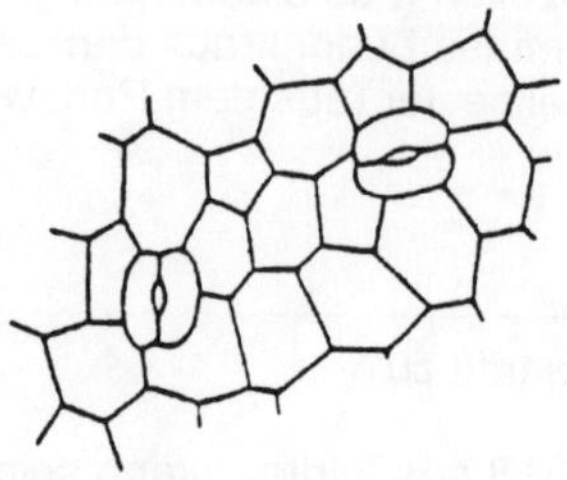

271 Welche Aussage trifft zu?

Die nebenstehend skizzierte Anordnung der Nebenzellen bei Spaltöffnungen bezeichnet man als

(A) paracytisch
(B) anomocytisch
(C) diacytisch
(D) anisocytisch
(E) Keine der Aussagen trifft zu.

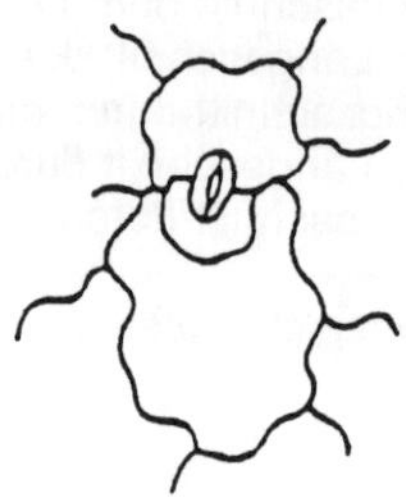

272 Welche Antwort trifft zu?

Die nebenstehend skizzierte Anordnung der Nebenzellen bei Spaltöffnungen bezeichnet man als

(A) paracytisch
(B) anomocytisch
(C) diacytisch
(D) anisocytisch
(E) heterocytisch

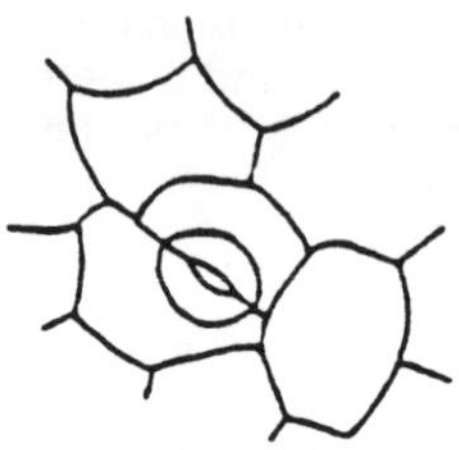

273 Welche der Aussagen trifft zu?

Bei der Abbildung handelt es sich um

(A) anisocytische Spaltöffnungsapparate
(B) äquifaciale Spaltöffnungsapparate
(C) anomocytische Spaltöffnungsapparate
(D) unifaciale Spaltöffnungsapparate
(E) paracytische Spaltöffnungsapparate

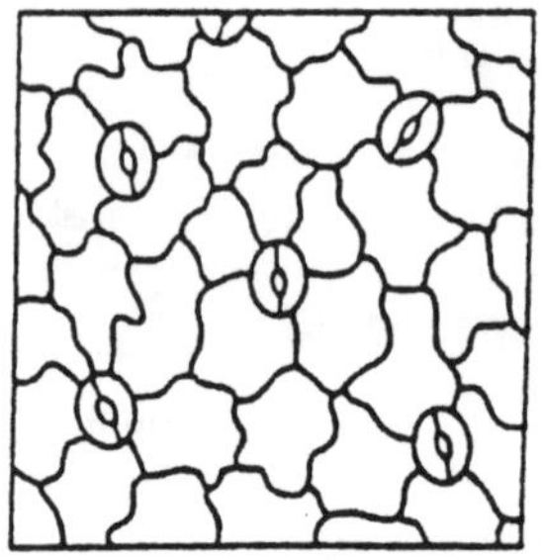

274 Welche der Aussagen treffen zu?

(1) Ein Blatt gliedert sich in Blattgrund, Blattstiel und Blattspreite.
(2) Eine Ochrea ist ein verbreiterter Blattstiel.
(3) Von einem bifazialen Blattbau spricht man, wenn sich das Palisadenparenchym im Anschluß an die obere und die untere Epidermis findet.

(A) nur 1
(B) nur 3
(C) nur 1 und 2
(D) nur 1 und 3
(E) 1 bis 3 (alle)

275 Welche der Antworten treffen zu?

Die Abbildung Nr. 27 des Bildteils zeigt einen Drogenquerschnitt.

Aus der Abbildung kann auf Behandlung mit folgenden Reagenzien geschlossen werden:

(1) Eisen (III)-chlorid-Lösung
(2) Phloroglucin-Salzsäure
(3) Sudan-(III)-Glycerol
(4) Thionin-Lösung

(A) nur 2
(B) nur 3
(C) nur 1 und 3
(D) nur 2 und 4
(E) nur 1, 3 und 4

276 Die Abbildung Nr. 28 des Bildteils könnte die Aufsicht auf die Blattepidermis von Mentha piperita darstellen,

weil

in der Abbildung Nr. 28 typische Lamiaceae-Drüsenschuppen zu erkennen sind.

277 Das Arzneibuch unterscheidet bei den Spaltöffnungen der Blätter verschiedene Typen.

Als Beurteilungskriterium wird dazu herangezogen:

(A) Entstehung der Stoma-Meristemoide
(B) Bau der Schließzellen
(C) Anzahl der Stomata in einer bestimmten Flächeneinheit
(D) Form und Anordnung der Nebenzellen
(E) Keine der Antworten trifft zu.

278 Welche der Aussagen trifft nicht zu?

(A) Im äquifazialen Blatt findet sich auf Blattober- und -unterseite Palisadenparenchym.
(B) Nur beim äquifazialen Blatt finden sich Spaltöffnungen auf Blattober- und -unterseite.
(C) Das unifaziale Blatt ist bei Poaceen verbreitet.
(D) Im Nadelblatt der Pinaceen sind die Spaltöffnungen eingesenkt.
(E) Die meisten einheimischen Magnoliatae (Dicotyledoneae) weisen bifaziale Blätter auf.

9.4 Blatt

Lehrbuch S. 519ff.

9.4.1 Morphologie und Anatomie des Laubblattes, taxonspezifische Merkmale (s.a. 10.3)

279 Welche Aussagen treffen zu?

Die Blattscheide

(1) entwickelt sich aus dem Unterblatt
(2) umgreift den Stengel unterhalb der Blattspreite
(3) umgreift den Stengel oberhalb der Blattspreite
(4) charakterisiert die Apiaceae
(5) charakterisiert die Poaceae

(A) nur 1 und 5
(B) nur 2 und 4
(C) nur 3 und 5
(D) nur 1, 2, 4 und 5
(E) nur 1, 3, 4 und 5

280 Welche der folgenden Pflanzenorgane stellen Blattmetamorphosen dar?

(1) Ausläufer
(2) Stamina
(3) Zwiebelschuppen
(4) Karpelle

(A) nur 4
(B) nur 1 und 3
(C) nur 2 und 4
(D) nur 1, 2 und 4
(E) nur 2, 3 und 4

Ordnen Sie bitte den morphologischen Charakteristika der Liste 1 die jeweiligen Pflanzenfamilien der Liste 2 zu.

Liste 1

281 Blattscheide

282 Ochrea

Liste 2

(A) Gentianaceae
(B) Polygonaceae
(C) Poaceae
(D) Papaveraceae
(E) Rubiaceae

283 Die Abbildung Nr. 26 des Bildteils zeigt den Querschnitt durch ein unifaciales Blatt,

weil

nur *eine* Palisadenschicht zu erkennen ist.

284 Äquifazial gebaute Blätter führen bikollaterale Leitbündel,

weil

Ober- und Unterseite beim äquifazial gebauten Blatt einander ähnlich sind.

285 Die Ochrea ist ein Familiencharakteristikum der Polygonaceae,

weil

bei den Polygonaceae die Blattspreite eine Metamorphose erfahren hat.

286 Welche der folgenden Aussagen treffen zu?

Cortex-Drogen

(1) stammen von Holzgewächsen
(2) können erst nach sekundärem Dickenwachstum der Pflanze geerntet werden
(3) sind definiert als der Anteil der Sproßachse oder der Wurzel, der außerhalb des Kambiums liegt
(4) sind definiert als der Anteil der Sproßachse, der außerhalb des Zentralzylinders liegt
(5) sind definiert als der Anteil der Wurzel, der außerhalb des Perizykels liegt

(A) nur 1 und 4
(B) nur 2 und 3
(C) nur 1, 2 und 3
(D) nur 1, 2 und 4
(E) nur 1, 2 und 5

287 Die Abbildung Nr. 15 des Bildteils zeigt den Querschnitt durch eine Arzneibuchdroge (Ausschnitt).

Die Droge ist einzuordnen als

(A) Cortex
(B) Folium
(C) Fructus
(D) Lignum
(E) Rhizoma

288 Die Abbildung Nr. 25 zeigt das mikroskopische Bild eines Drogenquerschnitts (Ausschnitt).

Die Droge kann eingeordnet werden als

(A) Cortex; Taxon: Magnoliatae
(B) Lignum; Taxon: Liliatae
(C) Lignum; Taxon: Magnoliatae
(D) Lignum; Taxon: Coniferophytina
(E) Radix; Taxon: Magnoliatae

289 Welche Aussage trifft zu?

Eine Cortex-Droge

(A) enthält nur xylematisches Leitgewebe
(B) wird auf der Innenseite von Phelloderm begrenzt
(C) ist reich an Markstrahlen in der primären Rinde
(D) ist stets frei von Sklerenchym
(E) Keine der obigen Antworten trifft zu.

290 Die Abbildung zeigt einen Querschnitt durch ein Blatt von Hyoscyamus.

Welche der folgenden Zuordnungen (siehe Abbildung) treffen zu?

(1) Palisadenparenchym
(2) Atemhöhle
(3) Kristallzellen mit Oxalateinzelkristallen
(4) Schwammparenchym
(5) Drüsenhaar

(A) nur 2 und 3
(B) nur 1, 3 und 4
(C) nur 1, 2, 4 und 5
(D) nur 1, 3, 4 und 5
(E) 1 bis 5 (alle)

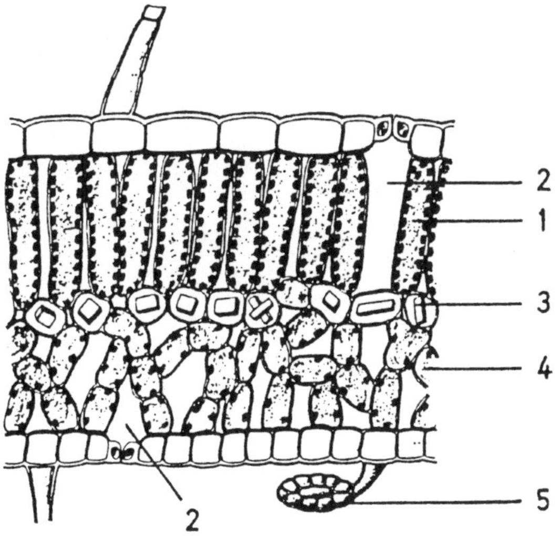

9.5 Blüte

Lehrbuch S. 529ff.

9.5.1 Morphologie und Anatomie der Blüte, taxonspezifische Merkmale (s.a. 10.3)

291 Welche der angegebenen Merkmale besitzt die Blüte der Abbildung Nr. 31?

(1) Polyandrie
(2) Polykarpie
(3) coenokarpes Gynoeceum
(4) Hypogynie

(A) nur 1 und 2
(B) nur 1 und 3
(C) nur 2 und 4
(D) nur 1, 2 und 4
(E) nur 2, 3 und 4

292 Welche Aussage trifft zu?

Die Abbildung Nr. 7 zeigt

(A) die Aufsicht auf ein Endothecium
(B) die Aufsicht auf die typischen Verdickungen cutinisierter Peridermzellen
(C) einen Ausschnitt aus dem Aerenchym einer Sumpfpflanze (Rhizom)
(D) die typisch verdickten Zellen aus dem Endosperm von Apiaceae-Samen
(E) die Sternhaare der Epidermis von Malvaceae-Blättern.

293 Welche Aussagen treffen für die in Abbildung Nr. 79 gezeigte Blüte zu?

Das Gynoeceum

(1) besteht aus 2 Karpellen
(2) ist oberständig
(3) ist coenokarp

(A) nur 1
(B) nur 1 und 2
(C) nur 1 und 3
(D) nur 2 und 3
(E) 1 bis 3 (alle)

Der Längsschnitt durch eine Blüte läßt den Aufbau des Fruchtknotens gut erkennen. Ordnen Sie den in Liste 1 gekennzeichneten Teilen die entsprechende Bezeichnung aus Liste 2 zu.

Liste 1

294

295

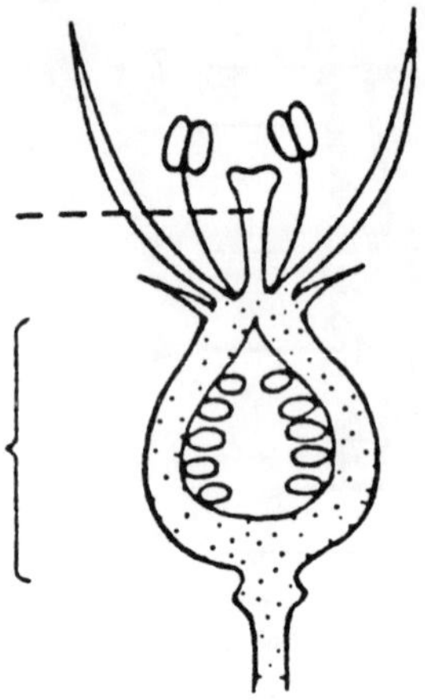

Liste 2

(A) Plazenta
(B) Griffel
(C) unterständiger Fruchtknoten
(D) Narbe
(E) Samenschale

296 Das abgebildete Blütendiagramm beschreibt schematisch den Bau einer Blüte.

Für welche Pflanzenfamilie trifft dieser Blütenbau zu?

(A) Brassicaceae
(B) Apocynaceae
(C) Solanaceae
(D) Liliaceae
(E) Rubiaceae

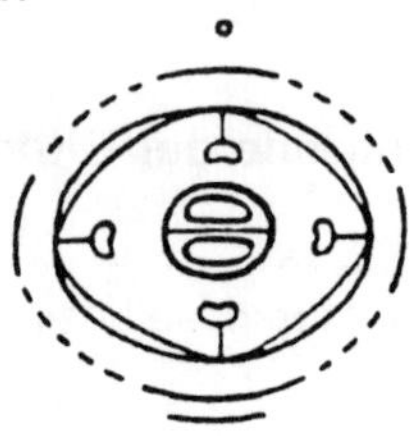

297 Die Bilder der Abbildung Nr. 32 des Bildteils zeigen eine Arzneipflanze sowie einen vergrößerten Ausschnitt aus der Blüte.

Welche Aussagen hinsichtlich des Blütenbaus treffen zu?

(1) schraubige Stellung der Blütenglieder
(2) radiärer Bau
(3) Honigblätter
(4) Polyandrie

(A) nur 1 und 3
(B) nur 1 und 4
(C) nur 2 und 3
(D) nur 2, 3 und 4
(E) 1 bis 4 (alle)

298 Welche Aussage zur Abbildung Nr. 34 oder der dargestellten Familie ist <u>nicht</u> richtig?

Es handelt sich um

(A) eine Familie mit vorwiegend aus Tracheiden aufgebautem Holz
(B) eine Familie mit schraubig angeordneten Blättern
(C) eine männliche Blüte
(D) xeromorphe Blätter
(E) einen Vertreter der Nacktsamer

299 Welche Aussage trifft zu?

Pseudanthien

(A) sind bei Malvaceae anzutreffen
(B) sind Blütenstände, die einer Einzelblüte analog sind
(C) stellen hochentwickelte, meist gefüllte Einzelblüten dar
(D) bestehen ausschließlich aus einer Sproßachse, die mit auffälligen Hochblättern besetzt ist
(E) sind die charakteristischen Blütenstände der Apiaceae

300 Bei welchen der genannten Pflanzenfamilien treten Pseudanthien auf?

(1) Primulaceae
(2) Euphorbiaceae
(3) Cichoriaceae
(4) Asteraceae
(5) Solanaceae

(A) nur 1, 2 und 3
(B) nur 1, 3 und 4
(C) nur 2, 3 und 4
(D) nur 2, 4 und 5
(E) nur 3, 4 und 5

Ordnen Sie den in Liste 1 gekennzeichneten Teilen eines Staubblatts (Anthere) der Angiospermen die entsprechende Bezeichnung aus Liste 2 zu.

<u>Liste 1</u>

301

302

<u>Liste 2</u>

(A) Filament
(B) Theken
(C) Hilum
(D) Konnektiv
(E) Stylum

303 Welche der folgenden Aussagen treffen zu?

(1) Pollenkörner entstehen stets in den Pollensäcken der Staubbeutel Höherer Pflanzen.
(2) Pollenkörner werden stets in Vierergruppen verbreitet.
(3) Pollenkörner besitzen eine sehr widerstandsfähige Außenschicht.
(4) Pollen werden in der Regel durch Bienen übertragen.
(5) Pollen keimen stets mit einem Pollenschlauch.

(A) nur 2 und 4
(B) nur 2 und 5
(C) nur 1, 3 und 5
(D) nur 1, 4 und 5
(E) nur 2, 3 und 4

304 Pollenkörner unterschiedlicher Taxa zeigen z.T. eine mikroskopisch sichtbar differente Ausgestaltung der Exine,

weil

Pollenkörner unterschiedlicher Taxa differente allergene Determinanten in ihrer Exine besitzen.

305 Im Querschnitt durch die Antherenwand lassen sich mehrere Gewebeschichten deutlich unterscheiden.

Wie ist die bezeichnete Schicht zu benennen?

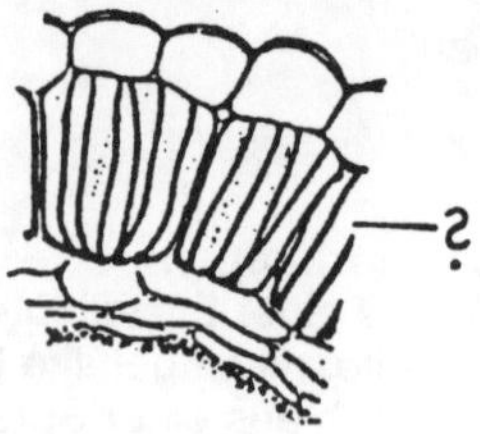

(A) Endothecium
(B) Epidermis
(C) Exine
(D) Exothecium
(E) Pollennährschicht

306 Welche der folgenden Aussagen trifft zu?

Die Abbildung Nr. 80 zeigt

(A) das Pulverpräparat einer Blütendroge
(B) ein durch Pilzsporen verunreinigtes Drogenpulver
(C) ein durch Staphylokokken verunreinigtes Drogenpulver
(D) das Pulverpräparat einer Radix-Droge, stark verunreinigt mit Kieselalgen
(E) ein Quetschpräparat von Juniperi Fructus mit herausgetretenen Idioblasten

Ordnen Sie bitte den in Liste 1 genannten Pflanzenteilen den jeweils homologen Blütenteil aus Liste 2 zu.

Liste 1	Liste 2
307 Mikrosporophyll	(A) Kelchblatt
308 Mikrospore	(B) Kronblatt
309 Megasporophyll	(C) Pollenkorn
	(D) Staubblatt
	(E) Fruchtblatt

Ordnen Sie bitte den in Liste 1 genannten Organen das jeweils homologe Organ der Liste 2 zu.

Liste 1	Liste 2
310 Karpell	(A) Mikrospore
311 Embryosack	(B) Mikrosporophyll
	(C) Megaspore
	(D) Megagamet
	(E) Megasporophyll

312 Welchem der folgenden Organe ist der Pollensack der Spermatophyta homolog?

(A) Mikrosporen
(B) Mikrosporophyll
(C) Mikrosporangium
(D) Mikroprothallium
(E) Mikrosporenmutterzelle

313 Welcher der genannten Begriffe bezeichnet <u>nicht</u> einen Teil eines Staubblattes?

(A) Endothecium
(B) Filament
(C) Konnektiv
(D) Perithecium
(E) Theka

314 Welcher Zellkern einer Samenpflanze macht bei der Entwicklung des männlichen Gametophyten eine Reduktionsteilung (Meiose) durch?

(A) Der Kern der Pollenmutterzelle
(B) Der Kern der einkernigen Pollenzelle
(C) Der Kern der vegetativen Pollenzelle
(D) Der Kern der generativen Pollenzelle
(E) Der erste Spermakern

315 Welche Aussage zur Blüte trifft zu?

In einer Blüte Höherer Pflanzen

(A) sind nur die Perianthblätter als Blattorgane aufzufassen
(B) stellen Sepalen Sporophylle dar
(C) kommen die Samenanlagen immer auf Sporophyllen vor
(D) ist stets ein aktiver Vegetationspunkt vorhanden
(E) ist die Blütenachse einem Sporophyll homolog

316 Welche der Aussagen zum Befruchtungsvorgang treffen zu?

Bei der Befruchtung der Magnoliatae

(1) verschmilzt ein Pollen mit dem Embryosackkern
(2) vereinigt sich die Eizelle mit einer Spermazelle
(3) verschmilzt eine Spermazelle mit dem sekundären Embryosackkern
(4) verschmilzt ein Pollenkorn mit der Eizelle

(A) nur 2
(B) nur 3
(C) nur 1 und 3
(D) nur 1 und 4
(E) nur 2 und 3

Ordnen Sie bitte den in Liste 1 aufgeführten Eigenschaften den zutreffenden Zell- bzw. Kerntyp aus Liste 2 zu.

<u>Liste 1</u>

317 diploid

318 triploid

<u>Liste 2</u>

(A) Embryosackmutterzelle
(B) primärer Embryosackkern
(C) Endospermzelle
(D) Synergide
(E) vegetativer Pollenkern

319 Auf welchen der aufgeführten Blütenstände trifft die folgende Beschreibung zu?

Sehr kurze verdickte Blütenstandsachse mit ungestielten (sitzenden) Blüten.

(A) Ähre
(B) Rispe
(C) Köpfchen
(D) Traube
(E) Keine der Antworten trifft zu.

320 Welche der aufgeführten Begriffe bezeichnen Gewebe, die am Aufbau eines Staubblattes beteiligt sind?

(1) Apothecium
(2) Cleistothecium
(3) Endothecium
(4) Perithecium

(A) nur 3
(B) nur 3 und 4
(C) nur 1, 2 und 3
(D) nur 1, 2 und 4
(E) 1 bis 4 (alle)

321 Welche Aussage trifft zu?

Der Kohäsionsmechanismus beim Aufreißen des Pollensackes läßt sich bei den Magnoliophytina (Angiospermen) auf die spezielle Ausgestaltung einer Wandschicht zurückführen.

Bei dieser Wandschicht handelt es sich um

(A) die Exine
(B) das Archespor
(C) das Endosperm
(D) die Kalyptra
(E) das Endothecium

322 Bei der mikroskopischen Untersuchung einer Droge kann der in Abbildung 35 wiedergegebene Ausschnitt beobachtet werden.

Die in der Abbildung Nr. 35 des Bildteils erkennbaren Zellwandstrukturen weisen auf eine Blütendroge hin,

<u>weil</u>

es sich bei dem Ausschnitt um die Aufsicht auf ein Endothecium handelt.

323 Welche Aussage trifft zu?

Das Endothecium ist Bestandteil

(A) der Pollenwand
(B) des Filaments
(C) des Konnektivs
(D) der Samenschale
(E) der Antherenwand

324 Welche der folgenden Strukturen sind Bestandteil des Mikrosporophylls der Höheren Pflanzen?

(1) Integumente
(2) Theken
(3) Samenanlage
(4) Filament

(A) nur 2
(B) nur 4
(C) nur 1 und 3
(D) nur 2 und 4
(E) 1 bis 4 (alle)

325 Welche Aussage trifft <u>nicht</u> zu?

Die Blüte

(A) enthält Sporophylle
(B) produziert im Gynoeceum Mikrosporen
(C) kann Sepalen, Petalen, Stamina und Karpelle enthalten
(D) kann ein chorikarpes oder coenokarpes Gynoeceum aufweisen
(E) kann Tepalen, Stamina und Karpelle aufweisen

326 In einer Blütenformel findet sich die Bezeichnung: G (2̲).

Aufgrund dieser Bezeichnung ist nur folgende eindeutige Aussage möglich:

Das Gynoeceum ist

(A) chorikarp
(B) coenokarp
(C) synkarp
(D) apokarp
(E) parakarp

327 Blüte und Frucht der Abbildung Nr. 39 stammen von der gleichen Art.

Welche der Angaben über den Blütenbau treffen für diese Art zu?

(1) Polyandrie
(2) Honigblätter
(3) coenokarpes Gynoeceum

(A) nur 1
(B) nur 1 und 2
(C) nur 1 und 3
(D) nur 2 und 3
(E) 1 bis 3 (alle)

328 Welche der angegebenen Merkmale sind bei der abgebildeten Blüte (Abbildung Nr. 81) vorhanden?

(1) Choripetalie
(2) Fruchtknoten unterständig
(3) Polyandrie

(A) nur 1
(B) nur 1 und 2
(C) nur 1 und 3
(D) nur 2 und 3
(E) 1 bis 3 (alle)

9.5.2 Blütenstände

329 Welche Aussagen treffen für den Blütenstand in Abbildung Nr. 56 zu?

Es handelt sich um ein(e)

(A) Traube
(B) Monochasium (Wickel)
(C) Diachasium
(D) Pleiochasium
(E) racemöse Verzweigung (Monopodium)

330 Welche Aussagen treffen zu?

Die Pflanzen in Abbildung Nr. 31

(1) besitzen Einzelblüten
(2) besitzen einen Blütenstand
(3) gehören zu den Asteraceae
(4) gehören zu den Cichoriaceae

(A) nur 1
(B) nur 2
(C) nur 3
(D) nur 2 und 3
(E) nur 2 und 4

331 Auf welchen der genannten Blütenstände trifft die folgende Kurzbeschreibung zu?

Mehrere gestielte Blüten entspringen in etwa gleicher Höhe der Blütenstandsachse bei

(A) Ähren
(B) Kolben
(C) Rispen
(D) Trauben
(E) Keine Antwort trifft zu.

Ordnen Sie bitte den in Liste 1 genannten Blütenständen die in Liste 2 aufgeführte Gattung zu, in der sie anzutreffen sind.

Liste 1

332 Dichasium

333 Doppel-Dolde

Liste 2

(A) Foeniculum
(B) Saponaria
(C) Silybum
(D) Digitalis
(E) Althaea

334 Welche Aussage trifft zu?

Treten männliche Blüten und weibliche Blüten auf ein und derselben Pflanze getrennt auf, so bezeichnet man diese Pflanze als

(A) zwittrig
(B) monözisch
(C) diözisch
(D) polygam
(E) bisexuell

335 Bei welchem der schematisch dargestellten Blütenstände handelt es sich um eine Traube?

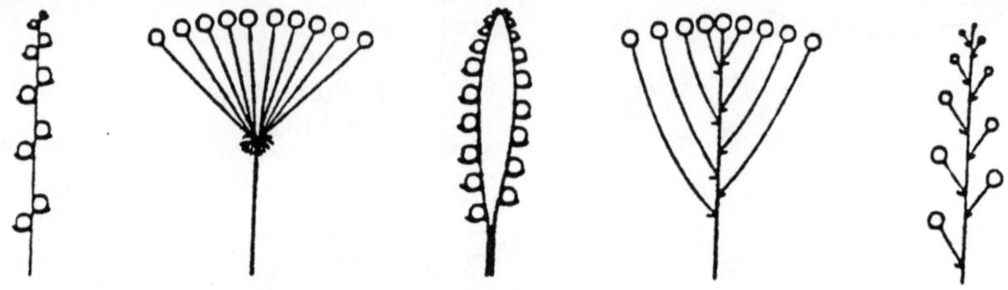

(A) (B) (C) (D) (E)

336 Welche Antwort trifft zu?

Der nebenstehend schematisch dargestellte Blütenstand ist typisch für viele Arten der

(A) Apiaceae
(B) Asteraceae
(C) Brassicaceae
(D) Caryophyllaceae
(E) Malvaceae

337 Welche Aussage trifft zu?

Es handelt sich bei dem abgebildeten Blütenstand um ein(e)

(A) Dichasium
(B) Dolde
(C) Körbchen
(D) Rispe
(E) Wickel

338 Welche Aussagen treffen für den Blütenstand der Abbildung Nr. 33 des Bildteils zu?

Es handelt sich um ein(e)

(1) racemöse Verzweigung (Monopodium)
(2) cymöse Verzweigung (Sympodium)
(3) Monochasium (Wickel)
(4) Dichasium
(5) Pleiochasium

(A) nur 1 und 4
(B) nur 1 und 5
(C) nur 2 und 3
(D) nur 2 und 4
(E) nur 2 und 5

339 Auf welchen der genannten Blütenstände trifft die folgende Kurzbeschreibung zu? Mehrere gestielte Blüten entspringen in etwa gleicher Höhe der Blütenstandsachse.

(A) Ähren
(B) Kolben
(C) Rispen
(D) Trauben
(E) Keine der obigen Antworten trifft zu.

9.6 Frucht

Lehrbuch S. 537ff.

9.6.1 Morphologie und Anatomie der Früchte, Frucht-Typen, taxonspezifische Merkmale (s.a. 10.3)

340 Welche der Aussagen trifft zu?

Eine Frucht

(1) enthält den jungen Gametophyten
(2) entwickelt sich aus dem Makroprothallium im Zuge der Samenreifung
(3) wird als Beere bezeichnet, wenn die Testa fleischig ist
(4) wird im Zuge der Samenreifung aus dem Gynoeceum gebildet

(A) nur 1
(B) nur 4
(C) nur 1 und 2
(D) nur 2 und 3
(E) 1 bis 4 (alle)

341 Welche der folgenden Aussagen trifft <u>nicht</u> zu?

(A) Das Perikarp einer Karyopse ist mit der Testa verwachsen.
(B) Das Endokarp einer Beere ist fleischig.
(C) Das Perikarp einer Nuß ist trocken und häufig verholzt.
(D) Das Exokarp einer Steinfrucht ist verholzt.
(E) Im Mesokarp liegen die Leitbündel.

342 Welche Aussage trifft zu?

Das Endokarp ist ein Bestandteil von

(A) Same
(B) Frucht
(C) Testa
(D) Karpophor
(E) Integument

Ordnen Sie bitte den Früchten in Liste 1 die entsprechenden Beispiele in Liste 2 zu.

Liste 1	Liste 2
343 Sammelsteinfrucht	(A) Himbeere
344 Sammelnußfrucht	(B) Kürbis
	(C) Hagebutte
	(D) Tollkirsche
	(E) Zitrone

345 Das Perikarp besteht meist aus mehreren Schichten, die in verschiedenen Fruchtformen unterschiedlichen anatomischen Bau aufweisen.

Welche der folgenden Aussagen sind richtig?

(1) Im Mesokarp liegen Leitbündel.
(2) Das Exokarp ist bei einer Steinfrucht verholzt.
(3) Das Endokarp ist bei einer Beere fleischig.
(4) Das Perikarp einer Nuß ist trocken und häufig verholzt.

(A) nur 3
(B) nur 2 und 4
(C) nur 1, 3 und 4
(D) nur 2, 3 und 4
(E) 1 bis 4 (alle)

346 Welche Aussagen treffen zu?

Hülsen

(1) sind Streufrüchte
(2) öffnen sich nur an *einer* Naht
(3) enthalten in der Regel mehrere Samen
(4) sind die typische Fruchtform der Fabaceae

(A) nur 4
(B) nur 1 und 2
(C) nur 2 und 3
(D) nur 3 und 4
(E) nur 1, 3 und 4

347 Welche Antwort zum Fruchttyp trifft zu?

Die Früchte der Abbildung Nr. 36 des Bildteils sind

(A) Balgfrüchte
(B) Hülsen
(C) Kapseln
(D) Schoten
(E) Spaltfrüchte

348 Welche Fruchtform findet sich bei den Brassicaceae?

(A) Balg
(B) Hülse
(C) Kapsel
(D) Sammelnuß
(E) Schote

Ordnen Sie bitte den in Liste 1 genannten Fruchtformen die jeweils passende Arzneipflanzengattung (Liste 2) zu.

Liste 1

349 Steinfrucht

350 Beere

Liste 2

(A) Citrus
(B) Digitalis
(C) Orthosiphon
(D) Papaver
(E) Prunus

Ordnen Sie bitte den in Liste 1 aufgeführten Fruchtformen jeweils die passende Arzneipflanzengattung (Liste 2) zu.

Liste 1

351 Hülse

352 Schote

Liste 2

(A) Brassica
(B) Cassia
(C) Cichorium
(D) Gossypium
(E) Tilia

---

353 Das Perikarp besteht meist aus mehreren Schichten, die in verschiedenen Fruchtformen unterschiedlichen anatomischen Bau aufweisen.

Welche der folgenden Aussagen ist nicht zutreffend?

(A) Im Mesokarp liegen Leitbündel.
(B) Das Exokarp ist bei einer Steinfrucht verholzt.
(C) Das Perikarp einer Nuß ist trocken und meist verholzt.
(D) Das Endokarp einer Beere ist fleischig.
(E) Das Perikarp einer Karyopse umfaßt wenige Zellschichten und ist mit der Testa verwachsen.

Ordnen Sie bitte den in Liste 1 aufgeführten Fruchtformen die jeweils passende Arzneipflanzengattung (Liste 2) zu.

Liste 1

354 Hülse

355 Schote

Liste 2

(A) Laburnum
(B) Catharanthus
(C) Gentiana
(D) Nerium
(E) Sinapis

Ordnen Sie bitte den in Liste 1 genannten Fruchtformen die jeweils passende Pflanzenfamilie (Liste 2) zu.

Liste 1

356 Hülse

357 Schote

Liste 2

(A) Brassicaceae
(B) Fabaceae
(C) Ranunculaceae
(D) Rosaceae
(E) Scrophulariaceae

Ordnen Sie bitte den in Liste 1 aufgeführten Fruchtformen die für sie zutreffende Gattung (Liste 2) zu.

Liste 1

358 Hülse

359 Spaltfrucht

Liste 2

(A) Cassia
(B) Conium
(C) Aconitum
(D) Gossypium
(E) Chelidonium

360 Die Abbildung zeigt den schematischen Querschnitt durch die Mitte einer geöffneten Frucht.

Um welche der genannten Früchte handelt es sich?

(A) Hülse
(B) Schote
(C) Balg
(D) Beere
(E) Sammelfrucht

361 Die Abbildung zeigt den schematischen Querschnitt durch die Mitte einer geöffneten Frucht.

Um welche der genannten Früchte handelt es sich?

(A) Hülse
(B) Schote
(C) Balg
(D) Beere
(E) Sammelfrucht

362 Auf der Abbildung Nr. 82 ist zu erkennen, daß die abgebildete Frucht aus einem unterständigen Fruchtknoten hervorgegangen ist,

weil

die abgebildete Frucht am oberen Ende noch deutliche Reste der Griffel zeigt.

363 Die Abbildung Nr. 37 zeigt einen Längsschnitt durch eine Frucht.

Welche Aussagen treffen für diese Frucht zu?

(1) Sie ist eine Steinfrucht.
(2) Sie entsteht aus einer perigynen Blüte.
(3) Sie kommt bei Arten der Rosaceae vor.

(A) nur 1
(B) nur 1 und 2
(C) nur 1 und 3
(D) nur 2 und 3
(E) 1 bis 3 (alle)

Ordnen Sie bitte den in Liste 1 genannten Fruchtformen jeweils die in Liste 2 aufgeführte passende Pflanzenfamilie als Beispiel zu.

Liste 1

364 Karyopse

365 Spaltfrucht

Liste 2

(A) Apiaceae
(B) Fabaceae
(C) Poaceae
(D) Scrophulariaceae
(E) Rutaceae

Ordnen Sie bitte den Beispielen in Liste 1 den entsprechenden Fruchttyp in Liste 2 zu.

Liste 1

366 Haselnuß

367 Walnuß

Liste 2

(A) Nuß
(B) Beere
(C) Kapsel
(D) Steinfrucht
(E) Spaltfrucht

368 Welche der folgenden Pflanzen bilden eine Frucht aus, welche als Beere bezeichnet werden kann?

(1) Atropa belladonna
(2) Capsicum annuum
(3) Solanum tuberosum
(4) Datura stramonium
(5) Citrus aurantium

(A) nur 1 und 2
(B) nur 2 und 3
(C) nur 1, 3 und 4
(D) nur 1, 2, 3 und 5
(E) 1 bis 5 (alle)

Ordnen Sie bitte den Gattungen der Liste 1 die zutreffende Fruchtform der Liste 2 zu.

Liste 1

369 Gossypium

370 Althaea

Liste 2

(A) Schote
(B) Steinfrucht
(C) Spaltfrucht
(D) Kapsel
(E) Balgfrucht

371 Die Früchte mancher Pflanzen zerfallen bei der Reife in die einzelnen, je einem Karpell entsprechenden Teilfrüchte.

Bei welchen Pflanzenfamilien trifft dies zu?

(1) Malvaceae
(2) Lamiaceae
(3) Apiaceae
(4) Solanaceae
(5) Papaveraceae

(A) nur bei 1 und 2
(B) nur bei 1 und 3
(C) nur bei 2 und 3
(D) nur bei 2 und 4
(E) nur bei 3, 4 und 5

Ordnen Sie bitte den aufgeführten Fruchtformen (Liste 1) das jeweils zutreffende Beispiel der Liste 2 zu.

Liste 1

372 Schote

373 Karyopse

Liste 2

(A) Cassia angustifolia
(B) Pimpinella anisum
(C) Arnica montana
(D) Zea mays
(E) Brassica nigra

374 Welche der Aussagen zur Fruchtform Achäne treffen zu?

(1) Hervorgegangen aus oberständigem Fruchtknoten
(2) Hervorgegangen aus unterständigem Fruchtknoten
(3) Fruchtwand und Samenschale verwachsen
(4) Fruchtform der Asteraceae
(5) Fruchtform der Poaceae

(A) nur 2
(B) nur 1, 3 und 4
(C) nur 1, 3 und 5
(D) nur 2, 3 und 4
(E) nur 2, 3 und 5

375 Welche Aussage trifft zu?

Kapselfrüchte kommen häufig vor bei Gattungen der

(A) Apiaceae
(B) Asteraceae
(C) Cichoriaceae
(D) Solanaceae
(E) Ranunculaceae

Fruchtformen stellen häufig ein taxonspezifisches Merkmal dar.

Ordnen Sie bitte den Pflanzenfamilien der Liste 1 Fruchttypen der Liste 2 zu.

<u>Liste 1</u>

376 Poaceae

377 Asteraceae

<u>Liste 2</u>

(A) Achäne
(B) Steinfrucht
(C) Karyopse
(D) Balgfrucht
(E) Spaltfrucht

---

378 Auf welche der angegebenen Familien trifft die folgende Beschreibung des Fruchtbaues zu?

Die *Frucht* enthält nur 1 Samen; Samenschale und Fruchtwand sind miteinander eng verbunden oder verwachsen.

(1) Apiaceae
(2) Asteraceae
(3) Cichoriaceae
(4) Malvaceae
(5) Poaceae

(A) nur 1 und 5
(B) nur 1, 2 und 3
(C) nur 1, 4 und 5
(D) nur 2, 3 und 5
(E) nur 2, 3, 4 und 5

Ordnen Sie bitte den Merkmalen der Liste 1 die jeweils zugehörige Pflanzenfamilie der Liste 2 zu.

<u>Liste 1</u>

379 unterständiger Fruchtknoten

380 Karyopse

381 Endosperm mit Reservecellulose

<u>Liste 2</u>

(A) Poaceae
(B) Linaceae
(C) Liliaceae
(D) Asteraceae
(E) Solanaceae

---

382 Welche Aussage trifft zu?

Die Frucht (aus zweifächrigem Ovar) zerfällt in 4 einsamige Klausen bei den

(A) Solanaceae
(B) Lamiaceae
(C) Papaveraceae
(D) Gentianaceae
(E) Keine der Aussagen trifft zu.

Ordnen Sie bitte den in Liste 1 aufgeführten Fruchtformen die entsprechende Pflanzenfamilie (Liste 2) zu.

<u>Liste 1</u>

383 Klausenfrüchte

384 vielsamige Kapseln

<u>Liste 2</u>

(A) Rosaceae
(B) Lamiaceae
(C) Caesalpiniaceae
(D) Scrophulariaceae
(E) Ranunculaceae

---

385 Bei welcher der genannten Fruchtformen ist das Endokarp mit der Samenschale verwachsen?

(A) Nuß
(B) Steinfrucht
(C) Karyopse
(D) Hülse
(E) Balgfrucht

---

386 Eine Karyopse ist die Fruchtform folgender Pflanzen:

(1) Triticum aestivum
(2) Cichorium intybus
(3) Foeniculum vulgare
(4) Artemisia vulgaris
(5) Oryza sativa

(A) nur 1
(B) nur 2
(C) nur 3
(D) nur 1 und 5
(E) nur 2 und 4

387 Welche der Aussagen zur Fruchtform Karypose treffen zu?

(1) Hervorgegangen aus unterständigem Fruchtknoten
(2) Fruchtwand und Samenschale verwachsen
(3) Fruchtform der Asteraceae
(4) Fruchtform der Poaceae
(5) Hervorgegangen aus oberständigem Fruchtknoten

(A) nur 2
(B) nur 1 und 3
(C) nur 1, 2 und 3
(D) nur 1, 2 und 4
(E) nur 2, 4 und 5

Der Querschnitt durch einen dreiteiligen Fruchtknoten ist unten abgebildet.

Ordnen Sie bitte den in Liste 1 gekennzeichneten Teilen die entsprechenden Bezeichnungen aus Liste 2 zu.

Liste 1

388

389

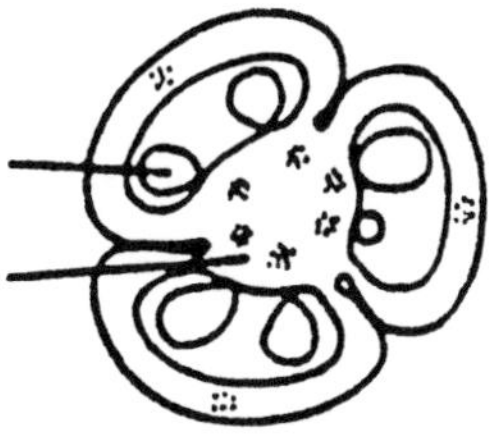

Liste 2

(A) Funiculus
(B) Mikropyle
(C) Fruchtwand
(D) Samenanlage
(E) Plazenta

390 Welche der folgenden Pflanzen weisen Spaltfrüchte auf?

(1) Pimpinella anisum
(2) Cichorium intybus
(3) Foeniculum vulgare
(4) Arnica montana
(5) Oryza sativa

(A) nur 5
(B) nur 1 und 3
(C) nur 2 und 4
(D) nur 2, 4 und 5
(E) 1 bis 5 (alle)

391 Welche Aussagen treffen zu?

Die Frucht der Abbildung Nr. 82

(1) enthält in Ölgängen ätherisches Öl
(2) gehört zu einer Pflanze aus der Familie der Apicaceen
(3) ist eine Spaltfrucht

(A) nur 1
(B) nur 3
(C) nur 1 und 2
(D) nur 1 und 3
(E) 1 bis 3 (alle)

Die Karpelle eines Fruchtknotens können auf unterschiedliche Weise verwachsen. Dementsprechend werden verschiedene Fruchtknotentypen unterschieden.

Ordnen Sie bitte den in Liste 1 gezeigten Beispielen die in Liste 2 gegebenen Bezeichnungen zu!

Liste 1

392

393

Liste 2

(A) parakarp-coenokarp
(B) synkarp-coenokarp
(C) apokarp (chorikarp)
(D) polykarp
(E) pseudokarp

394 Welche der folgenden Fruchttypen sind aus einem einzigen Fruchtblatt entstanden?

(1) Balgfrucht
(2) Hülse
(3) Schote
(4) Kapsel

(A) nur 1 und 2
(B) nur 1 und 3
(C) nur 2 und 3
(D) nur 1, 3 und 4
(E) 1 bis 4 (alle)

395 Die Abbildung zeigt den schematischen Querschnitt durch die Mitte einer geöffneten Frucht.

Um welche der genannten Früchte handelt es sich?

(A) Balg
(B) Hülse
(C) Schote
(D) Beere
(E) Doppelachäne

396 Welche Aussage trifft nicht zu?

Eine Frucht

(A) entwickelt sich aus einer Blüte
(B) kann fleischiges Achsengewebe enthalten
(C) kann sich lokulizid öffnen
(D) enthält stets zahlreiche Samen
(E) kann sklerenchymatisches Perikarp aufweisen

397 Welche Aussagen über Fruchttypen treffen zu?

Kapseln kommen vor bei

(1) Scrophulariaceae
(2) Papaveraceae
(3) Caesalpiniaceae

(A) nur 1
(B) nur 1 und 2
(C) nur 1 und 3
(D) nur 2 und 3
(E) 1 bis 3 (alle)

398 Unterfamilien der Rosaceae zeichnen sich durch eine Vielfalt an Fruchtformen aus.

Welche der genannten Fruchtformen ist <u>keine</u> Frucht der Rosaceae?

(A) Beere
(B) Nüßchen
(C) Balgfrucht
(D) Steinfrucht
(E) Sammelnußfrucht

Ordnen Sie bitte den Fruchtformen der Liste 1 die zutreffende Frucht der Liste 2 zu!

Liste 1

399 Sammelsteinfrucht

400 Beerenfrucht

Liste 2

(A) Paprikaschote
(B) Wacholderbeere
(C) Sennesschote
(D) Himbeere
(E) Erdnuß

---

401 Die Spaltfrüchte der Apiaceae stellen ein charakteristisches morphologisches Merkmal dar,

weil

Spaltfrüchte nur bei den Apiaceae zu finden sind.

---

402 Welche Aussagen über Fruchttypen treffen zu?

Spaltfrüchte kommen vor bei

(1) Malvaceae
(2) Asteraceae
(3) Apiaceae

(A) nur 1
(B) nur 1 und 2
(C) nur 1 und 3
(D) nur 2 und 3
(E) 1 bis 3 (alle)

---

403 Welche der folgenden Aussagen trifft zu?

(A) Die Fruchtform der Apiaceae ist eine Achäne.
(B) Eine Achäne ist die Fruchtform der Asteraceae.
(C) Eine Achäne ist eine Spaltfrucht.
(D) Eine Achäne ist eine umgebildete Beerenfrucht.
(E) Die Testa einer Achäne ist in der Regel stark sklerenchymatisiert.

---

404 Welche der folgenden Früchte sind den Öffnungsfrüchten zuzuordnen?

(1) Klausenfrucht der Lamiaceae
(2) Hülse der Fabaceae
(3) Schote der Brassicaceae

(A) nur 1
(B) nur 2
(C) nur 3
(D) nur 1 und 2
(E) nur 2 und 3

9.7 Samen

Lehrbuch S. 543

9.7.1 Morphologie und Anatomie des Samens, taxonspezifische Merkmale (s.a. 10.3)

405 Welche der genannten Strukturen kommt als Bestandteil eines reifen Samens <u>nicht</u> vor?

(A) Testa
(B) Endosperm
(C) Embryo
(D) Perikarp
(E) Hilum

406 Die Reduktion des Gametophyten ist bei den Spermatophyten sehr stark ausgeprägt.

Dabei entspricht der Nucellus einer Samenanlage

(A) dem Megasporophyll
(B) dem Megasporangium
(C) dem Megaprothallium
(D) der Megaspore
(E) Keine der Antworten trifft zu.

407 Welche Aussage trifft zu?

Das Endosperm

(A) der Liliateae akkumuliert meist Stärke
(B) leitet sich ab vom Megasporophyll
(C) der Poaceae hat als äußerste Lage die Aleuronschicht
(D) weist stets haploiden Chromosomensatz auf
(E) der Poaceae akkumuliert fettes Öl.

408 In welchen Pflanzenorganen (bzw. Drogen) sind Aleuronkörner histochemisch nachweisbar?

In

(1) Blättern
(2) Wurzeln
(3) Rhizomen
(4) Samen

(A) nur 3
(B) nur 4
(C) nur 2 und 3
(D) nur 2, 3 und 4
(E) 1 bis 4 (alle)

409 Welche der folgenden Speichergewebe sind diploid?

(1) Perisperm
(2) primäres Endosperm
(3) sekundäres Endosperm
(4) Speichergewebe in Kotyledonen

(A) nur 1 und 2
(B) nur 1 und 4
(C) nur 2 und 3
(D) nur 2 und 4
(E) 1 bis 4 (alle)

410 Welche Aussage trifft zu?

Der Samen der Magnoliophytina

(A) entsteht aus der Zygote
(B) enthält stets den jungen Sporophyten
(C) enthält stets den jungen Gametophyten
(D) ist das direkte Verschmelzungsprodukt von Mikro- und Megagameten
(E) Keine der obigen Aussagen trifft zu.

411 Bestimmte Familien der Magnoliophytina bilden aus dem Nucellus diploides Perisperm,

weil

bei bestimmten Familien der Magnoliophytina mangels doppelter Befruchtung kein triploides Endosperm entwickelt werden kann.

---

412 Die Samen der Spermatophyta besitzen immer triploides Nährgewebe,

weil

bei Spermatophyta immer doppelte Befruchtung zu beobachten ist.

---

413 Welche Aussage zum Pflanzensamen trifft zu?

Der Same der Magnoliophytina

(A) ist einem Oogonium homolog
(B) enthält stets den jungen Sporophyten
(C) enthält stets den jungen Gametophyten
(D) ist das direkte Verschmelzungsprodukt von Mikro- und Makrogameten
(E) Keine der Aussagen trifft zu.

---

414 Welche Aussage trifft zu?

Ein pflanzlicher Same

(A) hat meist sehr geringen Wassergehalt
(B) besteht nur aus dem jungen Sporophyten
(C) entsteht immer aus einer befruchteten Eizelle
(D) ist stets besonders reich an sekundären Pflanzenstoffen
(E) kann im Endokarp Kohlenhydrate, Fette und Eiweiß speichern

---

415 Welche der Aussagen treffen zu?

Reservestoffe können im Samen gespeichert werden

(1) in den Kotyledonen
(2) im Perisperm
(3) im Endosperm
(4) im Endokarp
(5) im Embryo

(A) nur 1 und 3
(B) nur 2 und 3
(C) nur 1, 2 und 3
(D) nur 1, 2 und 4
(E) nur 1, 2, 3 und 5

---

416 Welche Aussage trifft zu?

Samenanlagen

(A) sind stets blattbürtig
(B) sind bei den Gymnospermae „nackt“, d.h. nicht von Integumenten umhüllt
(C) werden bei den Polypodiaceae als Sori bezeichnet
(D) entwickeln sich nach Bestäubung und Befruchtung zur Frucht
(E) befinden sich auf der morphologischen Unterseite der Karpelle

---

417 Welche Aussage zum Samen trifft zu?

Der pflanzliche Samen

(A) stellt die gametophytische Generation dar
(B) entspricht der ausdifferenzierten Makrospore
(C) enthält den jungen Sporophyten sowie meist Nährgewebe und Schutzhüllen
(D) entwickelt die Samenschale aus dem Funiculus
(E) stellt bei Schließfrüchten (z.B. Steinfrucht) die eigentliche Verbreitungseinheit dar

Ordnen Sie bitte den Teilen des Gynoeceums (Liste 1) den jeweils sich daraus entwickelnden Teil der Frucht bzw. des Samens zu.

Liste 1

418 Testa

419 befruchteter sekundärer Embryosackkern

Liste 2

(A) Embryo
(B) Perisperm
(C) Endosperm
(D) Samenschale
(E) Perikarp

420 Welche der Antworten treffen zu?

(1) Semina-Drogen werden aus Schließfrüchten gewonnen.
(2) Der anatomische Bau der Samenschale ist für die Analytik von Semina-Drogen von Bedeutung.
(3) Semina-Drogen können Reservestoffe im Endosperm enthalten.

(A) nur 1
(B) nur 2
(C) nur 3
(D) nur 1 und 2
(E) nur 2 und 3

Ordnen Sie bitte den in der untenstehenden Abbildung eines reifen Embryosacks durch Ziffern bezeichneten Bereichen (Liste 1) den jeweils zutreffenden Begriff (Liste 2) zu.

Liste 1

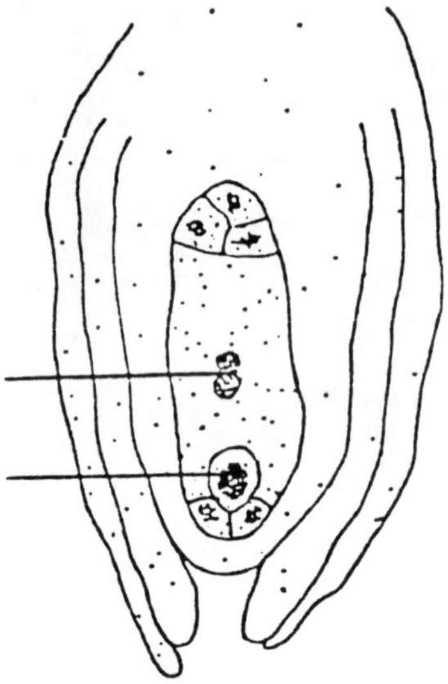

421

422

Liste 2

(A) Antipoden
(B) Eizelle
(C) Nucellus
(D) Polkern bzw. sekundärer Embryosackkern
(E) Synergiden

423 Welche Aussage trifft zu?

In einer Blüte Höherer Pflanzen (Magnoliophytina)

(A) sind nur die Perianthblätter als Blattorgane aufzufassen
(B) stellen Kelchblätter Sporophylle dar
(C) kommen die Samenanlagen immer auf Sporophyllen vor
(D) sind die Fruchtblätter einem Laubblatt analog
(E) ist die Blütenachse einem Sporophyll homolog

424 Welche der genannten Strukturen kommt als Bestandteil eines reifen Samens <u>nicht</u> vor?

(A) Testa
(B) Endosperm
(C) Embryo
(D) Perikarp
(E) Hilum

Ordnen Sie bitte den in Liste 1 angeführten Teilen eines pflanzlichen Samens die jeweils entsprechende Struktur der Samenanlage (Liste 2) zu, aus der sie jeweils hervorgegangen sind.

Liste 1

425 Embryo

426 Endosperm

Liste 2

(A) Chalaza
(B) Eizelle
(C) Integument(e)
(D) Nucellus
(E) sekundärer Embryosackkern

Ordnen Sie bitte den in Liste 1 genannten Organen das jeweils homologe Organ der Liste 2 zu.

Liste 1

427 Eizelle

428 Embryosack

Liste 2

(A) Makrogamet
(B) Megaspore (Makrospore)
(C) Megasporophyll (Makrosporophyll)
(D) Mikrospore
(E) Mikrosporophyll

Ordnen Sie bitte den in Liste 1 angeführten Teilen eines pflanzlichen Samens die jeweils entsprechende Struktur der Samenanlage (Liste 2) zu, aus der sie hervorgegangen sind.

Liste 1

429 Endosperm

430 Testa

Liste 2

(A) Chalaza
(B) Eizelle
(C) Integument(e)
(D) Nucellus
(E) sekundärer Embryosackkern

---

431 Welche Aussage zu Vorgängen bei der Fortpflanzung trifft zu?

Unter „doppelter Befruchtung“ bei den Magnoliophytina (Angiospermae) versteht man

(A) die Verschmelzung je eines Spermakernes mit der Eizelle bzw. einer der Synergiden
(B) die Verschmelzung je eines Spermakernes mit der Eizelle bzw. einer der Antipoden
(C) die Verschmelzung je eines Spermakernes mit der Eizelle bzw. dem sekundären Embryosackkern
(D) die Verschmelzung je eines Spermakernes mit dem sekundären Embryosackkern bzw. einer der Synergiden
(E) die Entleerung des Pollenschlauches in die Synergiden und die dabei stattfindende Verschmelzung der beiden Pollenkerne

---

Aus welchen Teilen des Gynoeceums (Liste 1) haben sich die Teile der Frucht bzw. des Samens (Liste 2) entwickelt?

Liste 1

432 sekundärer Embryosackkern

433 Integumente

Liste 2

(A) Embryo
(B) Perisperm
(C) Endosperm
(D) Samenschale
(E) Perikarp

434 Welche der Aussagen trifft zu?

Welche der folgenden Organe sind durch triploide Zellen charakterisiert?

(A) Tracheiden von Pinusarten
(B) Endosperm von Leinsamen
(C) Perisperm bei Elettaria cardamomum
(D) Exkreträume der Rutaceae
(E) Milchröhren bei Strophanthus gratus

Ordnen Sie bitte den Strukturen der Samenanlage (Liste 1) die sich daraus entwickelnde Struktur des Samens (Liste 2) zu.

Liste 1

435 Integument

436 befruchteter sekundärer Embryosackkern

Liste 2

(A) Raphe
(B) Funiculus
(C) Embryo
(D) Testa
(E) Endosperm

Ordnen Sie den in Liste 1 gekennzeichneten Teilen eines Samens (Leinsamen im Querschnitt) die zugehörige Bezeichnung aus Liste 2 zu.

Liste 1

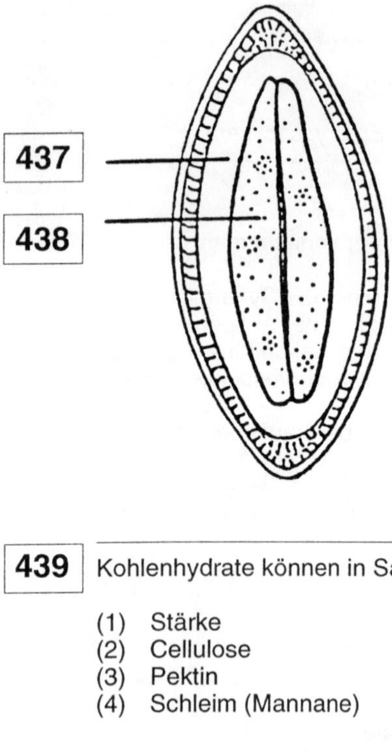

Liste 2

(A) Samenschale
(B) Endosperm
(C) Perisperm
(D) Keimblatt
(E) Radicula

---

439 Kohlenhydrate können in Samen als Reservestoffe gespeichert werden in Form von

(1) Stärke
(2) Cellulose
(3) Pektin
(4) Schleim (Mannane)

(A) nur 1
(B) nur 3
(C) nur 1 und 4
(D) nur 1, 2 und 3
(E) 1 bis 4 (alle)

---

440 Welche der Aussagen treffen zu?

Die Speicherung von Reservepolysacchariden im Endosperm kommt vor bei den

(1) Fabaceae
(2) Liliaceae
(3) Poaceae

(A) nur 1
(B) nur 1 und 2
(C) nur 1 und 3
(D) nur 2 und 3
(E) 1 bis 3 (alle)

Ordnen Sie bitte den Merkmalen (Liste 1) die zutreffende Pflanzenfamilie der Liste 2 zu.

Liste 1

441 Perisperm

442 Schleimepidermis der Samenschale

Liste 2

(A) Fabaceae
(B) Asteraceae
(C) Apiaceae
(D) Linaceae
(E) Piperaceae

---

443 Welche der Antworten treffen zu?

Als Reservestoffe kommen in Samen vor:

(1) Amylase
(2) Inulin
(3) Lignin
(4) Suberin
(5) Xylane

(A) nur 2
(B) nur 1 und 2
(C) nur 2 und 5
(D) nur 1, 4 und 5
(E) nur 1, 3, 4 und 5

---

444 Welche Aussage trifft zu?

Samenanlagen

(A) entstehen bei den Magnoliophytina stets an den Karpellen
(B) sind bei den Gymnospermae „nackt", d.h. nicht von Integumenten umhüllt
(C) werden bei den Polypodiaceae als Sori bezeichnet
(D) entwickeln sich nach Bestäubung und Befruchtung zur Frucht
(E) Keine der Aussagen trifft zu.

---

445 Die Anordnung der Samen in der Frucht ist abhängig von der jeweiligen Plazentation der Samenanlagen im Fruchtknoten.

Welcher Plazentationstyp ist in nebenstehender Skizze gezeigt?

Die Plazentation ist

(A) parietal
(B) laminal
(C) zentral
(D) basal
(E) apikal

---

446 Welche der Aussagen treffen zu?

Reservestoffe können im Samen gespeichert werden

(1) in den Kotyledonen
(2) im Perisperm
(3) im Endosperm
(4) im Embryo

(A) nur 1 und 3
(B) nur 2 und 4
(C) nur 1, 2 und 3
(D) nur 1, 3 und 4
(E) 1 bis 4 (alle)

---

447 Welche Aussage trifft zu?

Der Pflanzensame

(A) entwickelt sich aus dem Mikrosporangium
(B) enthält den gametophytischen Embryo
(C) enthält den jungen Sporophyten
(D) kann Reservestoffe im Periderm enthalten
(E) kann Aleuronkörner im Endokarp speichern

9.8 Metamorphosen von Pflanzenorganen

9.8.1 Analogie, Homologie, Konvergenz

448 Welche der Aussagen treffen zu?

(1) Sproß- und Blattdornen stellen homologe Organe dar.
(2) Stengel und Rhizom stellen analoge Organe dar.
(3) Das Auftreten von Sukkulenten bei verschiedenen Familien ist ein Beispiel für Konvergenz.

(A) nur 1
(B) nur 3
(C) nur 1 und 2
(D) nur 2 und 3
(E) 1 bis 3 (alle)

9 Morphologie, Histologie und Anatomie des Kormus – Antworten

1	C
2	C
3	C
4	A
5	C
6	C
7	A
8	A
9	D
10	C
11	B
12	D
13	C
14	C
15	D
16	E
17	B
18	B
19	D
20	D
21	A
22	C
23	B
24	D
25	B
26	E
27	E
28	B
29	D
30	D
31	E
32	A
33	A
34	C
35	D
36	E
37	E
38	C
39	D
40	B
41	C
42	E
43	A
44	E
45	A
46	C
47	A
48	A
49	C
50	D
51	C
52	C
53	A
54	C
55	C
56	A
57	E
58	E
59	E
60	B
61	B
62	E
63	C
64	C
65	C
66	C
67	D
68	E
69	D
70	B
71	C
72	D
73	E
74	B
75	A
76	A
77	D
78	E
79	E
80	C
81	D
82	C
83	C
84	C
85	B
86	B
87	C
88	E
89	D
90	C
91	B
92	D
93	B
94	B
95	E
96	A
97	C
98	C
99	C
100	E
101	C
102	E
103	D
104	B
105	E
106	D
107	E
108	A
109	D
110	E
111	A
112	D
113	B
114	C
115	B
116	E
117	C
118	B
119	A
120	C
121	B
122	D
123	B
124	E
125	E
126	A
127	C
128	E
129	B
130	C
131	D
132	E
133	A
134	B
135	A
136	E
137	A
138	B
139	C
140	E
141	A
142	D
143	D
144	D
145	D
146	C
147	B
148	C
149	A
150	A
151	C
152	E
153	D
154	D
155	A
156	B
157	E
158	D
159	B
160	E
161	D
162	B
163	B
164	A
165	A
166	E
167	D
168	C
169	A
170	C
171	D
172	E
173	B
174	E
175	B
176	D
177	E
178	B
179	C
180	D
181	C
182	A
183	C
184	C
185	B
186	D
187	D
188	E
189	B
190	D
191	D
192	E
193	A
194	B
195	C
196	B
197	C
198	E
199	D
200	A
201	C
202	D
203	A
204	D
205	D
206	E
207	A
208	C
209	B
210	C
211	D
212	A
213	A
214	B
215	E
216	C
217	D
218	B
219	A
220	B
221	C
222	C
223	B
224	E
225	D
226	D
227	C
228	A
229	B
230	D
231	C
232	D

233	D
234	B
235	E
236	B
237	A
238	B
239	C
240	D
241	B
242	E
243	C
244	A
245	D
246	C
247	D
248	B
249	B
250	D
251	A
252	B
253	D
254	A
255	B
256	E
257	B
258	E
259	D
260	B
261	C
262	D
263	C
264	C
265	D
266	C
267	D
268	C
269	A
270	E
271	C
272	A
273	C
274	A
275	C
276	A
277	D
278	B
279	D
280	E
281	C
282	B
283	D
284	D
285	C
286	C
287	E
288	D
289	E
290	E
291	D
292	A
293	E
294	B
295	C
296	E
297	E
298	C
299	B
300	C
301	B
302	D
303	C
304	B
305	A
306	A
307	D
308	C
309	E
310	E
311	C
312	C
313	D
314	A
315	C
316	E
317	A
318	C
319	C
320	A
321	E
322	A
323	E
324	D
325	B
326	B
327	B
328	E
329	B
330	A
331	E
332	B
333	A
334	B
335	E
336	D
337	A
338	C
339	E
340	B
341	D
342	B
343	A
344	C
345	C
346	E
347	A
348	E
349	E
350	A
351	B
352	A
353	B
354	A
355	E
356	B
357	A
358	A
359	B
360	C
361	B
362	A
363	D
364	C
365	A
366	A
367	D
368	D
369	D
370	C
371	D
372	E
373	D
374	D
375	D
376	C
377	A
378	D
379	D
380	A
381	C
382	B
383	B
384	D
385	C
386	D
387	E
388	D
389	E
390	B
391	E
392	C
393	A
394	A
395	B
396	D
397	B
398	A
399	D
400	A
401	C
402	C
403	B
404	E
405	D
406	B
407	C
408	B
409	B
410	B
411	C
412	E
413	B
414	A
415	E
416	A
417	C
418	D
419	C
420	E
421	D
422	B
423	C
424	D
425	B
426	E
427	A
428	B
429	E
430	C
431	C
432	C
433	D
434	B
435	D
436	E
437	B
438	D
439	C
440	E
441	E
442	D
443	C
444	A
445	A
446	E
447	C
448	B

10 Samenpflanzen (Spermatophyta)

10.1 Wachstum und Entwicklung der Samenpflanzen

Lehrbuch S. 551

10.1.1 Entwicklungszyklus der Angiospermae (s.a. 2.4.5)

1 Die Samen der Spermatophyta besitzen immer triploides Nährgewebe,

weil

bei Spermatophyta immer doppelte Befruchtung zu beobachten ist.

10.2 Einordnung pharmazeutisch verwendeter oder toxischer Arten der unter 10.3, 10.4 und 10.5 aufgeführten Taxa: Wirkstofftypen

Lehrbuch S. 555ff.

2 Welche Aussagen zur Verbreitung von Alkaloiden treffen zu?

Tetrahydroisochinolin-Alkaloide (Benzylisochinolin-Alkaloide) kommen vor bei den:

(1) Apocynaceae
(2) Papaveraceae
(3) Ranunculaceae

(A) nur 1
(B) nur 2
(C) nur 3
(D) nur 1 und 2
(E) nur 2 und 3

3 Die Bilder der Abbildung Nr. 32 zeigen eine Arzneipflanze sowie einen vergrößerten Ausschnitt aus der Blüte.

Vertreter dieser Gattung enthalten als Wirkstoffe:

(A) Benzylisochinolin-Alkaloide
(B) Ätherisches Öl
(C) Bufadienolide
(D) Indolalkaloide
(E) Diterpen-Alkaloide

4 Bei welchen der folgenden Pflanzen beruht die Giftigkeit vor allem auf dem hohen Gehalt an Glykosiden?

(1) Conium
(2) Cicuta
(3) Atropa
(4) Digitalis
(5) Solanum

(A) nur 1 und 3
(B) nur 2 und 4
(C) nur 3 und 5
(D) nur 4 und 5
(E) nur 2, 3, 4 und 5

Ordnen Sie bitte den Gattungen der Liste 1 die Inhaltsstoffgruppe der Liste 2 zu, die aus Vertretern dieser Gattungen gewonnen wird!

Liste 1

5 Prunus amygdalus

6 Arachis hypogaea

Liste 2

(A) Polyine
(B) Steroidsaponine
(C) fettes Öl
(D) Sesquiterpene
(E) Diterpenalkaloide

---

7 Für welche der genannten Stoffgruppen stellt die hier abgebildete Strukturformel das Grundgerüst dar?

(A) Terpene
(B) Anthrone
(C) Cumarine
(D) Flavonoide
(E) Gerbstoffe

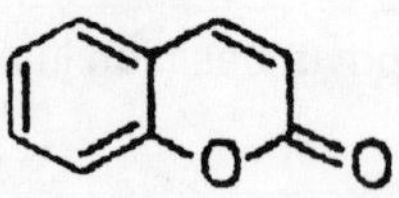

---

8 Bei welcher der angegebenen Familien kommen häufig Alkaloide vor?

(1) Apocynaceae
(2) Papaveraceae
(3) Solanaceae

(A) nur 2
(B) nur 1 und 2
(C) nur 1 und 3
(D) nur 2 und 3
(E) 1 bis 3 (alle)

Ordnen Sie bitte den in Liste 1 aufgeführten Drogen die Gattungen der Liste 2 zu, in die ihre Stammpflanzen einzuordnen sind!

Liste 1

9 Oleanderblätter

10 Samendroge mit Cardenoliden

Liste 2

(A) Strychnos
(B) Strophanthus
(C) Nerium
(D) Catharanthus
(E) Digitalis

---

11 Welche der folgenden Gattungen liefert <u>keine</u> Anthrachinondroge?

(A) Aloe
(B) Ricinus
(C) Frangula
(D) Rheum
(E) Rhamnus

---

12 Welche Antwort trifft zu?

Die formelmäßig dargestellte Struktur ist typisch für

(A) Ätherische Öle
(B) Alkaloide
(C) Flavonoide
(D) Schleime
(E) Senfölglykoside

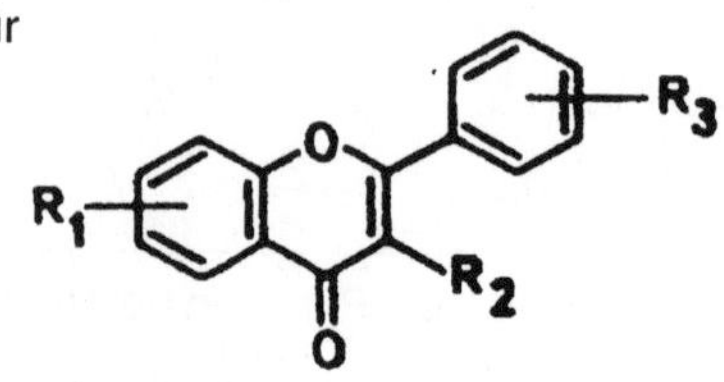

---

13 Welche der folgenden Gattungen enthält <u>keine</u> Herzglykoside?

(A) Adonis vernalis
(B) Convallaria majalis
(C) Crataegus laevigata
(D) Strophanthus gratus
(E) Nerium oleander

10.3 Morphologische und chemische Merkmale folgender Taxa (s.a. 4.2.1, 9):

10.3.1 Pinaceae

Lehrbuch S. 555

14 Welche der Angaben treffen zu?

Pinaceae besitzen

(1) schraubige Blattstellung
(2) zapfenförmige Blütenstände
(3) Balsame in Exkreträumen des Stammes

(A) nur 2
(B) nur 1 und 2
(C) nur 1 und 3
(D) nur 2 und 3
(E) 1 bis 3 (alle)

15 Welche der Charakteristika treffen auf die Coniferophytina zu?

(1) keine Tracheen
(2) ein primäres Endosperm
(3) ein einziges Keimblatt
(4) keine Narbe
(5) kein sekundäres Dickenwachstum

(A) nur 1 und 2
(B) nur 2 und 4
(C) nur 3 und 5
(D) nur 1, 2 und 4
(E) nur 2, 3 und 5

16 Welche der Aussagen treffen zu?

Im Holz der Pinaceae und Cupressaceae finden sich

(1) Markstrahlen
(2) Tracheen
(3) Tracheiden
(4) Siebröhren

(A) nur 1 und 3
(B) nur 3 und 4
(C) nur 1, 2 und 4
(D) nur 1, 3 und 4
(E) 1 bis 4 (alle)

17 Welche der Aussagen über Eigenschaften von Pinaceae ist <u>nicht</u> zutreffend?

(A) Der Blätterbau ist xeromorph.
(B) Die Blätter sind schraubig angeordnet.
(C) Das Xylem enthält vorwiegend Tracheiden.
(D) In Exkreträumen des Stammes finden sich Balsame.
(E) Bei den weiblichen Blütenzapfen handelt es sich um Einzelblüten.

18 Welche Aussage trifft <u>nicht</u> zu?

Pinaceae besitzen folgende charakteristische Merkmale:

(A) Die Blätter sind schraubig (wechselständig) angeordnet.
(B) In den Blättern befinden sich Exkretgänge, die hauptsächlich ätherisches Öl enthalten.
(C) Die Blätter sind nadelförmig.
(D) Die Samenanlagen werden bei der Fruchtbildung von den Karpellen umschlossen.
(E) Jede Samenschuppe trägt 2 Samenanlagen.

19 Welche Angaben zu Abbildung Nr. 38 der Bildvorlage treffen zu?

Der gekennzeichnete Pflanzenteil

(1) gehört zu einer Pinus-Art
(2) ist ein männlicher Blütenstand
(3) ist eine männliche Blüte

(A) nur 1
(B) nur 2
(C) nur 3
(D) nur 1 und 2
(E) nur 1 und 3

20 Welche der Aussagen treffen zu?

Die Abbildung Nr. 34 zeigt

(1) eine Pinus-Art
(2) weibliche Blütenstände
(3) weibliche Blüten

(A) nur 1
(B) nur 2
(C) nur 3
(D) nur 1 und 2
(E) nur 1 und 3

21 Welche Aussage trifft nicht zu?

(A) Colophonium ist die Harzfraktion der Coniferenbalsame.
(B) Coniferenbalsame finden sich in den Exkreträumen des Stammes.
(C) Terpentin wird durch künstliche Verwundung des Kiefernstammes gewonnen.
(D) Bei den Pinaceae ist ätherisches Öl in schizogenen Exkretgängen der Blätter (Nadeln) lokalisiert.
(E) Terpentinöl wird aus den Blättern (Nadeln) von Coniferen gewonnen.

22 Welche der folgenden Eigenschaften trifft auf die Familie der Pinaceae zu?

(A) geteilte Blätter
(B) Beerenfrüchte
(C) unterständiger Fruchtknoten
(D) weibliche Blüten zu zapfenförmigen Blütenständen vereinigt
(E) Tracheen im Xylem

23 Welche der folgenden Eigenschaften trifft nicht für Pinaceae zu?

(A) Tracheen im Xylem
(B) schizogene Exkretbehälter
(C) Blätter (Nadeln) bei einigen Gattungen an Kurztrieben
(D) weibliche Blüten zu zapfenförmigen Blütenständen vereinigt
(E) Coniferylalkohol herrscht als Ligninbaustein vor

24 Welche der folgenden Eigenschaften trifft auf Pinaceae zu?

(A) äquifaziale Blätter
(B) kreuzgegenständige Blattstellung
(C) zwittrige Blüten
(D) Schließfrüchte
(E) im Xylem Tracheiden

25 Welche Aussage zur Abbildung Nr. 34 oder der dargestellten Familie ist nicht richtig?

Es handelt sich um

(A) eine Familie mit vorwiegend aus Tracheen aufgebautem Holz.
(B) eine Familie mit schraubig angeordneten Blättern.
(C) eine Familie mit Exkreträumen im Stamm.
(D) weibliche Blütenstände.
(E) einen Vertreter der Nacktsamer.

10.4 Morphologische und chemische Merkmale folgender Taxa der Magnoliatae (Dicotyledoneae) (s.a. 4.2.1, 9)

Lehrbuch S. 557ff.

10.4.2 Ranunculaceae

26 Die Bilder zeigen eine Arzneipflanze (siehe Abbildung Nr. 32 der Bildbeilage) sowie einen vergrößerten Ausschnitt aus der Blüte.

Vertreter dieser Gattung enthalten als Wirkstoffe

(A) Benzylisochinolin-Alkaloide
(B) Ätherisches Öl
(C) Bufadienolide
(D) Cardenolide
(E) Diterpen-Alkaloide

27 Die Bilder in Abbildung Nr. 32 zeigen eine Arzneipflanze sowie einen vergrößerten Ausschnitt aus der Blüte.

Die Arzneipflanze zählt zur Familie der

(A) Papaveraceae
(B) Ranunculaceae
(C) Rosaceae
(D) Malvaceae
(E) Rutaceae

28 Welche Aussage zu Abbildung Nr. 39 der Bildbeilage trifft zu?

Die Art, deren Blüte und Frucht hier abgebildet sind, gehört zur Familie der

(A) Caesalpiniaceae
(B) Liliaceae
(C) Papaveraceae
(D) Ranunculaceae
(E) Rosaceae

29 Blüte und Frucht der Abbildung Nr. 39 der Bildbeilage stammen von der gleichen Art.

Welche der Angaben über den Blütenbau treffen für diese Art zu?

(1) Polyandrie
(2) Honigblätter
(3) coenokarpes Gynoeceum

(A) nur 1
(B) nur 1 und 2
(C) nur 1 und 3
(D) nur 2 und 3
(E) 1 bis 3 (alle)

30 Die Abbildung Nr. 40 der Bildbeilage zeigt eine Arzneipflanze. Sie gehört zur Gattung

(A) Glyzyrrhiza
(B) Aconitum
(C) Ononis
(D) Orthosiphon
(E) Salvia

31 Die Abbildung Nr. 40 der Bildbeilage zeigte eine Arzneipflanze.

Diese Pflanze enthält

(1) Benzylisochinolin-Alkaloide
(2) Diterpen-Alkaloide
(3) Indol-Alkaloide
(4) Steroid-Alkaloide

(A) nur 2
(B) nur 3
(C) nur 1 und 2
(D) nur 2 und 4
(E) nur 1, 3 und 4

32 Die Abbildung Nr. 40 zeigt eine Arzneipflanze aus der Klasse der Magnoliatae.

Welche der Antworten treffen zu?

Die Pflanze ist einzuordnen in:

(1) Ordnung: Ranunculales
(2) Familie: Lamiaceae
(3) Gattung: napellus
(4) Art: Aconitum

(A) nur 1
(B) nur 2
(C) nur 3 und 4
(D) nur 1, 3 und 4
(E) 1 bis 4 (alle)

33 Die Abbildung Nr. 40 zeigt eine Arzneipflanze.

Diese Pflanze enthält als Wirkstoffe

(1) Diterpen-Alkaloide
(2) Indol-Alkaloide
(3) Steroid-Alkaloide

(A) nur 1
(B) nur 2
(C) nur 1 und 2
(D) nur 1 und 3
(E) nur 2 und 3

34 Die Bilder Nr. 41 und 42 der Bildbeilage zeigen eine Arzneipflanze sowie deren Frucht.

Die Pflanze enthält als Wirkstoff

(A) Alkaloide
(B) Cardenolide
(C) Anthraglykoside
(D) Saponine
(E) Ätherisches Öl

35 Die in der Abbildung Nr. 31 der Bildbeilage wiedergegebene Pflanze ist

(A) Adonis vernalis (Ranunculaceae)
(B) Arnica montana (Asteraceae)
(C) Chrysanthemum cinerariifolium (Asteraceae)
(D) Potentilla erecta (Rosaceae)
(E) Pulsatilla vulgaris (Ranunculaceae)

36 Welche Aussage trifft nicht zu?

Ranunculaceae

(A) akkumulieren z.T. Alkaloide
(B) haben häufig viele Staubblätter
(C) haben teils radiäre, teils zygomorphe Blüten
(D) haben häufig wirtelig angeordnete Blütenhüllblätter
(E) haben häufig ein coenokarpes Gynoeceum

37 Die Abbildungen Nr. 41 und 42 zeigen eine Arzneipflanze sowie deren Frucht.

Für die Arzneipflanze gilt:

(1) Frucht: Bruchkapsel
(2) Frucht: Sammelnuß
(3) Gynoeceum: chorikarp (apokarp)
(4) Gynoeceum: parakarp
(5) Gynoeceum: synkarp

(A) nur 1 und 3
(B) nur 1 und 4
(C) nur 1 und 5
(D) nur 2 und 3
(E) nur 2 und 4

38 Welche der Aussagen trifft <u>nicht</u> zu?

Ranunculaceae

(A) haben radiäre oder zygomorphe Blüten
(B) weisen meist Honig- oder Nektarblätter auf
(C) haben meist ein apokarpes Gynoeceum
(D) sind häufig Stauden mit handförmigen oder gefiederten Blättern
(E) enthalten häufig Indolalkaloide.

39 Welche Aussage zu der abgebildeten Arzneipflanze (siehe Abbildung Nr. 40 der Bildbeilage) trifft <u>nicht</u> zu?

Die Pflanze

(A) hat zygomorphe Blüten
(B) gehört zur Familie der Ranunculaceae
(C) hat unterirdische Speicherorgane
(D) enthält Cardenolide
(E) enthält stark toxische Wirkstoffe.

40 Welche der Inhaltsstoffgruppen kommt bei Ranunculaceae <u>nicht</u> vor?

(A) Polyine
(B) Protoanemonin
(C) Diterpenalkaloide
(D) Bufadienolide
(E) Cardenolide

41 Welche der Aussagen zu Merkmalen der Familie Ranunculaceae treffen zu?

(1) Viele Gattungen enthalten den Scharfstoff Protoanemonin.
(2) Einige Gattungen enthalten Diterpenalkaloide.
(3) Bei vielen Gattungen sind typische Calciumoxalatdrusen zu finden.

(A) nur 1
(B) nur 2
(C) nur 1 und 2
(D) nur 1 und 3
(E) 1 bis 3 (alle)

42 Welche der folgenden Stoffgruppen ist <u>nicht</u> bei den Ranunculaceae anzutreffen?

(A) Terpen-Alkaloide
(B) Indol-Alkaloide
(C) Protoanemonin
(D) Bufadienolide
(E) Cardenolide

43 Welche der folgenden Gattungen ist <u>nicht</u> den Ranunculaceae zuzordnen?

(A) Adonis
(B) Aconitum
(C) Hydrastis
(D) Pulsatilla
(E) Convallaria

44 Die in der Abbildung Nr. 40 wiedergegebene Pflanze gehört zur Familie der

(A) Scrophulariaceae
(B) Malvaceae
(C) Fabaceae
(D) Lamiaceae
(E) Ranunculaceae

45 Welches Merkmal trifft <u>nicht</u> für die Ranunculaceae zu?

(A) radiäre Blüten
(B) verwachsene Blütenblätter
(C) bei einigen Gattungen dorsiventrale Blüten
(D) Balgfrüchte
(E) bei einigen Arten Herzglykoside

10.4.3 Papaveraceae

46 Welche Angaben treffen für die Familie der Papaveraceae zu?

(1) Gynoeceum coenokarp – parakarp
(2) Frucht bei manchen Arten eine Porenkapsel
(3) Frucht bei manchen Arten eine Schote
(4) Milchröhren
(5) Samen mit ölhaltigem Endosperm

(A) nur 1 und 3
(B) nur 2, 3 und 4
(C) nur 1, 2, 3 und 4
(D) nur 1, 2, 4 und 5
(E) 1 bis 5 (alle)

47 Welche der angegebenen Merkmale sind charakteristisch für die Papaveraceae?

(1) Perianth in Kelch und Krone gegliedert
(2) Gynoeceum chorikarp
(3) Alkaloide vom Benzylisochinolintyp häufig vorhanden

(A) nur 3
(B) nur 1 und 2
(C) nur 1 und 3
(D) nur 2 und 3
(E) 1 bis 3 (alle)

48 Welche der angegebenen Merkmale sind charakteristisch für die Papaveraceae?

(1) Blütenhüllblätter meist in 2-zähligen Wirteln angeordnet
(2) Frucht: Kapseln oder Schoten
(3) Diterpen-Alkaloide häufig vorhanden

(A) nur 2
(B) nur 1 und 2
(C) nur 1 und 3
(D) nur 2 und 3
(E) 1 bis 3 (alle)

49 Welche der folgenden Aussagen zum Schlafmohn (Papaver somniferum) ist nicht zutreffend?

(A) Die Sprosse enthalten weißen Milchsaft.
(B) Im Milchsaft enthaltene Alkaloide leiten sich vom Benzylisochinolin ab.
(C) Der eingetrocknete Milchsaft enthält Lectine.
(D) Die Kapseln öffnen sich bei der Reife durch Poren.
(E) Die reifen Samen führen ölreiches Endosperm.

50 Welche Aussagen treffen zu?

Papaveraceae im engeren Sinn (= Unterfamilie Papaveroideae) sind in der Regel charakterisiert durch

(1) Polyandrie
(2) 4 Kronblätter
(3) 4 Kelchblätter

(A) nur 1
(B) nur 1 und 2
(C) nur 1 und 3
(D) nur 2 und 3
(E) 1 bis 3 (alle)

51 Auf welche der angegebenen Familien trifft die folgende Beschreibung zu?

Die Blüten bestehen in der Regel aus einem Kreis von Kelchblättern, zwei Kreisen von Kronblättern, vielen Staubblättern (mehr als doppelt so vielen wie Kelchblättern) und einem coenokarpen Gynoeceum.

(A) Mimosaceae
(B) Papaveraceae (Papaveroideae)
(C) Rosaceae
(D) Ranunculaceae
(E) Fabaceae

---

52 Welche Antwort trifft zu?

Bei der nebenstehend abgebildeten Arzneipflanze handelt es sich um

(A) Adonis vernalis
(B) Chelidonium majus
(C) Pulsatilla vulgaris
(D) Hydrastis canadensis
(E) Papaver somniferum

---

53 Welche Aussage zum Blütenaufbau trifft zu?

2-zählige Kelch- und Kronblattwirtel finden sich bei den meisten Arten der

(A) Liliaceae
(B) Papaveraceae
(C) Mimosaceae
(D) Malvaceae
(E) Brassicaceae

---

54 Welche Antwort trifft zu?

Die in der Abbildung Nr. 43 der Bildbeilage wiedergegebene Pflanze gehört zur Familie der

(A) Brassicaceae
(B) Caryophyllaceae
(C) Papaveraceae
(D) Ranunculaceae
(E) Rosaceae

---

55 Welche der folgenden Aussagen treffen zu?

Chelidonium majus

(1) gehört zur Familie der Brassicaceae
(2) hat Blüten mit 4 Kronblättern
(3) enthält Alkaloide
(4) hat Blüten mit vielen (> 10) Staubblättern

(A) nur 1 und 2
(B) nur 2 und 3
(C) nur 3 und 4
(D) nur 2, 3 und 4
(E) 1 bis 4 (alle)

56 Im Querschnitt sind bei den Stengeln von Schöllkraut kreisförmig angeordnete offen-kollaterale Leitbündel zu erkennen.

Welche der Aussagen treffen zu?

Art und Anordnung der Leitbündel liefern das Charakteristikum zur Einordnung der Droge in folgende der genannten Taxa:

(1) Brassicaceae
(2) Papaveraceae
(3) Liliatae
(4) Magnoliatae

(A) nur 3
(B) nur 4
(C) nur 1 und 3
(D) nur 1 und 4
(E) nur 2 und 3

57 Welche der folgenden Angaben trifft für die Familie der Papaveraceae <u>nicht</u> zu?

(A) Gynoeceum coenokarp-parakarp
(B) Frucht bei manchen Arten eine Hülse
(C) Frucht bei manchen Arten eine Porenkapsel
(D) Samen mit ölhaltigem Endosperm
(E) gegliederte Milchröhren

58 Welche der folgenden Aussagen zum Schlafmohn (Papaver somniferum) ist <u>nicht</u> zutreffend?

(A) Die Sprosse enthalten weißen Milchsaft.
(B) Im Milchsaft enthaltene Alkaloide leiten sich vom Benzylisochinolin ab.
(C) Der eingetrocknete Milchsaft wird Opium genannt.
(D) Opium enthält als Hauptalkaloid Kokain.
(E) Die reifen Samen führen ölreiches Endosperm.

59 Welche Aussagen zum Schlafmohn (Papaver somniferum) sind richtig?

(1) Die reifen Samen führen ölreiches Endosperm.
(2) Die Sprosse enthalten weißen Milchsaft.
(3) Im Milchsaft enthaltene Alkaloide leiten sich vom Benzylisochinolin ab.
(4) Die Kapseln öffnen sich bei der Reife durch Poren.
(5) Der eingetrocknete Milchsaft wird Opium genannt.
(6) Opium enthält als Hauptalkaloid Morphin.

(A) nur 1, 3 und 5
(B) nur 2, 4 und 6
(C) nur 1, 2, 4 und 6
(D) nur 2, 3, 5 und 6
(E) 1 bis 6 (alle)

60 Welche der folgenden Aussagen trifft <u>nicht</u> zu?

(A) Die Stammpflanze für Opium DAB ist Papaver somniferum.
(B) Zur Gewinnung von Opium dienen die unreifen Früchte.
(C) Die Samen von Papaver somniferum werden für die Reinalkaloid-Gewinnung verwendet.
(D) Die Frucht von Papaver somniferum ist eine Porenkapsel.
(E) In Opium sind Benzylisochinolin-Alkaloide enthalten.

61 Welche der Antworten trifft zu?

Die Fruchtform von Papaver rhoeas ist eine

(A) Nuß
(B) Kapsel
(C) Schote
(D) Hülse
(E) Steinfrucht

62 Welche Antwort trifft zu?

Bei der in Abbildung Nr. 29 wiedergegebenen Pflanze handelt es sich um eine Art der Gattung

(A) Cassia
(B) Potentilla
(C) Gossypium
(D) Papaver
(E) Chelidonium

63 Welche der Aussagen treffen zu?

Die in der Abbildung Nr. 29 wiedergegebene Pflanze

(1) enthält Milchsaft
(2) bildet Kapselfrüchte
(3) bildet ölhaltige Samen
(4) enthält ätherische Öle
(5) enthält Alkaloide
(6) enthält Senfölglykoside

(A) nur 1, 2 und 4
(B) nur 2, 3 und 4
(C) nur 1, 2, 3 und 5
(D) nur 3, 4, 5 und 6
(E) 1 bis 6 (alle)

10.4.4 Caryophyllaceae

64 Auf welche der aufgeführten Familien trifft die folgende Beschreibung zu?

Die 5-zähligen choripetalen Blüten bestehen meist aus einem doppelten Perianth, 2 Kreisen von Staubblättern und einem oberständigen coenokarpen Gynoeceum mit zentraler Plazentation. Die Blütenstände sind häufig dichasial.

(A) Caryophyllaceae
(B) Rosaceae
(C) Apiaceae
(D) Tiliaceae
(E) Rubiaceae

65 Welche der Antworten treffen zu?

Für die Familie der Caryophyllaceae sind folgende Inhaltsstoffe charakteristisch:

(1) Saponine
(2) Ätherische Öle
(3) Anthraglykoside
(4) Iridoide

(A) nur 1
(B) nur 2
(C) nur 1 und 2
(D) nur 1, 3 und 4
(E) nur 2, 3 und 4

66 Welche der Inhaltsstoffe sind kennzeichnend für die Caryophyllaceae?

(1) Anthrachinone
(2) Arbutin
(3) Saponine
(4) Triterpen-Alkaloide

(A) nur 3
(B) nur 1 und 4
(C) nur 1, 2 und 3
(D) nur 2, 3 und 4
(E) 1 bis 4 (alle)

67 Welche Aussage trifft zu?

Die Familie der Caryophyllaceae ist gekennzeichnet durch das Auftreten von

(A) Polyinen
(B) Diterpen-Alkaloiden
(C) Triterpensaponinen
(D) cyanogenen Glykosiden
(E) Sesquiterpenbitterstoffen

68 Welche Aussage trifft nicht zu?

Ätherisches Öl kommt bevorzugt in folgenden Pflanzenfamilien vor:

(A) Apiaceae
(B) Caryophyllaceae
(C) Rutaceae
(D) Asteraceae
(E) Lamiaceae

69 Welche Aussage zu Abbildung Nr. 1 trifft zu?

Die abgebildete Pflanze gehört zur Familie der

(A) Caryophyllaceae
(B) Ericaceae
(C) Rubiaceae
(D) Rutaceae
(E) Solanaceae

70 Welche Antwort trifft zu?

Dichasiale Blütenstände sind ein morphologisches Familienmerkmal der

(A) Cichoriaceae
(B) Apiaceae
(C) Caryophyllaceae
(D) Asteraceae
(E) Keine der Antworten trifft zu.

71 Welche der Aussagen trifft nicht auf die Familie der Caryophyllaceae zu?

(A) Die Blütenstände sind häufig dichasial verzweigt.
(B) Die Blüten sind meist radiär und 5- oder 4-zählig.
(C) Die Kronblätter sind in der Regel verwachsen.
(D) Bei einigen Gattungen fehlt die Blumenkrone.
(E) Gypsophila- und Saponaria-Arten liefern Wurzeldrogen.

72 Welche Aussage zu Merkmalen im vegetativen und generativen Bereich der Caryophyllaceen trifft zu?

	Blattstellung	Teilblütenstand	Fruchtform
(A)	wirtelig	Traube	Kapsel
(B)	wechselständig	Dichasium	Hülse
(C)	gegenständig	Dichasium	Kapsel
(D)	wechselständig	Wickel	Nuß
(E)	gegenständig	Dolde	Balg

73 Welche der Inhaltsstoffe sind für Caryophyllaceae charakteristisch?

(A) Iridoide
(B) Sesquiterpene
(C) Diterpenalkaloide
(D) Triterpensaponine
(E) Phenolglykoside

74 Welche der Inhaltsstoffe sind charakteristisch für Caryophyllaceae?

(A) Fructosane
(B) Triterpensaponine
(C) Schleime
(D) Scharfstoffe
(E) Gerbstoffe

75 Bei welcher der angegebenen Familien kommen häufig Blüten mit folgender Blütenformel vor?

* K5 oder (5) C 5 A 5+5 G (2), (3) oder (5)

(A) Caesalpiniaceae
(B) Caryophyllaceae
(C) Malvaceae
(D) Fabaceae
(E) Papaveraceae

76 Welche Aussage zu Blütenmerkmalen der Caryophyllaceen trifft zu?

	Anzahl der Karpelle	Anzahl der Stamina	Anzahl der Blütenblätter	Teilblütenstand
(A)	1	10	5	Wickel
(B)	2	5	5	Traube
(C)	2, 3, 5	5, 10	5, 4, 0	Dichasium
(D)	10	5–10	2+3	Dichasium
(E)	∞	20	5	Wickel

77 Saponine sind bei Höheren Pflanzen weit verbreitete Inhaltsstoffe, die pharmazeutische und taxonomische Bedeutung besitzen.

In welchen der folgenden Familien kommen Triterpen-Saponine vor?

(1) Caryophyllaceae
(2) Malvaceae
(3) Liliaceae
(4) Zingiberaceae

(A) nur in 1
(B) nur in 1 und 2
(C) nur in 3 und 4
(D) nur in 1, 2 und 3
(E) in 1 bis 4 (allen)

10.4.5 Polygonaceae

78 Welche der folgenden Merkmale kommen bei Polygonaceae häufig vor?

(1) Ochrea
(2) Alkaloide vom Benzylisochinolin-Typ
(3) Calciumoxalatkristalle

(A) nur 1
(B) nur 1 und 2
(C) nur 1 und 3
(D) nur 2 und 3
(E) 1 bis 3 (alle)

79 Welche Antwort trifft zu?

Die Art der Abbildung Nr. 9 des Bildteils gehört zur Familie der

(A) Apiaceae
(B) Gentianaceae
(C) Polygonaceae
(D) Rosaceae
(E) Scrophulariaceae

80 Welche der folgenden Aussagen trifft nicht zu?

(A) Rheum palmatum ist als Stammpflanze für Rhei radix im DAB 9 zugelassen.
(B) Rheum officinale ist als Stammpflanze für Rhei radix im DAB 9 zugelassen.
(C) Rhei radix zeigt positive Bornträger-Reaktion.
(D) Ein mikroskopisches Merkmal von Rhei radix sind typische Kristallzellreihen.
(E) Rheum-Arten haben eine Ochrea.

81 Welche der Aussagen zu Rhabarberwurzel DAB 9 bzw. ihrer Stammpflanze trifft nicht zu?

(A) Rhabarberwurzel stammt von Rheum rhaponticum.
(B) Rhabarberwurzel enthält Gerbstoffe.
(C) Rhabarberwurzel enthält Calciumoxalatdrusen.
(D) Durch die Wurzelknolle verlaufen zahlreiche markständige Leitbündel.
(E) Die Blätter besitzen Nebenblattscheiden.

82 Die Ochrea ist ein Familiencharakteristikum der Polygonaceae,

weil

bei den Polygonaceae die Blattspreite eine Metamorphose erfahren hat.

Ordnen Sie bitte den aufgeführten Merkmalen (Liste 1) die jeweils zutreffende Familie der Liste 2 zu.

Liste 1	Liste 2
83 Ochrea	(A) Poaceae
84 Blüten mit nur 1 Karpell	(B) Fabaceae
	(C) Malvaceae
	(D) Caryophyllaceae
85 Karyopse	(E) Polygonaceae

Ordnen Sie bitte den charakteristischen morphologischen Merkmalen (Liste 1) die jeweils zutreffende Pflanzenfamilie der Liste 2 zu.

Liste 1	Liste 2
86 Ochrea	(A) Asteraceae
	(B) Rosaceae
87 Pseudanthium	(C) Zingiberaceae
	(D) Polygonaceae
	(E) Poaceae

88 Welche Aussagen zu Rheum (Rhabarber) sind richtig?

(1) In allen Teilen der Pflanze sind Calciumoxalat-Raphiden enthalten.
(2) Rheum-Arten enthalten Anthra-Glykoside.
(3) Die Nebenblätter sind zur Ochrea verwachsen.

(A) nur 2
(B) nur 3
(C) nur 1 und 2
(D) nur 2 und 3
(E) 1 bis 3 (alle)

89 Welche Angaben treffen für die Familie der Polygonaceae zu?

(1) Die Nebenblätter sind zur Ochrea verwachsen.
(2) Kristalle fehlen.
(3) Anthraglykoside sind häufig vorhanden.
(4) Rheum palmatum liefert Rhei radix.

(A) nur 1
(B) nur 4
(C) nur 2 und 4
(D) nur 1, 3 und 4
(E) nur 2, 3 und 4

90 Welche der folgenden Merkmale kommen bei Polygonaceae häufig vor?

(1) Ochrea
(2) Calciumcarbonatkristalle
(3) Alkaloide vom Benzylisochinolin-Typ

(A) nur 1
(B) nur 1 und 2
(C) nur 1 und 3
(D) nur 2 und 3
(E) 1 bis 3 (alle)

10.4.6 Brassicaceae

91 Welche der angegebenen Merkmale sind charakteristisch für die Familie der Brassicaceae?

(1) C 4
(2) A 2+4
(3) Schoten
(4) Glucosinolate

(A) nur 1 und 2
(B) nur 2 und 3
(C) nur 3 und 4
(D) nur 2, 3 und 4
(E) 1 bis 4 (alle)

92 Welche der folgenden Merkmale sind charakteristisch für die Brassicaceae?

(1) Akkumulation von Glucosinolaten (Senfölglykosiden)
(2) Schotenfrüchte
(3) einfaches vierzähliges Perigon
(4) coenokarpes Gynoeceum

(A) nur 1 und 2
(B) nur 1 und 3
(C) nur 1, 2 und 3
(D) nur 1, 2 und 4
(E) nur 2, 3 und 4

93 Welche Aussage zu Abbildung Nr. 44 trifft zu?

Die abgebildete Pflanze gehört zur Familie der

(A) Papaveraceae
(B) Caesalpiniaceae
(C) Ranunculaceae
(D) Brassicaceae
(E) Primulaceae

94 Welche der nachfolgend genannten Stammpflanzen von Drogen gehören <u>nicht</u> zu den Brassicaceen?

(A) Sinapis alba
(B) Nasturtium officinale
(C) Brassica napus
(D) Cheiranthus cheiri
(E) Chelidonium majus

95 Welche der folgenden Aussagen treffen zu?

Sinapis alba

(1) hat Blüten mit 6 Kronblättern
(2) enthält Glucosinolate
(3) gehört zur Familie der Brassicaceen
(4) produziert Balgfrüchte, die mit 2 Klappen aufspringen

(A) nur 1 und 3
(B) nur 1 und 4
(C) nur 2 und 3
(D) nur 2, 3 und 4
(E) 1 bis 4 (alle)

96 Welche Aussagen sind richtig?

Viele Brassicaceen sind gekennzeichnet durch den Gehalt an

(1) Gerbstoffen
(2) Glucosinolaten
(3) Alkaloiden

(A) nur 2
(B) nur 3
(C) nur 1und 2
(D) nur 1 und 3
(E) 1 bis 3 (alle)

97 Welche Aussage trifft zu?

Myrosinase ist typisch für die Samen von

(A) Lamiaceae
(B) Brassicaceae
(C) Solanaceae
(D) Asteraceae
(E) Apiaceae

98 Welche Aussage trifft zu?

Das abgebildete Blütendiagramm entspricht dem einer

(A) Papaveracee
(B) Brassicacee
(C) Rubiacee
(D) Ericacee
(E) Apiacee

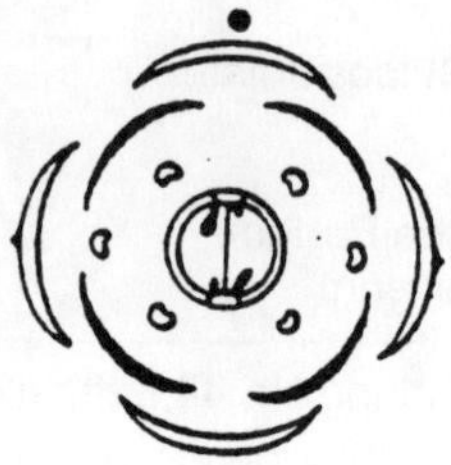

99 Welche der Aussagen treffen zu?

(1) Die Samen von Sinapis alba liefern Semen Erucae, den weißen Senf.
(2) Die Samen von Brassica nigra und Sinapis alba sind durch eine quellbare Schleimepidermis charakterisiert.
(3) Brassicaceen-Samen sind reich an Endosperm.

(A) nur 1
(B) nur 3
(C) nur 1 und 2
(D) nur 1 und 3
(E) nur 2 und 3

100 Welche der Angaben treffen für Brassicaceae zu?

(1) Blütenformel: K4 C4 A2+4 G($\underline{4}$) oder G($\underline{2}$)
(2) Frucht: Gliederhülse oder lokulizide Kapsel
(3) Inhaltsstoffe: Fettes Öl und Glucosinolate

(A) nur 1
(B) nur 1 und 2
(C) nur 1 und 3
(D) nur 2 und 3
(E) 1 bis 3 (alle)

101 Welche der folgenden Aussagen ist den Brassicaceae <u>nicht</u> zuzordnen?

(A) oberständiger Fruchtknoten
(B) 2 kurze und 4 lange Staubblätter
(C) Blumenkrone verwachsen
(D) Fruchtform häufig Schote
(E) Senfölglucoside (Glucosinolate)

10.4.8 Malvaceae

102 Auf welche der angegebenen Familien trifft die folgende Beschreibung zu?

Die 5-zähligen Blüten bestehen in der Regel aus einem doppelten Perianth mit freien Kronblättern, vielen (> 10) Staubblättern, deren Filamente zu einer Röhre verwachsen sind und einem oberständigen coenokarpen Gynoeceum, aus dem sich meist eine Kapsel oder Spaltfrucht entwickelt.

(A) Apiaceae
(B) Tiliaceae
(C) Rosaceae
(D) Malvaceae
(E) Brassicaceae

103 Welche der angegebenen Merkmale kommen häufig bei Malvaceae vor?

(1) Staubblatt-Filamente zu einer Röhre verwachsen
(2) Coenokarpie
(3) 5-zähliges Perianth

(A) nur 1
(B) nur 1 und 2
(C) nur 1 und 3
(D) nur 2 und 3
(E) 1 bis 3 (alle)

104 Welche Antwort trifft zu?

Die Pflanze in Abbildung Nr. 45 des Bildteils gehört zur Familie der

(A) Caryophyllaceae
(B) Malvaceae
(C) Papaveraceae
(D) Rosaceae
(E) Rutaceae

105 In welcher der angegebenen Familien kommen Früchte des beschriebenen Typs vor (siehe auch Abbildung Nr. 46 des Bildteils)?

Die Frucht wird aus 3–10 Karpellen aus einem coenokarp-synkarpen oberständigen Fruchtknoten gebildet. Bei der Reife zerfällt die Frucht entlang der Verwachsungsstellen der Karpelle in Teilfrüchte.

(A) Apiaceae
(B) Asteraceae
(C) Malvaceae
(D) Rosaceae
(E) Lamiaceae

106 Welche Aussage trifft nicht zu?

Althaea officinalis L.

(A) hat Spaltfrüchte mit einsamigen Teilfrüchten
(B) liefert eine offizinelle Wurzeldroge
(C) hat Schleimzellen und Schleimgänge
(D) weist Dolden oder Doppeldolden auf
(E) ist durch charakteristische Haare ausgezeichnet

107 Welche der Aussagen trifft nicht zu?

(A) Baumwolle wird von Gossypium-Arten gewonnen.
(B) Baumwolle dient zur Herstellung von Verbandwatte.
(C) Baumwolle sind die versponnenen Bastfasern von Gossypium-Arten.
(D) Baumwolle kann erst nach der Samenreife geerntet werden.
(E) Die Samen der Gossypium-Arten sind dicht mit langen Haaren besetzt.

108 Welche der folgenden Aussagen trifft <u>nicht</u> zu?

(A) Die Stammpflanze für Hibisci flos DAB ist Hibiscus sabdariffa.
(B) Hibisci flos bestehen nur aus den Kronblättern (Petalen).
(C) Die Droge Hibisci flos enthält verschiedene Fruchtsäuren.
(D) Mehrere Gattungen der Malvaceae finden Anwendung als Schleimdrogen.
(E) Hibisci flos besitzen eine leuchtend rote bis dunkelviolette Färbung.

109 Welche der Aussagen treffen zu?

Bei Malvaceae können vorkommen

(1) Spaltfrüchte
(2) Kapseln
(3) zu einer Röhre verwachsene Filamente
(4) Außenkelch

(A) nur 1 und 3
(B) nur 2 und 4
(C) nur 1, 3 und 4
(D) nur 2, 3 und 4
(E) 1 bis 4 (alle)

110 Welche Angaben über die Arzneibuchdroge Hibiscusblüten treffen zu?

(1) Die Stammpflanze ist Hibiscus sabdariffa.
(2) Die Droge besteht aus den getrockneten Kronblättern.
(3) Die Stammpflanze gehört zu den Malvaceae.

(A) nur 1
(B) nur 1 und 2
(C) nur 1 und 3
(D) nur 2 und 3
(E) 1 bis 3 (alle)

111 Welche Charakterisierung trifft für die Familie der Malvaceae zu?

(1) Die Blüten weisen häufig einen Außenkelch auf.
(2) Die Filamente sind zu einer Röhre verwachsen.
(3) Die Früchte sind immer loculicide Kapseln.
(4) Die Früchte sind immer Spaltfrüchte.

(A) nur 1 und 2
(B) nur 1 und 4
(C) nur 2 und 3
(D) nur 1, 2 und 3
(E) nur 1, 2 und 4

112 Welche Charakterisierung trifft für die Familie der Malvaceae zu?

(1) Schleimzellen
(2) Der Fruchtknoten ist unterständig.
(3) Die Deckhaare sind als Gliederhaare ausgebildet.

(A) nur 1
(B) nur 2
(C) nur 1 und 2
(D) nur 2 und 3
(E) 1 bis 3 (alle)

113 Welche Aussage trifft <u>nicht</u> zu?

Die Pflanze in Abbildung Nr. 83

(A) weist einen Außenkelch auf
(B) besitzt zygomorphe Blütensymmetrie
(C) weist verwachsene Filamente auf
(D) besitzt Spaltfrüchte
(E) enthält Schleim

114 Welche der angegebenen Merkmale kommen häufig bei Malvaceae vor?

(1) Sternhaare
(2) Monoterpene
(3) Schleime

(A) nur 1
(B) nur 2
(C) nur 3
(D) nur 1 und 2
(E) nur 1 und 3

115 Welche der folgenden Charakterisierungen trifft für die Familie der Malvaceae nicht zu?

(A) Spaltfrüchte oder Kapseln
(B) zahlreiche, mit ihren Filamenten verwachsene Staubblätter
(C) einzellige Deckhaare, häufig zu „Sternhaaren" vereinigt
(D) Schleimzellen mit sauren Zellwandschleimen
(E) häufige Akkumulation von Anthraglykosiden

116 Welche der angegebenen Fruchttypen kommen häufig bei Malvaceae vor?

(1) Kapseln
(2) Spaltfrüchte
(3) Steinfrüchte

(A) nur 1
(B) nur 2
(C) nur 3
(D) nur 1 und 2
(E) nur 1 und 3

117 Die Pflanze in Abbildung Nr. 83 ist die Stammpflanze von

(A) Centaurii herba
(B) Lini semen
(C) Althaea folium
(D) Malvae folium
(E) Hibisci flos

118 Welche der folgenden Gattungen gehören zu den Malvaceen?

(1) Hibiscus
(2) Gypsophila
(3) Gossypium
(4) Althaea
(5) Catharanthus

(A) nur 1 und 3
(B) nur 1, 3 und 4
(C) nur 1, 4 und 5
(D) nur 2, 4 und 5
(E) 1 bis 5 (alle)

10.4.9 Rosaceae

119 Auf welche der angegebenen Familien trifft die folgende Beschreibung zu?

Perianth in Kelch und Krone gegliedert; Staubblätter meist mehr als doppelt so viele wie Kelchblätter; Gynoeceum chorikarp (apokarp), meist aus mehreren Karpellen, selten aus 1 Karpell bestehend.

(A) Fabaceae
(B) Malvaceae
(C) Caesalpiniaceae
(D) Rosaceae
(E) Apiaceae

120 Welche Aussage trifft zu?

Die Pflanze in Abbildung Nr. 47 des Bildteils gehört zur Familie der

(A) Caryophyllaceae
(B) Rosaceae
(C) Caesalpiniaceae
(D) Ericaceae
(E) Ranunculaceae

121 Welche der angegebenen Merkmale sind bei der Blüte in Abbildung Nr. 47 vorhanden?

(1) Choripetalie
(2) Fruchtknoten unterständig
(3) Polyandrie

(A) nur 1
(B) nur 1 und 2
(C) nur 1 und 3
(D) nur 2 und 3
(E) 1 bis 3 (alle)

122 Die Unterfamilie Spiraeoideae der Rosaceae weist in manchen Gattungen Ähnlichkeit mit bestimmten Vertretern der Ranunculaceae auf,

weil

bei den beiden Taxa, Rosaceae und Ranunculaceae, die Blütenglieder durchgehend schraubig angeordnet sind.

123 Manche Gattungen der Rosaceae weisen im Blütenbau Ähnlichkeiten mit bestimmten Arten der Ranunculaceae auf,

weil

bei beiden Familien – Rosaceae und Ranunculaceae – nicht selten Chorikarpie, Polykarpie und Polyandrie auftreten.

124 Bei welcher Familie findet sich das Merkmal „Apokarpie" (Chorikarpie)?

(A) Lamiaceae
(B) Malvaceae
(C) Poaceae
(D) Rosaceae
(E) Tiliaceae

125 Welche Unterfamilie der Rosaceae hat durchgängig einen unterständigen Fruchtknoten?

(A) Spiraeoideae
(B) Maloideae
(C) Rosoideae
(D) Prunoideae
(E) Keine der Antworten trifft zu.

126 Welche Aussage zu Abbildung Nr. 48 der Bildbeilage trifft zu?

Die abgebildete Pflanze gehört zur Familie der

(A) Brassicaceae
(B) Caesalpiniaceae
(C) Papaveraceae
(D) Rutaceae
(E) Rosaceae

127 Welche Antwort trifft zu?

Die abgebildete Pflanze (siehe Abbildung Nr. 49 der Bildbeilage) gehört zur Familie der

(A) Caryophyllaceae
(B) Malvaceae
(C) Papaveraceae
(D) Rosaceae
(E) Rutaceae

128 Welche der aufgeführten Pflanzengattungen gehört zur Familie der Rosaceae?

(A) Catharanthus
(B) Ceratonia
(C) Myroxylon
(D) Pilocarpus
(E) Quillaja

129 Welche der aufgeführten Pflanzengattungen gehört zur Familie der Rosaceae?

(A) Catharanthus
(B) Ceratonia
(C) Myroxylon
(D) Pilocarpus
(E) Crataegus

130 Welche Aussage trifft zu?

Rosaceae

(A) enthalten häufig Alkaloide
(B) enthalten häufig Gerbstoffe
(C) haben meist 2 Kreise von je 5 Staubblättern
(D) haben meist ein coenokarpes Gynoeceum
(E) haben häufig Klausenfrüchte

131 Welche der Aussagen trifft nicht zu?

Rosaceen liefern Drogen mit folgenden Inhaltsstoffen:

(A) Gerbstoffe
(B) cyanogene Glykoside
(C) Anthraglykoside
(D) ätherisches Öl
(E) fettes Öl

132 Auf welche der nachstehend genannten Gattungen trifft die folgende Beschreibung zu?

je 5 Kelch- und Kronblätter, zahlreiche Staubblätter, zahlreiche Nüßchen in Sammelfrüchten

(A) Prunus
(B) Rosa
(C) Adonis
(D) Crataegus
(E) Ranunculus

133 Das abgebildete Blütendiagramm entspricht dem einer Rosacee,

weil

für Rosaceae die spiralige Anordnung der Staubblätter typisch ist.

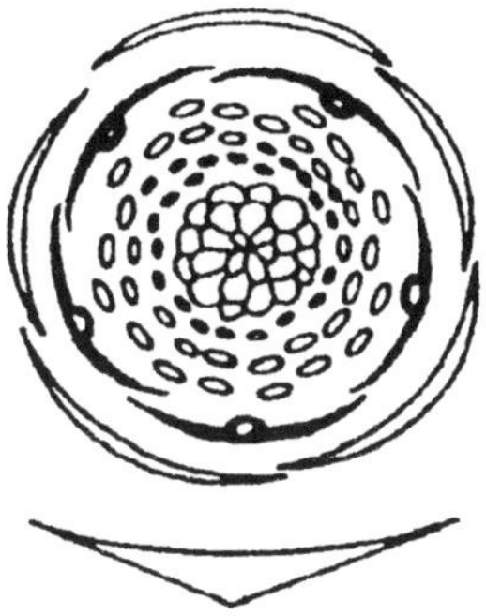

134 Welche der folgenden Pflanzenarten enthält keine Herzglykoside?

(A) Crataegus laevigatus
(B) Helleborus niger
(C) Urginea maritima
(D) Strophanthus gratus
(E) Convallaria majalis

10.4.10 Caesalpiniaceae

135 Welche Aussage zu Abbildung Nr. 50 des Bildteils trifft zu?

Die abgebildete Pflanze gehört zur Familie der

(A) Papaveraceae
(B) Caesalpiniaceae
(C) Ranunculaceae
(D) Brassicaceae
(E) Primulaceae

136 Welche Antwort trifft zu?

Die abgebildete Pflanze (siehe Abbildung Nr. 50) gehört zur Familie der

(A) Brassicaceae
(B) Caesalpiniaceae
(C) Papaveraceae
(D) Ranunculaceae
(E) Rosaceae

137 Welche der angegebenen Merkmale sind charakteristisch für die Familie der Caesalpiniaceae?

(1) Sympetalie
(2) 2 Karpelle
(3) meist zygomorphe Blüten
(4) häufig Schleim im Endosperm

(A) nur 1 und 2
(B) nur 3 und 4
(C) nur 1, 2 und 3
(D) nur 1, 3 und 4
(E) nur 2, 3 und 4

138 Welche der Aussagen treffen zu?

Cassia angustifolia

(1) gehört zur Familie der Fabaceae
(2) enthält Anthraglykoside
(3) ist eine Stammpflanze von Sennae folium
(4) ist eine Stammpflanze von Sennae fructus

(A) nur 2
(B) nur 1 und 2
(C) nur 2 und 4
(D) nur 1, 3 und 4
(E) nur 2, 3 und 4

139 Welche der Aussagen treffen zu?

Cassia angustifolia

(1) gehört zur Familie der Brassicaceae
(2) enthält Anthraglykoside
(3) ist eine Stammpflanze von Sennae folium
(4) ist eine Stammpflanze von Sennae fructus

(A) nur 2
(B) nur 1 und 2
(C) nur 2 und 4
(D) nur 1, 3 und 4
(E) nur 2, 3 und 4

140 Welche der Aussagen treffen für Cassia angustifolia, eine Stammpflanze der Sennesblätter, zu?

Bei Cassia angustifolia findet man

(1) Anthraglykoside
(2) sekundäres Dickenwachstum
(3) zygomorphe Blüten
(4) Hülsen als Frucht

(A) nur 1
(B) nur 1 und 3
(C) nur 2 und 4
(D) nur 1, 3 und 4
(E) 1 bis 4 (alle)

141 Welche Aussagen treffen zu?

Wirkstoffe von Ceratonia siliqua sind

(1) Endospermschleim
(2) Anthraglykoside
(3) Alkaloide

(A) nur 1
(B) nur 2
(C) nur 3
(D) nur 1 und 2
(E) nur 1 und 3

142 Viele Caesalpiniaceen-Drogen enthalten als wichtige Inhaltsstoffe

(1) Inulin
(2) Anthraglykoside
(3) Ätherische Öle in den Blättern
(4) Schleim im Endosperm

(A) nur 2 und 4
(B) nur 3 und 4
(C) nur 1, 2 und 3
(D) nur 1, 2 und 4
(E) nur 1, 3 und 4

143 Welche der folgenden Stoffgruppen werden von einigen Arten der Caesalpiniaceen bevorzugt akkumuliert?

(1) Saponine
(2) Anthraglykoside
(3) herzwirksame Glykoside
(4) Gerbstoffe
(5) Senföl-Glukoside

(A) nur 1
(B) nur 5
(C) nur 2 und 4
(D) nur 3, 4 und 5
(E) nur 1, 2, 4 und 5

144 Welche der folgenden Blattdrogen stellt auch als Ganzdroge nur den Teil eines Blattes dar?

(A) Sennae folium
(B) Menthae piperitae folium
(C) Orthosiphonis folium
(D) Farfarae folium
(E) Uvae ursi folium

145 Das abgebildete Blütendiagramm entpricht dem einer Caesalpiniacee,

<u>weil</u>

Caesalpiniaceen immer einen einkarpelligen Fruchtknoten aufweisen, der zu einer Hülse wird.

146 Auf welche der angegebenen Familien trifft die folgende Kurzcharakteristik zu?

Blüten zygomorph, einkarpelliger Fruchtknoten, häufig Schleim im Endosperm.

(1) Fabaceae
(2) Caesalpiniaceae
(3) Lamiaceae

(A) nur 1
(B) nur 2
(C) nur 3
(D) nur 1 und 2
(E) nur 2 und 3

147 Welche der Antworten trifft zu?

Die Fruchtform von Cassia angustifolia ist eine

(A) Hülse
(B) Schote
(C) Beere
(D) Nuß
(E) Kapsel

148 Welche der Aussagen trifft <u>nicht</u> zu?

Charakteristische Merkmale der Familie Caesalphiniaceae sind

(A) choripetale Blüten
(B) freie Staubblätter
(C) zwei Karpelle
(D) oberständiger Fruchtknoten
(E) häufig Schleim im Endosperm

149 Pharmazeutisch verwendete Caesalpiniaceen-Drogen enthalten als Inhaltsstoffe

(1) Polyine
(2) Fruchtsäuren
(3) Anthraglykoside
(4) Sesquiterpenbitterstoffe

(A) nur 1 und 4
(B) nur 2 und 3
(C) nur 1, 2 und 3
(D) nur 1, 3 und 4
(E) nur 2, 3 und 4

150 Welches Merkmal trifft <u>nicht</u> für die Caesalpiniaceae zu?

(A) Sympetalie
(B) freie Staubblätter
(C) einkarpelliger Fruchtknoten
(D) Hülsen
(E) Endospermschleime und Fruchtsäuren

151 Welche der Aussagen treffen zu?

Stammpflanze(n) von Sennae folium im Arzneibuch ist/sind

(1) Cassia senna
(2) Cassia auriculata
(3) Cassia angustifolia
(4) Cinnamomum cassia

(A) nur 3
(B) nur 4
(C) nur 1 und 2
(D) nur 1 und 3
(E) nur 1, 2 und 3

10.4.11 Fabaceae

152 Auf welche der angegebenen Familien trifft die folgende Beschreibung zu?

Die 5-zähligen, zygomorphen Blüten enthalten meist 10 Staubblätter, von denen häufig 9 miteinander verwachsen sind, während das 10. mehr oder weniger frei ist; das Gynoeceum besteht aus einem Karpell.

(A) Caesalpiniaceae
(B) Mimosaceae
(C) Fabaceae
(D) Malvaceae
(E) Liliaceae

153 Welche der nachfolgend genannten Eigenschaften treffen auf die Fabaceae zu?

(1) Ihre Samen können Fett, Stärke und Eiweiß akkumulieren.
(2) In Wurzelknöllchen kann durch symbiontische Bakterien N_2 assimiliert werden.
(3) Die zygomorphe Blüte wird als „Schmetterlingsblüte" bezeichnet.
(4) In einigen Sippen kommen giftige Eiweiße (Lectine) vor.
(5) In einigen Sippen werden Alkaloide akkumuliert.

(A) nur 1, 3 und 4
(B) nur 2, 4 und 5
(C) nur 1, 2, 3 und 4
(D) nur 1, 2, 3 und 5
(E) 1 bis 5 (alle)

154 Welche der Angaben treffen zu?

Die Familie, zu der die Pflanze der Abbildung Nr. 51 gehört, ist u.a. charakterisiert durch

(1) Früchte aus einem Fruchtblatt
(2) untereinander verwachsene Staubblätter
(3) Choripetalie
(4) häufiges Vorkommen von Lectinen

(A) nur 1 und 2
(B) nur 2 und 3
(C) nur 3 und 4
(D) nur 1, 2 und 3
(E) 1 bis 4 (alle)

155 Welche Aussage zu Blütenmerkmalen der Fabaceae trifft zu?

In der untenstehenden Tabelle gilt für die Fabaceae die Eintragung:

	Anzahl der Karpelle	Anzahl der Stamina
(A)	5	5
(B)	2	10
(C)	2	5
(D)	1	20
(E)	1	10

156 Welche der aufgeführten Pflanzengattungen gehört zur Familie der Fabaceae?

(A) Catharanthus
(B) Ceratonia
(C) Myroxylon
(D) Pilocarpus
(E) Quillaja

157 Welche Antwort trifft zu?

Liquiritiae radix (Ph. Eur.) stammt von

(A) Cassia angustifolia
(B) Tussilago farfara
(C) Levisticum officinale
(D) Althaea officinalis
(E) Keine Antwort trifft zu.

158 Welche der Antworten trifft <u>nicht</u> zu?

Glycyrrhiza glabra L.

(A) liefert eine Droge, die aus Ausläufern und Wurzeln besteht
(B) gehört zur gleichen Familie wie Physostigma venenosum
(C) hat Schleimzellen und Schleimgänge in Rinde und Mark
(D) liefert eine Droge, die Kristallzellreihen enthält
(E) hat als Frucht eine Hülse

159 Welche Aussage zu den Fabaceae trifft <u>nicht</u> zu?

Zu den Fabaceae zählen

(A) Arachis hypogeae (Erdnuß)
(B) Glycyrrhiza glabra (Süßholz)
(C) Cassia senna (Sennesblätter)
(D) Ononis spinosa (Hauhechel)
(E) Melilotus officinalis (Steinklee)

Ordnen Sie bitte den Stoffgruppen der Liste 1 Leguminosen-Wirkstoffe der Liste 2 zu:

Liste 1

160 Kohlenhydrate

161 Glykoproteine

Liste 2

(A) Lectine
(B) Laburnum-Gifte
(C) Endospermschleim
(D) Hauptreservestoff der Samen von Arachis hypogaea
(E) Glycyrrhizin

162 Welche der aufgeführten Gattungen gehört zur Familie der Fabaceae?

(A) Zea
(B) Aethusa
(C) Astragalus
(D) Cephaelis
(E) Orthosiphon

163 Welche der genannten Eigenschaften treffen auf die Fabaceae zu?

(1) Ihre Samen können Stärke, Fett und Eiweiß akkumulieren.
(2) In einigen Sippen enthalten die Samen toxische Eiweiße (Lectine).
(3) Die Chloroplasten enthalten das Enzym Nitrogenase.

(A) nur 1
(B) nur 2
(C) nur 1 und 2
(D) nur 1 und 3
(E) 1 bis 3 (alle)

164 Welche der genanten Fabaceen-Gattungen führen Alkaloide?

(1) Physostigma
(2) Glycyrrhiza
(3) Melilotus

(A) nur 1
(B) nur 2
(C) nur 3
(D) nur 1 und 2
(E) 1 bis 3 (alle)

165 Welche Aussagen treffen zu?

Wirkstoffe von Ceratonia siliqua sind:

(1) Endospermschleim
(2) Anthraglykoside
(3) Alkaloide

(A) nur 1
(B) nur 2
(C) nur 3
(D) nur 1 und 2
(E) nur 1 und 3

166 Welche Aussage trifft zu?

Die arzneilich verwendeten Inhaltsstoffe der Süßholzwurzel sind

(A) Lectine
(B) Saponine
(C) Alkaloide
(D) Polysaccharide
(E) Anthraglykoside

167 Auf welche der angegebenen Familien trifft die folgende Kurzcharakteristik zu?

Zygomorphe Blüten; oberständiger Fruchtknoten.

(1) Fabaceae
(2) Lamiaceae
(3) Scrophulariaceae

(A) nur 1
(B) nur 2
(C) nur 1 und 2
(D) nur 2 und 3
(E) 1 bis 3 (alle)

168 Welche der genannten Fabaceen-Gattungen führen Alkaloide?

(1) Arachis
(2) Melilotus
(3) Laburnum
(4) Physostigma

(A) nur 1 und 3
(B) nur 1 und 4
(C) nur 2 und 4
(D) nur 3 und 4
(E) nur 2, 4 und 4

169 Das abgebildete Blütendiagramm entspricht dem einer Fabacee,

weil

Fabaceae meist neun verwachsene und ein freies Staubblatt aufweisen.

170 Welche der aufgeführten Gattungen gehört zur Familie der Fabaceae?

(A) Orthosiphon
(B) Astragalus
(C) Cephaelis
(D) Vinca
(E) Ammi

10.4.12 Rutaceae

171 Welche Antwort trifft zu?

Die Pflanze der Abbildung Nr. 52 enthält als pharmazeutisch wichtigen Bestandteil

(A) Ätherisches Öl
(B) Gerbstoffe
(C) Indol-Alkaloide
(D) Steroid-Alkaloide
(E) Triterpensaponine

172 Welche Antwort trifft zu?

Die Pflanze in Abb. Nr. 52 gehört zur Familie der

(A) Caryophyllaceae
(B) Ericaceae
(C) Rubiaceae
(D) Rutaceae
(E) Solanaceae

173 Welche Aussage trifft zu?

Rutaceae haben

(A) meist ein parakarpes Gynoeceum
(B) meist zygomorphe Blüten
(C) meist eingeschlechtige Blüten
(D) schizolysigene Exkretbehälter
(E) Keine der Aussagen trifft zu.

174 Welche der folgenden Aussagen treffen zu?

Die Gattung Citrus besitzt

(1) Ölräume
(2) Beerenfrüchte
(3) radiäre Blüten

(A) nur 1
(B) nur 2
(C) nur 1 und 3
(D) nur 2 und 3
(E) 1 bis 3 (alle)

175 Welche der Aussagen treffen zu?

Die Arzneibuchdroge Aurantii pericarpium

(1) stammt aus der Familie der Myrtaceae
(2) stammt aus der Familie der Rutaceae
(3) enthält Ölräume
(4) ist die Schale einer Scheinfrucht
(5) wird durch Abschälen einer Beere gewonnen

(A) nur 3
(B) nur 1 und 3
(C) nur 2 und 4
(D) nur 2 und 5
(E) nur 2, 3 und 5

176 Welche Antwort trifft zu?

Die Pflanze in Abbildung Nr. 52 gehört zur Familie der

(A) Caryophyllaceae
(B) Malvaceae
(C) Papaveraceae
(D) Rosaceae
(E) Rutaceae

177 Welche der Aussagen treffen zu?

Die Arzneibuchdroge Pomeranzenschale

(1) stammt aus der Familie der Rosaceae
(2) stammt aus der Familie der Rutaceae
(3) schmeckt würzig bitter
(4) ist die Schale einer Scheinfrucht
(5) besteht aus Teilen der Fruchtwand einer Beere.

(A) nur 5
(B) nur 1 und 4
(C) nur 1, 3 und 4
(D) nur 2, 3 und 4
(E) nur 2, 3 und 5

178 Welche der Aussagen treffen zu?

Die Arzneibuchdroge Aurantii pericarpium

(1) stammt aus der Familie der Caesalpiniaceae
(2) stammt aus der Familie der Rutaceae
(3) enthält Ätherisches Öl
(4) ist die Schale einer Balgfrucht
(5) wird durch Abschälen einer Beere gewonnen

(A) nur 2
(B) nur 1 und 4
(C) nur 2 und 3
(D) nur 1, 3 und 4
(E) nur 2, 3 und 5

10.4.13 Apiaceae

179 Welche Antwort trifft zu?

Die nebenstehend abgebildete Arzneipflanze gehört zur Familie der

(A) Apiaceae
(B) Asteraceae
(C) Gentianaceae
(D) Ranunculaceae
(E) Rosaceae

180 Welche der folgenden Merkmale sind für die Familie der Apiaceae charakteristisch?

(1) Gynoeceum aus 3 Karpellen bestehend
(2) Spaltfrüchte
(3) Akkumulation von ätherischem Öl
(4) Endosperm aus meist dünnwandigen Zellen bestehend, die viele Stärkekörner enthalten

(A) nur 3
(B) nur 1 und 4
(C) nur 2 und 3
(D) nur 1, 3 und 4
(E) 1 bis 4 (alle)

181 Welche Charakterisierung trifft für die Familie der Apiaceae zu?

(A) Der Blattgrund ist als Blattscheide ausgebildet.
(B) Die Blütenstände sind immer einfache Dolden.
(C) Der Fruchtknoten ist oberständig.
(D) Die Frucht ist eine Karyopse.
(E) Die Frucht enthält lysigene Ölbehälter.

182 Welches ist ein charakteristisches Merkmal der Apiaceae?

(A) Fruchtform: Doppelachäne
(B) oberständiger Fruchtknoten
(C) lysigene Milchröhren
(D) 2 Kreise von Staubblättern
(E) Rispen als Blütenstände

183 Welche der folgenden Gattungen ist durch Doppel-Dolden charakterisiert?

(A) Oryza
(B) Silybum
(C) Foeniculum
(D) Chelidonium
(E) Arctostaphylos

184 Bei welcher Familie erfolgt die Exkretspeicherung in interzellulären Exkretbehältern?

(A) Apiaceae
(B) Brassicaceae
(C) Lamiaceae
(D) Papaveraceae
(E) Rosaceae

185 Welche Antwort trifft zu?

Apiaceae-Früchte akkumulieren ätherisches Öl vor allem in

(A) lysigenen Ölbehältern
(B) schizogenen Ölgängen
(C) Ölzellen
(D) Drüsenschuppen
(E) Drüsenhaaren

186 Welches der aufgeführten Objekte enthält Ölkanäle?

(A) Citrus-Früchte
(B) Lamiaceae-Blätter
(C) Apiaceae-Früchte
(D) Scrophulariaceae-Blätter
(E) Euphorbiaceae-Früchte

187 Welche der genannten Pflanzengattungen gehört nicht zur Familie der Apiaceae?

(A) Levisticum
(B) Ammi
(C) Cicuta
(D) Conium
(E) Hevea

188 Welche Aussagen treffen zu?

Morphologisch-anatomische Merkmale der Apiaceae sind

(1) Polyandrie
(2) Dolden
(3) Blattscheiden
(4) Spaltfrüchte
(5) Exkretgänge

(A) nur 1 und 5
(B) nur 2 und 4
(C) nur 2 und 5
(D) nur 2, 3, 4 und 5
(E) 1 bis 5 (alle)

189 Welche Aussagen treffen zu?

Charakteristische chemische Merkmale der Apiaceae sind

(1) Polyine
(2) Cumarine
(3) iridoide Bitterstoffe

(A) nur 1
(B) nur 1 und 2
(C) nur 1und 3
(D) nur 2 und 3
(E) 1 bis 3 (alle)

190 Welche Aussagen treffen zu?

Folgende sekundäre Pflanzenstoffe sind bei Apiaceae häufig zu finden:

(1) Polyine
(2) Anthrachinone
(3) Ätherische Öle
(4) Cumarine

(A) nur 1
(B) nur 4
(C) nur 1 und 3
(D) nur 1, 2 und 3
(E) nur 1, 3 und 4

191 Welche der Aussagen treffen zu?

Die Giftpflanze Cicuta virosa

(1) gehört zur Familie der Apiaceae
(2) gehört zur Familie der Ranunculaceae
(3) enthält Polyine
(4) enthält Alkaloide

(A) nur 1
(B) nur 4
(C) nur 1 und 3
(D) nur 2 und 3
(E) nur 2 und 4

192 Welche der Aussagen treffen zu?

Die Arzneibuchdroge Fenchel

(1) besteht aus Spaltfrüchten oder deren Teilfrüchten
(2) geht aus einem unterständigen Fruchtknoten hervor
(3) enthält ätherisches Öl in der Samenschale

(A) nur 1
(B) nur 2
(C) nur 1 und 2
(D) nur 1 und 3
(E) 1 bis 3 (alle)

193 Welche Pflanzenteile finden bei Arzneipflanzen aus der Familie der Apiaceae bevorzugt als Drogen Verwendung?

(1) Flores
(2) Fructus
(3) Semen
(4) Radix

(A) nur 2
(B) nur 3
(C) nur 2 und 4
(D) nur 1, 2 und 4
(E) nur 2, 3 und 4

194 Welche der folgenden Aussagen trifft <u>nicht</u> zu?

(A) Die Droge Foeniculi fructus ist meist in die Teilfrüchte zerfallen.
(B) In den Früchten von Cicuta virosa sind toxische Polyine enthalten.
(C) Die Früchte vieler Apiaceae enthalten ätherisches Öl.
(D) Das ätherische Öl ist in den Früchten der Apiaceae in Ölzellen abgelagert.
(E) Conii fructus haben ähnliche Form und Größe wie Anisi fructus.

195 Welche Charakterisierung trifft für die Familie der Apiaceae zu?

(1) Die Blüten sind meist radiär.
(2) Die Blütenstände sind immer einfache Dolden.
(3) Der Fruchtknoten ist oberständig.
(4) Die Frucht ist eine Karyopse.
(5) Der Blattgrund ist als Blattscheide ausgebildet.

(A) nur 1 und 4
(B) nur 1 und 5
(C) nur 1, 2 und 5
(D) nur 1, 3 und 4
(E) nur 2, 3 und 5

196 Für welche der aufgeführten Pflanzenfamilien trifft die folgende Beschreibung zu?

Blätter wechselständig, meist mit Blattscheide; Blüte meist radiär, Blütenhülle 5-zählig, einfache oder zusammengesetzte Blütenstände, Staubblätter 5, Karpelle 2, Fruchtknoten unterständig.

Chemische Merkmale: Ätherische Öle

(A) Polygonaceae
(B) Apiaceae
(C) Lamiaceae
(D) Rutaceae
(E) Zingiberaceae

197 Pflanzen der Familie der Apiaceae können enthalten

(1) Exkretgänge
(2) Cumarine
(3) Ätherisches Öl
(4) Schleime
(5) Polyine

(A) nur 2 und 3
(B) nur 1, 2 und 4
(C) nur 1, 2, 3 und 5
(D) nur 1, 3, 4 und 5
(E) 1 bis 5 (alle)

198 Welche Charakterisierung trifft für die Familie der Apiaceae <u>nicht</u> zu?

(A) Die Blüten sind immer zygomorph.
(B) Die Blütenstände sind meist Doppeldolden.
(C) Der Fruchtknoten ist unterständig.
(D) Die Frucht ist eine Spaltfrucht.
(E) Der Blattgrund ist als Blattscheide ausgebildet.

199 Welche der Aussagen treffen zu?

Die Arzneibuchdroge Kümmel

(1) hat als Stammpflanze Carum carvi L.
(2) weist Drüsenhaare mit Ätherischem Öl auf
(3) enthält im Endosperm Aleuron und Fettes Öl

(A) nur 1
(B) nur 2
(C) nur 1 und 2
(D) nur 1 und 3
(E) 1 bis 3 (alle)

200 Welche Aussagen treffen zu?

Charakteristische Merkmale der Apiaceae sind:

(1) Spaltfrüchte
(2) unterständiger Fruchtknoten
(3) Ätherisches Öl in schizogenen Exkretbehältern

(A) nur 1
(B) nur 1 und 2
(C) nur 1 und 3
(D) nur 2 und 3
(E) 1 bis 3 (alle)

201 Welche Pflanzenteile von Arzneipflanzen aus der Familie der Apiaceae sind im Arzneibuch enthalten?

(1) Cortex
(2) Flores
(3) Fructus
(4) Semen

(A) nur 3
(B) nur 4
(C) nur 2 und 3
(D) nur 1, 2 und 3
(E) nur 2, 3 und 4

202 Die Pflanze in Abbildung Nr. 86 gehört zu welcher Pflanzenfamilie?

(A) Ericaceae
(B) Apiaceae
(C) Caryophyllaceae
(D) Scrophulariaceae
(E) Asteraceae

203 Welche Aussage ist richtig?

Die in Abbildung Nr. 87 dargestellte Pflanze

(A) ist eine Asteracee
(B) ist eine Apiacee
(C) besitzt Trugdolden
(D) entwickelt zahlreiche Balgfrüchte
(E) enthält Gerbstoffe

Ordnen Sie bitte den in Liste 1 aufgeführten Arzneipflanzengattungen die für sie zutreffende Aussage (Liste 2) zu!

Liste 1

204 Foeniculum

205 Mentha

206 Hyoscyamus

Liste 2

(A) weiße Zwitterblüten, zahlreiche Stamina, Kapselfrucht, Holzpflanze
(B) Kräuter mit vierkantigem Stengel, Blüten in Scheinquirlen zusammengedrängt, Blütenhülle verwachsen, zygomorph
(C) Blattgrund als Blattscheide ausgestaltet; Blüten gelb, in zusammengesetzten Dolden
(D) Blütenstand mit zweierlei Blüten, entweder radiäre, fünfzipflige Röhrenblüten oder dorsiventrale Zungenblüten, mit Milchsaft
(E) Blüten leicht zygomorph, giftige Kräuter, Frucht eine Kapsel

---

Ordnen Sie bitte den in Liste 1 genannten Familien den in Liste 2 genannten Blütenstand zu!

Liste 1

207 Apiaceae

208 Asteraceae

Liste 2

(A) Rispe
(B) Traube
(C) Doppeldolde
(D) Kolben
(E) Körbchen

10.4.14 Rhamnaceae

209 Welche Aussage zu Merkmalen der Rhamnaceae trifft nicht zu?

(A) Viele Rhamnus-Arten enthalten Anthranoide.
(B) Rhamnaceen besitzen einen Staubblattkreis.
(C) Aus den Karpellen entwickeln sich Balgfrüchte.
(D) Zu den Rhamnaceen gehören die Stammpflanzen der Faulbaumrinde und der Cascara-Rinde.
(E) Die Blüten sind tetra- oder pentamer, diözisch oder zwittrig.

---

210 Welche der folgenden Pflanzenarten enthalten Anthranoide?

(1) Aloe ferox
(2) Rhamnus frangula
(3) Cassia angustifolia
(4) Rheum officinale
(5) Rhamnus purshiana

(A) nur 2 und 4
(B) nur 1, 2 und 3
(C) nur 1, 3 und 5
(D) nur 1, 2, 3 und 4
(E) 1 bis 5 (alle)

---

211 Welche Antwort trifft zu?

Die Arzneibuchdroge Faulbaumrinde wird gewonnen von:

(A) Frangula fallax
(B) Frangula pumila
(C) Frangula purshiana
(D) Rhamnus fallax
(E) Rhamnus frangula

10.4.16 Ericaceae

212 Auf welche der angegebenen Familien trifft die folgende Kurzbeschreibung zu?

Blüten meist radiär, häufig 5-zählig, mit meist verwachsenen Kronblättern, mit 2 Kreisen freier Staubblätter und meist mit oberständigem coenokarp-synkarpem Gynoeceum.

(A) Ericaceae
(B) Gentianaceae
(C) Apiaceae
(D) Rubiaceae
(E) Valerianaceae

213 Welche Antwort trifft zu?

Bei der in der Abbildung Nr. 53 wiedergegebenen Arzneipflanze handelt es sich um

(A) Arctostaphylos uva-ursi
(B) Coffea arabica
(C) Nerium oleander
(D) Physostigma venenosum
(E) Galium verum

214 Welche der Aussagen treffen zu?

Die Arzneibuchdroge Bärentraubenblätter bzw. ihre Stammpflanze

(1) besteht aus ganzrandigen Blättern
(2) hat eine dünne Cuticula
(3) enthält Phenolglykoside
(4) gehört zur Familie der Rosaceae

(A) nur 1
(B) nur 3
(C) nur 1 und 3
(D) nur 1, 3 und 4
(E) nur 2, 3 und 4

215 Welche Aussage beschreibt ein Merkmal der Ericaceae richtig?

(A) meist choripetale Blüten
(B) Blüten meist mit 2 Kreisen fertiler Staubblätter
(C) parakarpes Gynoeceum mit frei zentraler Stellung der Samenanlagen
(D) häufig herzwirksame Glykoside
(E) häufig Alkaloide

216 Welche Aussagen treffen zu?

Vaccinium-Arten

(1) enthalten Gerbstoffe
(2) besitzen zwei Kreise von Staubblättern
(3) haben ein doppeltes Perigon

(A) nur 2
(B) nur 1 und 2
(C) nur 1 und 3
(D) nur 2 und 3
(E) 1 bis 3 (alle)

217 Welche Aussagen sind richtig?

Fast alle Ericaceae sind gekennzeichnet durch den Gehalt an

(1) Alkaloiden
(2) Gerbstoffen
(3) Ätherischem Öl
(4) Phenolglykosiden

(A) nur 1 und 3
(B) nur 1 und 4
(C) nur 2 und 4
(D) nur 1, 2 und 3
(E) 1 bis 4 (alle)

218 Welche Antwort trifft zu?

Bei der in der Abbildung Nr. 53 wiedergegebenen Arzneipflanze handelt es sich um

(A) Ononis spinosa
(B) Coffea arabica
(C) Nerium oleander
(D) Arctostaphylos uva-ursi
(E) Rhamnus frangula

219 Welche Aussage trifft nicht zu?

Ätherisches Öl kommt bevorzugt in folgenden Pflanzenfamilien vor:

(A) Apiaceae
(B) Ericaceae
(C) Zingiberaceae
(D) Asteraceae
(E) Rutaceae

220 Welche der Aussagen treffen zu?

Arctostaphylos uva-ursi

(1) enthält Phenolglykoside.
(2) besitzt zwei Kreise von Staubblättern.
(3) hat ein doppeltes Perigon.

(A) nur 1
(B) nur 1 und 2
(C) nur 1 und 3
(D) nur 2 und 3
(E) 1 bis 3 (alle)

10.4.17 Gentianaceae

221 Welche der Aussagen treffen zu?

Gentianaceae

(1) haben häufig Milchröhren
(2) akkumulieren häufig Indol-Alkaloide
(3) haben meist gegenständige Blätter
(4) akkumulieren häufig iridoide Bitterstoffe

(A) nur 4
(B) nur 1 und 4
(C) nur 2 und 3
(D) nur 3 und 4
(E) nur 1, 2 und 4

222 Welche Aussagen treffen zu?

Die in Abbildung Nr. 54 gezeigte Pflanze

(1) gehört zu den Apocynaceae
(2) enthält iridoide Bitterstoffe
(3) ist die Stammpflanze einer Arzneibuchdroge

(A) nur 2
(B) nur 3
(C) nur 1und 2
(D) nur 1 und 3
(E) nur 2 und 3

223 Welche Antwort trifft zu?

Die abgebildeten Pflanzen (Abb. Nr. 55 bis 57) sind Vertreter aus

(A) einer Pflanzenfamilie (Caryophyllaceae)
(B) zwei Pflanzenfamilien (Solanaceae, Gentianaceae)
(C) zwei Pflanzenfamilien (Apiaceae, Zingiberaceae)
(D) zwei Pflanzenfamilien (Rosaceae, Liliaceae)
(E) drei Pflanzenfamilien (Rosaceae, Caryophyllaceae, Gentianaceae)

224 Welche Aussagen treffen zu?

Von den abgebildeten Pflanzen 1, 2 und 3 (von links) der Abbildungen Nr. 55 bis 57 gehören zu den Gentianaceae:

(A) nur 1
(B) nur 2
(C) nur 1 und 2
(D) nur 2 und 3
(E) 1 bis 3 (alle)

225 Welche der Feststellungen treffen für die Arzneipflanze der Abbildung Nr. 58 zu?

(1) Dolde
(2) Blätter gegenständig
(3) intraxyläre Phloeme
(4) iridoide Bitterstoffe
(5) Gerbstoffe

(A) nur 1 und 4
(B) nur 2 und 5
(C) nur 3 und 5
(D) nur 1, 2 und 5
(E) nur 2, 3 und 4

226 Die Abbildung Nr. 59 zeigt eine Arzneipflanze und vergrößert einen Blütenstand dieser Pflanze.

Welche der Aussagen treffen zu?

Die Arzneipflanze

(1) enthält iridoide Bitterstoffe
(2) enthält Scharfstoffe
(3) besitzt charakteristische Leitbündel
(4) gehört zur Familie der Zingiberaceae

(A) nur 1 und 3
(B) nur 2 und 4
(C) nur 1, 2 und 3
(D) nur 2, 3 und 4
(E) 1 bis 4 (alle)

227 Welche der Aussagen treffen zu?

Die Arzneibuchdroge Enzianwurzel bzw. ihre Stammpflanze

(1) zählt zu den Monokotylen, da die Blattnerven parallel verlaufen
(2) hat blaue Blüten
(3) ist eine Bitterdroge
(4) enthält Seco-Iridoide

(A) nur 1 und 4
(B) nur 3 und 4
(C) nur 1, 2 und 3
(D) nur 2, 3 und 4
(E) 1 bis 4 (alle)

228 Welche Aussagen sind richtig?

Gentianaceen-Drogen enthalten als wichtige Inhaltsstoffe

(1) Steroid-Alkaloide
(2) iridoide Bitterstoffe
(3) ätherische Öle
(4) Phenolglykoside

(A) nur 1
(B) nur 2
(C) nur 1 und 2
(D) nur 3 und 4
(E) nur 2, 3 und 4

229 Gentianae radix zeigt auf einem Querschnittsbild ein polyarches Leitbündel,

<u>weil</u>

Gentiana lutea zu den Magnoliatae zählt.

230 Auf welche der angegebenen Familien trifft die folgende Kurzcharakteristik zu?

Blätter gegenständig, ungeteilt und ganzrandig; Iridoide oder Seco-Iridoide werden akkumuliert.

(A) Caryophyllaceae
(B) Gentianaceae
(C) Malvaceae
(D) Rutaceae
(E) Keine der genannten Antworten trifft zu.

231 Welche der Aussagen trifft nicht zu?

Die Arzneibuchdroge Tausendgüldenkraut bzw. ihre Stammpflanze

(A) gehört zur Familie der Caryophyllaceae
(B) enthält iridoide Bitterstoffe
(C) hat dichasiale Teilblütenstände
(D) ist eine Bitterdroge
(E) hat zartrosa Blüten

232 Welche Aussage zu Merkmalen im generativen und vegetativen Bereich der Gentianaceen trifft zu?

	Blütensymmetrie	Blütenstand	Fruchtform	Blattstellung
(A)	radiär	Einzelblüten, Scheinwickel	Kapsel	gegenständig
(B)	zygomorph	Wickel, Dichasien	Nuß	wechselständig
(C)	radiär	Traube, Rispe	Nuß	gegenständig
(D)	zygomorph	Dolde, Ähre	Kapsel	gegenständig
(E)	radiär	Traube, Rispe	Balg	grundständig

233 Welche Aussagen treffen zu?

Die in der Abbildung Nr. 84 gezeigte Pflanze

(1) gehört zu den Apocynaceae
(2) enthält iridoide Bitterstoffe
(3) enthält Cardenolide

(A) nur 2
(B) nur 3
(C) nur 1 und 2
(D) nur 1 und 3
(E) nur 2 und 3

234 Die Abbildung Nr. 59 zeigt eine Arzneipflanze und vergrößert einen Blütenstand dieser Pflanze.

Welche der Aussagen treffen zu?

Die Arzneipflanze

(1) enthält iridoide Bitterstoffe
(2) besitzt intraxyläres Phloem
(3) gehört zur Familie der Liliaceae

(A) nur 1
(B) nur 3
(C) nur 1 und 2
(D) nur 1 und 3
(E) nur 2 und 3

235 Welche der Aussagen treffen zu?

Die Familie der Gentianaceae ist charakterisiert durch

(1) bikollaterale Leitbündel
(2) einfache und ganzrandige Blätter
(3) gegenständige Blattstellung
(4) Nebenblätter

(A) nur 1
(B) nur 1 und 2
(C) nur 1, 2 und 3
(D) nur 2, 3 und 4
(E) 1 bis 4 (alle)

236 Welche der Feststellungen treffen für die Arzneipflanze in Abb. Nr. 56 zu?

(1) Blätter gegenständig
(2) gehört zu den Gentianaceae
(3) enthält iridoide Bitterstoffe
(4) enthält Gerbstoffe

(A) nur 1 und 3
(B) nur 2 und 3
(C) nur 2 und 4
(D) nur 1, 2 und 3
(E) 1 bis 4 (alle)

237 Welche der Aussagen trifft nicht zu?

Die Arzneibuchdroge Tausendgüldenkraut bzw. ihre Stammpflanze

(A) stammt aus der Familie der Gentianaceae
(B) wird vor der Blüte geerntet
(C) hat dichasiale Teilblütenstände
(D) ist eine Bitterdroge
(E) enthält Iridoide

238 Welche Angaben treffen zu?

Die Familie der Gentianaceae ist durch folgende Merkmale charakterisiert:

(1) Indol-Alkaloide
(2) radiäre Blüten
(3) gegenständige Blätter

(A) nur 2
(B) nur 1 und 2
(C) nur 1 und 3
(D) nur 2 und 3
(E) 1 bis 3 (alle)

239 Welche der Aussagen treffen zu?

Die Familie der Genetianaceae ist charakterisiert durch

(1) Kapseln
(2) einfache und ganzrandige Blätter
(3) dekussierte Blattstellung
(4) das Fehlen von Nebenblättern
(5) intraxyläres und interxyläres Phloem

(A) nur 1, 3 und 5
(B) nur 2, 3 und 5
(C) nur 1, 2, 3 und 4
(D) nur 1, 2, 4 und 5
(E) 1 bis 5 (alle)

10.4.18 Apocynaceae

240 Welche der Aussagen sind richtig?

(1) Die Apocynaceae sind vorwiegend Holzpflanzen tropischer Gebiete.
(2) Die Apocynaceenfrucht geht aus 2 Karpellen hervor und ist häufig eine Doppelbalgfrucht.
(3) Aus Apocynaceen sind zahlreiche Indol-Alkaloide isoliert worden.
(4) Herzwirksame Glykoside sind aus der Apocynaceen-Gattung Strophanthus bekannt.

(A) nur 1 und 2
(B) nur 3 und 4
(C) nur 1, 2 und 3
(D) nur 1, 3 und 4
(E) 1 bis 4 (alle)

241 In welchen der folgenden Apocynaceae-Gattungen treten – soweit bekannt – Arten auf, die herzwirksame Glykoside enthalten?

(1) Catharanthus
(2) Nerium
(3) Rauvolfia
(4) Strophanthus

(A) nur 1
(B) nur 4
(C) nur 1 und 3
(D) nur 2 und 3
(E) nur 2 und 4

242 Welche Aussagen treffen zu?

Rauvolfia serpentina

(1) gehört zur Familie der Apocynaceae
(2) enthält Indol-Alkaloide
(3) enthält Alkaloide der Tryptophan-gruppe

(A) nur 1
(B) nur 3
(C) nur 1 und 2
(D) nur 2 und 3
(E) 1 bis 3 (alle)

243 Welche Aussagen treffen zu?

Die Pflanze in Abbildung Nr. 60

(1) gehört zu den Apocynaceae
(2) enthält Benzylisochinolin-Alkaloide
(3) enthält Cardenolide

(A) nur 1
(B) nur 2
(C) nur 3
(D) nur 1 und 2
(E) nur 1 und 3

244 Welche der folgenden Apocynaceae-Gattungen enthalten – soweit bekannt – Alkaloid-führende Arten?

(1) Catharanthus
(2) Nerium
(3) Rauvolfia
(4) Strophanthus

(A) nur 3
(B) nur 4
(C) nur 1 und 3
(D) nur 2 und 3
(E) nur 1, 2 und 4

245 Auf welche der angegebenen Familien trifft die folgende Kurzcharakteristik zu?

Blätter gegenständig, ungeteilt und ganzrandig; bikollaterale Leitbündel (intraxyläres Phloem) meist vorhanden.

(1) Caryophyllaceae
(2) Apocynaceae
(3) Gentianaceae

(A) nur 1
(B) nur 2
(C) nur 3
(D) nur 1 und 2
(E) nur 2 und 3

246 Welche Aussagen treffen zu?

Rauwolfia serpentina

(1) gehört zur Familie der Apocynaceae
(2) enthält Indolalkaloide
(3) enthält Cardenolide

(A) nur 1
(B) nur 3
(C) nur 1 und 2
(D) nur 2 und 3
(E) 1 bis 3 (alle)

247 Welche der Aussagen treffen zu?

Catharanthus roseus

(1) ist eine Arzneipflanze aus der Familie der Asclepiadaceae
(2) ist eine Pflanze der Tropen und Subtropen
(3) enthält Indolalkaloide
(4) enthält u.a. Vinblastin und Vincristin
(5) enthält Alkaloide, die sich vom Tryptophan ableiten

(A) nur 1 und 3
(B) nur 3 und 4
(C) nur 2, 4 und 5
(D) nur 1, 3, 4 und 5
(E) nur 2, 3, 4 und 5

248 Welche der Aussagen trifft zu?

Bei der nebenstehenden Abbildung handelt es sich um Teile der Stammpflanze von

(A) Melissae folium
(B) Oleandri folium
(C) Orthosiphonis folium
(D) Menthae piperitae folium
(E) Rosmarini folium

249 Welche Aussagen zur Verbreitung von Alkaloiden treffen zu?

Indol-Alkaloide kommen vor bei den:

(1) Apocynaceae
(2) Gentianaceae
(3) Papaveraceae

(A) nur 1
(B) nur 1 und 2
(C) nur 1 und 3
(D) nur 2 und 3
(E) 1 bis 3 (alle)

250 Welche Aussagen treffen zu?

Sympetale, radiäre Blüten finden sich häufig bei den

(1) Lamiaceae
(2) Apocynaceae
(3) Rosaceae

(A) nur 1
(B) nur 2
(C) nur 3
(D) nur 1 und 2
(E) nur 2 und 3

251 Welche Aussagen treffen zu?

Alkaloide kommen vor in der Gattung:

(1) Catharanthus
(2) Rauvolfia
(3) Claviceps

(A) nur 1
(B) nur 3
(C) nur 1 und 2
(D) nur 2 und 3
(E) 1 bis 3 (alle)

252 Welche der Aussagen treffen zu?

Die Arzneibuchdroge Rauwolfiae radix

(1) stammt von Rauvolfia vomitoria
(2) stammt von Rauvolfia serpentina
(3) kommt aus der Familie der Apocynaceae
(4) enthält Indolalkaloide

(A) nur 1 und 3
(B) nur 2 und 3
(C) nur 1, 2 und 4
(D) nur 2, 3 und 4
(E) 1 bis 4 (alle)

253 Rauvolfia serpentina und Nerium oleander gehören unterschiedlichen Familien an,

weil

die Wirkstoffe von Rauvolfia serpentina und Nerium oleander unterschiedlichen Stroffgruppen angehören.

254 In welcher der folgenden Pflanzenfamilien kommen Indolalkaloide vor?

(A) Apiaceae
(B) Solanaceae
(C) Apocynaceae
(D) Papaveraceae
(E) Ranunculaceae

255 Strophanthus- und Digitalis-Arten gehören zur selben Pflanzenfamilie,

weil

sich sowohl in Strophanthus- als auch in Digitalis-Arten Cardenolide finden.

10.4.19 Rubiaceae

256 Welche Aussagen treffen zu?

Die Pflanze in Abb. Nr. 61

(1) gehört zu den Rubiaceae
(2) enthält Benzylisochinolin-Alkaloide
(3) enthält Coffein

(A) nur 1
(B) nur 2
(C) nur 3
(D) nur 1 und 2
(E) nur 1 und 3

257 Für welche der angegebenen Familien trifft die folgende Beschreibung zu?

Die sympetalen Blüten sind meist radiär und epigyn. Die Nebenblätter sind bei einigen Gattungen ähnlich wie die gegenständigen Laubblätter gestaltet und täuschen dadurch eine wirtelige Blattstellung vor.

(A) Lamiaceae
(B) Ranunculaceae
(C) Rubiaceae
(D) Gentianaceae
(E) Liliaceae

258 Welche Antwort trifft zu?

Zellen mit Calciumoxalat entsprechend der Abbildung Nr. 62 sind charakteristisch für

(A) Althaeae radix
(B) Matricariae flos
(C) Quercus cortex
(D) Rhei radix
(E) Stramonii folium

259 Welche der folgenden Aussagen über Eigenschaften der Rubiaceae trifft zu?

(A) meist Balgfrüchte
(B) paracytische Spaltöffnungen
(C) oberständiger Fruchtknoten
(D) wechselständige Blattstellung
(E) einige Arten enthalten Cardenolide

260 Welche Antwort trifft zu?

Nebenblätter sind ein morphologisches Familienmerkmal der

(A) Primulaceae
(B) Scrophulariaceae
(C) Solanaceae
(D) Rubiaceae
(E) Gentianaceae

261 Welche Aussage trifft zu?

Die Gattung Cinchona gehört zur Familie der

(A) Rosaceae
(B) Papaveraceae
(C) Rubiaceae
(D) Apocynaceae
(E) Cichoriaceae

262 Welche Aussage trifft zu?

Cinchona succirubra gehört zur Familie der

(A) Solanaceae
(B) Rutaceae
(C) Rubiaceae
(D) Apocynaceae
(E) Cichoriaceae

263 Welche der Aussagen treffen zu?

Die Arzneibuchdroge Chinarinde

(1) enthält Alkaloide, die sich vom Tryptophan ableiten
(2) enthält Bitterstoffe
(3) kommt aus der Familie der Rubiaceae

(A) nur 2
(B) nur 3
(C) nur 1 und 2
(D) nur 2 und 3
(E) 1 bis 3 (alle)

264 Die von Cinchona succirubra arzneilich verwendeten Teile sind als Cortex-Droge definiert,

<u>weil</u>

die Arzneibuchdroge von Cinchona succirubra die Gewebeschichten außerhalb des Kambiums umfaßt.

265 Welche der Aussagen zur Arzneibuchdroge Ipecacuanhawurzel bzw. ihre Stammpflanze treffen zu?

Sie

(1) gehört zur Gattung Hydrastis
(2) kommt aus der Familie der Apocynaceae
(3) kommt aus der Familie der Rubiaceae
(4) enthält Emetin und andere Alkaloide

(A) nur 1
(B) nur 4
(C) nur 1 und 2
(D) nur 3 und 4
(E) nur 1, 2 und 4

266 Welche Aussagen zu der Abbildung Nr. 61 trifft zu?

(1) Bei der Frucht handelt es sich um eine Beere.
(2) Es handelt sich um eine tropische Holzpflanze.
(3) Der Hauptwirkstoff wird aus der Wurzel gewonnen.

(A) nur 1
(B) nur 2
(C) nur 1 und 2
(D) nur 2 und 3
(E) 1 bis 3 (alle)

267 Welche Antwort trifft zu?

Bei der Abbildung Nr. 61 handelt es sich um Blütenstand und Frucht einer Pflanze aus der Familie

(A) Caryophyllaceae
(B) Ericaceae
(C) Rubiaceae
(D) Rutaceae
(E) Solanaceae

268 Welche der Aussagen treffen zu?

Die Droge Asperulae herba

(1) gehört zur Familie der Rubiaceae
(2) stammt von Galium odoratum
(3) ist eine Cumarin-Droge

(A) nur 2
(B) nur 3
(C) nur 1 und 2
(D) nur 1 und 3
(E) 1 bis 3 (alle)

269 Welche Aussage trifft <u>nicht</u> zu?

Das Vorkommen von herzwirksamen Glykosiden ist bekannt bei Vertretern der

(A) Scrophulariaceae
(B) Ranunculaceae
(C) Rubiaceae
(D) Apocynaceae
(E) Liliatae (z.B. Convallaria)

10.4.20 Solanaceae

270 Welche Antwort trifft zu?

Die in der Abbildung Nr. 63 der Bildbeilage wiedergegebene Pflanze gehört zur Familie der

(A) Apocynaceae
(B) Malvaceae
(C) Rosaceae
(D) Solanaceae
(E) Zingiberaceae

271 Die Bilder der Abbildung Nr. 64 zeigen Ausschnitte einer Arzneipflanze, und zwar von Blüte und Frucht.

Welche Antwort trifft zu?

Die Pflanze gehört zur Familie der

(A) Apocynaceae
(B) Ranunculaceae
(C) Rosaceae
(D) Rutaceae
(E) Solanaceae

272 Die Bilder der Abbildung Nr. 64 zeigen Ausschnitte einer Arzneipflanze, und zwar von Blüte und Frucht.

Welche Antwort trifft zu?

Die Wirkstoffe dieser Pflanze sind

(A) Indol-Alkaloide
(B) Isochinolin-Alkaloide
(C) Tropan-Alkaloide
(D) Bufadienolide
(E) Cardenolide

273 Die Bilder der Abbildung Nr. 64 zeigen Ausschnitte einer Arzneimittelpflanze, und zwar von Blüte und Frucht.

Welche der Aussagen über diese Arzneipflanze treffen zu?

(1) Sie zählt zu den Scrophulariaceae.
(2) Die Frucht ist eine Beere.
(3) Die Blätter liefern eine alkaloidhaltige Droge.
(4) Die Blätter enthalten Calciumoxalat-Kristalle.

(A) nur 1 und 2
(B) nur 2 und 4
(C) nur 3 und 4
(D) nur 1, 2 und 3
(E) nur 2, 3 und 4

274 Welche der Aussagen treffen zu?

Die Pflanze der Abbildung Nr. 64 ist Ausgangsprodukt zur Gewinnung von

(1) Tropan-Alkaloiden
(2) herzwirksamen Glykosiden
(3) einer Folium-Droge

(A) nur 1
(B) nur 2
(C) nur 3
(D) nur 1 und 3
(E) nur 2 und 3

275 Welche Aussage zum Fruchttyp der Kapsel trifft zu?

Die Kapsel ist ein morphologisches Merkmal innerhalb der

(A) Apiaceae
(B) Asteraceae
(C) Cichoriaceae
(D) Solanaceae
(E) Ranunculaceae

276 Welche der genannten Pflanzengattungen gehört <u>nicht</u> zur Familie der Solanaceae?

(A) Atropa
(B) Datura
(C) Digitalis
(D) Hyoscyamus
(E) Nicotiana

277 Welche der folgenden Stoffgruppen kommen in der Familie Solanaceae häufig vor?

(1) Iridoide
(2) Tropan-Alkaloide
(3) Indol-Alkaloide
(4) Steroid-Alkaloide

(A) nur 1 und 2
(B) nur 1 und 3
(C) nur 2 und 3
(D) nur 2 und 4
(E) nur 3 und 4

---

278 Bei der hier abgebildeten Pflanze handelt es sich um

(A) Atropa belladonna
(B) Datura stramonium
(C) Hyoscyamus niger
(D) Nicotiana tabacum
(E) Capsicum annuum

---

279 Welche der Aussagen treffen zu?

Die Arzneibuchdroge Belladonnablätter

(1) enthält Glyko-Alkaloide
(2) enthält Hyoscyamin
(3) enthält Scopolamin
(4) stammt von der Tollkirsche
(5) stammt von einer Pflanze mit Steinfrüchten

(A) nur 1 und 3
(B) nur 2, 3 und 4
(C) nur 3, 4 und 5
(D) nur 1, 2, 4 und 5
(E) 1 bis 5 (alle)

---

280 Welche Antwort trifft zu?

Die abgebildete Pflanze der Abbildung Nr. 63 gehört zur Familie der

(A) Caryophyllaceae
(B) Ericaceae
(C) Rubiaceae
(D) Rutaceae
(E) Solanaceae

---

281 Welche der Aussagen treffen zu?

Die Droge Bilsenkrautblätter

(1) enthält Hyoscyamin
(2) enthält Scopolamin
(3) stammt von einer Pflanze mit Deckelkapseln

(A) nur 1
(B) nur 2
(C) nur 1 und 2
(D) nur 2 und 3
(E) 1 bis 3 (alle)

282 Welche der Aussagen treffen zu?

Die Stammpflanze der Droge Stechapfelblätter

(1) hat weiße Trichterblüten
(2) hat Sammelbalgfrüchte
(3) enthält Hyoscyamin
(4) enthält Scopolamin

(A) nur 1 und 3
(B) nur 2 und 3
(C) nur 1, 2 und 4
(D) nur 1, 3 und 4
(E) 1 bis 4 (alle)

283 Welche der Aussagen treffen zu?

Die Droge Bilsenkrautblätter

(1) stammt von einer Pflanze mit Deckelkapseln
(2) besteht aus lederartigen, lanzettlichen Blättern
(3) enthält Tropanalkaloide

(A) nur 1
(B) nur 3
(C) nur 1 und 3
(D) nur 2 und 3
(E) 1 bis 3 (alle)

284 Bei welcher der folgenden Arten ist die Frucht eine Beere?

(A) Datura stramonium
(B) Capsicum frutescens
(C) Papaver somniferum
(D) Arachis hypogaea
(E) Keine oder obigen Antworten trifft zu.

285 Welche der folgenden Aussagen trifft für Solanaceae nicht zu?

(A) Die Blüten stehen häufig in Wickeln.
(B) Meist vier Staubblätter.
(C) Die meist 2-blättrigen Fruchtknoten sind meist schräg gestellt.
(D) Die zahlreichen Samenanlagen sitzen meist an dicken Placenten.
(E) Neben Beeren treten auch Kapselfrüchte auf.

10.4.21 Scrophulariaceae

286 Auf welche der angegebenen Familien trifft die folgende Kurzbeschreibung zu?

Blüten meist zygomorph, sympetal; Blütenhülle meist 5-zählig; Staubblätter häufig 4, nicht miteinander verwachsen; Früchte meist Kapseln.

(A) Papaveraceae
(B) Cichoriaceae
(C) Rosaceae
(D) Lamiaceae
(E) Scrophulariaceae

287 Welche Aussage trifft zu?

Digitalis lanata gehört zur Familie der

(A) Apocynaceae
(B) Lamiaceae
(C) Solanaceae
(D) Scrophulariaceae
(E) Rubiaceae

288 Die Bilder in Abbildung Nr. 65 zeigen den Blütenstand und die Blattrosette einer Arzneipflanze.

Es handelt sich um die Stammpflanze von

(A) Verbasci flos
(B) Digitalis purpureae folium
(C) Gentianae radix
(D) Digitalis lanatae folium
(E) Salviae folium

289 Welche Antwort trifft zu?

Bei der nebenstehend abgebildeten Arzneipflanze handelt es sich um die Stammpflanze von

(A) Gentianae radix
(B) Centaurii herba
(C) Digitalis purpureae folium
(D) Stramonii folium
(E) Verbasci flos

290 Welche Aussage zu der abgebildeten Arzneipflanze (siehe Abbildung Nr. 40 der Bildbeilage) trifft nicht zu?

Die Pflanze

(A) hat zygomorphe Blüten
(B) gehört zur Familie der Ranunculaceae
(C) hat unterirdische Speicherorgane
(D) enthält Cardenolide
(E) enthält stark toxische Wirkstoffe

291 Die Bilder zeigen von einer Arzneipflanze den Blütenstand (Abb. Nr. 66), eine aufgeschnittene Blüte (Abb. Nr. 67) und die Blattrosette (Abb. Nr. 68).

Die Pflanze liefert eine Droge mit den Inhaltsstoffen

(1) Alkaloide
(2) Glykoside
(3) Ätherisches Öl
(4) Cardenolide
(5) Bufadienolide

(A) nur 1 und 3
(B) nur 2 und 4
(C) nur 2 und 5
(D) nur 1, 2 und 3
(E) nur 2, 4 und 5

292 Die Bilder der Abbildung Nr. 65 zeigen den Blütenstand und die Blattrosette einer Arzneipflanze.

Die Pflanze gehört zur Familie der

(A) Apocynaceae
(B) Gentianaceae
(C) Liliaceae
(D) Scrophulariaceae
(E) Solanaceae

293 Die Abbildungen Nr. 66, 67 und 68 zeigen von einer Arzneipflanze den Blütenstand, eine aufgeschnittene Blüte und die Blattrosette.

Welche der Aussagen treffen zu?

Die abgebildete Pflanze

(1) liefert eine Radix-Droge
(2) gehört zur Familie der Scrophulariaceae
(3) enthält Bufadienolide
(4) hat ein unterständiges Gynoeceum

(A) nur 1
(B) nur 2
(C) nur 2 und 3
(D) nur 3 und 4
(E) nur 2, 3 und 4

294 Aus der in Abbildung Nr. 65 gezeigten Arzneipflanze können gewonnen werden:

(A) Bitterstoffe
(B) Cardenolide
(C) Bufadienolide
(D) Tropan-Alkaloide
(E) Benzylisochinolin-Alkaloide

295 Welche der Aussagen treffen zu?

Der Wollige Fingerhut

(1) hat eine stark behaarte aufrechte Blütentraube
(2) hat stark behaarte Laubblätter
(3) hat monosymmetrische Blüten mit ausgeprägter Unterlippe
(4) gehört zur Familie der Lippenblütler
(5) hat eine Blumenkrone mit brauner Äderung

(A) nur 1, 2 und 5
(B) nur 1, 3 und 4
(C) nur 1, 3 und 5
(D) nur 1, 2, 3 und 5
(E) nur 2, 3, 4 und 5

296 Welche der angegebenen Merkmale sind kennzeichnend für die Familie der Scrophulariaceae?

(1) Staubblätter: 5, 4 oder 2
(2) Vorkommen von Iridoiden
(3) Frucht: Klausen oder Trockenbeeren
(4) Fruchtblätter: 4
(5) reichlich ätherische Öle

(A) nur 1 und 2
(B) nur 1 und 3
(C) nur 1 und 4
(D) nur 2, 4 und 5
(E) 1 bis 5 (alle)

297 Welche Aussage trifft zu?

Die dargestellten Blüten stammen von verschiedenen Vertretern der

(A) Lamiaceae
(B) Gentianaceae
(C) Solanaceae
(D) Apocynaceae
(E) Scrophulariaceae

298 Welche der Aussagen treffen zu?

Der Rote Fingerhut

(1) hat Blütentrauben
(2) hat monosymmetrische Blüten
(3) enthält Bufadienolide
(4) enthält Cardenolide
(5) bildet eine Blattrosette

(A) nur 1, 2 und 3
(B) nur 1, 2, 4 und 5
(C) nur 1, 3, 4 und 5
(D) nur 2, 3, 4 und 5
(E) 1 bis 5 (alle)

299 Der Ausschnitt aus einem Blütenstand in Abbildung Nr. 88 stammt von einem Vertreter der

(A) Scrophulariaceae
(B) Caryophyllaceae
(C) Malvaceae
(D) Ranunculaceae
(E) Liliaceae

300 Die Abbildungen Nr. 66, 67 und 68 zeigen den Blütenstand, eine aufgeschnittene Blüte und die Blattrosette einer Arzneipflanze.

Es handelt sich um die Stammpflanze von:

(A) Digiatlis purpureae folium
(B) Gentianae radix
(C) Hyoscyami folium
(D) Strychni semen
(E) Verbasci flos

301 Welche der angegebenen Merkmale sind kennzeichnend für die Familie der Scrophulariaceae?

(1) reichliche Vorkommen ätherischer Öle
(2) Frucht: Klausen, aufgebaut aus 4 Karpellen
(3) Auftreten von Iridoiden
(4) Staubblätter: 5, 4 oder 2

(A) nur 2 und 4
(B) nur 3 und 4
(C) nur 1, 2 und 3
(D) nur 2, 3 und 4
(E) 1 bis 4 (alle)

302 Welches der angegebenen Merkmalle trifft für Scrophulariaceae <u>nicht</u> zu?

(A) Blüte: verschieden stark ausgeprägte Zygomorphie
(B) Staubblätter: 5, 4 oder 2
(C) Früchte: Klausen
(D) Vorkommen von Iridoiden
(E) Vorkommen von Cardenoliden

303 Welche Aussage zu den Blüten des Blütenstands der Abbildung Nr. 88 trifft <u>nicht</u> zu?

Die Blüten

(A) stammen von einer Scrophulariacee
(B) sind schwach zygomorph
(C) bilden als Frucht eine Kapsel
(D) weisen im Gegensatz zu anderen Gattungen der Familie 5 Stamina auf
(E) enthalten Bitterstoffe

10.4.22 Lamiaceae

304 Für welche der aufgeführten Familien trifft die folgende Beschreibung zu?

Blätter: gegenständig; Blüten: zygomorph, Blütenhülle 5-zählig, Staubblätter meist 4, Karpelle meist 2, Fruchtknoten meist 4-teilig.

(A) Caryophyllaceae
(B) Lamiaceae
(C) Valerianaceae
(D) Fabaceae
(E) Asteraceae

305 Welche der angegebenen Merkmale aus der Blütenformel sind charakteristisch für die Famile der Lamiaceae?

(1) K (5)
(2) [C (5) A 4]
(3) G (2)

(A) nur 1
(B) nur 1 und 2
(C) nur 1 und 3
(D) nur 2 und 3
(E) 1 bis 3 (alle)

306 Welche Antwort trifft nicht zu?

Die Lamiaceae sind charakterisiert durch

(A) einen vierkantigen Stengel
(B) in der Regel Klausenfrüchte
(C) gegenständige Blätter
(D) in der Regel 2-lippige Blüten
(E) häufig ätherische Öle in schizogenen Exkretgängen

307 Welche der angegebenen Merkmale kommen in der Familie der Lamiaceae vor?

(1) zygomorphe Blüten
(2) unterständiger Fruchtknoten
(3) Frucht in 4 einsamige Teilfrüchte zerfallend
(4) einreihig-mehrzellige Deckhaare

(A) nur 1 und 2
(B) nur 1 und 3
(C) nur 1, 3 und 4
(D) nur 2, 3 und 4
(E) 1 bis 4 (alle)

308 Welche Aussage zu Lamiaceae trifft zu?

Ätherische Öle von Arzneipflanzen aus der Familie der Lamiaceae sind lokalisiert in

(A) Milchröhren
(B) Idioblasten
(C) Drüsenschuppen
(D) Interzellularen
(E) Exkretgängen

309 Welche Aussage zu den Lamiaceae trifft zu?

Lamiaceae besitzen

(A) wechselständige Blätter
(B) meist Kapselfrüchte
(C) Ölzellen
(D) dorsiventrale Blüten
(E) unterständiges Gynoeceum

310 Die Abbildung Nr. 28 zeigt die Aufsicht auf die Epidermis einer Blattdroge.

Die Droge kann eingeordnet werden in folgende Pflanzenfamilie:

(A) Asteraceae
(B) Cichoriaceae
(C) Lamiaceae
(D) Scrophulariaceae
(E) Solanaceae

311 Bei welcher Familie findet sich das Merkmal „zygomorphe Blüten"?

(A) Lamiaceae
(B) Malvaceae
(C) Apocynaceae
(D) Rosaceae
(E) Tiliaceae

312 Welche der aufgeführten Gattungen ist durch zygomorphe Blüten mit 2 längeren und 2 kürzeren Staubblättern gekennzeichnet?

(A) Thymus vulgaris
(B) Hydrastis canadense
(C) Cassia acutifolia
(D) Chelidonium maius
(E) Verbascum thapsiforme

313 Welche Aussagen sind richtig?

Lamiaceen sind gekennzeichnet durch folgende Eigenschaften:

(1) kreuzgegenständige Blattstellung am vierkantigen Stengel
(2) vierteiliger Fruchtknoten, der in 4 Klausen zerfällt
(3) in mehreren Etagen angeordnete Drüsenzellen in Drüsenhaaren
(4) zygomorphe Blüten mit Ober- und Unterlippe

(A) nur 1 und 4
(B) nur 2 und 3
(C) nur 1, 2 und 4
(D) nur 1, 3 und 4
(E) 1 bis 4 (alle)

314 Welche Antwort trifft zu?

Drüsenschuppen sind ein anatomisches Familienmerkmal der

(A) Piperaceae
(B) Rutaceae
(C) Lamiaceae
(D) Lauraceae
(E) Euphorbiaceae

315 Welche Aussage zu den Lamiaceae trifft zu?

Die häufigsten Wirkstoffe der Drogen aus der Familie der Lamiaceae gehören zur Gruppe der

(A) Ätherischen Öle
(B) Schleime
(C) Alkaloide
(D) Glykoside
(E) Keine der Aussagen trifft zu.

316 Welche Gattung gehört nicht zur Familie der Lamiaceae?

(A) Cichorium
(B) Orthosiphon
(C) Rosmarinus
(D) Salvia
(E) Thymus

317 Welche der Aussagen trifft zu?

Bei der nebenstehenden Abbildung handelt es sich um Teile der Stammpflanze von

(A) Melissae folium
(B) Orthosiphonis folium
(C) Oleandri folium
(D) Menthae piperitae folium
(E) Rosmarini folium

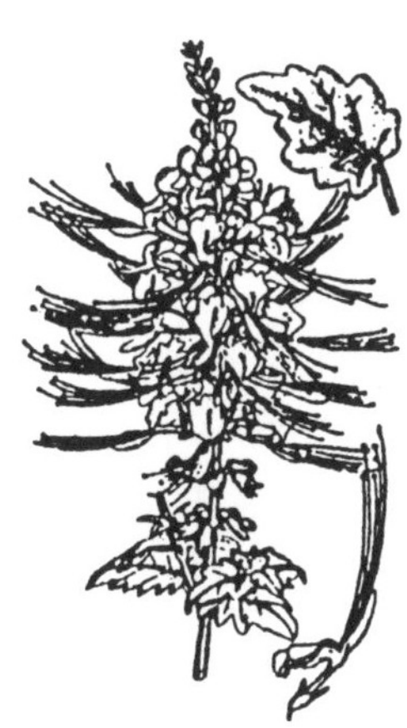

318 Welche Aussagen treffen zu?

Die in Abbildung Nr. 69 gezeigte Pflanze

(1) gehört zu den Scrophulariaceae
(2) bildet Kapselfrüchte
(3) enthält ätherisches Öl

(A) nur 1
(B) nur 3
(C) nur 1 und 2
(D) nur 1 und 3
(E) nur 2 und 3

319 Welche der Aussagen trifft nicht zu?

Die Arzneibuchdroge Orthosiphonblätter

(A) stammt von Orthosiphon aristatus
(B) stammt von einer Pflanze mit lang herausragenden, gebogenen Staubblättern
(C) kommt aus der Familie der Lamiaceae
(D) enthält Polyine
(E) hat Drüsenschuppen mit 4 sezernierenden Zellen

320 Welche der Aussagen treffen zu?

Die Pfefferminze

(1) hat eine Blüte mit ausgeprägter Ober- und Unterlippe
(2) ist ein Artbastard
(3) ist die Stammpflanze der Arzneibuchdroge Menthae piperitae folium
(4) enthält ätherisches Öl in Ölzellen
(5) wird aus Samen kultiviert

(A) nur 2 und 3
(B) nur 3 und 4
(C) nur 3 und 5
(D) nur 2, 4 und 5
(E) nur 1, 2, 3 und 4

321 Auf welche der angegebenen Familien trifft die folgende Kurzcharakteristik zu?

Blüten zygomorph, Staubblätter meist weniger als Kronblätter.

(1) Fabaceae
(2) Lamiaceae
(3) Scrophulariaceae

(A) nur 1
(B) nur 3
(C) nur 1 und 2
(D) nur 2 und 3
(E) 1 bis 3 (alle)

322 Welche der Merkmale treffen für die Familie der Lamiaceae zu?

(1) Blüte zygomorph
(2) Blattstellung kreuzgegenständig (dekussiert)
(3) Staubblätter meist 4
(4) Staubblätter mit den Kronblättern verwachsen
(5) 4-fächriger Fruchtknoten aus 2 Fruchtblättern

(A) nur 1 und 3
(B) nur 2, 4 und 5
(C) nur 1, 2, 3 und 4
(D) nur 1, 2, 3 und 5
(E) 1 bis 5 (alle)

323 Welche Aussagen zu Abbildung Nr. 85 treffen zu?

Die gezeigte Pflanze

(1) gehört zu den Scrophulariaceae
(2) bildet Kapselfrüchte
(3) enthält ätherisches Öl

(A) nur 1
(B) nur 3
(C) nur 1 und 2
(D) nur 1 und 3
(E) nur 2 und 3

324 Welche der Aussagen trifft zu?

Bei der nebenstehenden Abbildung handelt es sich um Teile der Stammpflanze von

(A) Melissae folium
(B) Orthosiphonis folium
(C) Oleandri folium
(D) Menthae piperitae folium
(E) Rosmarini folium

325 Welche der Aussagen treffen zu?

Die Arzneibuchdroge Thymian stammt

(1) von einer krautigen Pflanze
(2) von einem Zwergstrauch
(3) von einem Xerophyten
(4) von Thymus vulgaris und Thymus zygis
(5) aus der Familie der Lamiaceae

(A) nur 2 und 4
(B) nur 1, 4 und 5
(C) nur 2, 3, und 5
(D) nur 1, 3, 4 und 5
(E) nur 2, 3, 4 und 5

326 Welche Aussage zu Merkmalen im generativen und vegetativen Bereich der Lamiaceen trifft zu?

	Blütenstand	Fruchtform	Blattstellung	Lebensform
(A)	Traube	Klausen	wirtelig	Kleinsträucher
(B)	Dolde	Karyopse	grundständig	Rhizompflanzen
(C)	Scheinquirle	Klausen	gegenständig	Kräuter, Sträucher
(D)	Ähre	Achäne	wechselständig	Kräuter
(E)	Rispe	Bruchfrüchte	gegenständig	Sträucher, Kräuter

327 Welche der folgenden Aussagen trifft auf Lamiaceae nicht zu?

(A) Blätter: meist gegenständig
(B) Blüten: zygomorph, 5-zählige Blütenhülle
(C) Staubblätter: meist 4
(D) Frucht: Kapsel
(E) typische Drüsenschuppen

328 Welche der Aussagen treffen zu?

Sympetale, zygomorphe Blüten findet sich häufig bei den:

(1) Lamiaceae
(2) Apocynaceae
(3) Caesalpiniaceae

(A) nur 1
(B) nur 2
(C) nur 3
(D) nur 1 und 2
(E) nur 1 und 3

329 Welche Aussagen treffen zu?

Die in der Abbildung Nr. 89 wiedergegebene Pflanze

(1) enthält ätherisches Öl
(2) bildet zygomorphe Blüten und Klausenfrüchte
(3) enthält Alkaloide
(4) ist Stammpflanze für die Droge Valerianae radix

(A) nur 1 und 2
(B) nur 1 und 4
(C) nur 2 und 3
(D) nur 2 und 4
(E) nur 3 und 4

330 Die in der Abbildung Nr. 90 wiedergegebene Pflanze gehört zur Familie der

(A) Lamiaceae
(B) Caryophyllaceae
(C) Polygonaceae
(D) Rubiaceae
(E) Valerianaceae

331 Welche der Aussagen treffen zu?

Die Arzneibuchdroge Salbeiblätter

(1) stammt von Salvia triloba
(2) stammt von Salvia officinalis
(3) stammt aus der Familie der Lamiaceae
(4) ist unbehaart
(5) enthält Ätherisches Öl

(A) nur 1, 2 und 5
(B) nur 1, 3 und 5
(C) nur 2, 3 und 4
(D) nur 2, 3 und 5
(E) 1 bis 5 (alle)

332 Welche Aussage zu Blütenmerkmalen von Melissa (Lamiaceae) trifft zu?

	Anzahl der Karpelle	Anzahl der Stamina	Anzahl der Kronblätter
(A)	2	2	5
(B)	2	4	5
(C)	2	5	2
(D)	4	2	5
(E)	4	4	2

10.4.23 Valerianaceae

333 Welche der folgenden Merkmale finden sich bei Valeriana-Arten?

(1) Blütenstände mit radiären Einzelblüten
(2) terpenoide Verbindungen (Iridoide)
(3) schizogene Exkretbehälter in Sproß und Wurzel
(4) unterständiges Gynoeceum

(A) nur 2
(B) nur 1 und 3
(C) nur 2 und 4
(D) nur 1, 3 und 4
(E) 1 bis 4 (alle)

10.4.24 Asteraceae (incl. Cichoriaceae)

334 Die Abbildung (siehe Abbildung Nr. 70 der Bildbeilage) könnte einen Epidermis-Ausschnit von Arnicae flos darstellen,

weil

in der Abbildung typische Drüsenhaare der Asteraceae zu erkennen sind.

335 Welche Aussagen treffen zu?

Der Pflanzenteil in Abb. Nr. 71

(1) ist eine Einzelblüte
(2) ist ein Blütenstand
(3) gehört zu einer Art der Asteraceae
(4) gehört zu einer Art der Cichoriaceae

(A) nur 1
(B) nur 2
(C) nur 3
(D) nur 2 und 3
(E) nur 2 und 4

336 Welche Aussage trifft zu?

Die Asteraceae

(A) haben einen oberständigen Fruchtknoten
(B) weisen choripetale Blüten auf
(C) besitzen als Blütenstand ein Pseudanthium
(D) bringen Balgfrüchte hervor
(E) führen in Milchröhren weißen oder gelben Milchsaft

337 Welche Aussage zu den Asteraceae trifft zu?

In der Infloreszenz der Asteraceae

(A) können radiäre und zygomorphe Blüten zusammen auftreten
(B) sind nur zygomorphe Blüten vorhanden
(C) besitzen die Einzelblüten verwachsene Kelchblätter
(D) kommt ätherisches Öl nur in Drüsenhaaren (Drüsenschuppen) vor
(E) sind die Einzelblüten stets radiärsymmetrisch

338 Welches ist ein charakteristisches Merkmal der Asteraceae?

(A) Fruchtform: Doppelachäne
(B) oberständiger Fruchtknoten
(C) lysigene Milchröhren
(D) 2 Kreise von Staubblättern
(E) Pseudanthien als Blütenstände

339 Welche Aussagen treffen zu?

Vertreter der Asteraceae enthalten häufig folgende Inhaltsstoffe:

(1) Gerbstoffe
(2) Fructosane
(3) Polyine
(4) Glucosinolate
(5) Sesquiterpenlactone

(A) nur 1 und 3
(B) nur 2 und 4
(C) nur 3 und 5
(D) nur 2, 3 und 5
(E) nur 1, 3, 4 und 5

340 Die Abbildung Nr. 70 zeigt eine typische Epidermis-Ausbildung einer Arzneibuchdroge.

Die Droge kann eingeordnet werden in folgende Pflanzenfamilie:

(A) Asteraceae
(B) Apiaceae
(C) Lamiaceae
(D) Zingiberaceae
(E) Scrophulariaceae

341 Welche der genannten Pflanzengattungen gehört <u>nicht</u> zur Familie der Asteraceae?

(A) Arnica
(B) Artemisia
(C) Ricinus
(D) Silybum
(E) Tussilago

342 Welches ist ein Merkmal der Asteraceae?

(A) Fruchtform: Spaltfrucht
(B) oberständiger Fruchtknoten
(C) lysigene Milchröhren
(D) 2 Kreise von Staubblättern
(E) Pseudanthien als Blütenstände

343 Welche der Aussagen trifft <u>nicht</u> zu?

Die Arzneibuchdroge Wermutkraut

(A) stammt von Artemisia absinthium
(B) stammt von Artemisia vulgaris
(C) kommt aus der Familie der Asteraceae
(D) ist weißfilzig behaart
(E) ist eine aromatisch riechende Bitterdroge

344 Welche der Aussagen trifft zu?

Die Arzneibuchdroge Mariendistelfrüchte

(A) besteht aus Achänen
(B) stammt von Silybum eburneum
(C) stammt von einer Cichoriacee
(D) enthält ätherisches Öl
(E) enthält Proazulene

345 Welche der Aussagen über die Droge „Matricariae flos“ Ph. Eur. treffen zu?

Die Droge „Matricariae flos“

(1) ist frei von Kelchblättern
(2) besteht aus Pseudanthien
(3) weist charakteristische Drüsenhaare auf
(4) setzt sich zusammen aus radiärsymmetrischen polyandrischen Blüten

(A) nur 3
(B) nur 1 und 2
(C) nur 2 und 3
(D) nur 3 und 4
(E) nur 1, 2 und 3

---

346 Welche der Aussagen über die Droge „Matricariae flos“ Ph. Eur. treffen zu?

Die Droge „Matricariae flos“

(1) besteht aus Pseudanthien
(2) weist charakteristische Drüsenhaare auf
(3) setzt sich zusammen aus radiärsymmetrischen polyandrischen Blüten

(A) nur 1
(B) nur 3
(C) nur 1 und 2
(D) nur 2 und 3
(E) 1 bis 3 (alle)

---

347 Welche der Aussagen trifft <u>nicht</u> zu?

Die Arzneibuchdroge Kamillenblüten

(A) stammt von Matricaria chamomilla (Matricaria recutita)
(B) kommt aus der Familie der Asteraceae
(C) ist frei von Zungenblüten
(D) enthält ätherisches Öl in „Kompositen-Drüsenhaaren“
(E) enthält ätherisches Öl in schizogenen Exkreträumen

---

348 Die Abbildung Nr. 72 zeigt eine Arzneipflanze.

Welche der Aussagen treffen zu?

Das ätherische Öl dieser Pflanze

(1) befindet sich in Exkreträumen
(2) befindet sich in Drüsenhaaren bzw. Drüsenschuppen
(3) enthält Terpene

(A) nur 1
(B) nur 2
(C) nur 1 und 2
(D) nur 2 und 3
(E) 1 bis 3 (alle)

---

349 Für welche der angegebenen Familien trifft die folgende Beschreibung zu?

Die 5-zähligen sympetalen Blüten sind immer zygomorph, die Antheren der 5 Staubblätter sind zu einer Röhre verwachsen, das unterständige Gynoeceum besteht aus 2 Karpellen und entwickelt sich zu einer Nußfrucht (Achäne). Milchröhren sind meist vorhanden.

(A) Asteraceae
(B) Apiaceae
(C) Lamiaceae
(D) Scrophulariaceae
(E) Cichoriaceae

---

350 Welche Stammpflanzen zählen zur Familie der Cichoriaceae (Cichorioideae)?

(1) Cichorium intybus
(2) Silybum marianum
(3) Tussilago farfara
(4) Taraxacum officinale

(A) nur 4
(B) nur 1 und 3
(C) nur 1 und 4
(D) nur 1, 2 und 4
(E) nur 2, 3 und 4

351 Welche der angegebenen Merkmale kommen in der Regel bei Cichoriaceae (Cichorioideae) vor?

(1) Antheren der Staubblätter zu einer Röhre verbunden
(2) Zungenblüten
(3) Milchsaft

(A) nur 1
(B) nur 1 und 2
(C) nur 1 und 3
(D) nur 2 und 3
(E) 1 bis 3 (alle)

352 Auf welche der nachstehend genannten Familien trifft die folgende Kurzbeschreibung zu?

Fruchtknoten unterständig, coenokarp; Blüten zygomorph und sympetal; Milchsaft vorhanden; Blattstellung wechselständig

(A) Rosaceae
(B) Papaveraceae
(C) Lamiaceae
(D) Cichoriaceae
(E) Euphorbiaceae

353 Welche Fruchtform findet sich bei den Cichoriaceae?

(A) Balg
(B) Kapsel
(C) Karyopse
(D) Klause
(E) Keine der Aussagen trifft zu.

354 Welche Charakterisierung trifft für die Familie der Cichoriaceae (Cichorioideae) zu?

Die Pflanzen enthalten

(1) Stärke
(2) Inulin
(3) Milchsaft
(4) Sesquiterpen-Bitterstoffe

(A) nur 2
(B) nur 1 und 3
(C) nur 2 und 3
(D) nur 1, 3 und 4
(E) nur 2, 3 und 4

355 Welche der angegebenen Merkmale kommen bei allen oder vielen Cichoriaceae (Cichorioideae) vor?

(1) Pseudanthien
(2) radiäre Einzelblüten
(3) Polyine

(A) nur 1
(B) nur 3
(C) nur 1 und 2
(D) nur 1 und 3
(E) 1 bis 3 (alle)

356 Welche Antwort trifft zu?

Das Vorkommen von Inulin als Reservestoff ist ein chemisches Merkmal der

(A) Poaceae
(B) Gentianaceae
(C) Cichoriaceae
(D) Apiaceae
(E) Caryophyllaceae

357 Welche Aussagen sind richtig?

Die Röhrenblüten auf der Scheibe des Blütenstandbodens bei den Asteraceen

(1) besitzen 5 verwachsene Petalen
(2) sind zygomorph
(3) bilden Achänenfrüchte
(4) enthalten eine fünfteilige Staubblattröhre

(A) nur 1 und 2
(B) nur 1, 2 und 4
(C) nur 1, 3 und 4
(D) nur 2, 3 und 4
(E) 1 bis 4 (alle)

358 Welche der Aussagen treffen zu?

Die Arzneibuchdroge Arnikablüten

(1) stammt von Arnica montana oder Arnica chamissonis
(2) hat gelbe Blütenköpfe
(3) enthält ätherisches Öl in „Kompositen“-Drüsenhaaren
(4) enthält ätherisches Öl in Exkreträumen des Blütenbodens.

(A) nur 1 und 3
(B) nur 2 und 3
(C) nur 2 und 4
(D) nur 1, 2 und 3
(E) 1 bis 4 (alle)

359 Welche der Aussagen treffen zu?

Die Arzneibuchdroge Kamillenblüten

(1) stammt von Matricaria chamomilla (Matricaria recutita)
(2) kommt aus der Familie der Asteraceae
(3) enthält Pseudanthien aus Röhren- und Zungenblüten
(4) enthält ätherisches Öl in „Kompositen“-Drüsenhaaren
(5) enthält ätherisches Öl in schizogenen Exkreträumen

(A) nur 1 und 4
(B) nur 2 und 3
(C) nur 2, 4 und 5
(D) nur 1, 2, 3 und 4
(E) 1 bis 5 (alle)

360 Welche Charakterisierung trifft für die Familie der Cichoriaceae (Cichorioideae) zu?

(1) Die Frucht ist eine Karyopse.
(2) Die Blütenstände sind Pseudanthien.
(3) Die Einzelblüten sind Zungenblüten.
(4) Die Einzelblüten sind Röhrenblüten
(5) Die Frucht ist eine Achäne.

(A) nur 1 und 4
(B) nur 2, 3 und 5
(C) nur 2, 4 und 5
(D) nur 1, 2, 3 und 4
(E) nur 2, 3, 4 und 5

361 Welche der angegebenen Merkmale kommen bei allen oder vielen Cichoriaceae (Cichorioideae) vor?

(1) Antheren der Staubblätter zu einer Röhre verbunden
(2) zygomorphe Blüten
(3) Polyine

(A) nur 1
(B) nur 1 und 2
(C) nur 1 und 3
(D) nur 2 und 3
(E) 1 bis 3 (alle)

362 Welche der angegebenen Merkmale kommen bei Cichoriaceae (Cichorioideae) vor?

(1) Zungenblüten
(2) Röhrenblüten
(3) Inulin

(A) nur 1
(B) nur 3
(C) nur 1 und 2
(D) nur 1 und 3
(E) 1 bis 3 (alle)

363 Welche der Aussagen treffen zu?

Die Arzneibuchdroge Wermutkraut

(1) stammt von Artemisia absinthium
(2) stammt von Artemisia vulgaris
(3) kommt aus der Familie der Asteraceae
(4) ist weißfilzig behaart
(5) ist eine aromatisch riechende Bitterdroge

(A) nur 1 und 3
(B) nur 1, 4 und 5
(C) nur 2, 4 und 5
(D) nur 1, 3, 4 und 5
(E) 1 bis 5 (alle)

364 Welche der Merkmale treffen für Chamomilla recutita zu?

(1) Vorkommen von Röhrenblüten
(2) Vorkommen von Zungenblüten
(3) Staubblätter an den Antheren verklebt
(4) zwei Fruchtblätter
(5) unterständiger Fruchtknoten

(A) nur 1 und 3
(B) nur 1, 2 und 3
(C) nur 2, 4 und 5
(D) nur 1, 2, 3 und 5
(E) 1 bis 5 (alle)

365 Welche der Aussagen treffen zu?

Die Arzneibuchdroge Mariendistelfrüchte

(1) besteht aus Achänen
(2) stammt von einer Asteracee, deren Blütenstand nur Zungenblüten enthält
(3) stammt von Silybum marianum
(4) enthält ätherisches Öl

(A) nur 1 und 2
(B) nur 1 und 3
(C) nur 2 und 3
(D) nur 1, 2 und 4
(E) 1 bis 4 (alle)

366 Welche der Merkmale treffen für Chamomilla recutita zu?

(1) Zungenblüten weiblich
(2) Zungenblüten männlich
(3) Röhrenblüten steril
(4) Röhrenblüten fertil
(5) Blütenboden hohl

(A) nur 1 und 3
(B) nur 1 und 4
(C) nur 2 und 3
(D) nur 1, 3 und 5
(E) nur 1, 4 und 5

367 Welche der angegebenen Merkmale kommen häufig bei Asteraceae vor?

(1) 5 Kronblätter
(2) 5 freie Staubblätter
(3) Polyine

(A) nur 1
(B) nur 3
(C) nur 1 und 2
(D) nur 1 und 3
(E) 1 bis 3 (alle)

368 Welche Aussage trifft zu?

Sonnenhutwurzel (Echinaceae angustifoliae radix) stammt von einer Pflanze aus der Familie der

(A) Rubiaceae
(B) Asteraceae
(C) Liliaceae
(D) Apocynaceae
(E) Polygonaceae

369 Welche der Aussagen trifft nicht zu?

Die Arzneibuchdroge Kamillenblüten

(A) stammt von Matricaria matricarioides
(B) kommt aus der Familie der Asteraceae
(C) besteht aus getrockneten Blütenköpfchen
(D) enthält Ätherisches Öl in Kompositen-Drüsenhaaren
(E) enthält Ätherisches Öl in schizogenen Exkreträumen

370 Welche der Aussagen trifft zu?

Die Pflanze in Abbildung Nr. 91 ist folgendem Taxon zuzuordnen:

(A) Asteraceae
(B) Rosaceae
(C) Rutaceae
(D) Ranunculaceae
(E) Primulaceae

10.5 Morphologische und chemische Merkmale folgender Taxa der Liliatae (Monocotyledoneae) (s.a. 4.2.1, 9)

Lehrbuch S. 574ff.

371 Auf welche der angegebenen Familien trifft die folgende Kurzbeschreibung der Blüten zu?

Blüten radiär mit zwei Perigon-Kreisen, zwei Kreisen freier Staubblätter und oberständigem coenokarp-synkarpem Gynoeceum.

(A) Brassicaceae
(B) Caryophyllaceae
(C) Liliaceae
(D) Papaveraceae
(E) Rosaceae

372 Welche der angegebenen Merkmale sind für die Familie der Liliaceen (im weiteren Sinn) charakteristisch oder kennzeichnend?

(1) Blütenteile in 3-Zahl
(2) Fruchtknoten: Kapsel oder Beere
(3) Samen hemicellulosereich
(4) in Knollen und Rhizomen treten Steroidsaponine oder Alkaloide auf
(5) in Zwiebeln treten Lauchöle auf

(A) nur 1 und 5
(B) nur 2, 3 und 4
(C) nur 2, 4 und 5
(D) nur 1, 2, 4 und 5
(E) 1 bis 5 (alle)

373 Welche der folgenden Merkmale sind für die Familie der Liliaceae zutreffend?

(1) lectinhaltige Samen
(2) Blütenteile fünfzählig
(3) Frucht: Kapsel oder Beere
(4) Parallelnervatur der Laubblätter

(A) nur 2 und 3
(B) nur 3 und 4
(C) nur 1, 2 und 3
(D) nur 1, 2 und 4
(E) 1 bis 4 (alle)

374 Welches der folgenden Merkmale ist für die Familie der Liliaceae <u>nicht</u> zutreffend?

(A) Balgfrüchte
(B) Blüten dreizählig
(C) Auftreten von Anthraglykosiden
(D) Parallelnervatur der Laubblätter
(E) Kristalleinlagerung häufig in Form von Raphiden

375 Liliatae weisen in der Regel kein sekundäres Dickenwachstum auf,

<u>weil</u>

nur Magnoliatae, nicht aber Liliatae, über geschlossen-kollaterale Leitbündel verfügen, deren Kambiumtätigkeit Voraussetzung für das sekundäre Dickenwachstum ist.

376 Bei den meisten Liliatae findet kein sekundäres Dickenwachstum statt,

<u>weil</u>

Liliatae keine Meristeme ausbilden können.

377 Welche Antwort trifft zu?

Ein Endosperm mit Hemicellulose als Reserverstoff findet sich häufig in der Familie der

(A) Brassicaceae
(B) Zingiberaceae
(C) Apiaceae
(D) Liliaceae
(E) Linaceae

378 Welche der Aussagen treffen zu?

Bei Aloe-Arten findet man u.a.

(1) Anthrachinon-Derivate
(2) Cyanogene Glykoside
(3) Glykosyl-Verbindungen
(4) Milchröhren
(5) oberständige Fruchtknoten

(A) nur 1 und 2
(B) nur 2 und 4
(C) nur 3 und 5
(D) nur 1, 3 und 4
(E) nur 1, 3 und 5

379 Welche der Aussagen treffen zu?

Bei Aloe-Arten findet man u.a.

(1) Milchröhren
(2) Cyanogene Glykoside
(3) Anthrachinon-Derivate

(A) nur 1
(B) nur 3
(C) nur 1 und 2
(D) nur 1 und 3
(E) 1 bis 3 (alle)

380 Welche Antwort trifft zu?

Die nebenstehend abgebildete Arzneipflanze gehört zur Familie der

(A) Liliaceae
(B) Poaceae
(C) Primulaceae
(D) Ranunculaceae
(E) Zingiberaceae

381 Welche der folgenden Gattungen gehört <u>nicht</u> zur Familie der Liliaceae?

(A) Adonis
(B) Colchicum
(C) Convallaria
(D) Urginea
(E) Veratrum

382 Welche der folgenden Stoffgruppen werden von einzelnen Liliaceae-Arten bevorzugt akkumuliert?

(1) Saponine
(2) Anthraglykoside
(3) herzwirksame Glykoside
(4) Gerbstoffe

(A) nur 1 und 2
(B) nur 1 und 3
(C) nur 3 und 4
(D) nur 1, 2, und 3
(E) 1 bis 4 (alle)

383 Welche der folgenden Merkmale sind für die Familie der Liliaceae charakteristisch?

(1) Blütenhülle aus Kelch und Krone bestehend
(2) Androeceum aus 1 Kreis von Staubblättern bestehend
(3) Gynoeceum synkarp
(4) Gynoeceum aus 3 Karpellen bestehend
(5) Endosperm der Samen meist mit zahlreichen Stärkekörnern in den Zellen

(A) nur 3 und 4
(B) nur 1, 2 und 3
(C) nur 1, 3 und 5
(D) nur 2, 4 und 5
(E) 1 bis 5 (alle)

384 Welche der folgenden Merkmale kommen in der Klasse der Liliatae <u>nicht</u> oder selten vor?

(A) Bewurzelungstyp homorrhiz
(B) Ausbildung einer tertiären Endodermis
(C) Oligarch radiales Leitbündel in der primären Wurzel
(D) Fructane als Reservekohlenhydrate
(E) Ausbildung eines Perigons

385 Auf welche der angegebenen Familien trifft die folgende Kurzcharakteristik zu?

Blüten zygomorph, in Kelch und Krone gegliedert; Fruchtknoten unterständig.

(1) Zingiberaceae
(2) Caesalpiniaceae
(3) Fabaceae

(A) nur 1
(B) nur 2
(C) nur 1 und 2
(D) nur 2 und 3
(E) 1 bis 3 (alle)

10.5.1 Convallariaceae

386 Welche der angegebenen Merkmale kommen häufig bei Convallariaceae vor?

(1) G ($\underline{3}$)
(2) Beerenfrucht
(3) Rhizome

(A) nur 1
(B) nur 1 und 2
(C) nur 1 und 3
(D) nur 2 und 3
(E) 1 bis 3 (alle)

Ordnen Sie bitte den Sproßachsen folgender Pflanzen (Liste 1) den dazugehörigen Leitbündeltyp (Liste 2) zu!

Liste 1

387 Atropa belladonna

388 Convallaria majalis

Liste 2

(A) bikollateral
(B) offen kollateral
(C) geschlossen kollateral
(D) radiär polyarch
(E) radiär oligarch

389 Die Nervatur der Blätter bei den Convallariaceae ist parallel- oder bogennervig,

weil

die Blätter bei den Magnoliatae in der Regel nicht allein vom Unterblatt gebildet werden.

390 Welche der angegebenen Merkmale kommen häufig bei Convallariaceae vor?

(1) Zwiebeln
(2) Beerenfrucht
(3) Cardenolide

(A) nur 1
(B) nur 1 und 2
(C) nur 1 und 3
(D) nur 2 und 3
(E) 1 bis 3 (alle)

10.5.2 Hyacinthaceae

391 Welche Aussage trifft zu?

Bufadienolide sind die Wirkstoffe von

(A) Adonis vernalis
(B) Digitalis lanata
(C) Convallaria majalis
(D) Urginea maritima
(E) Strophanthus kombé

10.5.4 Asphodelaceae

392 Welche der folgenden Pflanzenarten enthalten Anthranoide?

(1) Aloe ferox
(2) Ricinus communis
(3) Linum usitatissimum
(4) Rhamnus frangula
(5) Rheum officinale

(A) nur 1, 2 und 4
(B) nur 1, 2 und 5
(C) nur 1, 3 und 5
(D) nur 1, 4 und 5
(E) nur 3, 4 und 5

10.5.6 Zingiberaceae

393 Auf welche der Pflanzenfamilien trifft die angegebene Beschreibung zu?

Perigon groß mit 6 Tepalen, Staubblätter weniger als 6; Pflanzen meist mit unterirdischen Rhizomen ohne sekundäres Dickenwachstum, häufig mit Ölzellen.

(A) Asteraceae
(B) Gentianaceae
(C) Ranunculaceae
(D) Rubiaceae
(E) Zingiberaceae

394 Die Zingiberaceae speichern Stärke,

weil

bei den Vertretern der Zingiberaceae Rhizome vorkommen.

395 Welche der folgenden morphologisch-anatomischen Merkmale zeichnen Arzneipflanzen aus der Familie der Zingiberaceae aus?

(1) Exkretzellen
(2) Perisperm
(3) Kapselfrüchte
(4) Rhizome ohne sekundäres Dickenwachstum
(5) exzentrische Stärkekörner wie in der nebenstehenden Abbildung

(A) nur 4
(B) nur 1 und 5
(C) nur 2, 4 und 5
(D) nur 1, 2, 3 und 4
(E) 1 bis 5 (alle)

396 Welche der folgenden Merkmale zeichnen die Familie der Zingiberaceae aus?

(1) Ätherisches Öl
(2) Alkaloide
(3) Scharfstoffe
(4) Form und Schichtung der Stärkekörner

(A) nur 1
(B) nur 2
(C) nur 1 und 3
(D) nur 2 und 4
(E) nur 1, 3 und 4

397 Welche Aussagen zu Merkmalen der Zingiberaceae treffen zu?

Die Blüten der Zingiberaceae

(1) haben eine 3-zählige Blütenhülle
(2) haben 1 fertiles Staubblatt
(3) sind radiär

(A) nur 1
(B) nur 1 und 2
(C) nur 1 und 3
(D) nur 2 und 3
(E) 1 bis 3 (alle)

398 Welche Aussagen treffen zu?

Die Blüten der Zingiberaceae

(1) haben eine 3-zählige Blütenhülle
(2) haben 1 fertiles Staubblatt
(3) sind zygomorph

(A) nur 1
(B) nur 1 und 2
(C) nur 1 und 3
(D) nur 2 und 3
(E) 1 bis 3 (alle)

399 Welche der folgenden morphologisch-anatomischen Merkmale zeichnen Arzneipflanzen aus der Familie der Zingiberaceae aus?

(1) Exkretzellen
(2) Kapselfrüchte
(3) Rhizome ohne sekundäres Dickenwachstum
(4) exzentrische Stärkekörner wie in der nebenstehenden Abbildung

(A) nur 1 und 3
(B) nur 2 und 3
(C) nur 1, 2 und 4
(D) nur 2, 3 und 4
(E) 1 bis 4 (alle)

400 Welche der angegebenen Merkmale kommen häufig bei Zingiberaceae vor?

(1) Rhizome
(2) Ätherisches Öl in Indioblasten (Exkretzellen)
(3) Blüten radiärsymmetrisch

(A) nur 1
(B) nur 1 und 2
(C) nur 1 und 3
(D) nur 2 und 3
(E) 1 bis 3 (alle)

10.5.7 Poaceae

401 Welche Antwort trifft zu?

Die Abbildung Nr. 73 zeigt einen Teil der Blütenregion einer zu den Poaceae gehörenden Art.

Der gesamte abgebildete Pflanzenteil ist

(A) eine Blüte
(B) eine Rispe
(C) eine Ährenrispe
(D) ein Ährchen
(E) Keine Antwort trifft zu.

402 Welche Antwort trifft zu?

Stärkespeicherung im Endosperm ist ein Merkmal der

(A) Poaceae
(B) Brassicaceae
(C) Liliaceae
(D) Solanaceae
(E) Papaveraceae

403 Welche der folgenden Merkmale sind für die Familie der Poaceae charakteristisch?

(1) 3-zeilige Blattstellung
(2) oberständiges Gynoeceum
(3) Blüte in der Regel aus Blütenachse, 1 Vorspelze, 2 Lodiculae (Schwellkörper), 3 Staubblättern und 1 Fruchtknoten bestehend
(4) trockene, nußartige Schließfrüchte (Karyopsen)
(5) Endosperm des Samens hornartig mit durch Hemicellulose verdickten Zellwänden

(A) nur 1, 2 und 4
(B) nur 1, 2 und 5
(C) nur 1, 3 und 4
(D) nur 2, 3 und 4
(E) 1 bis 5 (alle)

404 Welche Aussage trifft zu?

Das Endosperm

(A) der Liliaceae akkumuliert meist Stärke
(B) der Poaceae hat als äußerste Lage die Aleuronschicht
(C) leitet sich ab vom Makrosporophyll
(D) weist stets haploiden Chromosomensatz auf
(E) der Poaceae akkumuliert fettes Öl

405 Welche der folgenden Aussagen treffen zu?

Poaceae

(1) bilden Achänen
(2) bilden Karyopsen
(3) speichern im Samen Stärke
(4) speichern im Samen Eiweiß

(A) nur 1 und 3
(B) nur 2 und 3
(C) nur 2 und 4
(D) nur 1, 3 und 4
(E) nur 2, 3 und 4

406 Welche der Angaben treffen zu?

Poaceae besitzen

(1) runde Stengel
(2) zweizeilig angeordnete Blätter
(3) Blattscheiden
(4) Nußfrüchte

(A) nur 1 und 3
(B) nur 2 und 3
(C) nur 2 und 4
(D) nur 1, 3 und 4
(E) 1 bis 4 (alle)

Sonstige Fragen zur Systematik und Taxonomie

Ordnen Sie bitte den in Liste 1 aufgeführten Pflanzenfamilien die für sie zutreffende Aussage (Liste 2) zu

Liste 1

407 Ranunculaceae

408 Papaveraceae

Liste 2

(A) chorikarpes (apokarpes) Gynoeceum
(B) Kelch und Krone fünfzählig
(C) coenokarper Fruchtknoten mit parietaler Placentation
(D) Endosperm mit Reservecellulose
(E) bikollaterale Leitbündel

Ordnen Sie bitte jeder der in Liste 1 aufgeführten Pflanzenfamilien die für sie zutreffende Aussage (Liste 2) zu.

Liste 1

409 Apiaceae

410 Asteraceae

411 Lamiaceae

Liste 2

(A) gefärbte Zwitterblüten mit zahlreichen Staubblättern; Gynoeceum chorikarp
(B) häufig Kräuter mit vierkantigen Stengeln und in Scheinquirlen zusammengedrängten, stark dorsiventralen Blüten
(C) Blattgrund regelmäßig als Blattscheide ausgestaltet; als Blütenstand herrschen zusammengesetzte Dolden vor
(D) Vorkommen von ungegliederten Milchsaftröhren
(E) Einzelblüten mit reduziertem Kelch; entweder radiäre, fünfzipfelige Röhrenblüten oder dorsiventrale Zungenblüten

Ordnen Sie bitte jeder der in Liste 1 aufgeführten Familien die für sie zutreffende Aussage (Liste 2) zu.

Liste 1

412 Primulaceae

413 Ericaceae

Liste 2

(A) haben meist choripetale Blüten
(B) haben Blüten mit meist 2 Kreisen fertiler Staubblätter
(C) haben ein parakarpes (bzw. lysikarpes) Gynoeceum mit frei zentraler Stellung der Samenanlagen
(D) akkumulieren häufig Alkaloide
(E) akkumulieren häufig herzwirksame Glykoside

Ordnen Sie bitte jeder der in Liste 1 aufgeführten Familien das für sie zutreffende Merkmal (Liste 2) zu.

Liste 1

414 Solanaceae

415 Lamiaceae

Liste 2

(A) aus 4 Karpellen bestehendes Gynoeceum
(B) vielsamige Kapsel- oder Beerenfrüchte
(C) in einsamige Teilfrüchte zerfallende Bruchfrüchte
(D) unterständiges Gynoeceum
(E) Steinfrüchte

10.6 Drogenherkunft

10.6.1 Kenntnis der Arzneibuchdrogen (soweit nicht unter 10.3 gefordert), der entsprechenden Stammpflanzen und deren systematischer Zugehörigkeit (Pflanzenfamilie)

416 Welche Antwort trifft zu?

Die Arzneibuchdroge Ratanhiawurzel wird gewonnen von

(A) Cassia triandra
(B) Krameria hexandra
(C) Krameria triandra
(D) Ratanhia acutifolia
(E) Ratanhia angustifolia

417 Welche Antwort trifft zu?

Die Arzneibuchdroge Roßkastaniensamen wird von einer Stammpflanze gewonnen, die zur folgenden Pflanzenfamilie gehört:

(A) Aesculaceae
(B) Fagaceae
(C) Hippeastraceae
(D) Hippocastanaceae
(E) Sapindaceae

418 Stammpflanzen der Arzneibuchdroge Tiliae flos sind

(1) Tilia tomentosa
(2) Tilia cordata
(3) Tilia platyphyllos

(A) nur 1
(B) nur 2
(C) nur 3
(D) nur 1 und 2
(E) nur 2 und 3

419 Welche Antwort trifft zu?

Die Arzneibuchdroge Faulbaumrinde wird gewonnen von

(A) Frangula fallax
(B) Frangula pumila
(C) Frangula purshiana
(D) Rhamnus fallax
(E) Rhamnus frangula

420 Welche Aussage trifft zu?

Hevea brasiliensis

(A) gehört zu den Euphorbiaceae
(B) gehört zu den Malvaceae
(C) gehört zu den Rutaceae
(D) liefert Baumwolle
(E) liefert Guttapercha

Ordnen Sie bitte den Drogen der Liste 1 die zugehörige Stammpflanze (Liste 2) zu.

Liste 1

421 Liquiritiae radix

422 Ipecacuanhae radix

Liste 2

(A) Rheum rhaponticum
(B) Rheum palmatum
(C) Cephaelis acuminata
(D) Glycyrhizza glabra
(E) Orchis mascula

Ordnen Sie bitte den Drogen in Liste 1 die entsprechenden Stammpflanzen der Liste 2 zu.

Liste 1

423 Javanische Gelbwurz

424 Kardamomen

Liste 2

(A) Elettaria cardamomum
(B) Curcuma longa
(C) Curcuma xanthorriza
(D) Curcuma zedoaria
(E) Zingiber officinale

425 Welche Aussage trifft nicht zu?

Cinnamomum aromaticum

(A) enthält ätherisches Öl
(B) ist die Stammpflanze von Ceylon-Zimt
(C) gehört zur Familie der Lauraceae
(D) liefert eine Rindendroge
(E) besitzt Exkretzellen

426 Welche Aussage trifft zu?

Leinsamen stammt von einer Pflanze aus der Familie der

(A) Fabaceae
(B) Poaceae
(C) Linaceae
(D) Apiaceae
(E) Malvaceae

427 Welche Aussage trifft zu?

Die Stammpflanze von Cascara-Rinde DAB 9 ist

(A) Rhamnus frangula
(B) Rhamnus purshianus
(C) Rhamnus catharticus
(D) Rhamnus fallax
(E) Keine der obigen Aussagen trifft zu.

428 Stärkekörner weisen artspezifische Formen auf, wie die Abbildungen zeigen.

Welche Zuordnung ist richtig?

(A) Weizenstärke
(B) Reisstärke
(C) Kartoffelstärke
(D) Maisstärke
(E) Keine der genannten Zuordnungen ist zutreffend.

(A)
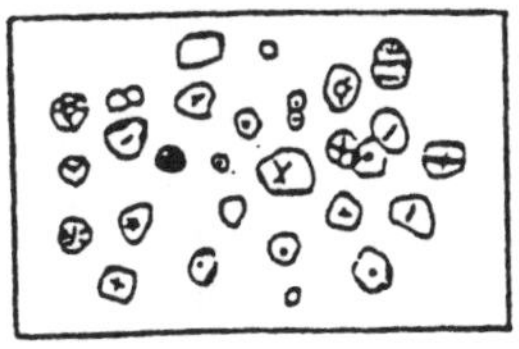

(B)

(C)
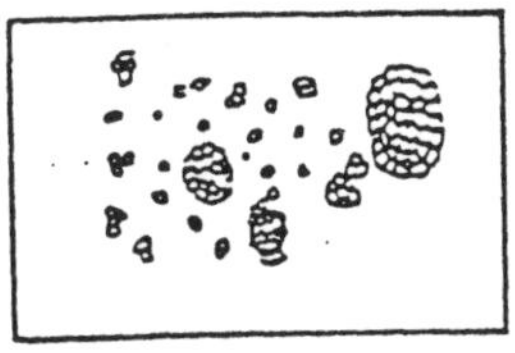

(D)
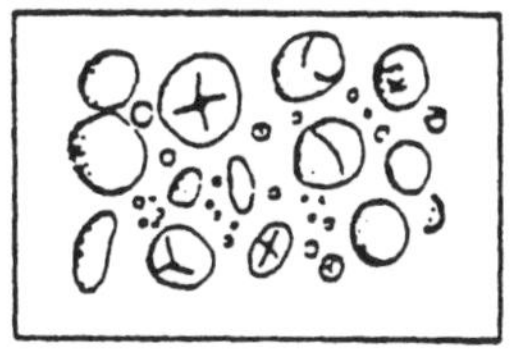

Ordnen Sie bitte den in Liste 1 aufgeführten Pflanzen die jeweils anzutreffende Stärkeform (Abbildungen der Liste 2) zu!

Liste 1

429 Oryza sativa

430 Triticum aestivum

Liste 2

(A)

(D)

(B)
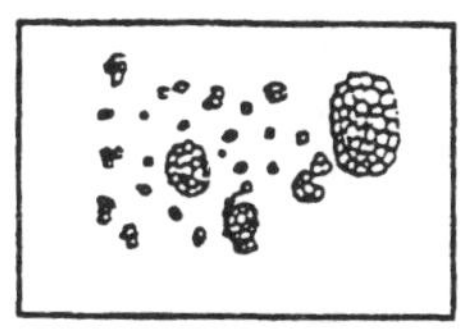

(E)
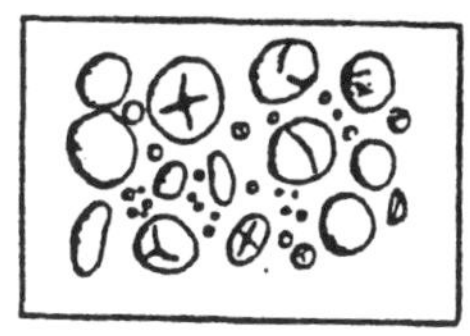

(C)

10 Samenpflanzen (Spermatophyta) – Antworten

1	E	59	E	117	D	175	E
2	E	60	C	118	B	176	E
3	C	61	B	119	D	177	E
4	D	62	D	120	B	178	E
5	C	63	C	121	E	179	A
6	C	64	A	122	C	180	C
7	C	65	A	123	A	181	A
8	E	66	A	124	D	182	A
9	C	67	C	125	B	183	C
10	B	68	B	126	E	184	A
11	B	69	A	127	D	185	B
12	C	70	C	128	E	186	C
13	C	71	C	129	E	187	E
14	E	72	C	130	B	188	D
15	D	73	D	131	C	189	B
16	A	74	B	132	B	190	E
17	E	75	B	133	E	191	C
18	D	76	C	134	A	192	C
19	D	77	A	135	B	193	C
20	D	78	C	136	B	194	D
21	E	79	C	137	B	195	B
22	D	80	D	138	E	196	B
23	A	81	A	139	E	197	C
24	E	82	C	140	E	198	A
25	A	83	E	141	A	199	D
26	C	84	B	142	A	200	E
27	B	85	A	143	C	201	A
28	D	86	D	144	A	202	B
29	B	87	A	145	D	203	B
30	B	88	D	146	D	204	C
31	A	89	D	147	A	205	B
32	A	90	A	148	C	206	E
33	A	91	E	149	B	207	C
34	B	92	D	150	A	208	E
35	A	93	D	151	D	209	C
36	E	94	E	152	C	210	E
37	D	95	C	153	E	211	E
38	E	96	A	154	E	212	A
39	D	97	B	155	E	213	A
40	A	98	B	156	C	214	C
41	C	99	C	157	E	215	B
42	B	100	C	158	C	216	B
43	E	101	C	159	C	217	C
44	E	102	D	160	C	218	D
45	B	103	E	161	A	219	B
46	E	104	B	162	C	220	B
47	C	105	C	163	C	221	D
48	B	106	D	164	A	222	E
49	C	107	C	165	A	223	B
50	B	108	B	166	B	224	D
51	B	109	E	167	E	225	E
52	E	110	C	168	D	226	C
53	B	111	A	169	A	227	B
54	C	112	A	170	B	228	B
55	D	113	B	171	A	229	D
56	B	114	E	172	D	230	B
57	B	115	E	173	D	231	A
58	D	116	D	174	E	232	A

233	A	283	C	333	C	383	A
234	C	284	B	334	A	384	C
235	C	285	B	335	D	385	A
236	D	286	E	336	C	386	E
237	B	287	D	337	A	387	A
238	D	288	D	338	E	388	C
239	E	289	C	339	D	389	B
240	E	290	D	340	A	390	D
241	E	291	B	341	C	391	D
242	E	292	D	342	E	392	D
243	A	293	B	343	B	393	E
244	C	294	B	344	A	394	B
245	E	295	C	345	E	395	E
246	C	296	A	346	C	396	E
247	E	297	E	347	C	397	B
248	B	298	B	348	E	398	E
249	A	299	A	349	E	399	E
250	B	300	A	350	C	400	B
251	E	301	B	351	E	401	D
252	D	302	C	352	D	402	A
253	D	303	E	353	E	403	D
254	C	304	B	354	E	404	B
255	D	305	E	355	A	405	E
256	E	306	E	356	C	406	E
257	C	307	C	357	C	407	A
258	B	308	C	358	E	408	C
259	D	309	D	359	E	409	C
260	D	310	C	360	B	410	E
261	C	311	A	361	B	411	B
262	C	312	A	362	D	412	C
263	E	313	C	363	D	413	B
264	A	314	C	364	E	414	B
265	D	315	A	365	B	415	C
266	B	316	A	366	E	416	C
267	C	317	B	367	D	417	D
268	E	318	B	368	B	418	E
269	C	319	D	369	A	419	E
270	D	320	A	370	A	420	A
271	E	321	D	371	C	421	D
272	C	322	E	372	E	422	C
273	E	323	B	373	B	423	C
274	D	324	A	374	A	424	A
275	D	325	E	375	C	425	B
276	C	326	C	376	C	426	C
277	D	327	D	377	D	427	B
278	B	328	A	378	E	428	B
279	B	329	A	379	B	429	B
280	E	330	A	380	A	430	E
281	E	331	D	381	A		
282	D	332	B	382	D		

1

2

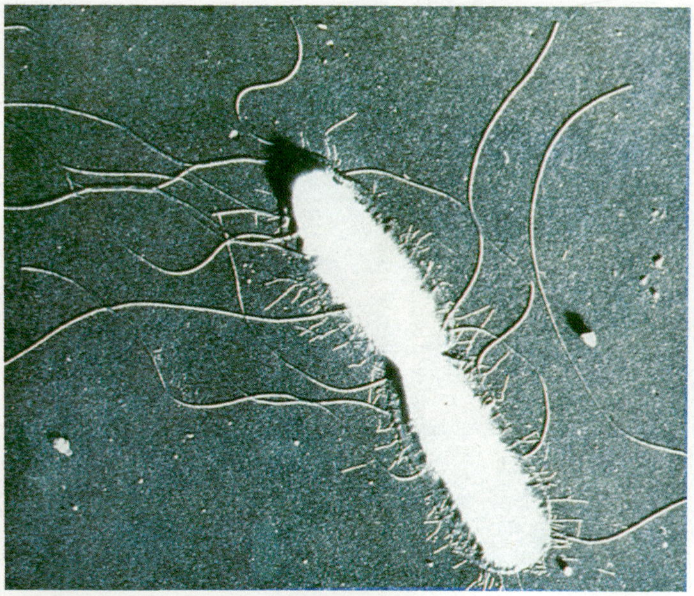

3

4

Tafel 2

5

Tafel 3

6

Tafel 4

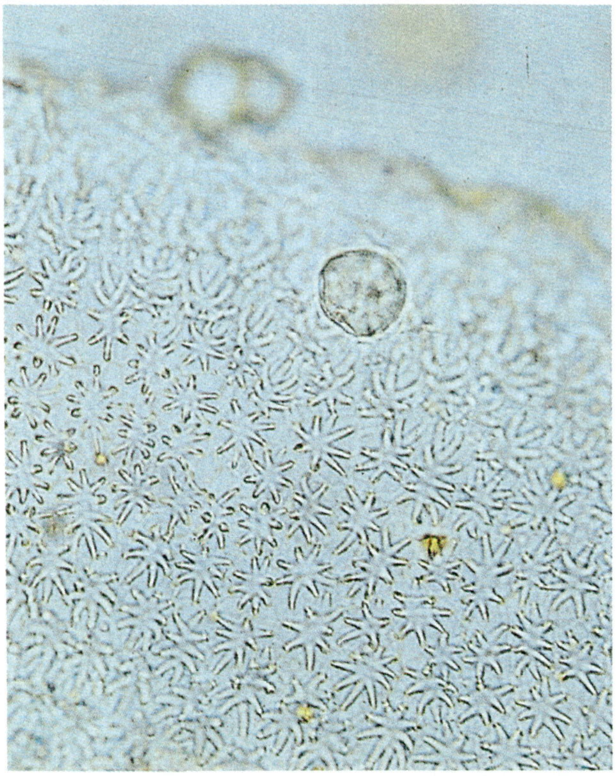

7

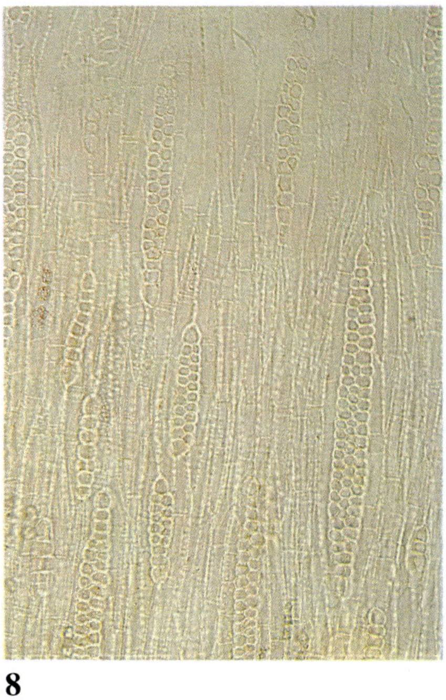

8

9

Tafel 5

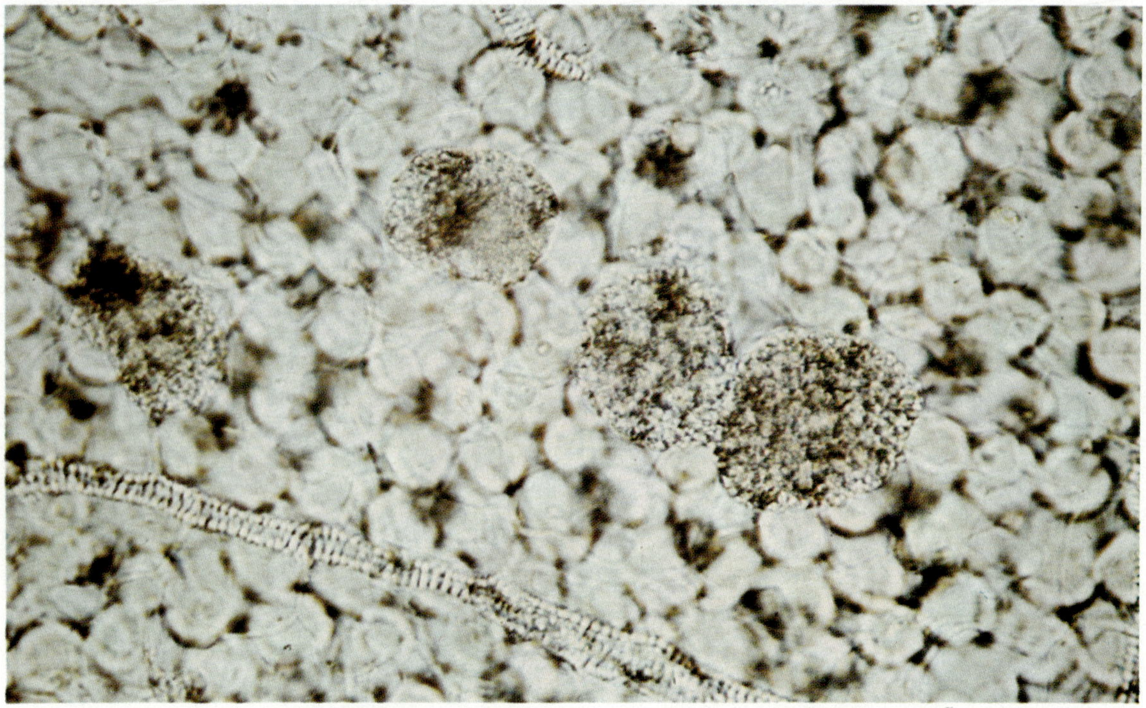
10

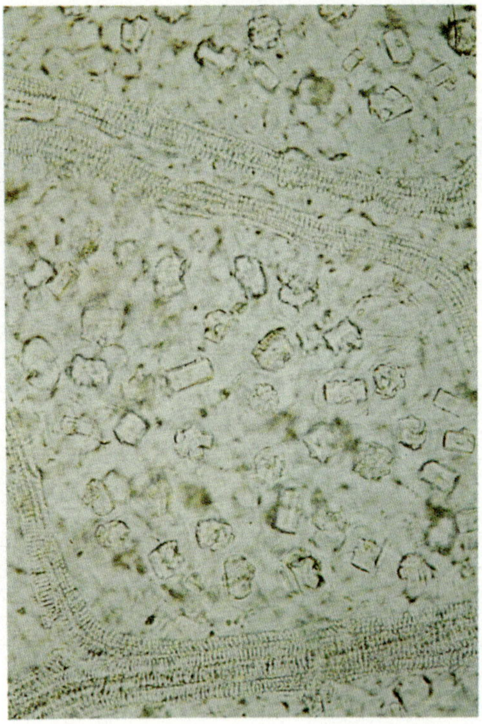
11

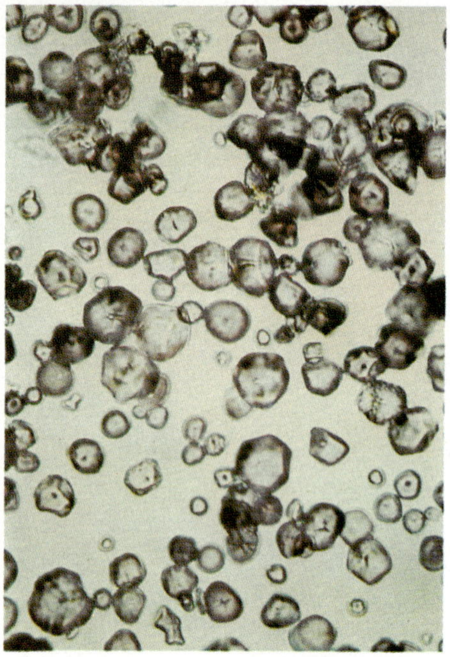
12

Tafel 6

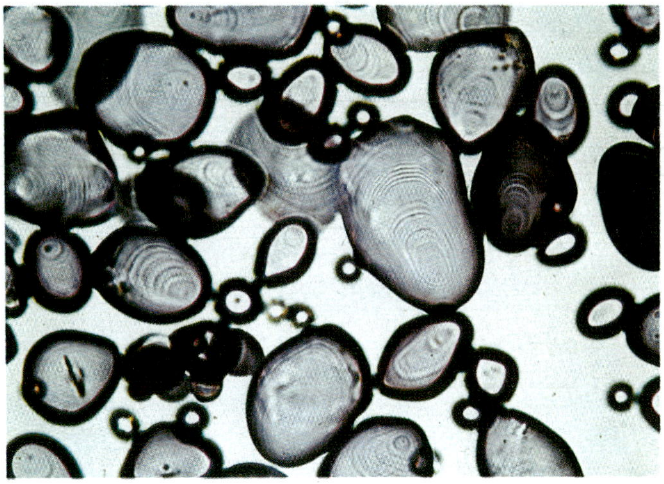

13

14

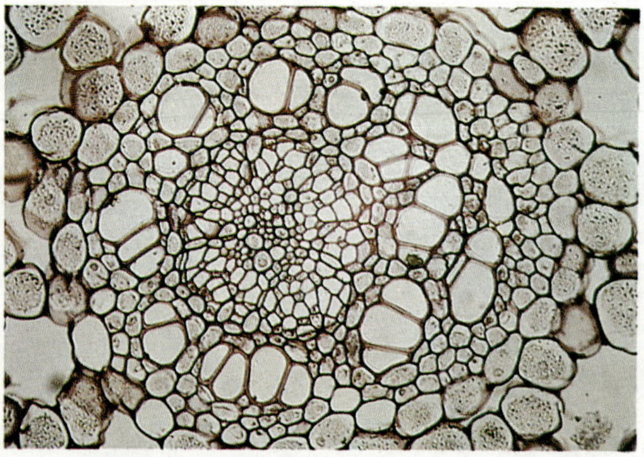

15

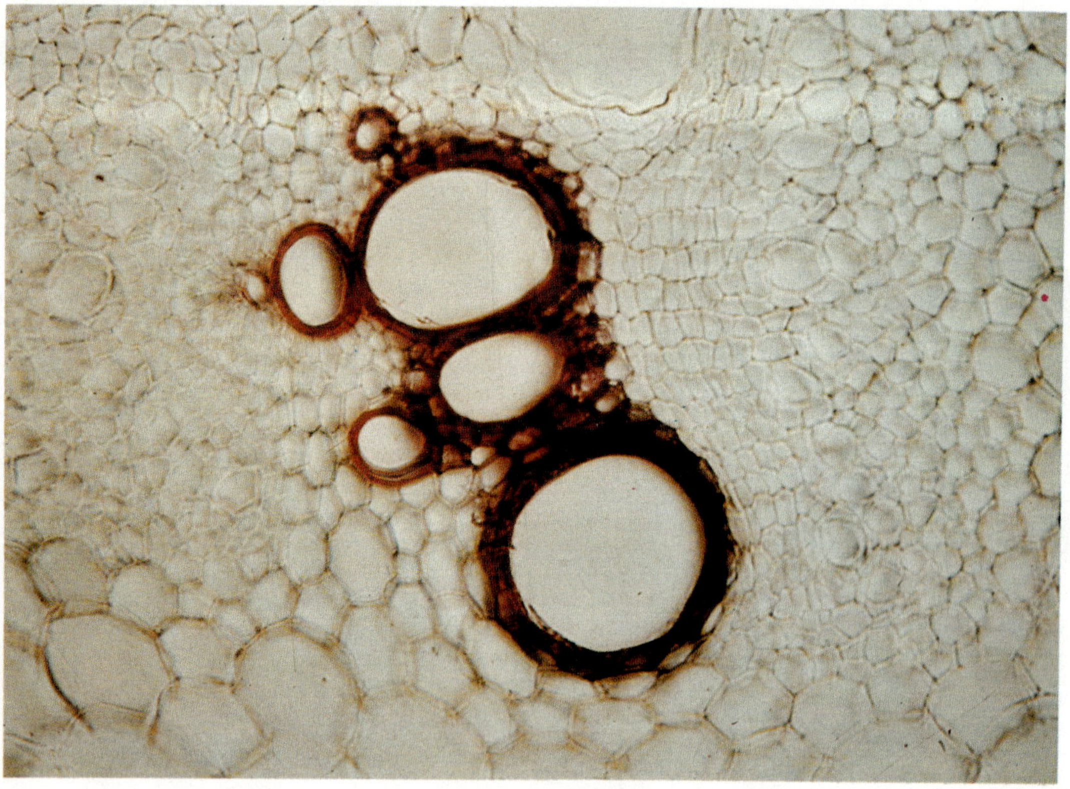

16

Tafel 8

17

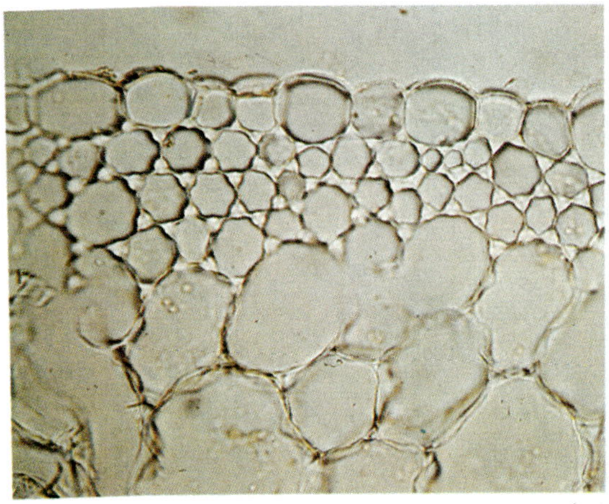

18

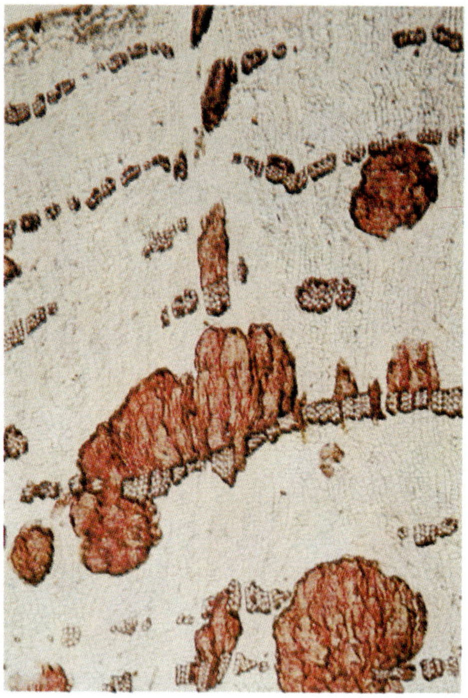

19

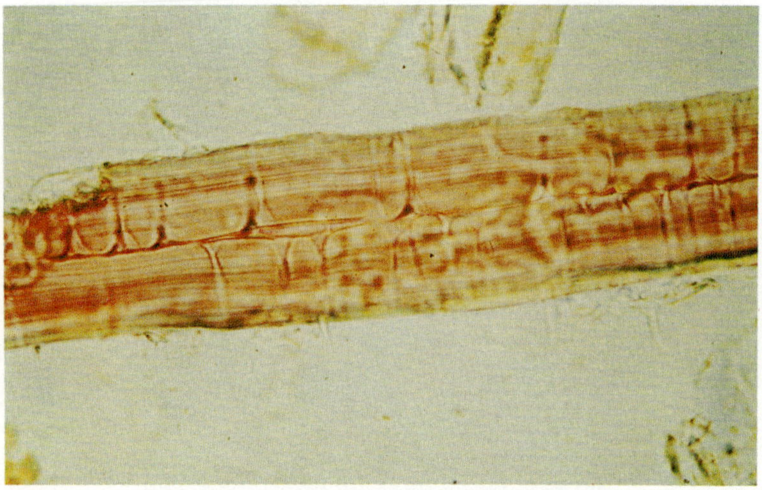

20

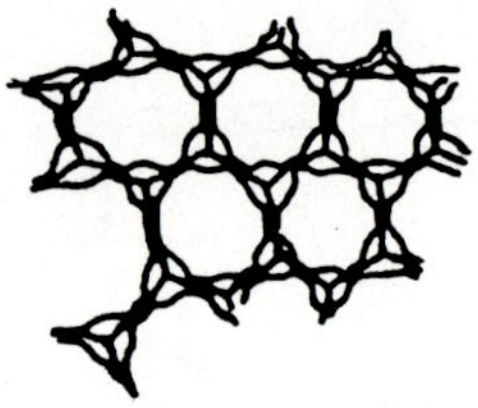

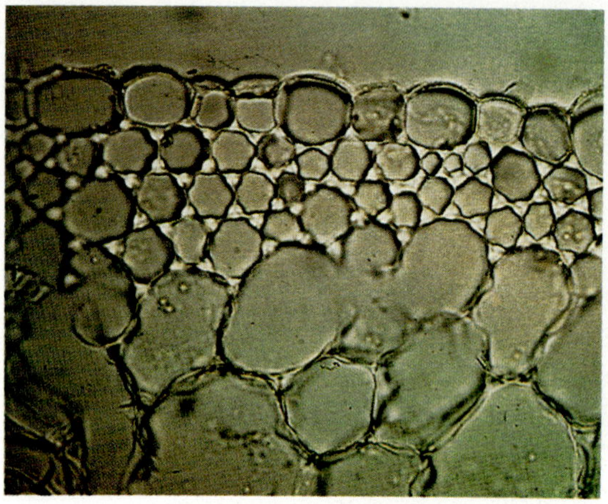

21

Tafel 10

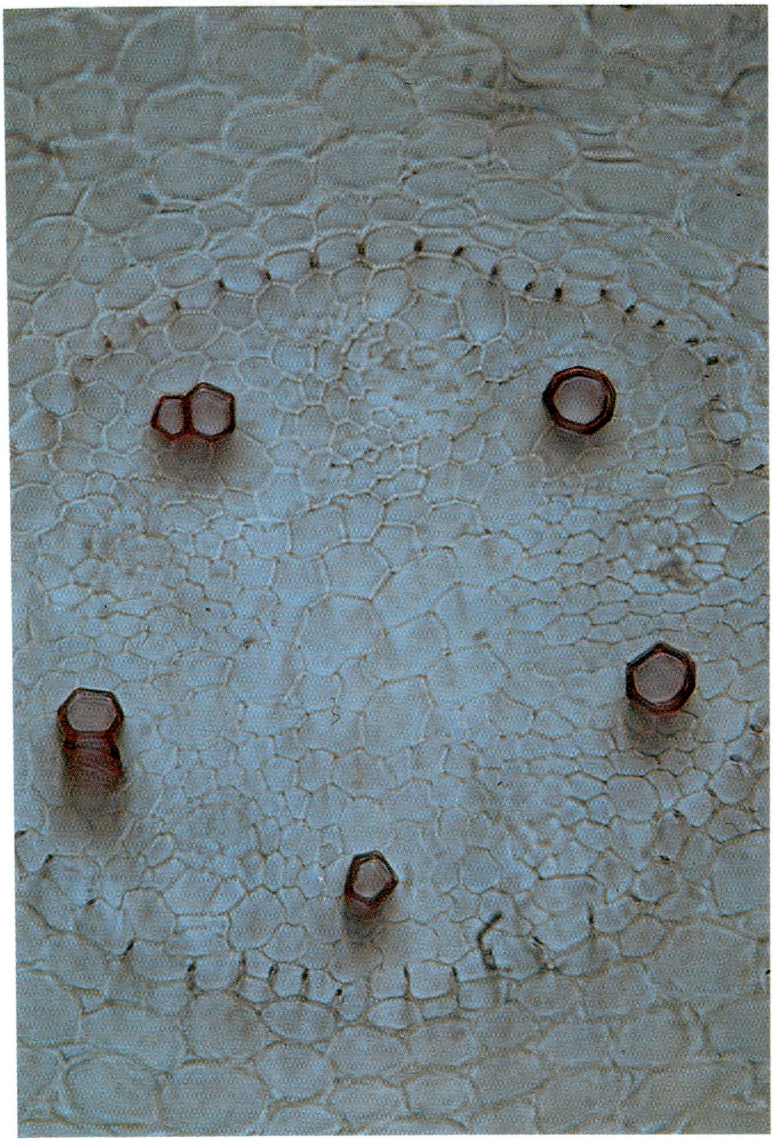

22

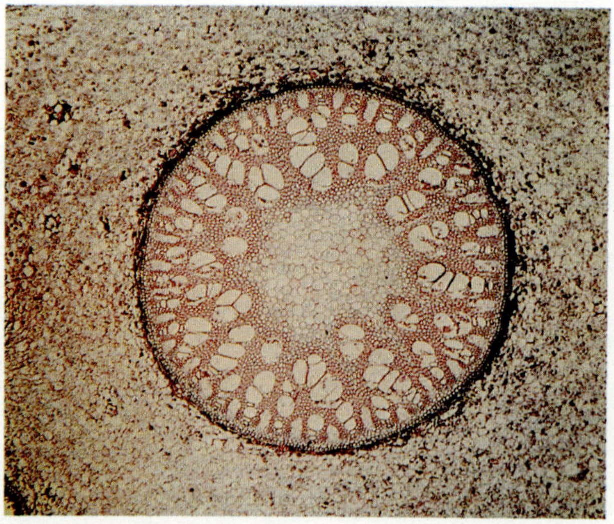
23

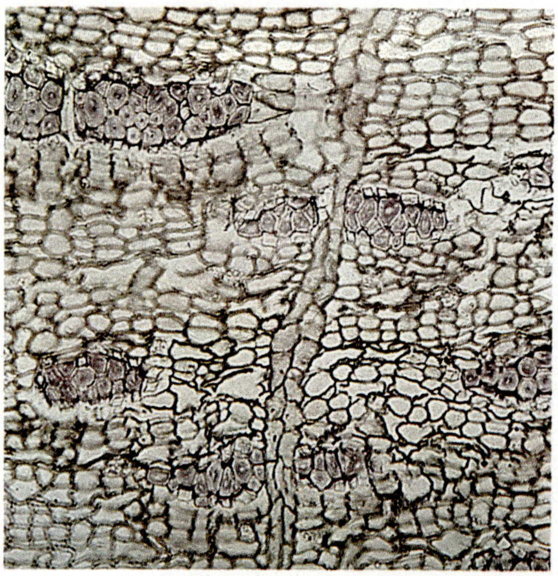
24

25

Tafel 12

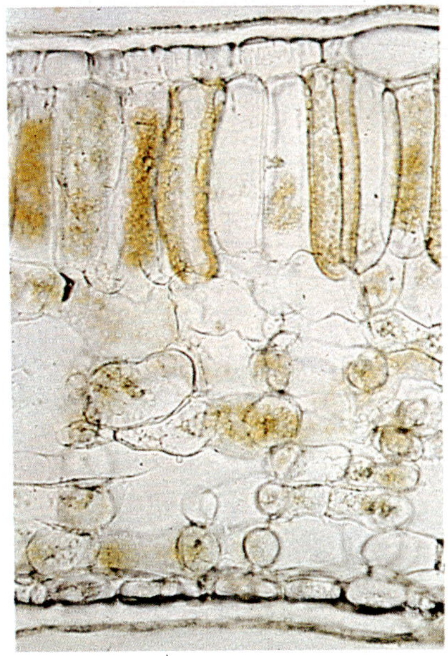

26

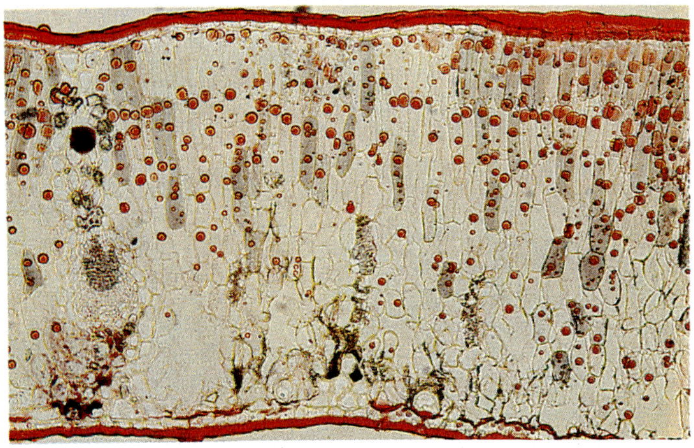

27

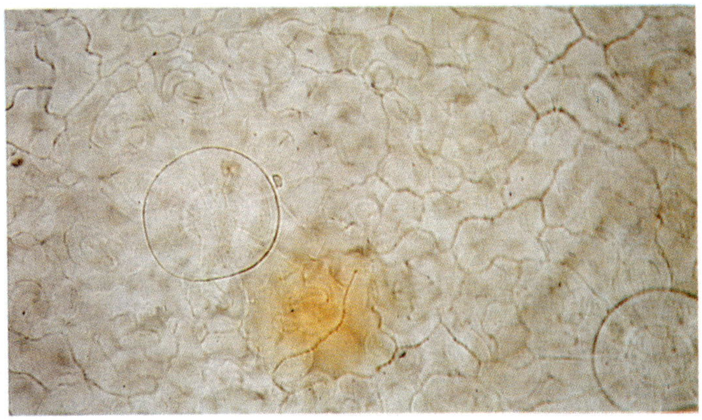

28

29

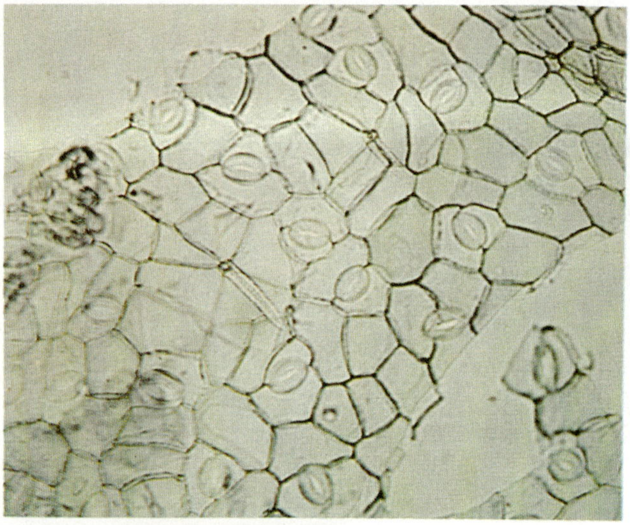
30

31

Tafel 14

32

33

Tafel 15

34

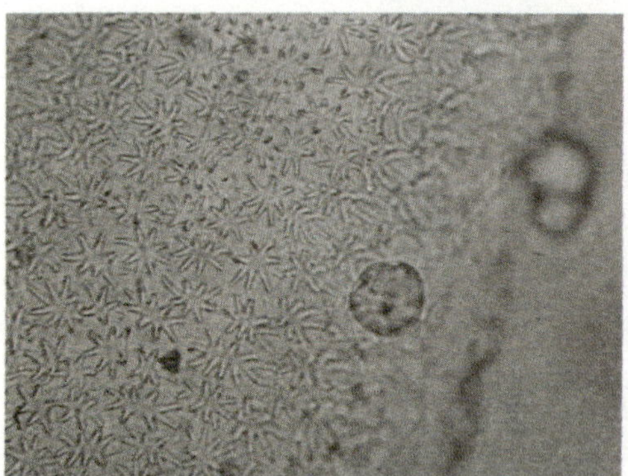

35

36

Tafel 16

37

38

39

40

41

Tafel 18

42

43

44

45

46

Tafel 20

47

48

49

50

51

52

53

55

54

56

57

58

Tafel 24

59

60

61

Tafel 26

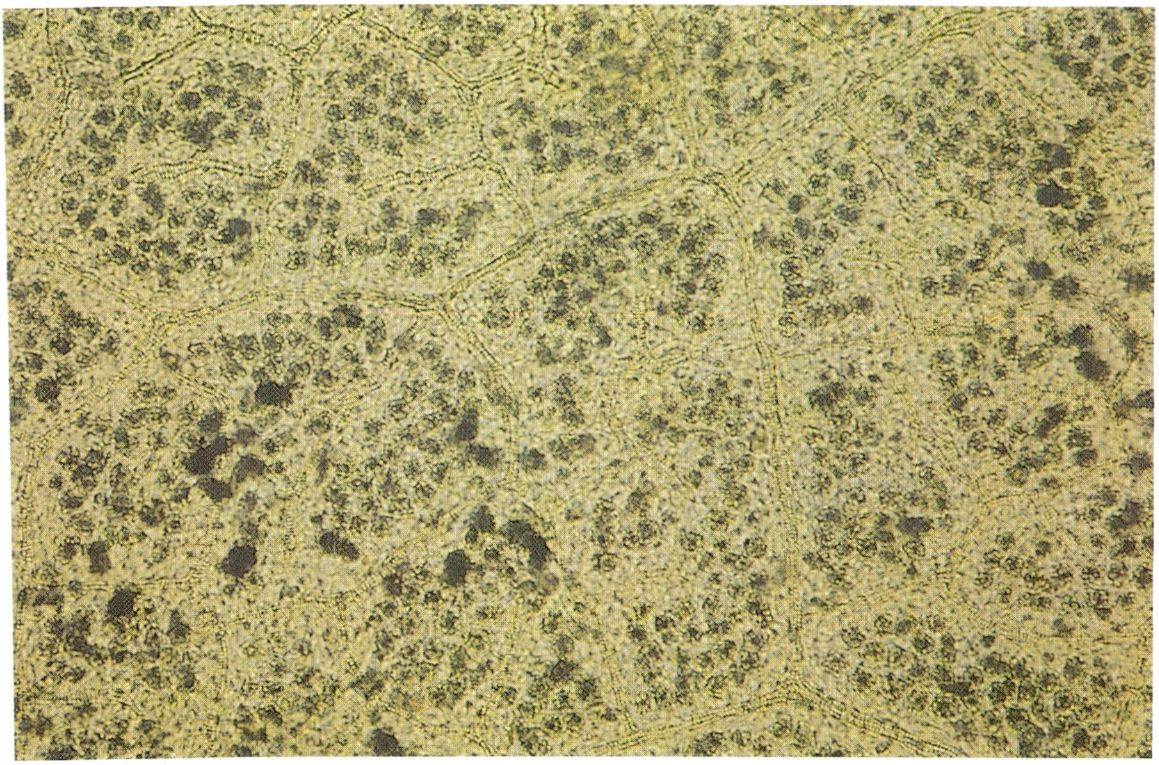

62

63

64

65

66

67

68

69

70

Tafel 30

71

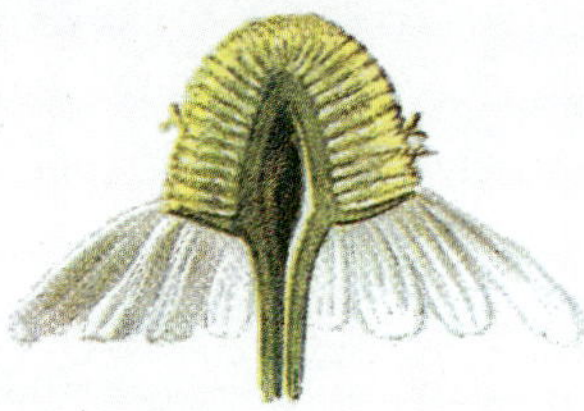

72

73

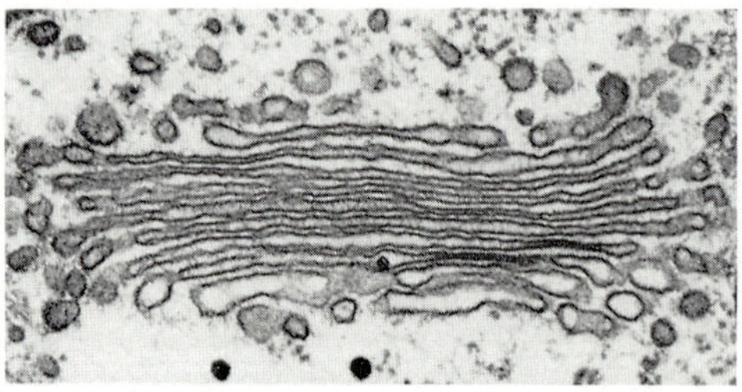

74

Tafel 32

75

76

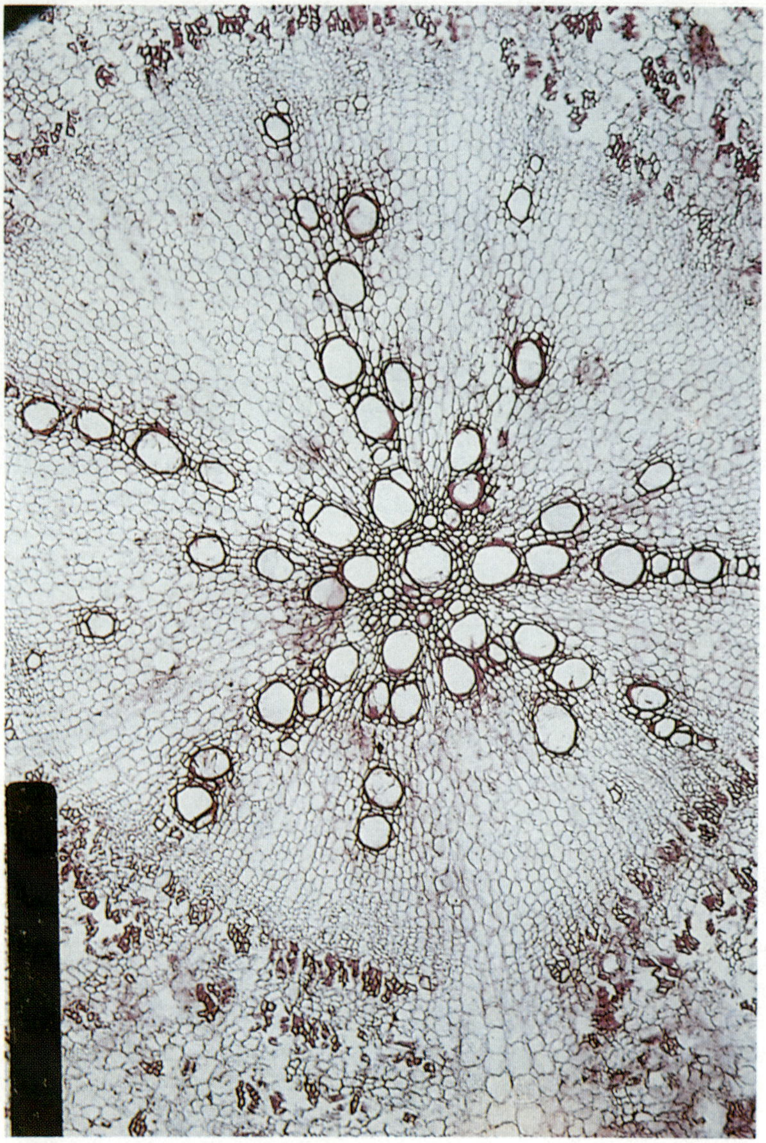
77/78

79

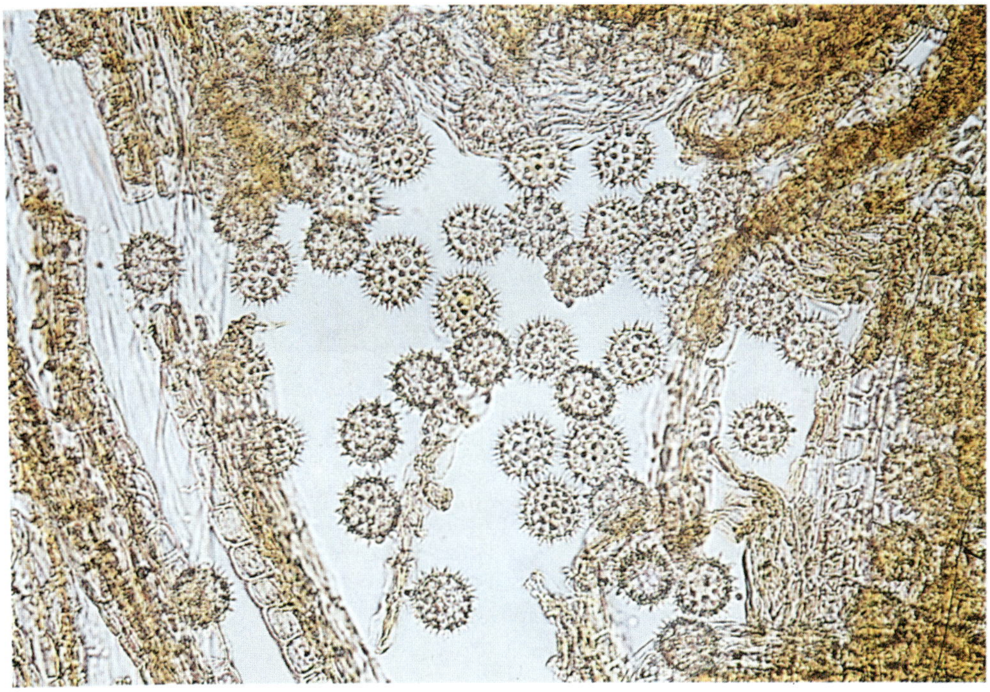

80

81

82

83

84

Tafel 38

85

86

87

Tafel 40

88

89

90

91